얕은 과학기술철학

사회적 인식론, STP, ELSI, 및 과학기술정책

대종출판

들어가는 말

과학기술의 발달로 인류의 지식 저장고가 가득 채워진 것 같다. 하지만 그 저장고의 공간은 부족하지 않다. 정보기술이 발달하여 재래의 저장 방법을 대신해 가고 있기 때문이다. 더군다나 지식경제사회라느니 정보기술사회라느니 하여 전문가로서 직업 전선에 뛰어들 준비까지 해야 하므로 배우고 또 배워도 배울 것이 여전히 남아 있는 것 같다. 성인으로서 사회 생활하기에 기초적인 지식으로서 배워야 할 것도 많고, 사회의 물질적 구조가 나날이 변화되어 적응하기에 필요한 지식 습득에 열을 올리지 않을 수 없다. 투잡(two job)을 해야 한다느니 직업전선에서 은퇴하려면 직업을 스무 가지는 가져 보아야 한다느니 하니 현대인의 배움은 끝이 없을 것으로 보인다.

현대인이 아니라도 지금까지 살아온 사람들은 꾸준히 미지의 세계를 알려 하며 생활에 필요한 물품이나 서비스를 쉬지 않고 생산해내 왔으며 생산하고 있다. 이러한 과정 속에서 문제가 생기기 마련이며 그에 대해 우리는 우리의 지성으로 해결책을 찾는 노력을 한다.

필자는 과학방법론으로서 귀납을 연구하고 응용을 위해 결단 이론을 연구해 왔다. 그러한 연구 분야는 과학철학을 하이 처치(high church)와 로우 처치(low church), 또는 깊은 과학(deep science)와 얕은 과학(shallow science)로 구분할 때 전자에 해당한다. 그것은 과학기술의 내적 구조나 탐구방법의 규범을 연구하는 것이다. 근대까지의 철학자나 과학기술자들이 그러한 접근 방법으로 과학기술을 이해하고 탐구해 왔다. 또한 20세기 초엽의 논리실증주의자들도 그러했으며 여전히 과학기술의 핵심 개념과 방법론에 대한 규범적인 관점에서 연구하는 학자들이 있다. 그들은 과학이론의 개념 분석, 이론 구성의 논리적 장치 등에 대해 이상 언어를 사용하고 있기에 대중은 이해하기도 어려워하고 흥미롭게 여기지도 않는다. 하지만 이러한 점에 착안한 사회비판철학자들은 논리실증주의가 나타나는 시대에도 자신들의 고유한 입장에서 인간의 지식에 대한 사회학적 연구나 사회적 관계에 초점을 맞춘 연구를 해왔다.

푸코나 쿤이 그러한 관점에서 자신들의 주장을 펼쳐온 선구자이다. 사람들이, 특히 전문가연하는 지식인들이 아무리 깊이 있게 폭이 넓게 연구한다 하더라도 진리 내지 물자체는 칸트가 한계를 그은 것처럼 획득하거나 접촉하지 못하는 것일런지도

모른다. 그래서 그와 같은 경향의 인식론의 연구는 지식의 형성과 성장 등의 내부로가 아니라 구성원들 사이에서의 결단과 사용·유통이라는 사회학적 관계 등의 외부로 향해져서 큰 흐름을 형성했다. 배경이 철학인 인식론 연구자들은 그러한 경향을 사회적 인식론이라고 불렀으며, 과학사/과학사회학을 배경으로 하는 과학철학자들은 과학기술학 연구(Science-Technology Studies)라고 불러 왔다.

이 책은 로우 처치에 해당하는 주제들을 다룬다. 제1장에서는 과학기술학에 대한 전통적 인식론의 시각과 사회적 인식론의 시각을 대비하고 오늘날 후자가 대두되는 이유를 살펴본다. 과학적 지식은 외부 세계의 존재들에 대한 경험적 탐구이지만, 언어로 구성되기 때문에 과학적 언어의 형식적 의미론, 과학이론의 성장과 변화를 과학언어 또는 개념의 의미 변화로 이해하고, 특히 다른 사람들에게 전달을 목적으로 할 때 과학 언어의 사용과 수사학을 이용한다는 점에 집중하여 살펴보았다.

제2장에서는 과학기술의 하이 처치적 요소와 로우 처치적 요소가 계속 평행선을 그으며 달릴 것이 아니라, 통합이 가능한 이유들을 찾아 전통적인 인식론과 사회적 인식론의 융합을 모색한다. 그러한 목적을 위하여 골드만과 풀러의 사회적 인식론의 핵심 내용을 고찰한다.

제3장에서는 로우 처치적 과학철학과 하이 처치적 과학철학의 통합을 논의한다. 서양의 과학철학의 그 두 경향은 한국에도 그대로 유입되어 대립적인 양상을 보여 왔으며, 과학사/과학사회학적 경향이 대중적 취향에 맞기도 하고 실제의 과학 공동체와 그들이 생산한 지식들을 내용으로 하여 알려지고 있기 때문에 우리나라에서도 1980년대부터 큰 세력을 형성해 왔다. 하지만 궁극적으로 진리가 문제가 될 때는 사회학적 또는 정치적 방식으로 해결되기도 어려우며 해결할 수도 없다. 시간이 많이 걸리기는 하겠지만 실험을 통한 경험의 법정에서 진위가 판가름 되어야 한다. '과학전쟁'을 통해 얻을 수 있는 교훈은 결국 과학은 진리를 추구한다는 고전적인 명제이다. 과학기술사회학도 과학기술 지식의 사회적 요인을 연구하지만 진리 추구라는 규제를 받아야 한다.

제4장에서는 과학기술학 연구가 다루어진다. 특히 사회적 구성주의를 검토한다. 또한 과학기술 공동체의 내부적/외부적 관계 면에서 연구윤리를 정리한다.

제5장에서는 과학기술에서의 윤리적, 법적, 사회적 함축(Ethical, Legal, and Social Implications, 줄여서 ELSI)를 다룬다. 과학기술의 성과는 인류에게 행복을 가져다 주기도 하지만 불행을 초래할 수도 있다. 과학기술의 성과가 윤리적인 문제나 법적인 문제를 야기하기도 하고, 특정 문제가 사회 안에서 원만한 합의를 이루지

못하는 경우도 많다. 그러한 과학기술 문제들에 대해서는 사회적 의미를 검토해야 한다. 우리나라에서 있었던 황우석 사건이나 올해 발생한 천안함 사건에 관한 민관 공동조사단의 발표와 이에 대립하는 일반 시민이 제기하는 의혹 등은 우리 사회가 지향하는 이념, 남북한의 역사적 관계, 과학기술 연구에서의 권력 관계 등의 사회적 함축을 고찰해 볼 필요가 있는 문제들이다. 특히 우리는 "천안함사건"이라는 진행 중인 과학논의에 관심을 가져봄으로써 과학적 토론이 어떻게 종결되는지를 살펴볼 수 있는 좋은 계기를 갖고 있는 셈이다.

제6장은 과학기술 정책에 관해 다룬다. 현대사회에서 과학기술 없이는 국가 경영도 어렵다. 국민의 삶의 질이 과학기술의 경제적 성과에 달려 있기 때문이다. 국가 간에도 경쟁하며, 국내의 기업들 또는 개인들 간에서 경쟁한다. 이러한 경쟁 속에서, 국가가 과학기술 정책의 방향을 잘 수립하여 지원하여야 한다.

이 책은 전통적 과학철학과 사회적 인식론 또는 과학기술학 연구의 통합을 목표로 해서 썼지만 로우 처치 분야에 해당한다. 이어서 과학기술철학의 하이 처치 분야가 출간될 것이다.

독자가 과학기술철학의 기본적인 내용을 숙지함으로써 현대의 과학기술 사회를 잘 이해하고 합리적인 과학기술 가치관을 형성하고, 사회에서 과학기술과 관련된 문제가 발생했을 때 국민적 합의를 이끌 민주시민으로서의 자질을 형성하는 계기가 되기를 바란다.

과학기술철학을 이해할 수 있도록 필자에게 지적 세계의 창문을 열어주신 이초식 교수님께 감사드린다. 또한 과학기술철학 강좌를 열어주신 강원대 고재욱교수님과 안건훈교수님께도 감사드린다. 더욱이 상업적 가치가 별로 없는 책을 기꺼이 출판해 준 대종출판 손대권 사장께 감사의 말을 드린다.

2010年 8月
우정규

차 례

제 1 장 과학기술철학의 기초이해
1. 인류의 지성사와 진화론적 인식론 ·······································9
2. 과학기술 탐구방법론으로서의 논리와 내용·절차 평가로서의 윤리 ··············14
3. 과학적 이해와 설명 ···17
4. 과학컨텐츠의 소통을 위한 과학수사학 ·································23
5. 과학기술: 과학과 기술의 비분리성 ·······································27
6. 우리나라 과학기술철학연구의 역사와 현황 개요 ···················36

제 2 장 사회적 인식론
1. 과학과 기술의 구분 및 과학기술 ···39
2. 현대의 과학철학의 두 흐름 ··45
3. 사회학적 과학철학의 두 진영
   3.1 골드만의 사회적 인식론의 역사와 연구 과제 ···············47
   3.2 풀러의 STS의 역사적 이해와 주요 과제 ·····················82

제 3 장 S T P(Science-Technology-Philosophy)
1. 상식적 과학관의 한계 ··111
2. 과제 해결 중심의 STP의 중요성 ······································114
3. STP에서 철학의 역할 ···117
4. 과학기술 연구방법의 규제적 원리 ······································121
5. 과학전쟁을 통해서 본 진리의 법정 ····································126

제 4 장 사회적 구성주의와 과학기술 윤리
1. 사회적 구성주의 ···131
2. 과학기술사회학의 발전방향 ··135
3. 과학기술 연구윤리: 천안함 사건을 사례로 ·························137
4. 과학기술윤리 상론 ··149

제5장 ELSI

1. ELSI의 필요성 ··163
2. 신경과학기술과 ELSI ··165
3. 나노과학기술과 ELSI ··196
4. 생명공학과 ELSI
   4.1 생명공학기술과 소비자 안전 문제 ·····················214
   4.2 생명공학기술과 소비자 안전을 위한 관련 법률 ·····228
   4.3 생명윤리의 한 사례: 대리모 ·······························278

제6장 과학기술 정책

1. 과학기술정책의 연구의의 ··287
2. 우리나라와 세계의 과학기술정책 ································294

부록

1. 천안함침몰사건 ··304
2. 황우석사건 ···344

참고문헌 ···360

찾아보기 ···374

제 1 장 과학기술철학의 기초 이해

1. 인류의 지성사와 진화론적 인식론

인류의 발전은 궁극적으로 과학과 기술의 발전에 의거해 있다. 인간은 감각 능력과 사고 능력을 가지고서 지식을 추구하여 축적해 왔으며 지식에 근거하여 행위를 하고 외부 환경의 재료들을 가공하는 기술을 이용하여 생활의 편익을 증대시켜 왔다. 이처럼 인류의 역사를 통해서 볼 때 과학과 기술도 인류라는 생물학적 종의 진화와 더불어 진화해 왔음을 부인할 수 없으며 앞으로도 어떤 방향으로 진화할지 단정할 수는 없지만 인류가 생존하는 한에 있어서 과학과 기술도 추상적 실체로서 인간의 지적 활동의 결과로서 존립하는 것이므로 진화할 것임은 분명하다.

인류의 지식이 엄청나게 축적되어 왔을지라도 현재 도달한 지식이 절대적인 것은 아니다. 아직까지 밝혀지지 않은 분야의 지식이 있을 수 있으며, 현재 알고 있거나 진리라고 인정받고 있는 것이 어느 때부터 더 이상 진리가 아니라고 부인될 수 있는 것이다. 이처럼 과학적 지식은 변화 가능하고 개정 가능하다. 과학에 근거해서 사물이나 물질을 변용 생성하는 기술도 역시 마찬가지다. 과거 시대의 어떤 기술보다 그 다음 시대에는 더 효율적이고 간단한 기술이 나올 수 있는 것이다. 또한 기술은 기계 장치 의존적인 측면이 더 강하므로 발전된 기계 장치가 나올수록 더욱 더 좋은 기술이 지배력을 가지게 될 것이다.

이처럼 과학과 기술의 발전에는 진화론적 특성을 배제할 수 없다. 나는 미시적으로 귀납을 중시하는 경험주의자이며 지식의 거대 체계와 관련해서는 진화론적 관점을 가지고 있다. 이러한 사상의 연원을 좀 더 살펴보자. 현대의 과학철학에서 비판적 합리주의를 주창하여 일가를 이룬 포퍼(K. Popper)는 과학은 진리를 목적으로 하며, 과학적 탐구는 진리에 다가가는 과정으로 이해한다(Popper(1934, 1959)). 과학은 일종의 게임(즉 진리 게임)으로, 규칙이 없는 게임은 없다. 과학에는 방법론적 규칙이 필수이며 그것에 의해 과학이 정의된다. 포퍼가 말하는 과학의 방법론적 규칙은 반증 가능성이다. 그는 과학자는 반증을 피하려고 하지 말고 기꺼이 반증을 받아들여야 한다고 주장한다. 포퍼에게 있어서 반증 가능성은 과학의 게임 규칙이다. 과학자는 과학 활동을 할 때 반증 가능성의 규칙을 반드시 지켜야 한다. 반증 가능성을 용인하지 않거나 반증을 회피하려 하는 이론은 진정한 과학이론이 아니다. 그 예로 포퍼는 플라톤이나 마르크스의 역사 법칙주의적 사회과학이론을 제시하며(Popper(1961) 그 이론들을 과학이론으로 인정하지 않으며 그들을 열린 사회의 적들로 규정한다(Popper(1945)). 열린 사회의 적들이란 자유주의 사회에서의 과학적 탐구에 기본적으로 전제되어 있는 비판을 받아들일 관용의 원리를 부인하고 자신들의 이론이 절대적으로 옳다고 주장하는 비판을 허용하지 않는 입장을 가진 사람들을 의미한다. 즉 열린 사회의 적들은 폐쇄주의적, 전체주의적, 독선주의적 입장을 지닌 이론가들을 가리킨다. 자유주의 사회에서는 과학이론은 반증의 심판대 위에 늘 오르게 되며 반증의 시련을 겪어낸 이론이 객관적 지식(물론 상호 주관적임을 부정할 수 없지만)으로서의 통용권을 보장받게 된다.

포퍼의 방법론적 규칙에 의거한 지식의 성장은 과학의 고유한 특성 중의 하나이다. 지식의 성장에 의한 과학의 진보는 끊임없이 혁명적이고 대담한 이론을 제시하고, 이론이 지니고 있는 약점을 반복된 관찰과 실험을 통해서 제거하려는 노력에 의해 성취된다. 과학적 방법은 대담한 추측과 그것을 반박하려는 철저하고도 치밀한 시도이다.

포퍼는 시행착오와 제거의 방법은 관찰 명제에 의해서 거짓 이론을 제거하는 방법으로 본다. 시행과 착오의 제거 방법은 한 국면에서만 보면 후건 부정식을 이용한 연역으로 이해할 수 있다. 하지만 다단계적으로 순환적으로 환류(feedback)의 관점에서 보면 인간의 경험을 누적적으로 사용하는 귀납으로 이해할 수 있다. 이처럼 통용되는 과학적 지식은 진리의 결전장에서 살아남은 것으로 이해된다. 이처럼 과학적 지식은 반증을 견디어 내고 확증되는, 이렇게 될 때 성공이라고 평가를 받는다. 이러한 과정은 다윈의 진화론적 관점에 따를 때 잘 이해된다.

어떤 이론이 착각이나 잘못이 아니라는 것은 경험에 의해(즉 검증 또는 확증)에 의해 밝혀진다. 경험을 통해 볼 때 당시대에 통용되고 있는 이론들은 신실하고 지속적인 발견으로 이어진 것들이다. 기존의 어떤 이론에 경합해서 그것과는 다른 결론을 갖고 있는 새 이론이 확실히 옳은 것이라고 말해 줄 수 있게 하는 것은 바로 경험이다. 과학자들이 자료를 가지고서 실제로 생각하고 있는 경험적 기록에 대해 더 많이 연구하면 연구할수록, 원인과 결과 간의 확립된 관계로부터 과학적 지식 획득을 위한 사고 방법의 규범과 규칙을 찾아볼 수 있다. 지식 추구로부터 제도화된 과학은 길고 긴 역사적 성장의 산물이다. 그러한 과정 속에서 각종 실험이 행해졌으며, 그 안에서 이러저러한 과학자들은 그들 나름대로의 실험이나 관찰을 해보았던 것이다. 그러한 시도 속에는 혼동이나 실패의 경우도 있었을 것이며 성공이나 발전도 있었을 것이다. 경험 자료를 이용하는 과학적 방법은 성공과 실패에 근거해서 꾸준히 선택되어 온 것이 과학의 역사에 들어 있다.

이와 같이 과학에 있어서 성공과 실패를 통한 적자생존으로 이해하는 다원적 관점은 자연이나 사회에 대한 설명, 예측, 및 통제라는 목적에 의해 구체화될 수 있다. 과학은 궁극적으로 진리 추구 또는 합리성 확보를 목적으로 하는데, 그것은 실천적(실제적) 지식이라는 개념에 의해 정의되며 이론적 성공과 실제적 성공을 보여 줄 수 있어야 한다. 과학적 지식 내지 이론의 진화는 생물학적인 것이 아니라, 사회학적인 것이다. 그것은 자연 선택에 의한 생물학적 진화가 아니라, 합리적 선택에 의한 문화적 진화이다. 필연적인 압력을 받을 때 변화가 불가피하며 용인되듯이, 과학의 방법론적 도구는 다른 것보다 생존하기에 더 적합한 것으로 결론이 날 때 통용된다. 즉 이것은 우리가 적합하다고 보는 것이 무엇이냐에 따라 합리적인 것이라고 평가된다는 것을 의미한다.

과학적 방법에 대한 다원적 합리적 선택 이론은 과학자의 요구와 관심에 근거해서 합리적 선호에 따르는 역사적 생존의 문제이다. 적합한 과학적 방법은 탐구 목적을 고려하고 이론적 적합성과 실제적 적합성을 고려해서 평가된 것으로 이해할 수 있다. 이것은 결국 합리적 선택에 따르는 것, 즉 진화를 의미하는데, 경험을 중시하는 실용주의와도 같은 맥락을 가지고 있다. 사실적 문제에 관한 탐구의 타당화는 실용적 성공을 보일 때 인정되며 결국 다원적 생존의 문제로 연결된다.

인류의 지성사를 통해서 볼 때 점성술, 수비론, 신탁, 해몽, 유리구슬, 차잎 읽기, 새 내장 읽기, 갑골, 정령설, 타로카드, 쌀점, 막대점, 소크라테스 이전 시기에 있었던 목적론적 물리학 등은 사라졌다. 현재에 남아 있는 과학적 방법으로는 연역과 귀납으로 정리될 수 있다. 연역이나 귀납은 양자에 대해 서로 강력하게 주장하는 입장, 즉 연역주의와 귀납주의가 있지만, 어쨌든 과학 방법론으로서의 시행과 착오

제거 과정을 통한 역사적 진화라는 관점에서 타당성을 인정받고 있는 방법들이다. 그 방법들은 선험적이고 절대적인 것이 아니라, 경험적이고 상대적인 것이다. 이러한 과학적 탐구방법들의 장점은 여러 경쟁자들과의 경합 속에서 정립되었다는 것이다. 이러한 방법들은 다원적 선택 과정의 역사 속에서 쓰디쓴 경험의 법정 앞에서 입증되어 온 것이다. 그 방법들의 합법화는 절대적인 것이 아니라 추정적인 것이다. 17세기 절대 독재의 신성 권력의 산물이라기보다는 오히려 경쟁 후보들 중에서 민주적 투쟁에서 살아남은 것이다. 과학은 저 높은 곳에서 내려준 완결된 영감의 문제가 아니다. 우리는 예상을 경험함으로써 원리와 과정을 정리한다. 그렇게 획득된 원리와 과정 자체는 진화론적 발전의 문제에서 이해되는 것이다. 특히 폭넓게 보면 귀납적 실천의 합리적 선택을 통한 창발의 관점에서 이해되어야 하는 것이다.

다시 포퍼의 관점에서 과학적 지식의 성장을 살펴보자. 과학의 역사는 추측과 반반, 이론과 실험의 싸움터이다. 이 싸움터에서 결정적으로 승리하는 것은 항상 실험이다. 시행과 착오 제거의 방법으로 요약될 수 있는 과학적 논의는 항상 문제(이를 PS_1이라 하자)에서 출발한다. 이 문제에 대한 잠정적인 해결로서 잠정적인 이론(tentative theory, 이를 TT_1라 하자)이 제시되고 제시된 이론은 비판을 받는다. 이 비판의 과정은 착오 제거(error elimination, 이를 EE_1라 하자)의 시도이다. 그리하여 이론은 비판적으로 수정되면서 새로운 문제(이를 PS_2라 하자)를 제기한다. 이 과정은 다음과 같이 도식화될 수 있다.

$PS_1 \rightarrow TT_1 \rightarrow EE_1 \rightarrow PS_2$

포퍼에 의하면 이 도식은 과학은 문제에서 출발하여 문제로 끝난다는 것을 가리킨다. 문제 해결로 제시된 가설이나 이론은 비판을 받아야 한다. 포퍼의 입장에서 볼 때, 가장 값진 비판은 이론을 제시하고, 그 이론을 가장 명확하고 뚜렷이 표현하여 이론의 잘못된 점을 살피는 것이다.

비판은 반박하는 것이다. 만일 가설이나 이론이 반증이나 반박을 받게 되면 그것은 폐기되고 다른 문제 해결의 길이 제시된다. 그렇지 않고 문제 해결을 위해 제시된 가설이나 이론이 영속적인 비판을 견뎌낸다면 그동안 우리는 그것을 잠정적으로나마 과학적 지식으로 받아들인다. 따라서 포퍼가 말하고 있는 지식의 성장이라는 관점에서 보면 인간 지식의 확실성을 주장한 소위 베이컨-데카르트의 이상은 타당하지 않다. 시험에 의해 이론이나 가설의 궁극적인 진위가 결정되는 것은 아니다. 이론이 시험에 의해 반증되지 않고 지탱되어 간다면 그것은 지지되는 것에 불과하다. 즉 확인된 것에 지나지 않는다. 따라서 이론의 확인이란 이론이 지금까지 견디어 온

한에 있어서, 즉 일정한 시간의 제한 안에서 타당한 것이라는 의미이다. 그러므로 포퍼에게 있어서 모든 지식은 잠정적인 지식일 뿐이다. 어떠한 가설이나 이론에 있어서도 절대적 확실성은 부여되지 않는다. 이론이 엄격한 시험을 무수히 통과했다고 해도 이론은 시행 중인 가설의 성격을 벗어나지 못한다. 이에 대해 포퍼는 과학은 확정된 명제의 체계가 아니며 과학은 진지(episteme, 眞知)가 아니라고 말하고 있다.

어쨌거나 과학적 지식에 관해서 솔직하게 말할 수 있는 것은 과학자도 인간이어서 전지전능하지 않다는 것이다. 인간은 늘 실수를 할 수 있는 존재이지만, 그럼에도 지성을 활용하여 지식을 획득하려 한다는 점은 부인할 수 없다. 또한 인류의 지성사 또는 과학사를 통해서 볼 때, 과학적 지식은 성장 발전하고 있으며 과학자가 설정하는 목적과 부합하는 방향으로 진화를 하고 있음을 부인할 수 없다.

그런데 과학적 지식의 진리성이 잠정적이며 반증에 면역되어 있지 않으며 합리적 선택에 의해 진화한다는 특성의 근본적인 배경에 놓여 있는 것은 그러한 목적(즉 합리성)을 일시적이나마 결정해 줄 수 있는 과학 내재적인 규범이 있어야 한다. 파이어아벤트(P. Feyerabend)와 같은 과학의 보편적인 방법론을 거부하는 극단적인 무정부주의적 반방법론자도 있지만, 자유주의 사회에서 합리성을 확보하려는 목적을 설정하고 있다면 우리는 진리를 규정하는 논리 내지 논리 체계를 받아들이지 않을 수 없다. 어떤 특이한 방법을 사용해서 과학자는 지극히 우연히게도 진리라는 목적지에 도달할 수 있겠지만, 또는 너무나 행운이 따라 아주 일찍 진리에 도달할 수도 있겠지만, 모두가 그렇게 쉽사리 진리를 획득하는 것은 아니다. 더구나 오늘날의 과학적 탐구는 이미 특정 분야에 있어서 상당한 지식이 축적되어 있고 그것을 기반으로 하여 추가적인 연구가 진행되는 것으로 이해할 수밖에 없다. 따라서 기존의 과학자들이 연구해 놓은 성과와 방법을 무시하고서는 진정 해당 특정 분야에 진입할 수조차 없다. 물론 어떤 과학자가 최초로 탐구 대상을 설정하고 탐구를 진행하는 경우라면 그가 특정 분야에 있어서 최초의 주창자로서의 지위를 인정받을 것이기 때문에 그러한 경우라면 어떠한 방법이든지 그가 사용해서 성공하게 되었다면 그러한 방법은 합리적 선택의 관점에서 역시 받아들일 수 있다. 하지만 수많은 과학적 탐구에서, 수많은 실험에서 성공 가능성보다 실패 가능성이 더 크다. 성공하면 좋은 일이지만 실패하더라도 그 실패를 교훈삼아 그 반대의 내용을 진리로 확인해낼 수도 있는 것이다.

2. 과학기술 탐구방법론으로서의 논리와
　　내용·절차 평가로서의 윤리

나는 과학 탐구방법론으로서 논리는 필요하며 없어서는 안 될 것이라 생각한다 (우정규(2010): 13-17). 탐구방법론이 반드시 연역이어야 할 필요는 없으며 최초로 사실적 지식을 획득하는 경험을 종합하는 귀납도 방법론적 규제적 원리로서 중요한 역할을 해왔다. 이런 점에서 과학철학은 과학적 탐구의 규범적 원리를 제시하고 과학적 지식의 본성이나 과학적 지식과 관련된 설명, 이해, 예측, 성장에서의 분석적 비판을 행할 수 있다. 또한 과학적 문제에서의 존재론, 존재들 간의 관계론, 과학적 이론을 구성하는 언어의 구성론, 의미론, 및 화용론 등을 포함한 과학자의 궁극적인 결단 사항에 대한 비판적 조언의 역할을 해야 하며 과학자나 과학 공동체에서 제기되는 인식적 가치의 문제나 도덕적 가치의 문제에 대해서도 철학적 논의가 가해져야 한다.

현대 산업 사회가 도래해서 여러 선진국들에서는 기아의 문제가 해결되었고 행복을 만끽할 수 있도록 교통이 발달하고 통신도 발달하고 농업 지식과 기술로 인해 음식 문화의 질도 높아졌다. 또한 의학과 의료 기술의 발달로 질병에서 좀 더 안전한 상태로 의료 서비스를 받을 수 있게 되었다. 생물학과 생명 공학이 무척 발달하였지만 인간 배아 복제를 허용할 것인가 말 것인가에 관해서, 생명 현상에 관한 인식적 가치는 중대하므로 또한 인식적 가치가 큰 만큼 경제적 가치도 크므로 과학적 탐구는 허용될 수 있다. 하지만 인간 복제와 같은 생명 공학은 인간의 존엄성 논제와 상충을 일으키니 만큼 일단은 보류되고 심각한 논의가 진행되고 있다. 동물 복제 실험을 통해 발생한 부작용도 보고되고 있으므로 인간 복제에 대해서는 더욱더 신중하지 않을 수 없다.

이런 점 때문에 과학적 탐구와 실천에 있어서 도덕적 논의와, 더 나아가서 법적 논의가 필요하다. 자본주의 사회에서는 지식이 중요한 재화의 원천이며 또한 탐구 공동체가 복수로 있으므로, 즉 여러 국가에서 경쟁적으로 과학기술을 부의 자원으로 삼으려는 노력을 하고 있으므로, 과학자 개인이든 과학자 공동체든 과학 정책을 집행하는 정부든 해당 산업에서 주도권을 잡으려는 노력을 하게 마련이다. 자유 경쟁 사회에서는 대개 선착순의 원리가 지배한다. 남보다 먼저 시장에 진출하는 자가 후발 주자보다 경제적 이익을 향유하는 것이 일반적이기 때문이다. 이러한 유혹을 과학자나 과학 공동체나 국가는 뿌리치지 못한다. 이에 대해 과학철학은 유혹을 이겨내는 도덕적 처방을 할 필요성이 있다.

전통적으로 철학에서는 존재에 대한 인식(즉 지식)의 문제를 다루어 왔는데, 이것을 인식론이라고 부른다. 현대에서는 주로 과학적 지식의 문제를 다룬다. 현대의 과학적 지식의 문제를 본격적으로 논의한 것은 1920년대에 카르납(R. Carnap)을 중심으로 한 비엔나 서클에서 논리실증주의라고 부른 사조 내지 라이헨바하(H. Reichenbach)가 주장한 논리 경험주의라 할 수 있다. 이러한 입장을 가진 과학철학자들은 개별 과학 전문가들이었는데, 그들은 궁극적인 철학적 문제들, 즉 관찰 명제란 무엇인가, 이론적 존재란 무엇인가, 관찰 명제가 참이라는 것은 무슨 의미인가, 어떻게 관찰 언어와 이론 언어가 관계를 맺게 되는가, 과학이론의 체계적 구성은 어떠해야 하는가 등의 철학적 문제들에 관심을 갖고 견해를 표명하게 되었다. 그들은 과학적 존재는 관찰 명제로의 환원, 즉 감각 자료 언어(sense-data language)로 논리적으로 번역해서 경험을 통한 검증을 주장하였기에 논리와 경험을 강조하였다.

또한 과학적 설명을 위해 법칙이나 가설의 존재론적 지위나 역할, 인과 개념에 대한 분석, 양자역학에서 나타나는 비결정론적 세계관을 기술하기에 적합한 확률 이론에 대한 연구 등을 하였고, 이러한 연구 주제는 그들의 제자들이 이어받아 더 심오하게 연구하였다. 이러한 과학철학적 연구 전통은 논리적, 분석적 연구 전통이라고 할 수 있으며, 규범적 관점에서 과학철학을 펼치고 있는 것이다.

한편 과학 공동체가 탐구를 하는 과정을 역사적으로, 사회학적으로 고찰하거나 과학적 지식의 사회학적 역할과 과학적 지식의 사회학적 본성을 규명하려는 시각에서 과학철학을 연구하는 전통이 출현하였다. 이러한 전통은 마르크스주의적 관점에서 발생한 지식 사회학이나 프랑크푸르트학파의 사회 비판 철학의 관점과도 연결이 되어 있는 면이 있어서 사회적 인식론이라 불린다. 이러한 사회적 인식론의 관점은 1960년대에 지식과 권력의 관계를 규명한 푸코(M. Foucault)에게서도 보이지만, 과학사를 연구하여 과학철학적 주제들을 규명하여 탐구 패러다임의 변화라는 개념을 가지고서 과학 혁명의 구조를 규명한 쿤(T. Kuhn)에게서도 나타났다. 이들의 입장은 영국의 에딘버러학파에게서 강한 프로그램이라는 이름으로 채택되었을 뿐만 아니라, 미국에서는 골드만(A. Goldman)과 풀러(S. Fuller)에 의해 사회적 인식론이라는 학문 분야로 자리잡기 시작하였다.

이와 같이 현대의 과학철학은 전통적으로 과학이론의 내적 분석(즉 논리적 분석)

에 치중하는 입장(- 이 분야를 깊은과학(deep science) 또는 높은교회(high church)라 부른다.)과 이와는 달리 과학사·과학사회학 관점에서 과학적 지식과 관련된 경험기술적인 입장(- 이 분야를 얕은과학(shallow science) 또는 낮은교회(low church)라 부른다.)의 큰 대립이 있다. 이러한 구별은 촘스키의 심층구조(deep structure)와 표층구조(surface structure)의 구분이 적용된 것으로 이해할 수 있지만, 근본적으로 과학기술지식의 핵심환경과 관련이 되어 있다. 사이먼은 《인공과학(Artificial Science)》에서 "내부환경"과 "외부환경"을 구분하고 있다. 이처럼 과학기술지식에도 탐구해야할 두 측면이 구별될 수 있는 것이다. 과학기술철학에 대한 연구방법의 차이가 있을지라도 이 두 진영 모두 과학기술철학이라고 주장하고 있으므로 이제는 융합적 관점에서 양자를 절충 수용하는 노력이 필요하다. 논리실증주의적 과학철학이 없이는 사회학적 독재가 발생할 뿐이며, 과학사·과학사회학이 없는 과학철학은 현대사회의 과학 현상을 올바르게 이해하지 못하며 내용이 없는 거푸집에 불과할 것이다.

따라서 앞에서 간략히 말한 바 있지만 지금까지 많이 축적되어 있는 과학적 지식에 철학적 관점을 결합하여 합목적적(즉 합리성이 있는)인 과학철학이 되어야, 철학이 있는 과학이 우리의 삶을 더 풍요롭고, 더 의미가 있는 진리의 세계로 정향이 될 것이다. 과학철학이 없는 과학사·과학사회학은 방향타가 없이 이리저리 방랑하는 지식의 배라 할 것이요, 과학사·과학사회학이 없는 과학철학은 손님이나 화물이 없이 목적지를 향해 가는 빈 배라 할 것이다.

이러한 필요성을 예증하기 위해 여기서 잠시 19세기 말과 20세기 전반기에 영국에서 도덕 과학(moral sciences)라고 불린 학문 분야를 생각해 보자. 도덕 과학은 오늘날의 의미로 윤리학을 가리키는 것이 아니었다. 그 말은 규범학이라고 하는 것이 당시의 의미에 더 부합한다. 가령 케인즈(J. M. Keynes)는 우리에게 일반적으로 거시경제학자, 국가 간섭주의 경제학자로 알려져 있지만, 그는 20대 때에 케임브리지 대학교의 킹스 칼리지에 입학, '소사이어티' 그룹에 가입하여 젊은 윤리학자 무어(G. E. Moore)의 영향을 받았다. 케인즈는 Cambridge로 돌아 와서, 1921년에 『확률론(Treatise on Probability)』을 출간했다. 그 책에서 고전적 확률론을 해체하고 그 때부터 확률의 논리적-관계설(logical-relationist theory of probability)라고 불린 탐구방법론 중 확률이라는 핵심 개념에 관한 연구를 하여 출간했다. 이 책은 램지에게 강력한 자극을 주었는데, 램지는 1926년에 "진리와 확률(Truth and Probability)"라는 논문에서 주관적 확률설(subjective theory of probability)이라고 부른 입장을 주장하게 되었다. 케인즈에게서 볼 수 있는 바와 같이, 과학적 방법론의 기초가 있어야 사회의 경제 현상을 관찰하여 경제 이론을 수립할 수 있으며, 더 나아가서 경제 정책을 펼 수 있게 되었으므로, 그를 통해서 말할 수 있는 것은 과학철학의 주 영역인 과학의 방법론이 없이는 현실에의 적용(즉 개별 과학과 그 응용)은 불가능했을 것이라는 것이다.

또 하나의 사례로 사이먼(H. Simon)을 살펴보자. 그는 의사결정이론가로서 널리 알려져 있다. 의사결정 이론은 경영학, 행정학, 산업공학 등에서 활용되는 이론이다. 그는 시카고 대학에서 정치학을 연구했다. 그 중에서도 계량경제학자이며 수리경제학자인 슐츠(H. Schultz)에게서 영향을 받아 경제학 연구방법론을 익혔다. 이것을 가지고 조직의 의사 결정에 관한 연구로 박사학위를 취득했다. 그는 미시경제학에 혁명적인 변화를 초래했다. 그는 불확실성이라는 개념을 도입하였는데, 그것은 어떤 주어진 때에 의사결정을 할 수 있는 완벽하고 완전한 정보를 갖는 것은 불가능하다는 것이다. 그는 이 분야에서 업적을 인정받아 1978년에 노벨상을 수상했다. 사이먼은 그 후 행정학, 인지과학에 관심을 갖고 연구했으며 과학철학과 관련해서는 랭글리(P. Langley), 브랫쇼(G. Bradshaw), 및 짓코우(J. Zytkow)와 함께 쓴 『과학적 발견: 창조적 과정의 전산적 탐색(Scientific Discovery: Computational Explorations of the Creative Processes)』를 써서 자료-추동적(data-driven) 발견 방법을 제시하였다.

3. 과학적 이해와 설명

과학철학에서의 과학은 우리나라에서 자연과학을 의미하는 경우가 흔하다. 하지만 과학은 보편적으로 말해서 학문이라 말하는 것이 좋은데, 17 세기 이후 뉴턴의 물리학이 개별 과학(individual science)으로 독립하기 시작한 이래 일본을 통해 수입되어 과학이라는 번역어가 우리말로 발음하여 사용하기 시작해 정착된 언어이다. 과학의 라틴어적 어원은 앎이라는 뜻이다. 따라서 앎의 대상이 자연물에 한정되어 있는 것은 아니다. 인간에 대한 탐구도 물리학적(즉 신체적), 생물학적 관점에서 있을 수 있듯이, 정신이나 문화적인 측면에서 탐구 가능하다. 그럴 경우에 통상 인문과학이라고 불리며, 인간 집단, 즉 사회에 대한 연구를 하게 되면 사회과학이라 부른다. 따라서 인문과학이든 사회과학이든 자연과학이든 그 나름대로의 고유성이 있다면 그것을 탐구해내는 고유한 방법이 있을 수 있다. 통상적으로 인문사회과학은 자연과학과 달라서 인문사회 현상에 대한 이해의 방법, 즉 현상학적 해석학적 탐구 방법을 논의하기도 한다. 인문사회 현상에 대해서도 자연과학적인 방법, 즉 관찰과 실험을 통한 계량적 통계적 방법이 있을 수도 있다. 그러므로 우리는 과학에 대한 의미의 외연을 자연과학에만 한정할 필요는 없다. 인문과학, 사회과학, 자연과학에 모두 해당하는 공통적인 탐구방법이 있을 수도 있으며, 차이가 나는 부분들에 대해서는 서로 다른 탐구방법이 있을 수도 있다. 어떻게 이해하든 간에, 성공이라고 평가받을 수 있는 적합한 방법이 채택되어 탐구 내용을 적절하게 구성하기만 하면 된다. 이러한 관점에서 과학 방법론에 대해 포괄적인 측면이 다루어지기도 할 것이고 개별 특수성이 강조되는 방법이 다루어지기도 할 것이다. 어디까지나 함께 다룰 수 있는 부분이 있다면 공통적으로 다루어질 것이며, 개별적으로 달리 다루어질 필요가 있다면 개별적으로 다루어질 것이다.

 자연과학과 인문과학을 구분하는 입장을 가지고 있는 학파는 신칸트학파이다. 이 학파는 자연과학과 인문과학이 각각 방법, 대상, 목표에 있어서 모두 구분된다고 보았다. 자연과학은 법칙정립적인 방법에 기초하고 있는 것으로서 자연세계의 사실이 그 대상이 되며 그 속에서 보편 법칙을 발견하는 것을 목적으로 한다. 한편 역사학으로 대표되는 인문과학은 개성기술적인 방법에 기초해서 보편 법칙을 발견하려는 것이 아니라 반복 불가능한 역사적 사건의 일회성을 기술하는 것을 목적으로 한다.

 예를 들어, 2010년 7월 3일 오후 1시19분쯤 인천시 중구 운서동 인천대교 공항 방향 영종IC 톨게이트를 300m 가량 지난 지점에서 운전사 정모(55)씨 등 24명이 탑승한 고속버스가 도로 밑으로 추락해 12명이 숨지고 12명이 부상한 사고를 가지고서 생각해 보자. 버스운전기사의 의도와 관련해서는 그가 승객들에게 과실치사상의 피해를 의도하지 않았으므로 그의 고의성은 문제시하지 않을 것이다. 경찰은 정확한 사고 경위와 피해 조사를 실시하고 있다.

 대략적인 사고 경위는 다음과 같다. 사고가 난 고속버스는 경북 포항을 출발해 인천국제공항으로 향하고 있었다. 경찰은 사고 버스가 인천대교를 건넌 뒤 영종IC 톨게이트를 지나 편도 3차로 중 2차로를 달리다가 고장이 나서 멈춰있던 경차를 피하던 1t 화물차를 피하는 과정에서 중심을 잃고 도로 우측 가드레일을 들이받고 10m 아래 도로공사장으로 추락한 것으로 보고 있다. 인천대교 고속버스 추락사고와 관련해 여러 조사가 이루어지고 있는 가운데 운전기사의 안전거리 미확보가 주요 사고원인으로 지목됐다. 인천 중부경찰서는 사고 버스의 운전기사 정모(53)씨에 대해 도로교통법 위반 혐의 등으로 구속영장을 신청하기로 했다.

조사결과, 정씨는 톨게이트 하이패스 부스를 시속 70km~80km로 통과한 뒤 2차로에 앞서가던 화물트럭과 안전거리를 확보하지 않은 채 5~6m 간격을 두고 달린 것으로 확인됐다. 정씨는 "빨리 가서 쉬고 싶은 마음에 화물트럭과의 안전거리를 유지하지 않았다"며 "앞서 달리던 화물차가 왼쪽으로 급히 차선을 변경해 사라지더니 갑자기 마티즈 승용차가 나타나 브레이크를 밟았다"고 사고 상황을 상세히 진술한 것으로 알려졌다. 여기서 정씨의 앞 진술은 그가 사고를 내게 된 심리적, 정신적 상태에 관한 진술로서 자연과학적 탐구영역에 해당하는 것이 아니라, 인문사회과학적 이해와 관련된 원인 분석이다.

또한 사고 발생 경위와 관련된 사실 조사에서 어떤 여성 운전자가 고장이 난 마티즈 승용차를 도로에 세워두고 삼각대를 설치하지 않은 것도 사고원인의 쟁점이 되고 있다. 도로교통법상 고속도로 등에서 차가 고장이 나면 100m 이상 떨어진 곳에 안전삼각대를 설치하는 것이 운전자의 의무이기 때문이다. 이것은 발생한 사건에 관한 물리적 이해와 관련된 부분이기는 하지만, 인터넷에서는 여성 운전자의 사고 처리과정 미숙에 대한 사회적 논란이 일고 있다. 이러한 사회적 논란은 우리나라 사람들이 여성 운전자의 운전 기술이나 태도에 대한 사회적 이해를 전제하고 있으므로 이러한 영역에 대한 것은 인문사회과학적 이해에 해당한다.

아울러 인천대교에 설치된 가드레일이 기준 미달로 설치돼있던 사실도 드러났다. 사고지점은 10m 높이의 위험구간이었음에도 일반구간에 적용되는 3등급의 가드레일을 설치돼 있어 버스의 추락을 방지할 수 없었다는 것이다. 경찰은 현재 사고현장 가드레일에 대한 현장조사를 벌이고 가드레일의 재질이나 강도에 문제가 없었는지 밝히기 위해 국립과학수사연구소의 정밀 감식 결과는 사고 지점의 철제 가드레일이 시공에 문제가 없는 것으로 밝혀지자 설계의 적정 여부에 관심이 모아지고 있다. 사고 지점의 가드레일은 한국도로공사가 설계하고 코오롱건설이 시공했다. 이 문제와 관련해서, 경찰, 농림수산식품부, 도로교통공단, 인천시종합건설본부 관계자가 실시한 가드레일 현장검증이 있었는데, 큰 문제점이 발견되지 않았다. 현장검증 결과, 가드레일이 설계도에 맞게 시공된 것으로 나타났다. 따라서 사고 안전 예방 미흡에 관해서는 가드레일 설계가 적정했는지, 가드레일이 한국산업규격에 맞게 제작됐는지를 가리는 새로운 조사 과제가 발생되었다. '도로교통안전시설 설치 및 관리 지침'을 보면 가드레일은 1~7등급으로 구분된다. 등급이 높을수록 단단하고 세다. 사고 지점에는 고속구간(100km/h 이상)에 적용되는 3등급이 적용됐다. 문제는 사고가 난 철제 가드레일 바로 옆에 낭떠러지(고속버스 추락 지점)가 있고, 화물차 통행량이 적지 않다는 점이다. 고속구간 중 노측 위험도가 크거나 특수 중차량 통행이 많은 구간은 5~6등급을 적용해야 한다. 물론 도로 여건을 종합해 판단하는 것으로, 반드시 특정 등급을 사용해야 하는 것은 아니다. 또한 철제 가드레일이 설치된 곳은 성토구간으로, 콘크리트로 기초공사를 하거나 지주대를 더 깊게 박아야 한다는 주장도 있다. 이번 사고로 숨진 정흥수씨의 형 영철(56·토목기술사)씨는 "가드레일 지주대기 설치된 곳은 땅 다짐이 제대로 안 됐다"며 "지지력이 확보되지 않았다"고 주장했다.

　현재 마티즈 승용차 운전자 김모씨와 인천대교 순찰팀간의 진술은 엇갈리고 있는 상황이다. 경찰 관계자는 "마티즈 운전자가 거짓말탐지기 사용에 동의했다"며 "김씨가 심리적으로 안정을 찾으면 거짓말탐지기 수사를 할 것이다"고 말했다. 거짓말탐지기와 관련된 문제는 진술의 진실성의 문제와, 거짓말탐지기 수사를 거부할 수 있는 피조사자의 권리, 및 거짓말탐지기의 사용의 정확성 내지 오류로 인한 인권 침해 가능성 등은 인문사회과학적 영역의 문제이다.

　인천대교 버스추락 사고에 대한 이해에 있어 자연과학적 설명의 문제와 인문사회과학적 이해의 문제가 얽혀 있음을 볼 수 있었다. 이 두 탐구 관점에 들어 있는 차이점을 명확하게 이해하기 위해서 먼저 자연과학적 설명의 방식을 취해보자. 고속버스가 인천대교에서 추락한 이유에 대한 자연과학적 설명을 위해서는 다음과 같은 두 가지 요소가 필요로 한다. 하나는 자연법칙이며 다른 하나는 특정 사실의 초기 조건이다. 자연법칙은 물체의 가속도, 원심력, 마찰에 관한 법칙, 충격의 한계에 관한 법칙 등이 해당할 것이다. 초기 조건으로서의 사실은 직접 관찰될 수도 있고 가설적으로 구성될 수도 있다. 직접 관찰될 수 있는 사실들로는 노면의 정상성 여부, 사고 현장의 가드레일의 재질, 공사 상태 등과 같은 사건 발생 시점의 구체적인 상황에 대한 관찰 증거들이 포함되어야 한다. 가설적으로 구성될 수 있는 것은 고속버스가 제한 속도보다 지나친 속도로 운행되었는가, 버스의 제어장치에는 고장은 없었는가, 버스운전자의 시야를 방해할 외적 요인은 있지 않았는가 등이 포함될 수 있을 것이다.

　일반적으로 자연과학적 설명은 인과적 원인을 묻는 왜라는 물음에 대한 답으로서의 설명으로, 일반적으로 다음과 같은 조건에 해당하는 자연법칙이 충족되어야 한다.

1) 자연법칙은 참이면서 보편적인 경험 명제이어야 한다.
2) 이 보편 명제는 가설의 명제 형식으로 번역될 수 있어야 한다.
3) 자연법칙의 주장은 모든 시공간에서 타당해야 하므로 미래에도 해당되어야 한다.
4) 자연법칙의 주장에 대한 간접증거가 있어야 한다.
5) 일반성의 정도가 높은 명제일수록 자연법칙이 될 가능성이 크다.

1)의 조건은 자연법칙의 명제는 특정 사실이나 사건을 지칭하는 것이 아니라 주어진 집합에 속하는 모든 원소에 적용 가능해야 한다는 것이다. 이 못은 산소에 노출되면 녹슨다는 것은 자연법칙이 아니라 단칭 명제로 된 하나의 조건적 사실 진술이다. 하지만 못은 산소에 노출되면 녹슨다는 것은 모든 못에 대해 말하고 있는 보편명제이며 경험 가능한 명제이므로 법칙적 지위가 있는 진술이다. 법칙으로서의 지위를 갖는 보편명제는 자연의 제일성이나 반복성을 반영하는 것으로 이해된다.

일반적으로 통계적 진술은 보편 법칙적 지위를 갖지 못한다. 하지만 양자역학의 발전과 더불어 확률론이 연구되어 왔는데, 확률론이 인과론과 연결이 되어, 1980년부터 확률론적 인과성이 연구되고 왔으며, 그러한 연구 결과를 반영하면 확률 언명도 법칙적 지위를 가지고 있다고 인정된다. 이러한 의미에서의 확률은 법칙적 확률(nomic probability)이다.

2)의 조건은 법칙이 조건 명제 형식으로 번역될 수 있어야 한다는 것을 의미한다. 이것을 반사실적 조건문이라고 부른다. 못은 산소에 노출되면 녹슨다는 명제는 다음과 같이 반사실적 조건문으로 번역된다.

(x)[(못x∧산소노출x)→녹x]

위의 번역문을 쉽게 말하면 산소에 노출된 못은 어느 것이든지 모두 녹슨다는 것을 의미한다. 이때 실제 산소에 노출된 못이 없을지라도, 가정상 그러한 것(즉 산소에 노출된 못)이 있다면 그것은 녹슨다는 것을 의미한다.

3)의 조건은 1)의 조건과 연장선상에서 이해할 수 있다. 모든 것은 과거에도, 현재에도, 미래에도 있는 것을 의미한다. 과거, 현재, 및 미래를 모두 합치면 모든 시간을 의미하게 되며, 이것은 논리적으로 분석해 볼 때, 무시간적이라는 것과 같다 (즉 영원은 무시간이다). 실제의 과학법칙 사용에 있어서는 미래에 투사함으로써 예측 활동을 하는데 사용된다. 따라서 오늘 내가 못을 샀는데, 내일 녹이 슬지 않게

하려면, 그 못이 오늘부터 내일까지 산소에 노출되지 않게 예방책을 취해야 할 것이다. 만을 그렇지 않고 오늘부터 내일 사이에 못이 산소에 노출된다면 그것은 녹슬 것이라고 예측된다.

4)의 조건은 자연법칙이 독립적으로 고찰될 수는 없다는 것을 말해준다. 예를 들어 모든 백조는 희다는 명제는 시공간 및 적용 영역의 개체 수에 제약을 받지 않지만, 법칙으로 여겨지지는 않는다. 왜냐하면 이 주장에 대한 증거는 직접적인 증거밖에 없기 때문이다. 다시 말해서 모든 백조가 희다는 사실과 관련된 의미 있는 규칙성을 가진 다른 자연법칙을 제시할 수 없기 때문에 이 명제는 보편 명제의 형식을 지녔을 뿐 자연법칙으로서의 지위를 갖는 것은 아니다. 반면 모든 백조는 죽는다는 명제는 일반적으로 모든 유기체는 죽는다든가 모든 유기체의 세포는 노화된다는 등의 간접증거에 의해 지지되므로 자연법칙이라 할 수 있다.

5)의 조건은 자연 사물의 동일한 특징에 대해 언급하는 명제라고 하더라도 일반성이 더 높을수록 자연법칙으로서의 자격을 갖게 된다는 것을 뜻한다. 예를 들어 모든 금속은 전도체이다와 구리는 전도체이다라는 두 명제가 있을 때 전자가 더 일반성이 높기 때문에 자연법칙으로 간주된다.

한편 인문과학적 이해에 있어서는 법칙에 입각한 인과적인 설명보다는 개별적인 사건에 대한 이해를 목표로 한다. 인문사회 현상은 이해의 대상으로 역사적인 사건이나 텍스트의 의미와 같이 시간적으로 일회적이거나, 이해하고자 하는 사람이 처한 맥락에 따라서 달라질 수 있는 개별적인 것이다. 이해에는 설명에는 없는 어떤 심리학적 고리가 존재한다. 딜타이(W. Dilthey)는 저자의 의도를 이해하는 방법으로서 추체험(즉 간접체험)을 내세우기도 한다. 추체험의 방법이란 이해하고자 하는 사람이 글쓴이의 마음을 간접적으로 체험함으로써 그가 본래 의도한 것이 무엇인지를 알아내는 방법을 뜻한다.

인문과학적 이해의 특성으로서 가장 중요한 요소는 바로 해석의 다양성이다. 철학적 해석학자로 유명한 가다머(H. G. Gadamer)는 우리의 이해에는 선입견이 반드시 전제될 수밖에 없으며, 그렇기 때문에 모든 이해는 일면적이고 유한할 수밖에 없다고 주장한다. 가다머의 관점에서 보면 딜타이의 추체험과 같은 방법을 통해서 저자의 의도에 접근할 수 있다고 하는 것은 잘못이다. 그는 무엇보다도 우리가 이해하고자 하는 텍스트의 의미가 저자의 의도 같은 것에 한정되어 있지 않다고 생각한다. 예를 들어 춘향전의 의미가 무엇일까를 이해하려고 할 경우, 우선 우리는 춘향전의 저자를 찾을 수 없을 뿐만 아니라 설사 춘향전의 원저자를 찾아낸다고 하더라도 저자의 생각만이 춘향전의 전체 의미를 드러내는 것이라고 말할 수는 없는 것이다. 춘향전은 지금까지 다양한 감독이나 배우들에 의해 수차례 영화화되기도 했고, 문예비평가들에 의해 여러 가지로 해석이 이루어지기도 했다. 그런데 그 가운데 어느 하나를 진정으로 옳은 춘향전에 대한 해석이라고 말할 수는 없을 것이다.

이와 같은 상황이 말해주는 것은 인문과학적 이해에 있어서는 객관적인 이해를 말할 수 없으며, 이해하고자 하는 사람이 가지고 있는 생각이나 선입견, 그리고 그가 처한 시대 상황 등이 이해의 내용에 영향을 미친다는 사실이다. 이러한 점 때문에 포스트모더니즘에서는 인문학적 대상들에 대한 이해의 다양성을 열어놓는다. 자유롭게 해석할 수 있으므로 인문과학적 이해는 자유로운 의미 해석의 길로 나아간다.

4. 과학컨텐츠의 소통을 위한 과학수사학

과학 언어가 항상 존재를 실재로 반영하는 것은 아니다. 과학 언어가 은유적으로 사용되는 경우가 많다. 우리의 일상생활에서는 사물을 언어로 표현하여 대응되는 관계로 받아들인다. 사람들에게 설득이 되었을 때 사물들은 사회적 실재로서 인정되는데, 법정과 정치토론에서 합의가 도출되었을 경우에만 그러할 뿐 토론자들 간에 견해가 다르면 언어는 실재를 드러내는 데 한계를 보이게 된다. 자연과학에서의 언어가 과학적 실체를 정확히 드러내는 것인지도 늘 문제가 되어 왔다. 이 문제는 과학적 실재론과 반실재론이라는 논쟁으로 불려 왔다.

과학이 진리 대응설에 의거하여 자연세계를 규명해낸다는 것이 과학자들의 일반적인 생각이었으며 그리고 그러해야 한다고 믿는다. 왜냐하면 존재하지 않는 것에 대해 탐구하는 것은 과학이 아니기 때문이다. 과학은 무엇인가가 존재한다고 가정하며 그것에 관한 특성을 밝혀내고 그것과 관련된 다양한 현상들에 대해서 상호 관련성을, 특히 인과 개념을 이용하여 법칙화하려 한다. 과학자가 그러한 노력을 하지 않는다면 과학자가 아니다. 문제는 과학자의 노력의 산물인 과학 언어가 과학자가 생각한 바 그대로의 실재를 그려냈는지 아닌지, 즉 과학자가 의도하지는 않았을지라도 과학이론에 거짓이 있지나 않은지가 검토되어야 하며, 더 나아가서는 과학의 텍스트(즉 주장되는 이론)로서의 지위를 갖게 되었을 때 타인들도 동일한 의미로 이해하는지 아닌지가 검토되어야 한다. 특히 과학 언어가 단지 설득을 위한 텍스트인지 아닌지가 검토되어야 한다.

과학의 의사소통 또는 의미전달의 문제와 관련하여 과학이 설득의 산물이라는 시각이 있다. 이러한 분야를 과학 수사학이라고 한다. 과학적 실체로 간주되는 쿼크나 다중 우주가 실재하는지의 여부는 검증해 내기 어렵지만 그러한 개념을 가지고 주장하는 과학자는 동료 과학자나 대중의 설득을 얻으려고 자신의 이론을 설명한다. 과학 언어의 사용과 관련해서 발생되는 이러한 문제에 대해서 수사학은 분석의 칼을 빼들 수 있다. 수사학이 과학 언어에 무관하다는 생각이 아마도 아리스토델레스의 주장 이래 널리 퍼져 있던 생각이었을 것이다. 왜냐하면 과학은 인간의 이성에 의해 대상 세계가 구성되어 그것을 기술하는 언어와 대상이 대응되면 진리라는 기본 가정에 기초되어 있지만 수사학은 진리와 무관하게 전달의 효용성, 설득의 증대를 목표로 하고 있어서 과학과 무관하다고 간주되었기 때문이다.

수사학을 연구하는 입장에서 볼 때, 과학적 지식의 창조는 자기 설득으로 시작해 타인에 대한 설득으로 끝난다고 말할 수 있다. 지식에 대한 이런 태도는 소크라테스에 의해 잘 알려진 초기의 철학적 상대주의, 즉 최초의 소피스트학파에서 유래했다. 아리스토텔레스의 수사학도 그 정신에 있어서는 역시 그때그때 존재하는 설득의 수단을 찾아내는 것을 목표로 하는 소피스트적인 것으로 이해될 수 있다.

과학에 대한 수사학의 관점은 자연의 원초적 사실들을 반드시 부정하는 것은 아니다. 그 사실들이 무엇이든 간에 그것들이 과학 자체, 지식 자체는 아니라는 점을 드러낼 뿐이다. 과학 지식은 다음과 같은 세 가지 물음에 대한 전문가들이 대답, 즉 전문가적 대화가 만들어낸 답들로 구성된다. 즉 원초적 사실들은 어느 범위까지 탐구할 가치를 지니는가? 이 범위는 어떻게 탐구되어야 하는가? 탐구의 결과는 어떤 의미를 지니는가? 원초적 사실들 자체는 아무런 의미를 지니지 않는다. 오직 진술만이 의미를 지니며 우리는 진술의 참에 대해 설득되어야 한다. 문제가 선택되고 결과가 해석되는 과정은 본질적으로 수사학적이다. 곧 설득을 통해서만 중요성과 의미가 구축된다. 수사학자는 의미를 만들어내는 과학의 세계를 연구한다.

과학 수사학은 과학을 지적, 사회적 풍조의 한 요소로서 그리고 그 자체로서 바라보도록 한다. 수사학적 분석을 통해 어떤 과학자의 연구가 과학 공동체의 성원들이나 사회에 어떠한 영향을 끼쳐왔는지를 밝혀낼 수 있다. 과학 수사학이 과학의 텍스트를 설득을 위해 고안된 수사학적 대상으로 바라본다고 해서 과학에 미적 차원이 존재하지 않는다고 가정하지는 않는다. 과학이론 자체는 참이 아니어서 통용되지 않을지라도 그 자체로서 미적 가치를 가질 수 있다. 과학 수사학은 과학이론의 미적 가치를 분석해내려는 것이 아니라, 과학 언어의 미적 가치도 포함해서 과학이론이 가진 그 모든 것이 항상 설득을 위한 수단이며 과학자에게 어떤 특정 과학이 옳다는 신념을 주는 방식에 대해 분석하는 것을 목표로 삼는다.

과학 언어의 수사적 특성을 보여주는 예를 하나 보어의 원자모형을 통해 살펴보자. 양자물리학은 물리적 존재자를 양으로 파악하여 이러한 것들을 양자(quantum, 量子)라고 부른다. 이런 양자들 중에 빛이나 전자는 입자와 파동의 이중성을 가진다. 1913년에 보어(N. Bohr)가 제시한 원자모형은 원자 핵 주위를 돌고 있는 전자가 가지는 물리량이 양자화되어 있다는 것을 다시 한 번 확인하여 양자물리학 성립에 중요한 역할을 했다. 최근에 개발된 STM이나 AFM 같은 현미경을 이용하면 물질 내에서 원자가 어떻게 배열되었는지를 볼 수 있다. 그러나 이런 현미경으로도 양성자와 전자로 구성되어 있는 원자내부를 들여다 볼 수는 없다. 따라서 원자의 내부 구조를 연구하기 위해서는 모형을 이용해야 한다. 실험을 통해 발견된 여러 가지 성질을 설명할 수 있는 원자모형을 제시하고 이 모형을 바탕으로 원자의 새로운 성질을 예측한다. 그러다가 기존의 원자모형으로 설명할 수 없는 새로운 성질이 발견되면 이 성질까지를 설명할 수 있는 새로운 원자모형을 찾아내게 된다.

최초의 원자모형은 1808년에 돌턴(J. Dalton)이 제시한 원자모형이라고 할 수 있다. 돌턴은 원자는 더 이상 쪼개지지 않는 가장 작은 알갱이라고 했다. 그러나 19세기 말에 원자에서 여러 가지 입자가 나온다는 것이 밝혀지면서 돌턴의 원자모형은 새로운 원자모형으로 대치되었다. 1903년 일본의 나카오카한타로(長岡半太郞)는 원자핵 둘레를 전자들이 토성의 고리처럼 돌고 있는 원자모형을 제시했지만 널리 받아들여지지는 않았다. 전자를 발견하기도 했던 영국의 톰슨(J. Thomson)은 같은 해에 원자 속에 골고루 퍼져 있는 양성자 사이에 전자가 여기저기 박혀 있는 플럼 푸딩 모형을 제안했다. 그러나 톰슨의 원자모형은 톰슨의 제자였던 러더퍼드에 의해 1911년에 새로운 원자모형으로 대체 되었다. 러더퍼드(E. Rutherford)는 방사능 물질에서 나오는 알파선이 얇은 금박을 통과하는 실험(금박실험)을 통해 원자핵의 존재를 알아내고 양전하를 띈 원자핵 주위를 전자가 돌고 있는 새로운 원자모형을 제시했다.

러더퍼드가 제안한 원자모형은 태양계와 아주 비슷한 모양을 하고 있다. 태양계에서 질량의 대부분을 차지하고 있는 태양 주위를 여러 개의 행성들이 돌고 있는 것처럼 원자에서는 원자 질량의 대부분을 가지고 있는 원자핵 주위를 가벼운 전자들이 돌고 있다. 겉보기에는 아주 비슷해 보이지만 태양계와 원자는 근본적으로 다른 점이 있다. 태양계에서 행성들이 달아나지 못하도록 붙들어 두는 힘은 질량 사이에 작용하는 중력이다. 그러나 원자에서 전자들이 달아나지 못하도록 붙들어 두는 힘은 전하 사이에 작용하는 전기력이다. 중력과 전기력은 모두 거리 제곱에 반비례하는 힘이다. 태양계와 원자의 구조가 비슷한 것은 두 체계를 구성하는 힘이 모두 거리 제곱에 반비례하기 때문이다.

그러나 중력과 전기력은 전혀 다른 면이 있다. 중력이 작용하는 행성들은 태양 주위를 돌아도 에너지를 잃지 않기 때문에 계속적으로 태양 주위를 돌 수 있다. 따라서 태양계는 항상 안정한 상태를 유지할 수 있다. 그러나 원자핵 주위를 돌고 있는 전자는 전하를 가지고 있기 때문에 원자핵 주위를 돌면 전자기파를 방출해야 한다. 전자기파를 방출하면 에너지를 잃게 되고 결국은 원자핵 속으로 끌려 들어가야 한다. 따라서 러더퍼드 원자모형에 의한 원자는 오랫동안 안정한 상태로 존재할 수 없다. 원자핵 주위를 전자가 돌고 있는 러더퍼드의 원자모형은 실제로 존재하면 안 되는 원자의 모형이었던 것이다.

러더퍼드의 원자모형이 가지고 있는 이러한 문제점을 해결한 것이 보어의 원자모형이었다. 덴마크 출신으로 1911년에 코펜하겐 대학에서 박사학위를 받은 보어는 영국으로 건너가 케임브리지에서 톰슨과 함께 연구하다가 1912년 3월 러더퍼드가 있던 맨체스터 대학으로 옮겨가 러더퍼드와 함께 러더퍼드가 제안한 원자모형의 문제점에 대한 연구를 시작했다. 그는 러더퍼드가 제안한 원자모형이 물리학적으로 불안정한 원자모형이라는 것을 잘 알고 있었다.

보어는 러더퍼드 원자모형의 문제를 해결하기 위해 플랑크와 아인슈타인이 발전시키고 있던 양자화 가설을 원자모형에 도입하기로 했다. 원자핵 주위를 돌고 있는 전자는 모든 에너지를 가질 수 있는 것이 아니라 띄엄띄엄한 값을 가지는 안정한 상태에만 존재할 수 있다고 가정한 것이다. 이렇게 안정한 상태에서 원자핵을 돌고 있는 전자는 전자기파를 방출하지 않고 따라서 에너지가 줄어들지도 않는다고 가정했다. 일정한 에너지를 가지는 이러한 안정된 상태를 에너지 준위라고 한다. 전자가 에너지를 얻거나 잃기 위해서는 한 에너지 준위에서 다른 에너지 준위로 건너뛰어야 한다.

에너지를 조금씩 얻거나 잃는 것이 아니라 두 에너지 준위의 차이에 해당하는 에너지를 한꺼번에 얻거나 잃어야 한다는 것이다. 전자는 빛을 방출하거나 흡수하여 에너지를 잃거나 얻는다. 이 때 전자가 방출하거나 흡수하는 빛의 진동수는 v라고 하고 플랑크 상수를 h라고 하면 다음과 같은 식이 성립한다.

$hv = E_1 - E_2$

여기서 E1과 E2는 각각 전자가 건너뛰는 두 에너지 준위의 에너지를 나타낸다. 이러한 생각은 고전물리학적으로 설명할 수 없는 것이어서 그 당시에는 받아들이기 어려운 매우 대담한 착상이었다. 1912년 여름 맨체스터에서 코펜하겐으로 돌아와 보어는 새로운 원자모형을 완성시키는 일에 몰두했다. 새로운 원자모형은 1913년 코펜하겐에서 완성되었지만 처음 출판된 곳은 영국이었다.

보어의 원자모형에 의하면 원자핵 주위를 돌고 있는 전자 궤도는 원자핵에서 먼 궤도일수록 큰 에너지를 갖는다. 따라서 전자가 아래 궤도에서 윗 궤도로 가려면 에너지를 흡수해야 하고 윗 궤도에서 아래 궤도로 떨어질 때는 빛의 형태로 에너지를 방출해야 한다. 보어는 자신의 원자모형을 이용해 수소 원자가 내는 스펙트럼의 진동수를 설명해 내는데 성공했다.

보어의 새로운 원자모형이 제시되었을 때 그것의 중요성을 처음 알아차린 사람은 아인슈타인이었다. 그러나 보어의 원자모형이 수소 기체가 내는 스펙트럼 실험결과를 성공적으로 설명해 내자 대부분의 물리학자들도 아인슈타인이 말했던 것처럼 보어의 새로운 원자모형이 '엄청난 업적'이라는 것을 알아차리기 시작했다. 그러나 아인슈타인과 보어의 이런 협조 관계는 오래 가지 않았다. 보어가 많은 사람들의 반대를 무릅쓰고 양자물리학을 완성시킨 반면 아인슈타인은 보어의 양자물리학을 끝까지 받아들이지 않았기 때문이다.

보어의 원자모형은 고전 물리학으로 설명할 수 없는 현상이 존재할 수 있다는 것을 보여준 중요한 사건이었다. 따라서 보어의 원자모형은 양자물리학으로 한 발짝 더 다가가는 중요한 이정표가 되었다. 이처럼 과학 수사학적 관점에서 원자의 미시세계는 육안이나 관측 장치로 검증할 수 없지만 태양계와의 유추를 통해서 설득력을 얻고 과학이론으로서의 안정적인 지위를 확보하게 되었음을 볼 수 있다.

5. 과학기술: 과학과 기술의 비분리성

일반적으로 과학과 기술은 본성이 달라 결합되지 않았다. 과학은 존재자에 대한 순수한 탐구이지만 기술은 존재자를 가공하는 것이기 때문이다. 하지만 인간의 의지

내지 정신 작용은 항상 그 둘을 분리해서 처리하는 것은 아니다. 오늘날 과학기술문명의 부정적인 측면에 대한 준엄한 비판도 있지만, 과학기술 문명의 혜택을 더 많은 사람들이 받게 하며 과학기술 문명의 발달로 더 높은 삶의 질을 실현하려는 것은 각국의 정부나 기업체나 과학기술자들의 근본 목표임을 부정할 수 없다. 따라서 과학을 발달시키는 것도 궁극적으로 현실적 삶의 편리성과 유용성을 높이려는 기술의 발달과 불가분의 관계를 맺고 있다. 이러한 과학과 기술의 비분리성(즉 불가분성) 내지 융합을 강조하는 표현이 바로 다빈치 프로젝트이다.

레오나르도 다빈치의 생애는 전인류의 역사와 비교해 볼 때, 극히 짧은 기간이지만, 60여년의 생애를 통해 21점의 위대한 예술작품을 창작하고 10만여 점의 소묘 및 스케치를 통해 보여주었다. 그의 천재성은 고대와 중세의 저술을 심도 있게 분석하여 성취해낸 과학적인 토대에 깊이 뿌리내리고 있다. 해부학, 동물학, 공기역학, 건축, 식물학, 의상 디자인, 철학, 토목공학, 군사공학, 화석연구, 수로학, 수학, 기계학, 음악, 광학, 천문학, 로봇공학, 무대설계, 심지어 포도 재배술까지, 그의 모든 작품은 평생 연구를 향한 열정으로 충만했으며 그가 남긴 작품은 예술과 과학 그리고 기술이 절묘하게 녹아들어 있으며 모든 분야의 이론과 실재가 조화를 이루고 있다. 이처럼 그는 다양한 직업을 가진 박학다식자(polymath)의 전형이다. 그는 문과, 이과, 예술 등을 모두 넘나드는 다재다능한 인물이다. 은퇴할 때까지 투잡 쓰리잡 내지 그 이상의 직업을 가져야 한다고 말해지고 있는 현 시대의 경향에 비추어볼 때, 그는 과학기술 융합을 최초로 실현한 선구자라고 할 수 있다.

레오나르도 다빈치는 이처럼 시대의 한계를 넘어 미래를 앞서 열어 간 인물로 평가된다. 그는 경험을 중시한 과학기술자, 과학예술인이었다. 그에게는 과학과 예술이 분리되어 있지 않았고 양자는 깊이 상호 관련되어 있었다. 그의 과학기술 통합적 사고는 자신이 해야 할 일들을 효율적으로 처리할 수 있게 해 주었으며, 그 자신이 만들어내고자 하는 것들의 대부분은 그림이나 제작된 병기와 같은 실물로 또는 도면과 같은 디자인된 준실물적(가상적) 구현물로 표상되어 있다. 이와 같은 그의 과학기술 통합적 태도는 전자정보기기를 활용하는 현 시대에 있어서 더 심대한 발전을 위한 현재의 위기 상황을 극복하고 새로운 시대를 열어나갈 힘과 지혜를 습득할 수 있는 교육적 계기를 제공하고 있다.

레오나르도 다빈치는 세상 모든 것을 궁금해 했고, 그것을 알아내기 위해 끊임없이 관찰하고 연구했다. 다 빈치는 화가로 유명하지만, 발명가로도 널리 알려졌다. 자전거와 헬리콥터, 낙하산 같은 물건을 구상하고 만들었을 뿐만 아니라, 의학, 화학, 수학, 기호학, 해부학에도 매우 뛰어난 지식을 가지고 있었다. 밀라노에 머물 때는 군사 장비를 설계하기도 했다. 진지를 구축하는 기계, 증기의 힘으로 발사하는 대포, 화살을 연속으로 쏠 수 있는 자동 연발 장치, 장갑차, 잠수함 같은 군사 장비도 다 빈치의 머릿속에서 탄생했다. 실제로 만들어져 사용된 장비는 거의 없지만, 기껏해야 칼과 창으로 전쟁하던 시기에 다 빈치가 구상한 군사 장비는 매우 현대적이고 앞선 것이었다.

회화 세계의 진수를 느낄 수 있는 레오나르도 다빈치의 유명한 작품인 모나리자와 최후의 만찬 등 세계 유명회화 총 16점이 전시되어 있다. 그의 회화 작품에는 과학과 예술이 별개가 아니라고 보았던 그의 철학이 담겨 있으며 그로 말미암아 '과학의 예술가'라는 이름이 부여되었다. 다빈치는 회화에 사람의 감정을 자아내는 힘이 있어야 한다고 생각했다. 그의 작품을 통해 부드러움 속에 담긴 힘, 겸손이 깃든 자신감처럼 다양하고 의미 있는 감정들을 느낄 수 있을 것이다. 특히 모나리자의 미소에 대해서 입부분만을 보면 미소가 없지만 주변 환경을 보아 인식하면 미소가 발생한다고 한다. 이것은 그가 인간의 경험적 인식에 대해 깊은 통찰을 가지고 있음을 의미한다고 평가되고 있다. 바꿔 말해서 다빈치는 외부 세계에 대한 인간의 과학적 인식을 통찰하고 그것을 회화에 반영하고 있으므로 과학예술적 사고를 가지고 실천을 한 것이다.

다빈치는 공학자로서 눈부신 업적을 이루는 각종 발명품을 고안해냈는데 관찰과 실험을 반복하며, 뛰어난 창의력을 보여주고 있다. 그가 설계한 군사발명품 중 걸작으로 꼽히는 탱크는 400년 후 현대식 엔진과 무한궤도를 달고 1차 세계대전에서 쓰이게 된다. 그는 관찰을 통해 자연에서 얻은 아이디어를 전쟁무기 발명품에도 응용했는데 궤도의 정확성을 높이기 위해 물고기 지느러미 모양의 방향 날개를 가진 미사일을 설계하기도 했다.

레오나르도 다빈치는 비행기 발명에도 관심을 가지고 있었다. 하늘을 나는 것으로 자유를 열망하던 그의 열정으로 그는 낙엽 또는 날아다니는 종자 씨에서 아이디어를 얻어 프로펠러 제작이나 설계도에만 그치지 않았다. 그는 직접 박쥐 날개 모양의 글라이더를 만들어 실험해 보기도 했다. 만일 그가 새의 날개를 모방하지 않고, 바람의 힘을 이용한 비행기구를 고안했다면 하늘을 난 최초의 사람이 될 수도 있었을 것이다.

데생이 곧 설계도인 그의 독창성은 수중발명품에서도 뚜렷이 드러난다. 그는 모든 기계에는 보편적인 작동 원리가 있다고 생각했다. 이러한 생각은 기계공학의 효시가 된다. 수상 스키, 증기선의 원조격인 외륜선, 사람의 힘을 최소화하고 자동화를 꾀한 수력 톱 등 다양한 작품들이 그에 의해 창작되었다.

인간이 갖는 다양한 관심사는 라이프니츠를 통해서도 알 수 있다. 그러한 관심사는 구상성에만 한정되는 것이 아니라 추상성에 대해서도 가질 수 있으며, 공학적 구현도 궁극적으로는 추상적 원리에 의해 구현되는 것으로 이해될 수 있다. 이러한 생각의 기초를 제공하는 것은 라이프니츠다. 그는 20살이 되던 해인 1666년에 『조합의 기술에 대하여(On the Art of Combinations)』에서 모든 개념들을 제한된 수의 단순한 개념들의 조합으로 환원할 수 있다는 생각을 피력하였다. 예를 들어, 모든 명제를 복합명제(분자명제)와 더 이상 나눌 수 없는 단위명제(원자명제)들로 분류하고, 전자를 후자의 조합으로 보는 현대 명제논리학의 기본적 발상을 하였는데, 그것은 바로 라이프니츠에게서 기원된 것이다. 라이프니츠의 이러한 발상은 19세기 말 독일의 논리철학자 프레게(G. Frege)가 『개념표기법(Begriffsschrift)』에서 형식적으로 완성하였다.

특히 우리의 일상언어가 갖는 애매함을 제거하고 모든 문화권에서 사용할 수 있는 보편언어의 발명에 대한 라이프니츠의 관심은 20세기 초 비트겐슈타인이 『논리철학논고(Tractatus Logico-Philosophicus)』에서 피력한, 세계를 그림처럼 기술할 수 있는 '이상언어(ideal language)'의 발상과 다를 바가 없다. 일종의 보편언어나 문자는 지금까지의 모든 언어와 무한히 다를 것이다. 왜냐하면 보편언어에서는 기호나 단어가 이성을 지도하게 되며, 사실판단을 제외하면 모든 오류란 단순히 계산상의 착오일 뿐이다. 이러한 언어 또는 기호를 발명하거나 구성하는 것은 매우 어렵겠지만, 어떤 사전도 없이 매우 쉽게 이해할 수 있게 될 것이다.

라이프니츠의 독창적인 생각은 그 당시에는 학자들로부터 외면을 받았다. 그러나 라이프니츠의 보편언어 프로젝트에 대하여 알고 있었던 북경에 파견된 예수회 선교사 부베(J. Bouvet) 신부는 1700년 주역의 64괘 그림을 라이프니츠에게 편지로 보내왔다. 주역의 괘를 보고 라이프니츠는 답신에서 그의 이진법 발상에 대하여 자세히 설명하였다.

'—'과 '-'의 두 기호(爻)를 6개 조합하여 만든 주역의 64괘를 0에서 63까지 64개의 수와 대응시키는 것은, 돌이켜 보면, 어려운 작업은 아니다. '—'과 '-'을 6층 쌓아 올릴 경우 우리는 총 64개의 서로 다른 형태(卦)를 얻게 되므로, 이들을 0에서 63이든 100에서 163이든 64개의 서로 다른 수의 이름(고유명사)으로 간주할 수 있다. 이것은 단지 숫자 표기의 문제일 뿐이다.

라이프니츠의 이진법 발상에서 중요한 점은 '―'과 '¦'이든 '0'과 '1'이든, 또는 '♀'과 '♂'이든 서로 분명히 구별되는 두 개의 기호를 체계적으로 반복할 경우, 지금까지 10진법으로만 표현되었던 모든 수를 완전히 표현할 수 있고, 또 기존의 더하기, 곱하기 등 연산법을 사용할 수 있다는 체계적 발상에 있다. 우리는 이진법 연산이 현대의 컴퓨터 회로의 'off'와 'on'으로 물질화·기계화되어 어떤 문명사적 결과를 낳았는지 너무나 잘 알고 있다. 요컨대, 이것은 기호논리학적 표현으로 말하면, 긍정 명제와 그것의 부정 명제로 구성할 수 있는 이치논리학적 언어체계이다. 그리고 이것은 전산논리의 기초가 되며 디지털 기술의 원천이 된다. 디지털 정보 통신 기기나 영상 기기가 모두 이러한 이진법의 원리가 적용되고 있다는 것은 역시 과학과 기술이 분리 불가능하다는 점을 보여주는 실례인 것이다.

요컨대, 라이프니츠의 이진법은 분명히 구분되는 두 개의 기호(예를 들어 0과 1)를 체계적으로 반복할 경우 지금까지 10진법으로만 표현되었던 모든 수를 완전히 표현할 수 있다. 그러나 우리의 관심을 끄는 것은, 이진법의 계산적 측면보다 신에 의한 세계의 '예정조화설'을 제안한 기독교 사상가 라이프니츠가 중국의 주역과 그의 이진법에 대한 철학적 해석이라고 할 수 있다. 라이프니츠는 주역의 ―또는 1을 神으로, ¦ 또는 0을 無로 해석하여, 모든 수가 이 두 기호로 표현될 수 있다는 점을 '神이 無에서 세계의 모든 존재를 창조하였다'는 기독교의 창세기 설화로 해석하였다. 즉 수학적으로는 수의 표기법에 불과한 이진법이 라이프니츠의 철학에서는 절대적 존재인 神의 창조언어, 일종의 안무(choreography)로 간주되었다. 그에 의하면 이 세계를 이진법의 보편언어로 번역할 수 있을 때에만 가시적 현실세계 저편에 있는 창조의 영상, 즉 완벽한 지식과 아름다움에 접근할 수 있다는 것이다. 신은 계산할 때 창조하였고, 창조할 때 계산하였다.

그렇다면 라이프니츠가 이진법의 철학적 해석에서 도입한 無란 무엇일까? 우리는 뉴턴이 그의 역학에 도입한, 어떤 물체도 존재하지 않는 無로서 절대공간을 라이프니츠가 부정하였다는 사실을 알고 있다. 라이프니츠에 의하면 공간과 시간이란 마치 가능자들(possibles)이 존재하는 것처럼 가정할 때의 이들 간의 질서였다. 다른 한편 신은 존재뿐 아니라 가능성의 원천이고 신은 당신에게 좋다고 생각되면 無를 채울 수 있다. 그렇지 않을 경우, 無란 이와는 반대로 구체적 존재를 지각하기 전의 상상에 불과하다고 라이프니츠는 보았다. 즉 라이프니츠에 의하면 공간과 시간은 구체적 존재들 간의 관계로부터 추상(abstract)되어 가능성의 영역에 속할 뿐이며, 결코 현실의 영역에 속한 것은 아니다. 물리학자 아인슈타인이 1905년 그의 특수상대성이론에서 부정한 절대공간과 절대시간을 라이프니츠는 이미 250년 전에 그의 철학적 사유를 통해 정당화 될 수 없음을 간파하였다. 독일과학철학사상의 흐름에서 본다면 아인슈타인의 상대성 이론의 출현은 혁명적이라고 보지 않아도 된다. 왜냐하면 라이프니cm의 상대론적 공간이론으로부터 연유된 것으로 보면 그들의 공간 개념은 혁명적인 변화가 아니라, 연속적인 수용일 수 있기 때문이다.

다른 한편 현실성을 상실한 無란 우리의 상식적 사유방식에 반(反)하는 이중적인 성격을 갖게 되었다. 無의 이중적 성격과 함께 우리의 직관을 당혹스럽게 만드는 것은 라이프니츠가 수학사에 남긴 또 다른 업적인 미적분(calculus)에 도입한 무한소(infinitesimal) 개념이다. 여기서 라이프니츠가 그와 동시대에 살았던 뉴턴의 미적분을 훔쳤다는 주장에 대한 역사적 논쟁을 돌아볼 필요는 없다. 수학사를 연구하는 현대의 학자들은 이미 라이프니츠에게 씌어졌던 표절의 누명을 벗겨주었다. 그러나 Δx가 무한히 작을 때, 우리가 배운 도함수 $f'(x)=2x$를 구하기 위해서는 $(2x+\Delta x)$에서 Δx를 잘라내기 위해 $\Delta x=0$이라고 계산해야 한다. 바로 '0이 아니고 0이기도 한 변량 Δx'를 라이프니츠는 그의 미적분에서 무한소 개념을 통해 도입했다. 이러한 무한소 개념은 그의 단자 개념에서 기원된 것으로 이해된다.

그러나 이런 괴이한 개념을 앞에 두고 철학자가 이의를 제기하지 않는다면 그것은 논리적 모순을 받아들인다는 것과 다름없다. 특히 철학자의 윤리가 정당성의 확보라는 점을 고려할 때 모순의 수용은 상상하기 어려운 일이다. 아니나 다를까 바로 영국의 철학자 버클리(G. Berkeley)는 이 무한소 개념을 사용한 수학자들을 '신앙심 없는 수학자(infidel mathematician)'라고 그의 책 『분석자(Analyst)』에서 통렬히 비판하였다.

다른 한편 라이프니츠와 뉴턴의 발명 이후 무한소를 이용한 미적분은 수학을 사용하는 모든 과학과 공학에서 널리 사용되어 왔으며, 그 이유는 현실에 상응하는 정확한 값을 미적분이 계산해 주기 때문이었다. 이런 점에서 미적분은 많은 학문의 연장이 되었으며, 이공계나 경제학을 전공하는 학생이 미적분을 모른다면 그것은 마치 나 톱과 같은 기본 연장 없이 목수일을 하겠다는 것이나 다름없다. 따라서 무한소 개념에 내적 모순이 있든 없든, 필요하다면 인간은 반드시 사용한다. 그것은 집합론에 모순이 있음이 러셀(B. Russell)에 의하여 발견되었지만, 수학자 힐버트(D. Hilbert)는 어느 누구도 수학자를 집합이라는 파라다이스로부터 추방할 수는 없다고 말한 것과 동일한 맥락이다.

이런 현실적 성과에도 불구하고 수학에는 반드시 탄탄한 기초가 필요하다고 생각하는 수학자와 철학자에게 무한소 문제는 일종의 '마음의 빚'을 의미하였다. 수학사에서는 '무한소-미적분'이 야기한 이 마음의 빚을 19세기 독일의 수학자 바이어슈트라스(K. Weierstrass)가 '(ε, δ)-극한값 정의'를 통해서 갚았다고 알려져 있다. 그러나 바이어슈트라스의 정의에서도 무한소의 개념이 갖고 있던 내적 모순이 사라지는 것은 아니다. 다만 훨씬 더 교묘한 방식으로 은폐되어 드러나지 않을 뿐이다.

다른 한편 '무한소', '연속', '경계'와 같은 친족개념들에서 찾아 볼 수 있는 일종의 내적 모순을 이 글의 앞에서 언급한 우리의 만능 천재 레오나르도 다빈치가 어떻게 해결하려고 시도하였는지를 살펴보는 것은 '라이프니츠 주제에 의한 다빈치 변주곡'처럼 흥미롭다.

두 물체 사이에 놓인 어떤 물체는 그들의 접촉을 방해하지만 물과 공기는 어떠한 매개도 없이 서로 접촉하기 때문에 공기도 물도 아닌, 그러나 실체가 없는 공통된 경계가 반드시 존재해야 한다(레오나르도 다빈치, 『노트북』). 참고로, 르네상스 시대 그림기법 중의 하나인 '스푸마토(sfumato)'를 다빈치는 "마치 연기에 덮인 듯 혹은 초점이 흐려진 듯 선이나 경계가 없이"라고 기술하였다. '모나리자'는 이러한 스푸마토 기법으로 그려진 것이다. 특히 눈의 음영이 이 기법으로 되어 있다.

레오나르도 다빈치나 라이프니츠를 통해서 말할 수 있는 것은 인간은 고유한 개체로서 삶을 위해 그리고 직업 생활을 위해 그 개인 안에서 모든 것이 통합되어 있어야 한다는 것이다. 대다수한 특정 분야에서 전문성을 발휘해서 명예를 얻지만, 완벽한 인간으로서, 인격의 완성자로서는 과학적 지식뿐만 아니라, 인간과 사회에 대한 근본적인 이해, 및 환경의 구성요소들을 가공할 수 있는 지혜가 구비되어 있어야 한다. 예술이나 기술의 능력을 발휘하여 높은 수준의 미적 가치나 경제적 가치를 창출하기 위해서는 인문사회과학적 소양이 있어야 한다. 요즘 표현으로는 기술에 인문학적 가치와 사회문화적 가치를 담아내는 컨텐츠(contents)를 제작하는 것과 같다. 그러한 컨텐츠라야 사회에서 획득하는 경제적 가치도 커지게 된다. 이런 점에서 유능한 CEO들이 기술 개발에만 관심을 갖는 것이 아니라, 인문사회과학에 대해서도 관심을 갖는다. 이러한 경향은 오늘날 과학과 기술이 분리되면 더 큰 가치를 창출하기 어려움을 인정하고, 보다 큰 가치 창출을 위해서는 과학기술이 항상 결합되어 있어야 함을 보여준다.

인간의 관심사는 순수 이론적인 측면에만 있는 것이 아니다. 생활의 편익을 증진시키려는 목적이 설정되고 어떻게 사물들을 가공할 것인가에 관한 관심을 가지며 여러 사물들 간의 관계를 이해한다. 이런 점에서 인간의 순수한 인식이란 그다지 큰 가치가 있는 것이 아니다. 오늘날 실용주의는 값싼 철학이라고 평가되어서는 안 된다. 실용주의적 관점에서 과학도 이해되어야 한다. 과학 자체가 지고지순의 목적은 아니다. 인간 사회와 자연 세계의 총체적인 관점에서, 특히 사이먼의 표현을 빌리면 내부환경과 외부환경의 통합적인 관점에서 자연을 이해하고 가공해야 한다. 환경철학적인 관점에서 볼 때도, 우리는 자원을 낭비하는 것보다 최선으로 활용할 계획을 세우고 외부환경에 대한 이해를 도모할 수 있다.

기술에 대한 여러 가지 관점이 있지만 과학과 기술의 비분리성을 주장하는 관점은 '지식으로서의 기술'이다. 이것은 기술은 지식의 한 종류라는 입장이다. 기술 영역에서 지식으로 인정되는 것은 다음과 같은 것들이다. 첫째 숙련된 기술자가 직관적이고 무의적으로 깨우친, 인공물을 만들고 사용하는 방법과 관련한 정보이다. 이것은 일종의 암묵적인 숙련된 직관에 해당하므로 지식이라 간주되기 어렵지만 실천적 경험을 통한 직관적 훈련으로부터 획득된 넓은 의미의 직관적 지식이다. 둘째 음식 조리법에 대한 책처럼 성공적인 제조나 조작과 관련하여 일반적으로 필요한 부분들을 명료하게 정리해놓은 기술적 격언들 또는 기술적 규칙들이다. 이것은 과학 법칙과는 다르다. 과학의 법칙이 자연의 실재에 대해 서술한다면 기술적 규칙은 사람의 행위를 규정하기 때문이다. 기술적 규칙들은 "B를 얻기 위해서 A를 하라"라는 문장 형식으로 되어 있다. 셋째 대상 사물들의 특성을 서술하는 기술법칙들이다. 주로 경험적 사실들로부터 일반화된 진술들, 즉 공학에서의 경험법칙들 또는 현상법칙들이 이에 해당한다. 법칙의 일반적인 형식인 "만일 A라면 B다"의 문장 형식을 띤다. 넷째 기술 이론들이다. 이것은 경험법칙들을 체계화하거나 그러한 법칙들을 설명하는 데 필요한 상위의 포괄적인 개념 체계를 제공해준다. 이것은 다시 대상 이론과 조작 이론으로 나누어진다. 대상 이론은 과학이론을 바로 실제의 기술적 상황에 응용한 이론으로, 주로 기술을 '만드는' 활동과 깊은 관련을 갖는다. 가령 유체 역학의 응용으로서의 항공 역학을 예로 생각해 볼 수 있다. 이것은 기술과학(engineering science) 또는 응용과학이라고 불린다. 조작 이론은 인간 행위에 관한 이론 또는 인간과 기계 사이의 상호 작용에 관한 이론을 가리킨다. 결정 이론이나 행동 과학이론 등이 이에 포함되며, 주로 기술을 '사용하는' 활동과 밀접한 관련을 갖는다.

기술 지식에 관한 이러한 분류는 기술 정보 자체가 단순히 기술적 인공물들에 관한 물질적·기능적 정보만이 아니라 기술적 인공물을 만들고 사용하는 과정에 필요한 모든 정보들을 포함한다는 점을 말해주고 있다. 기술 영역에서의 지식들은 목적과 수단 간의 관계로 각기 서로 다른 방식으로 정당화될 수 있다. 어떤 경우는 숙련에 호소함으로써, 어떤 경우는 격언이나 규칙들에 호소함으로써, 어떤 경우는 경험적 사실들에 호소함으로써 정당화될 수 있다. 그런데 이것은 전통적인 인식론에서의 지식 정당화 작업, 곧 경험적인 사실 증거들에 의거하여 신념의 진위를 결정한다는 기초적인 주장을 넘어서고 있다. 이런 문제를 해결하기 위해서는 새로운 인식론이 필요할 것이다.

기술 지식(즉 통합적인 과학기술)은 그것을 응용과학의 하나로 간주할 수도 있다. 이 입장은 기술 지식의 요소들이 과학 지식의 요소들로 환원될 수 없으며 완전히 다른 것이라는 과학기술학적 입장에서 이해할 수도 있다. 가령 디자인, 기술적 숙련과 암묵적 지식, 도구 조작의 규칙과 같은 개념들은 과학 지식 안에는 존재하지 않고 기술 지식만의 독특한 요소들임을 강조한다.

과학과 기술의 분리성을 비판하는 또 하나의 관점은 쿤 식의 역사주의 과학철학 관점에서 또는 고학의 사회구성주의를 강조하는 과학기술학연구의 관점에서 과학과 기술에 대한 실증주의적 방식의 구분을 비판하는 것이다. 이에 따르면 과학은 더 이상 객관적인 경험적 토대와 합리적 추론만의 산물이 아니다. 다양한 사회적 문화적 변수들이 함께 작용하는 하나의 거대한 활동 패러다임이거나 그것들이 만들어낸 사회적 구성물이다. 이렇게 이해된 과학기술은 현 시대에 과학기술의 실체성을 인정하는 하나의 입장이 될 것이다.

요약하건대, 과학기술은 인류의 지적 탐구의 정수이다. 과학기술의 발전 속도는 날이 갈수록 더욱 더 가파르다. 한편 그와 같은 과학기술의 정보량은 일정한 극한이 있어서 수렴하는 것이 아닐까 하는 우려가 있을 수 있다. 그런 생각에 따르면 탐구할 과학기술의 영역이 이제는 다 한 것이 아닐까 걱정할 수도 있다. 하지만 인류는 지구상에 출현해서 현재까지 생존해 왔으며 지구상에서 어떤 생존의 문제가 발생할지 단정할 수는 없다. 따라서 가령 에너지 고갈 문제가 발생하거나 지각 대변동이나 대역병 발발에 의한 인류의 종말이 초래될 것으로 예상된다면 미리 적절한 대응책을 강구할 것이다. 가령 우주 개발을 그 대안으로 생각하는 정책을 취하는 국가도 있을 것이다. 특정 시기에 특정한 문제의 발생은 그 문제를 해결하려는 과학기술자들과 정책입안자들의 공동 노력을 요구할 것이다. 과학기술은 인류의 문제를 해결할 수 있는 인류의 노력들 중에서 현재까지는 가장 효율적인 것이다.

6. 우리나라 과학기술철학 연구의 역사와 현황 개요

우리나라에 과학기술철학과 관련된 역사와 연구 현황을 간략히 살펴보자. 송상용은 한국 대학에 과학철학 강의가 처음 등장한 것은 1940년대 말이었다고 말한다(송상용(2010): 214). 정석해(鄭錫海)가 연희대(연세대의 전신)에서 박희성이 고려대에서였다. 정석해는 유럽철학의 풍토에서, 박희성은 영미분석철학의 풍토에서 과학철학을 연구하고 강의하였다. 1953년부터는 컬럼비아 졸업자인 김준섭박사가 과학철학을 표방하고 몇몇 대학에서 기호논리학과 과학철학을 강의하기 시작해서 제자들을 길러냈다. 1980년 이전까지는 독일철학풍의 과학철학이 우세했으며 그 이후 영미철학풍의 과학철학이 우세하게 되었다. 한편 1988년에 화학자 김용준과 물리학자 장회익 등이 <과학사상연구회>를 만들어 독회와 기관지 『과학과 철학』을 발간하여 과학철학 연구에 한몫을 했다(송상용(2010): 216). 1980년대부터 송상용(과학사, 과학철학 연구), 소흥렬(행위설명이론, 인지과학 연구), 이초식(결단이론, 인공지능 연구) 등의 선구적인 교수들로부터 그 제자들이 양성되었다.

이렇게 과학철학에 대해 대학내에서 제도적으로 확충기를 갖게 되어 1990년대에는 한국과학철학회가 태어날 여건이 익어가고 있었다. 1990년을 전후해, 소흥렬, 송상용이 철학연구회장을 맡아 잇달아 '과학철학의 문제들', '동서철학의 자연관', '과학철학과 과학사' 등의 발표회를 하면서 다양한 젊은 과학철학자들이 어울리게 되었다. 1993년에 새 학회를 만들자는 논의가 있어 1995년에 구체화의 단계에 들어가, 그해 11월 25일 19명의 창립 준비위원의 이름으로 다음과 같은 초청장이 120명의 발기인 후보들에게 발송되었다(송상용(2010): 216-217).

『이 땅에 과학철학이 상륙한 지 어느덧 반세기가 가까워 옵니다. 오랫동안 황무지나 다름없던 한국의 과학철학은 최근 눈에 띄게 달라져 가고 있습니다. ... 특히 한국분석철학회와 한국논리학회는 활발한 토론으로 철학계에 활력을 불어넣었습니다. 한국인지과학회의 발족은 과학철학의 새 지평을 열었습니다. 한국철학회와 철학연구회는 여러 차례 과학철학의 문제들을 토론하는 기회를 만들었습니다. 분석적 전통 밖에서도 과학철학 연구는 활발했습니다. 한국철학사상연구회 안의 '자연철학 분과'와 '기철학 분과'는 1980년대 말 이후 꾸준한 연구 활동을 해왔습니다. 『과학과 철학』을 내고 있는 과학사상연구회와 계간 『과학사상』의 발행도 중요한 진전입니다. 프랑스 과학철학 연구가 나오는가 하면 의료윤리, 환경윤리 등 과학기술윤리학 관계 논문도 늘어나고 있습니다. 기술철학에 대한 관심도 높아지고 있으며 과학사, 과학사회학에서 기여하는 학자들도 꽤 있습니다. ... 한국과학철학회는 과학철학의 모든 유파, 분야를 망라하는 연구의 마당입니다. 과학에 관심 있는 모든 철학자들, 철학에 관심이 있는 모든 과학자들을 모십니다.』

1995년 12월 9일 서울시립대학교에서 열린 한국과학철학회 창립총회에는 70여 명이 모였고 초대 회장 장회익(서울대)을 뽑았다. 추후 선임된 임원은 부회장 김위성(부산대), 이한구(성균관대), 이사 김국태, 김유신, 박은진, 소흥렬, 송병옥, 송상용, 우정규, 이봉재, 이초식, 정광수, 조인래, 감사 윤용택, 최종덕, 간사 최성호였다(송상용(2010): 217-218). 학회 첫 행사는 1996년 1월 21-23일 대덕에서 한국과학저술인협회, 한국과학사학회와 공동 주최한 '과학기술과 문화 국제회의(International Conference on Science, Technology and Culture)'였다. 한국에서 처음 열린 이 학회에는 일본과학철학회장 사카모토, 전 미국 과학사학회장 웨스트폴 등이 초청연사로 참여했다.

위와 같은 과학철학회 창립이후 해마다 발표회를 가졌고 1988년 가을 『과학철학』 창간호가 나왔다. 2010년 7월 1-2일에는 신중섭(강원대)교수가 회장을 맡아 '첨단 과학기술에 대한 참여적 성찰'이란 주제로 강원대에서 발표회를 가졌다. 이 발표회에서는 나노기술, 신경과학, 및 생명과학 분야에서 철학적 성찰과 비판의 필요성에 관한 내용이 다루어졌다. 이러한 과제는 과학기술에 대한 윤리적, 법적, 사회적 함의(Ethical Legal Social Implications, 줄여서 ELSI)라 부르는 것에 해당한다. 분과발표로는 '과학이론 입증의 철학', '사회과학의 철학', '신경과학의 쟁점', '물리학의 철학' 과 자유발표가 있었다. 한편 한국과학철학회의 학회지인 『과학철학』은 매년 봄(6월30일)과 가을(12월31)자로 정기적으로 발간하고 있으며 2010년 6월 13권 1호까지 공식 발행되었다. 참고로 한국과학철학회의 홈페이지는 http://phps.snu.ac.kr/이다.

과학과 관련된 철학, 역사, 사회학 등의 연구는 대학의 각 학과에서 강의가 개설되어 오다가 1980년대에 서울대에서 과학사과학철학 협동과정이 처음 석사과정으로 개설되었다. 이후 1990년대 들어와 고려대에서 과학기술학 협동과정 등으로 확대되었으며 동시에 전북대 자연과학대에 과학학과가 설치되어 운영되고 있다. 그리고 '과학문화연구센터'가 수도권(서울대), 서부권(전북대), 및 동부권(포항공대)에 설치되어 과학기술문화의 대중화에 기여하고 있다.

제 2 장 사회적 인식론

1. 과학과 기술의 구분 및 과학기술

세계에 대한 인간의 지식은 전통적으로 명제적 지식과 기술적 지식으로 분류되어 왔다. 명제적 지식이란 'know that p' (knowledge-that-p, knowledge of p)의 형식으로 표현되며 기술적 지식은 'know-how'(technical knowledge)로 표현된다. 전자는 흔히 외부 세계에 대한 경험 내용을 표현하는 지식이 되어, 학문적 체계 안에서 표현될 때 과학적 지식이라 불린다. 예를 들어 나트륨이 들이 있는 물질은 노란 불꽃을 내며 탄다는 것은 명제적 지식이며, 관찰자에 의해 표현된 바대로 경험되는데, 그것은 불꽃 산화 반응 이론 안에서 참인 진술이다. 그래서 그러한 진술을 알고 있는 사람에게 있어서 그것은 과학적 지식이 된다.

한편 기술적 지식은 know-how라고 표현되는데, how 다음에는 to 부정사가 오거나 주어 동사가 오게 된다. 부정사 표현의 경우 동사의 의미상의 주어는 사람 일반이나 특정한 사람이므로, 우리는 know-how에서 그러한 의미상의 주어가 생략된 것으로 이해할 수 있다. 명사절로 표현되는 경우는 주어가 명시적으로 나타난다. 예를 들어 운전할 줄 안다(know-how-to drive)는 주어에 해당하는 사람이 운전할 줄 안다는 것으로 그의 운전 지식 내지 운전 기술을 표현하는 것이다.

오늘날에는 과학기술에 대해 폭넓고 심도 있게 이해할 필요성이 증대되었다. 인간의 지식이 각 분야에 걸쳐 상당히 발전되어 왔기 때문이다. 이런 점 때문에 좀 더 완전한 문장으로 표현하여 지식과 관련된 여러 특성을 추출해낼 수 있다. 구체적으로는 6하(5w1h) 원칙의 표현에 입각하여 지식을 표현할 수 있는데, 다음과 같이 될 것이다.

누가 언제 어디서 무엇을 어떻게 왜 얼마만큼 아는가?(Who know when, where, how, why, how much, and what)

일반적으로 과학에서는 그 내용에 해당하는 '무엇'과, 인과 관계와 관련이 있는 '왜'와 탐구방법과 관련이 있는 '어떻게'에 관한 물음들이 집중적으로 다루어져 왔다. 하지만 우리는 오늘날 탐구 주체 내지 탐구 공동체의 역할과 그들이 생산한 지식의 가치나 이용, 또한 지식과 관련된 권력의 향유와 관련해서 '누가'에 관한 물음이 강력하게 제기되었다. '누가'는 탐구사 개인만을 의미하는 것이 아니라 탐구자 공동체를 의미하게 될 때는 탐구 공동체 또는 탐구 사회가 되며 개인과 사회, 또는 탐구 공동체와 사회 간의 사회적 의의를 검토할 필요성이 대두되었다. 또한 거기에 탐구 공동체가 사용하는 방법이나 '왜'(왜의 또 다른 의미에서)에 해당하는 목적과 관련해서 지식(기술 지식 포함)이 논의될 필요가 강력하게 제기되어 왔다.

교류가 활발하지 않았던 시대에는 탐구 대상, 방법, 목적 등이 동양과 서양의 탐구 공동체에 따라 달랐다. 서양이 주로 천문학에 관심이 있었다면 동양은 점성술에 관심이 있었다. 서양이 지리학에 관심이 있었다면 동양은 풍수학에 관심이 있었다. 서양 의학이 해부학에 기초를 두고 외과학 또는 화학적 내과학(內科學, 즉 약학)이 중점적으로 발전되어 왔다면 동양 의학은 인간에 대한 전체론적 이해에 근거를 두고 생약학적 내과학이 중점적으로 발전되어 왔다. 이처럼 양 문화권의 공통점도 있지만, 차이점도 있었음을 부인할 수 없다.

이처럼 각 문화권에서는 그들 나름의 탐구 대상과 탐구방법에 입각하여 획득한 지식을 체계화하였고 그것들에 기반하여 학문을 제도화하였다(institution 또는 constitution). 한편 체계화된 지식은 후세대에게 전수하고 교육할 필요성도 있었으므로 학교가 출현하였고 그 중에서 대학교(university)나 전문 연구 기관(institute)가 설립되어 교육과 새로운 탐구의 사회적 장치가 마련되었다. 또한 연구 기관이나 교육 기관은 국가 체계의 유지에 있어서 핵심 역할을 수행하고 있으므로, 진정한 의미에서의 자유주의적 민주주의가 정착되기 이전까지는 권력자의 의지를 반영하여 운영되는 것은 불가피했다. 레오나르도 다빈치가 군사과학기술에 관심을 가진 이유는 당시의 권력자인 체잘레 보르지아로부터 명령과 지원을 받았기 때문이다. 이처럼 과학기술정책과 자금 지원은 과학기술이 제도(institution)로서 정착하게 되는 주요 이유 중의 하나이다.

　교류가 활발한 이 시대에는 동서양 공유하는 점도 있지만, 과학 공동체마다 탐구 대상과 목적이 같다 하더라도 방법이 다를 수 있다. 왜냐하면 과학 공동체마다 자신의 고유성 내지 정체성이 있으며 연구 성과를 주장함에 있어서 독자성 또는 독립성을 강조하지, 타 공동체를 모방했다고 평가를 받으려 하지 않으며 연구 성과의 독자적 소유를 주장하지 것이지, 공유 또는 의존적 소유를 주장하려 하는 것은 아니기 때문이다. 자유주의 시대와 사회에서 탐구는 개방되어 있다고 말해지지만, 지식을 소유하는 집단의 이익 수호라는 관점은 쉽사리 포기되지 않는다. 더구나 기술로 인해 생산되는 제품은 시장 지배력을 갖게 되므로, 원천 기술의 독점이 강조되고 있으며 기업의 기술 개방은 뒷전의 이야기다. 오늘날 기업은 기술 보안에 많은 비용을 지출하고 있음을 부인할 수 없다.

　과학과 기술의 본성에 대한 전통적인 구분을 살펴보자. 과학(science, 科學)은 본래 앎을 의미하는 단어에서 왔다. 한자 문명권에서는 앎이란 무엇인가 존재하거나 나타나는 것에 대해 배우고(學) 묻는(問) 것에 초점을 맞추어서 학문이라는 용어가 사용되어 왔다. 배우고 묻는 것은 다른 말로 알고(知) 깨닫는(識) 것과 같다. 이것을 지식(knowledge, 知識)이라는 용어로 나타낸다. 이런 점에서 학문이 넓은 의미를 가지고 있다면 지식은 좁은 의미를 가지고 있다고 볼 수 있다. 앎의 기본 조건으로 인간의 의식이 전제된다. 알고 있다는 것은 인간의 의식상에 부각되어 있나, 즉 현전하고 있다(represented in human minds)는 것이다. 철학에서 앎의 문제를 연구하는 분야를 인식론이라 한다. 인식론은 지식에 관한 이론이다. 지식을 구성하는 방법 중 인간의 경험을 이용하여 특정 영역의 대상에 관해 이러저러한 방법으로, 특히 계통적으로/체계적으로 연구하는 활동, 또는 그 성과의 내용을 과학이라고 부른다.

　과학이라는 한자 표현은 개별 학문(individual science)이라는 의미이다. 과학이란 용어는 1870년대에 일본에서 처음으로 만들어졌다. 과학이란 용어를 만든 사람은 과학이 물리학, 화학, 지질학, 생물학 등 자연을 대상으로 하는 분과의 학문을 총망라한다(이런 측면에서 사용되는 용어는 전과(全科)이다)는 사실에 주목했다. 서양어의 science가 지식 습득을 위한 동일한 세계관과 방법론을 강조하기 위해 사용되는데 반해서, 번역된 과학이라는 용어는 구현된 실체를 지칭하기 위해 사용된다. 일본에서 과학이란 용어가 사용되기 시작한 이래 그것은 중국, 조선, 베트남에까지 수출되어 science의 번역어로 자리 잡았다. 따라서 불가피하게 이 책에서도 science에 대해 학문이란 용어보다는 과학이란 용어를 주로 사용할 것이다.

연구 대상은 자연물에만 한정되는 것이 아님에도 서양 근대에서 자연과학이 선구적으로 발전하게 되어 물리학이 독립하고, 화학이 독립하고, 생물학이 독립하였다. 이처럼 근대 서양에서 개별 학문이 독립적인 지위를 갖게 되었고, 이러한 경향이 나타났을 때 수입된 학문은 과학이라고 번역되었다. 그래서 우리나라를 포함한 극동의 문화권에서 과학은 자연과학을 가리키는 경우가 많다. 하지만 인간에 관한 과학으로 인문과학이 있고, 사회에 관한 과학으로 사회과학도 있다. 이러한 과학은 보편성에 근거한다. 어느 누구는 알 수 있지만 다른 누구는 알지 못한다든가 이느 나라에서는 그러그러한 지식이 성립하지만 다른 나라에서는 그렇지 않다고 말하지 않는다. 어느 시대 어느 곳에서 성립하는 과학은 다른 시대 다른 곳에서도 성립해야 한다. 물론 관점에 따라 연구 대상이나 연구방법이 달라 상대적일 수는 있다.

과학은 인간, 사회, 및 자연 세계에서 보편적 진리나 법칙의 발견을 목적으로 한 체계적 지식이다. 과학이란 이제까지 아무도 반증(反證)을 하지 못한 확고한 경험적 사실을 근거로 한 보편성과 객관성이 인정되는 지식의 체계이어야 한다는 것이 필수조건이다. 따라서 신학·철학은 과학이라고 할 수 없으며, 보편성이 인정되는 형식 논리학이나 수학은 넓은 의미의 과학에 들어간다. 그러나 이러한 학문은 이상과학·형식과학·선험과학(先驗科學)이라고 하며, 경험적 사실을 토대로 하여 성립된 경험과학과는 대립된다.

따라서 우리는 일반적으로 과학방법론상 이러한 경험과학을 과학이라고 한다. 경험과학은 일반적으로 자연과학과 사회과학으로 나눈다. 한편, 빈델반트나 리케르트는 자연과학은 설명적과학(說明的科學)이고, 역사과학 또는 문화과학은 기술적과학(記述的科學)이라 부르며, 분트는 체계적 과학과 현상론적 과학 또는 자연과학과 정신과학으로 분류하고 있다. 물론 공학이나 의학 같은 응용과학도 과학에 속한다.

기술(technology, 技術)은 본래 방법을 의미하는 단어에서 왔다. 기술은 과학 지식을 생산·가공에 응용하는 방법이나 수단을 의미하기도 하고 특정 물품을 생산하는 방법을 의미하기도 한다. 기술은 그 효율성이나 효과성에 의해 존속된다. 개인마다 시대마다 다를 수 있다. 기술의 수준상의 차이도 있다. 또한 어느 때는 성공하고 다른 어느 때는 실패할 수 있다. 어느 개인은 성공적인 기술을 가지고 있지만 다른 개인은 그렇지 않을 수 있다. 기술은 이런 점에서 일회적이고 상대적이다. 과학과는 본성이 다르다.

기술은 물질을 가공하여 무엇인가를 만들어 내거나 또는 성취하는 방법을 가리킨다. 넓은 의미에서의 기술은 인간의 욕구나 욕망에 적합하도록 주어진 대상을 변화시키는 모든 인간적 행위를 말한다. 기술이란 말은 그리스어(語) '테크네(techne)'에 유래되는 유럽계 언어의 번역어에서 비롯된 것으로서, 어원적(語源的)으로는 예술·의술 등도 포함하나 오늘날은 주로 생산기술의 뜻으로 사용된다. 즉 보통 물적 재화(物的 財貨)를 생산하는 생산기술의 뜻으로 사용되고 있다. 이러한 의미의 기술은 자연의 생성(生成)이나 인간의 생산적 사고 등과는 구별된다. 이러한 의미로서의 기술의 개념을 체계적으로 고찰한 최초의 철학자는 고대 그리스의 아리스토텔레스로서, 그는 인간정신의 진리를 파악하는 한 방법으로 테크네를 프로네시스(pronesis, 思慮) 에피스테메(episteme, 認識) 소피아(sophia, 知慧) 누스(nous, 理性)와 같은 선상에 놓고 그 차이점을 규명하였다. 그는 테크네를 외적인 것의 생산을 목적으로 하는 프락시스(praxis, 製作)라고 정의하였다.

이 정의는 고대 중세를 거쳐 산업혁명 시대까지 가장 포괄적인 것으로 알려져 왔으나, 산업혁명에 의한 기계문명의 출현으로 기술의 새로운 정의가 요구됨에 따라 기술이란 무엇인가 하는 문제가 흔히 논의의 대상이 되었다. 가령 영어의 테크닉이나 테크놀로지도 반드시 엄밀하게 구별되어 사용되는 것은 아니다.

기술 개념은 두 가지로 정리할 수 있다. 첫째는 기술을 도구와 같이 사물화된 어떤 대상물로 이해하는 것이다. 즉 기술은 도구나 기계, 전자 장치, 소비재 상품과 같은 특정한 인공물로 간주된다. 이러한 기술 개념에서는 기술의 도구적 특성과 관련해서 도구로서의 기술을 어떻게 다양한 유형들로 분류할 것인가의 문제와 도구의 존재론을 어떻게 정립할 것인가의 문제가 다루어진다. 이 외에도 도구가 인간과 사회와 맺는 관계는 무엇이며, 도구가 인간의 삶과 사회 변화에 어떤 영향을 주는가의 물음 등이 주요 주제들에 속한다. 둘째는 기술을 지식의 한 종류로 보는 것이다. 이 경우 어떤 유형의 기술 지식들이 있으며 이들의 특성은 무엇인가가 주로 철학적으로 논의된다. 나아가 이를 토대로 과학 지식과 기술 지식의 관계를 어떻게 볼 것인가도 중요하게 논의된다.

오늘날 기술에 관한 유력한 이론은 의식적용설(意識適用說)과 수단체계설(手段體系說)이다. 전자는 위의 두 번째 기술 개념에 일치하는 것으로서 인간의 생산적 행위에 객관적 법칙을 의식적으로 적용하는 것, 즉 과학의 응용이라는 이론이며, 인간 행동의 목적의식성과 합법칙성을 지적하고 인간행동의 주체성을 강조하는 이론이라 할 수 있다. 후자는 마르크스주의의 관점에서 기술을 규정하는 이론으로, 인간 생활에 있어서의 노동수단과 그 체계를 기술이라고 보는 이론이다. 이러한 입장에서는 기술을 '어떤 사회적 체계 내에서 발전하는 노동수단' 또는 '자연에 관한 인식에 의지하여 인간에 의해 창조되는 노동수단의 총체' 등으로 규정하기도 한다.

　도구 또는 지식으로서의 기술 개념 외에 적어도 과정으로서의 기술 개념과 의지 작용으로서의 기술 개념이 고찰될 필요가 있다. 과정으로서의 기술 개념에서는 만들어지고 사용되는 인공물보다, 만들고 사용하는 과정 자체를 기술의 본질적 측면으로 규정된다(Mitcham(1980)). 이러한 개념에서 공학자들은 '만듦'을 강조하는 반면 사회과학자들은 '사용함'을 강조한다. 만듦의 과정에서 발명과 디자인이 강조되는 반면, 사용의 과정에서는 생산과 이용, 기술의 공익적 사용의 문제가 중시된다. 이는 결과적으로 기술의 문제가 인간 행위 및 사회 제도와 밀접한 관련이 있음을 의미한다. 한편 의지 작용으로서의 기술 개념은 과정에 대한 통제가 부분적으로는 과정에 대한 체계적인 지식에 의존하지만, 부분적으로는 목적이라든가 의도, 지향, 선택 등과 밀접한 관련이 있음을 반영한다. 가령 사이버네틱스는 과정의 통제를 위한 인지적 수단을 제공해 줄 수 있지만, 그 자체가 통제의 용도나 목적을 결정하지 못한다. 이것은 가치와 의지의 문제로, '사용함'을 언급할 때 배제될 수 없다. 또한 기술이 어떤 의지를 지닌 인간의 행위에 근거한다는 점도 주목되어야 한다.

　위에서 살펴본 바와 같이 과학과 기술에 대한 구별이 있을 수 있으나 오늘날 인간은 삶의 주체로서 내부 환경과 외부 환경에 대해 지식을 형성하며 최적 환경이 되도록 환경을 변형한다. 지식은 실제 사용과 분리되어 고찰되지 않으므로 과학의 화용론(pragmatics)이 연구된다. 이러한 화용론은 과학적 지식을 권력 관계에서 분석해서 고찰하거나 부의 수단으로 간주하여 고찰할 때라도 사용 측면이 드러난다. 이러한 사용 측면은 기술적 측면으로 연결된다. 오늘날 과학 공동체는 프로젝트 중심적으로 연구를 진행한다. 오늘날의 과학 공동체나 과학자는 자연 세계가 순수하게 존재하므로 그러한 세계를 순수한 동기에서 탐구하지 않는다. 물론 그러한 시대도 있었지만 산업화된 현대에 있어서는 그렇게 느슨하게 탐구를 진행하지 않는다.

　오늘날의 탐구는 관찰 도구 의존성이 강하다. 실험 없는 탐구는 신뢰받기 어렵다. 따라서 과학 활동에는 비용이 들고 비용을 들이면 성과를 기대하게 된다. 관찰 도구 제작이나 실험 설계는 기술적인 측면이 강하다. 실용적 목적 없이 탐구는 진행되지 않는다. 목적 달성을 위해 수단이 강구된다. 수단은 도구이며 도구를 만들어 사용하는 것은 기술이다. 이처럼 오늘날 탐구 활동에 있어서는 과학과 기술이 동시에 발현된다. 따라서 앞으로는 과학과 기술을 그 본성상 구별되는 점을 강조해서 말하는 경우가 아니라면 과학기술(science-technology)이라는 용어를 사용할 것이다.

2. 현대 과학철학의 두 흐름

전통적으로 지식에 관한 문제는 인식론이라고 하는 철학의 고유한 영역이었다. 인식 내용을 체계화한 것을 과학이 한다면, 철학은 그 과학에 대해서 사유한다. 그러한 사유를 과학철학이라고 부른다. 과학철학은 과학 연구 그 자체가 아니라 그 연구 과정과 과학이론이 이해되는 방식, 사용되는 방법론 등에 대한 더 넓은 맥락에서 철학적으로 탐구한다. 과학철학의 역사는 과학의 역사만큼 오래 되었다. 실제로 현대에 와서 과학기술이 전문화되기 전까지는 상당히 많은 뛰어난 과학자들은 자신들의 연구 활동에 대해 비판적 거리를 유지하고 철학적 함의를 고민해 보던 과학철학자들이었다. 아리스토텔레스, 데카르트, 갈릴레오, 케플러, 뉴턴 모두 과학적 방법론에 대한 중요한 저술을 남겼다. 17세기에 들어서면서 과학 전반에 관한 일반적인 논의를 하는 과학자를 찾아보기 어렵게 되지만 여전히 자신들의 연구 주제에 대해서 과학적 연구 자체뿐 아니라 방법론적 논의를 병행하는 모습을 볼 수 있다. 고전 전자기학을 완성한 맥스웰이나 절대온도로 유명한 켈빈, 현대 카오스 이론을 제기한 규약주의자 푸앙까레(H. Poincaré)나 양자역학 성립에 주도적인 역할을 했던 보어, 슈뢰딩거(E. Schrödinger), 하이젠베르크(W. Heisenberg) 등이 그러하다. 또한 사회과학자들도 역시 그러함을 주목해야 한다. 19세기에서 20세기에 도덕 과학(moral sciences)라고 하는 것이 있었다. 그것은 윤리학만을 의미하는 것이 아니라 가치학 내지 규범학이라고 불리는 것이 타당하다. 예를 들어 케인즈는 거시경제학자로 널리 알려져 있지만 그의 초기 저작은 확률에 관한 것이었다. 그가 확률론을 연구한 것은 세상을 경제학적 관심에서 기술하고 설명하고 예측하는 방법론적 기초를 수립하는 것이었다. 사이먼은 노벨경제학상을 수상했지만 그는 과학적 발견의 방법론이나 의사결정이론의 방법론을 연구하였다. 즉 방법론 없이 탐구는 실제로 불가능하므로 과학자들은 방법론의 기초를, 더 나아가서 존재론이나 형이상학을 포함한 과학철학적 관점을 먼저 정립하였다.

20세기에 들어 와서, 제1차 세계대전과 특히 제2차 세계대전의 영향으로, 과학연구의 주도권이 인문과학과 자연과학의 통합적 이해를 추구했던 유럽(특히 프랑스의 과학적 철학은 문학에 불과하다고 비판을 받을 대목이 있음에도 그들은 굳이 과학적 철학이라고 부른다)에서 미국으로 옮겨졌다. 1920년대 비엔나에서는 원래 물리학을 공부했던 슐리크(M. Schlick), 당시 물리학의 혁명적 변화(즉 상대성 이론과 양자역학)에 크게 영향을 받은 카르납과 라이헨바하 등의 과학자-철학자들이 모여서 현대 과학의 철학적 의의를 엄밀한 분석을 통해 파악하고 그 핵심을 당시의 철학을 개혁하는 데 사용하고자 했다. 그들은 논리실증주의의 전신인 비엔나 서클을 만들어 활동했다. 비엔나 서클의 회원들은 모두 당시의 과학의 혁명적 변화에 정통했고 과학철학 연구는 대상인 과학과 밀접한 관계를 맺고 있어야 한다고 강조했다. 특히 그들은 단순히 물리학만이 아니라 자연과학 및 사회과학의 여러 분야 각각에서 과학철학적 연구가 수행되어야 한다고 생각했다.

하지만 제2차 세계대전이 발발하자 비엔나 서클의 학자들은 미국으로 건너가 자리를 잡게 되었다. 당시 미국은 퍼스(C. S. Peirce), 듀이(J. Dewey) 등의 실용주의(pragmatism)가 널리 퍼져 있었고 이주한 학자들은 그들의 학풍에 적응하면서 자신들의 다양한 철학적 관심사를 억누르게 되었다. 실용주의는 구체적인 상황에서 문제를 인식하여 어떻게 문제를 풀 것인가의 전략을 수립하고 그에 따른 실용적 효과를 중시하였다. 이러한 시각에서는 자신들의 연구에 대한 심오한 철학적 반성, 즉 메타철학을 하는 일이 드물었다. 메타철학 대신 미국에서 활동한 과학철학자들은 형이상학적 관심사를 갖기보다는 구체적인 방법론적 관심사를 갖고서 방법론 개발에 집중하였다. 그러한 방법론적 개발이란 과학적 명제에 대한 논리적 분석에 과학철학의 작업을 한정해서 그 과정에서 발생한 여러 전문적인 문제들에 대한 논의를 하는 것이었다. 이러한 논의의 핵심 주제는 과학적 설명이다.

미국에 정착된 논리실증주의자나 논리경험주의자는 과학의 내적 구조에 관심을 갖고 연구하였다. 과학의 여러 과제 중 설명이 가장 의의 있는 과제이므로, 과학철학자들은 과학적 설명을 위해 필요한 논리, 확률, 인과, 법칙, 사실의 문제, 정당화의 문제 등을 주제로 연구를 발표했다. 카르납, 라이헨바하, 네이글(E. Nagel), 헴펠(C. G. Hempel) 등이 초기 세대로 등장하여 미국에서 후학들을 양성하였다. 제프리(R. C. Jeffrey), 사이먼(H. Simon), 새먼(W. Salmon), 퍼트남(H. Putnam), 반 프라센(B. van Fraassen), 노직(R. Nozick) 등이 1960년대에 등장하여 꾸준히 활약해오고 있다. 또한 그러한 입장과 정면 대치하면서 영국에서 활동한 포퍼는 반증주의 과학관을 주창하여 1950년대까지 중추적인 활동을 하였고 그후 근 50여년간 그의 기본 노선을 따르는 라카토스(I. Lakatos), 왓킨스(J. Watkins) 등과 함께 왕성한 활동을 해 왔다.

　미국에서의 분석철학적 과학철학 논의는 위와 같은 부문에 대해서만 진행되어 왔으므로 그러한 연구나 논의는 자연스럽게 과학 연구자들에게는 이해할 수 없거나 흥미를 끌 수 없는 것이 되었고 이런 상황은 1960년대에 쿤이나 푸코와 같은 과학철학자들이 나타나서야 새로운 바람을 맞게 된다. 이러한 새 조류는 기본적으로 과학철학자들이 과학 연구가 과거에 실제로 어떻게 수행되고 그 결과가 어떤 방식으로 평가되었는지에 관심을 집중할 것을 강조했다. 즉 그들은 과학 연구가 실제로 진행되어 온 방식에 더 충실해서 과학철학적 연구가 이루어져야 된다고 강조했다. 이것은 어떤 면에서 보면 비엔나 서클의 창립 정신을 되살린 것이라 할 수 있다. 쿤이 제기한 바의 과학철학은 과학의 실제 역사에 충실하고 과학 연구의 실천적 모습을 담아내고 있다는 것은 대체적으로 인정된다.

　이렇게 과학철학이 과학의 역사적 전개 과정과 현재 과학 연구가 이루어지는 모습에 더 많은 관심을 갖게 되면서 과학철학 연구는 과학기술사나 과학기술 사회학 등 과학기술을 연구하는 여타의 과학기술학(science-technology studies, 줄여서 STS)과 함께 협동하여 현대 과학기술에 대한 종합적인 이해를 산출할 수 있게 되었다. 이러한 접근 방법은 과학기술의 사회성에 관해 새로운 인식론에 근거한다. 이러한 인식론은 사회적 인식론(social epistemology)이라고 불리는 영역으로 자리를 잡았다. 물론 사회적 인식론은 마르크스주의에 기초한 지식 사회학에서 출발하여 독일의 프랑크푸르트학파의 사회 비판 철학에서 발전의 단초가 연결되기도 한다. 그러나 사회 비판 철학이라는 협의의 관점을 벗어나 과학 공동체의 지식 문제라는 시각에서 사회적 인식론의 위치를 논의할 수 있다.

3. 사회학적 과학철학의 두 진영

3.1 골드만의 사회적 인식론의 역사와 연구 과제

　다음 장에서 상세하게 다룰 논리실증주의로 비롯되는 전통적인 과학철학은 과학

방법론에 대한 규범적 연구였다. 그러한 입장에 서 있는 과학철학자들은 과학철학의 내적 문제에 관심을 가지고 연구해 왔다. 이와는 달리, 과학적 지식의 변화에 관해 역사적 사회적 접근 방법으로 과학철학계에 획기적인 바람을 일으킨 학자는 1960년대에 쿤이다. 또한 우리는 당시의 푸코도 주목하게 된다. 쿤는 과학 지식의 변화를 패러다임의 변화로 보고서, 그러한 변화는 혁명이라고 주장했다. 쿤의 주장은 전통적인 과학철학 내부 구조의 논의에서 벗어나 과학에 대한 역사적 사회학적 연구의 길을 열었다. 공동체에 관한 사회학적 연구는 과학 사학과 함께 과학철학의 중심 분야가 되었다. 푸코는 지식과 권력과의 관계를 분석하였다. 이처럼 1960년대 이후의 과학철학의 경향은 과학의 내적 구조와 기능에 대한 연구를 하는 진영과 과학사와 과학사회학적 접근 방법론에 입각한 과학 외적 기능과 문제에 대한 연구를 중심으로 하는 진영으로 대별되어 전개되어 왔다.

이러한 과학사회학 또는 과학기술학 연구의 연구방법론을 먼저 다루는 이유는 오늘날 과학기술에 대한 통합적 연구의 필요성이 대두하였기 때문이다. 이러한 입장은 전통적인 인식론에서 벗어나 사회적 인식론이라고 부르는 20세기 후반의 과학철학적 경향을 반영한다. 그러한 과학철학의 경향은 과학에 대한 역사적 사회학적 접근 방법을 특징으로 하며, 과학사와 과학사회학적 입장에서 과학과 기술을 분리하여 논의하지 않고 과학기술을 함께 묶어 연구한다. 이 STS의 연구방법은 사회학적 연구방법인 면도 있는데, 이런 점 때문에 STS는 과학, 기술, 및 사회(science and technology and society)를 의미하기도 한다. STS에서의 사회적 인식론은 광범위한 지식 연구방법론이다. 이 접근 방법의 관점에서는 인간 지식은 집단적 성취물로 해석된다. 사회적 인식론자들은 인문과학과 사회과학에서 학제적으로 탐구한다. 그들은 공통적으로 철학과 사회학도 연구한다. 사회적 인식론은 전통적인, 분석적 인식론과는 다른 활동을 하며 STS의 학제적 장에서 상호 연결되어 있다.

STS에서의 지식은 사회적 지식이다. 사회적 지식에 관한 이론은 사회적 인식론이라 한다. 이 용어는 1950년대에 사서학자 에건(M. Egan)과 세라(J. Shera)에 의해 처음 사용되었다. 1979년에 세이핀(S. Shapin)에 의해서도 사용되었다. 하지 현재 사용되는 의미는 1980년대 후반에 등장하기 시작했다. 1987년, 철학 저널 *Synthese*에는 사회적 인식론 특집이 실렸다. 그 특집에는 골드만(A. Goldman)과 풀러(S. Fuller)의 글이 실렸는데, 이 두 사람의 글은 각기 다른 노선을 취하고 있다. 그 중 풀러는 1987년에 『사회적 인식론: 지식, 문화, 및 정책 저널』이란 잡지를 설립했으며 1988년에 『사회적 인식론』이란 첫 번째 책도 출판했다. 골드만의 『사회 세계에서의 지식(Knowledge in Social World)』은 1999년에 발간되었다. 골드만은 현재 『인식(Episteme): 사회적 인식론의 저널』의 편집을 맡고 있는데, 그것은 2004년에 설립되었다. 이 두 저널의 목적과 범위는 여러 면에서 상당히 중첩되고 있다. 풀러의 『사회적 인식론』은 철학뿐만 아니라 과학 연구에 더 개방되어 있는 반면, 골드만의 『인식』은 분석 철학의 기조에 놓여 있다.

풀러와 골드만이라는 양대 산맥으로 정점을 이룬 사회적 인식론은 사회학적 관점에서 지식의 제 관계를 연구하는데, 그 기원은 위에서 말한 바와 같이 쿤과 푸코다. 그 둘은 과학철학에 역사적 관심을 결부시켰다. 가장 핵심적으로 논란이 되는 개념은 진리의 본성과 관련해서이다. 그들에게서 진리는 논리실증주의자나 경험주의자가 주장하는 진리가 아니라, 상대적이고 우연적인 진리이다. 이런 배경에서 과학적 지식의 사회학(sociology of scientific knowledge, 줄여서 SSK)에서의 연구와 과학의 역사와 철학(history and philosophy of science, 줄여서 HPS)에서의 연구는 그 인식론적 귀결을 주장할 수 있게 되었고, 에딘버러 대학교(University of Edinburgh)에서 "강력한 프로그램(Strong Programme)"이 설립되게 되었다. 사회적 인식론의 이러한 두 흐름에 의해, 풀러는 골드만보다 민감성과 수용성이 더 강한 역사적 궤적을 그려 왔다. 골드만은 자신의 인식론을 "진리적 사회적 인식론(veritistic social epistemology)"라고 부르는데, 그것은 쿤과 푸코과 연합되어 있는 더 극단적인 주장들을 체계적으로 거부하는 것으로 합당하게 해석될 수 있다.

사회적 인식론을 연구하는 학자이건, 과학의 사회학적 측면을 연구하는 과학사회학자들이건 모두 인식과 관련된 문제를 해결하기 위해서 집단, 즉 과학 공동체가 어떻게 합의하는가의 물음을 중점적으로 연구한다. 그러한 연구와 관련해서 우리는 사회적 인식론에서 제기되는 문제점들을 검토하여 더 좋은 이론이 되도록 개선하고 STS에 유의해야 할 사항들을 반영한다면, 그러한 작업은 궁극적으로 과학기술의 발전에 도움을 줄 수 있다. STS의 긍정적인 측면을 주장하는 여러 학자들의 입장을 풀러의 이론을 중심으로 STS를 다루는 절에서 살펴보겠지만, 여기서는 골드만을 중심으로 STS와 관련된 사회적 인식론을 고찰하겠다. 골드만은 인지과학에서 연구된 성과들을 이용하여 사회적 인식론의 문제들을 정리하며 부분적으로 해결책을 제시하고 있다. 그는 기본적인 인식론의 과제를 받아들여 진리적 그의 이론은 전통적인 과학철학의 연속선상에서 인식론의 문제를 사회적 차원에서 검토하고 있는 것으로 볼 수 있으므로, 풀러보다는 덜 혁명적이다. 왜냐하면 풀러는 지식의 종말을 주장하고 있기 때문이다.

사회적 인식론에 대한 골드만과 풀러는 뚜렷하게 입장의 차이를 보여주므로, 우선 전통적인 인식론과의 접촉점을 조금이라도 가지고 있다고 볼 수 있는 골드만의 사회적 인식론부터 살펴보기로 한다.

3.1.1 사회적 인식론의 개요

사회적 인식론은 지식 또는 정보의 사회적 차원에 대한 연구이다. 하지만 "지식"이란 용어가 포착하고 있는 것이 무엇인지, "사회적인" 것의 범위는 어디까지인지, 또는 그 연구의 방식이나 목적은 무엇이어야 하는지에 대해서는 사회적 인식론을 연구하는 학자들 내에서도 의견 일치를 보이지 않는다. 몇몇 연구자들에 따르면, 사회적 인식론은 고전적 인식론과 마찬가지로 인식에 관한 일반적인 과업을 가지고 있다. 하지만 사회적 인식론은 고전적 인식론이 너무 개인주의적이라는 인식에서 벗어나려는 입장을 가지고 있다. 다른 저술가들에 따르면, 사회적 인식론은 고전적 인식론과 철저하게 결별을 하고 있으므로, 사회적 인식론은 전통적인 인식론을 대체한 새로운 후속 학풍이다.

인식론에 대한 고전적(classical) 접근 방법은 적어도 두 가지 형식으로 그 특징을 말할 수 있다. 하나는 참된 신념들을 획득하는 전통적인 인식적 목표를 강조한다. 고전적 접근 방법이 일반적으로는 사회적 관점을 잘 취하지 않지만 그래도 사회적 관점을 취하는 측면이 있다면, 바로 이러한 목표와 관련해서 행위자의 신념의 진리치에 대한 사회적 영향력과 그에 따른 사회적 실천에 대한 것이다. 고전적 접근 방법의 두 번째 형태는 정당화되거나 합리적인 신념들을 갖는 것이라는 인식적 목적에 초점이 맞춰져 있다는 것이다. 예를 들어 그것이 사회적 영역에 적용되면, 인식적 행위자가 타인의 진술과 의견을 받아들임에 있어서 언제 정당화되거나 보증되는지의 문제가 집중적으로 다루어진다.

이와는 달리 고전적 접근 방법을 거부하는 주창자들은 반고전적(anti-classical, 反古典的) 접근 방법의 주창자들이라 부를 수 있는데, 그들은 진리와 정당성과 같은 개념들을 거의 사용하지 않거나, 어쩌면 전혀 사용하지 않는다. 지식의 사회적 차원에 대해 말할 때, 그들은 "지식"을 단지 믿어지는 것 또는 이러저러한 공동체나 문화나 맥락에서 "제도화된" 신념으로 이해한다. 그들은 그와 같이 생각된 지식 생산에 대해 책임이 있는 사회적 힘과 영향력을 확인해 내려고 노력한다. 사회적 인식론은 지식 형성 과정에서 사회의 중추적인 역할 때문에 이론적으로 의의가 크다. 사회적 인식론은 또한 정보 관련 사회 제도의 재설계에서 가능한 역할을 하기 때문에 실천적인 중요성이 있다.

3.1.2 사회적 인식론의 역사

"사회적 인식론"이란 용어 또는 학문 분야가 체계적으로 연구되기 시작하여 그 용어가 사용된 지는 그리 오래되지 않았다. 하지만 적어도 지식이나 합리적 신념에 대해 관심을 가졌던 역사 철학자들은 쉽게 찾아볼 수 있다. 플라톤은 카르미데스(Charmides)라는 대화편에서 평범한 사람이 한 분야에서 전문가인 체 하는 사람이 정말로 전문가인지 아닌지를 어떻게 결정할 수 있는지에 관한 물음을 제기했다. 전문가나 권위자에게 의존하는 것은 사회적 인식론 영역에서의 문제이다. 그것은 전문가의 지식 사용이나 전문가와 문의자 내지 지식을 전수받은 자 간의 사회적 관계가 형성되기 때문에 권위로부터의 지식 획득은 사회적 인식론의 문제가 된다. 이러한 권위로부터의 지식 획득은 사회적 인식론에 있어서 조그만 탐구 주제인 것이다. 17, 18 세기 영국이 철학자들, 로크(J. Locke), 흄(D. Hume), 리드(T. Reed)는 인식론의 많은 논의 주제들 중에서, 비록 때로는 산발적이기는 했어도, "증언(testimony)"에 할애했다. 증언은 인식자 스스로 인식한 것이 아니다. 즉 증언은 직접지가 아닌, 타인으로부터 전수된 지식이다. 따라서 증언은 무조건 믿을 수 있는 것은 아니다. 그래서 우리는 증언에 관해 다음과 같은 물음을 제기하곤 한다. 즉 인식적 행위자가 타인의 의견과 보고를 어느 때 신뢰하는가? 화자의 증언이 믿을 만한 자격을 갖고 있다고 인정하기 위해서 청자는 화자에 관해 알아야만 하는 것은 무엇인가? 로크는 인식과 관련해서 자기 신뢰의 중요성을 아주 강조했다. 그래서 그는 타인의 의견에 권위를 부여하는 것에 관해 강력한 의심을 표출했다(Locke(1959): I. iii. 23). 흄은 우리가 타인의 사실적 진술들을 규칙적으로 신뢰한다는 것에 대해 당연히 의문을 가지고 있었지만, 그 출처가 믿을 만하다고 생각할 적합한 이유를 가지고 있는 범위에서만 신뢰하는 것이 합리적이라고 생각했다. 흄의 경험주의는 이러한 이유로 인간의 증언의 진실성을 성립시키기 위해서는 궁극적으로 개인적 관찰에 근거되어야만 한다고 요구하였다(Hume(1975): X, 111). 리드는 대조적으로 타인을 믿는 우리의 자연스러운 태도는 타인의 신뢰성에 관해 거의 알지 못할지라도 합리적이라고 생각했다. 리드에게 있어서, 증언, 적어도 진지한 증언은 항상 겉보기에 믿을 만한 것으로 간주되었다(Reid(1975): VI, xxiv). 물론 근대 영국 경험론자들인 이들의 입장 모두는 인식론적 입장인 것이다. 하지만 그러한 입장은 기본적으로 인식론적 기획의 일부인데, 그러한 인식론적 기획은 방향성에 있어서는 자기중심적이어서 그것은 아마도 사회적 인식론의 이상적이거나 순수한 패러다임이라고 할 수 있는 것은 아니었다. 그럼에도 그것은 인식적 정당화의 사회적 차원을 조사한 초기 인식론의 분명한 예이다.

더 사회학적이거나 정치적인 의미에서 "사회적" 지식의 모습들에 초점을 두었던 다른 전통이 있다. 이 전통에 해당하는 학자들은 자신들의 연구 작업을 인식론의 핵심 논제에 거의 연루시키지는 않았다. 이데올로기에 대한 마르크스의 이론은 사회적 인식론의 한 유형으로 간주되어도 좋을 것이다. 마르크스의 이데올로기 개념에 대한 한 해석에서 따르면, 이데올로기는 어떤 의미에서는 거짓이거나 기만적인 신념들의 집합이거나 세계관이거나 의식의 형태이다. 이러한 신념들의 원인과 아마도 그것들의 기만성의 원인은 믿는 사람들의 사회적 상황과 이해관심이다. 이렇게 그려진 이데올로기 이론은 신념들의 진위에 관련되어 있으므로, 그것은 고전적인 사회적 인식론의 한 형태로 간주될 수 있을 것이다.

만하임(K. Manheim)은 마르크스의 이데올로기 이론을 지식의 사회학으로 확장했다(Mannheim(1936)). 그는 의식의 형식들을 한 사회 집단의 사상이 그 집단의 사회적 상황이나 "생활 조건들(life conditions)"로 연결될 수 있을 때 이데올로기라고 분류했다(Manheim(1936): 78). 이러한 사상을 사회적 상황으로 추적해 가는 기술적 기획은 사회적 인식론이라고 해석될 수 있을 것이다. 이데올로기적 기만을 비판하고 해소하려는 더 심오한 기획은 "이데올로기비판(Ideologiekritik)"이라 한다. 그것은 확실히 사회적 인식론의 한 형식이다. 프랑크푸르트 학파의 비판 이론은 이러한 사상을 발전시킨 하나의 시도 내지 시도들의 집합이다. 비판 이론은 행위자들이 자신들의 환경에서 숨겨진 강압을 인식하게 함으로써 해방과 계몽을 목적으로 하며, 그들이 참된 이해관심이 어디에 놓여 있는가를 결정할 수 있게 한다(Geuss(1981): 54). 비판 이론의 한 변형에서, 하버마스(J. Habermas)는 "이상적인 담화 상황(ideal speech situation)"이란 개념을 도입했다. 그것은 완전히 자유롭고 평등한 인간 행위자들 간의 절대적으로 무강압적이고 무제한적인 논의라는 가설적 상황이다(Habermas(1973); Geuss(1981): 65). 여러 저작에서 하버마스는 이상적인 담화 상황을 진리의 선험적 기준으로 사용한다. 행위자들이 이상적인 담화 상화에서 일치를 보일 신념들은 사실 그대로 참된 신념들일 것이다(Habermas and Luhmann(1971): 139, 224). 여기서 사회적 의사소통 장치는 인식적 표준의 한 유형으로 간주된다.

지식사회학, 그리고 특히 과학사회학에서의 이후의 발전은 역시 사회적 인식론의 형식들로 간주될 수 있다. 과학은 패러다임적 지식 생산 기획이라고 폭넓게 간주되므로, 또한 인식론은 지식에 중심적으로 관련되어 있으므로, 과학의 사회적 결정인자들을 확인하려는 어떠한 노력이라도 그것은 사회적 인식론의 한 형식이라고 그럴듯하게 범주화될 수 있을 것이다. 만하임과 과학사회학자 머튼(R. K. Merton) 둘 다 자연과학에서 신념의 여러 범주에 영향을 주는 사회적 또는 "실존적(existential)" 요인들을 면제시켰다(Merton(1973)). 과학은 자체적으로 사회로 간주되었고, 대체로 사회의 나머지 부분과는 무관한 것이었다. 그러나 나중에 과학사회학자들은 그들이 부여했던 동일한 면죄부를 주기를 거부했다. 에딘버러 학파는 과학적 신념은 모두 원인(명분)에 있어서 다른 신념과 동등하다고 주장한다. 반즈(B. Barnes)와 블로어(D. Bloor)는 "대칭(symmetry)" 내지 "동치(equivalence)" 공준을 형식화했다. 그것에 따르면 모든 신념은 신뢰성의 원인(명분)과 관련해서 동등하다(Barnes and Bloor(1982)). 이러한 전통에서 수행된 많은 역사적 사례 연구는 과학자들도 역시 문화적 역사적으로 전승되어 온 지식과 관습에 영향을 받다가 당해 공동체 밖에서 제기되는 도전적인 새로운 관념이나 정책에 어떻게 동요되는지를 보여 주려고 하였다. 그러한 것들은 보통 순수 과학에 "외재적(external)" 요인이라 간주된다(Forman(1971), Shapin(1975), Mackenzie(1981)). 쿤은 순수하게 객관적 고려 사항으로는 결코 경합하는 과학이론이나 패러다임 간의 분규가 해결될 수 없으며 따라서 과학적 신념은 "사회적 요인들(social factors)"에 영향을 받고 있음에 틀림없음을 보여 주었다(Kuhn(1962/1970)). 과학 연구 공동체에 대한 쿤의 기술은, 특히 "정상(normal)" 과학의 기간 중에 패러다임의 고취와 보존에 대한 기술은 과학에 대한 사회적 분석의 분명하고 영향력 있는 사례였다. 그것은 실증주의적 분석 전통과 특히 대조되는 것이었다. 푸코는 지식과 과학에 대한 철저하게 정치적인 관점을 발전시켰고, 소위 지식 추구의 관습은, 특히 근대 사회에서, 정말로 권력과 사회 지배의 목적에 기여한다고 주장했다(Foucault(1977, 1980)). 이러한 저술가들 모두 자신들이 "사회적 인식론자"라는 말을 채용하여 표현한 적은 없을지라도 사회적 인식론자들이라고 간주될 수 있을 것이다.

아마도 "사회적 인식론"이란 구를 처음 사용된 것은 사서학자 셰라(J. Shera)의 저작에서이다. 그는 결국 자신의 동료 에간(M. Egan)에게 공을 돌린다. 셰라는 다음과 같이 말한다. "사회적 인식론은 사회에서 지식에 대한 연구이다. ... 이 학문분야의 초점은 전체 사회 조직을 통해서 모든 형식의 소통된 사상의 생산, 유통, 통합, 및 소비에 맞추어져 있다"(Shera(1970): 86). 셰라는 사회적 인식론과 사서학 간의 유사성에 특히 관심이 있었지만, 그는 사회적 인식론의 개념을 아주 명확한 철학적 내지 사회과학적 윤곽을 가지고서 구성하지는 않았다. 그렇다면 무엇이 그러한 윤곽이 될 수 있을 것인가?

3.1.3 인식론의 고전적 접근 방법들

고전적 인식론은 진리 추구에 관심을 가져 왔다. 참된 신념에 도달하고 거짓된 신념을 피하기 위해서 개인은 어떻게 인지 활동에 관여할 수 있는가? 이것은 데카르트(R. Descartes)가 『과학에서 이성을 올바르게 지도하고 진리를 추구하는 방법에 대한 서설(*Discourse on the Method of Rightly Conducting the Reason and Seeking for Truth in the Sciences*)』(보통 방법서설이라고 한다)(1637/1955))에서 스스로 설정한 과제이다. 고전적 인식론은 『방법서설』의 제목의 일부에서 시사되는 바와 같이 합리성 또는 인식적 정당화에 관련되어 있다. 사람은 진리를 추구할 때 이성을 올바르게 이끌 수 있겠지만 진리를 얻는 데 성공하는 것은 아니다. 하지만 이성을 적절하게 사용함으로써-아마도 지각과 기억과 같은 다른 능력들을 적절히 사용함으로써-신념을 형성하는 한, 그 사람의 신념은 합리적으로 보증되거나 정당화된다. 고전적 인식론자들 모두 이것을 일종의 인식적 고려 요건으로 간주한다. 게다가 고전적 인식론에서 지식에 대한 표준적인 설명에 따르면, 사람이 명제를 알기 위해서, 그 사람은 그것을 믿어야만 하고, 그것은 참이어야만 하고, 그것에 대한 믿음은 정당화되거나 합리적으로 보증되어야만 한다. 따라서 만일 인식론이 지식의 연구이며 특히 지식이 어떻게 획득되는가에 대한 연구라면, 인식론은 또한 참이며 정당화된 신념이 어떻게 획득될 수 있는가에 대한 연구이어만 한다. 이러한 차원들의 단 하나, 즉 진리 또는 정당화에 한정된 인식론적 기획은 역시 고전적 틀에 부합할 것이다.

앞서의 언급은 "개인주의적으로" 위장된 고전적 인식론에도 적용된다. 만일 어떤 사람이 고전적 인식론을 사회화하려 한다면 어떤 유형의 인식론을 얻게 되는가?

그는 참된 신념 그리고/또는 정당화된 신념 추구에 대한 다른 종류의 사회적 시각을 갖게 된다. 사회적 인식론에서의 몇몇 기획들은 정확히 말해서 이러한 사회적 주제에서 채택되어 왔다.

아마도 진리 지향적인 사회적 인식론이 처음 형식화된 것은 1970년대 후반과 1980년대 중반 골드만의 저작에서 찾아볼 수 있다(Goldman(1978, 1986, 1987)). 그 저작들에서 골드만은 인식론을 두 분야로 분류하도록 제안하고 있다. 즉 개인적 인식론과 사회적 인식론. 두 분야 모두 참된 신념의 생산에 대한 기여에 의해 과정, 방법, 또는 관행을 정립하고 평가하려 할 것이다. 개인적 인식론은 인식 주체 안에서 심리학적 과정을 확립하고 평가하려 할 것이다. 사회적 인식론은 인식 주체가 자신의 신념에 인과적 영향력을 행사하는 다른 행위자와 상호 작용하는 사회적 과정을 확립하고 평가하려 할 것이다. 그와 같은 의사소통 행위를 이끌거나 형성하는 다른 행위자들의 의사소통 행위와 제도적 구조는 사회적 인식론 안에서 연구될 사회적-인식적 실천들의 으뜸 사례들이 될 것이다. 골드만의 후속 저작 『사회 세계에서의 지식(*Knowledge in a Social World*)』(1999)에서, 이러한 사회적 인식론은 더 상세하게 개진된다. 일상생활에서도 과학, 법률, 및 교육과 같은 전문화된 영역에서도 모두 거짓된 신념이나 무견해(無見解)(즉 불확실성)보다 참인 신념을 갖는다는 것에는 어떤 가치가 부여되어 있다고 주장된다.

이러한 유형의 가치는 "진리주의적 가치(veritistic value)"라고 불리며, 진리주의적 가치에 대한 측정이 제안되어 있다. 그 책의 나머지 부분에서 진리적 가치를 증가시키는 것에 대한 긍정적이거나 부정적인 기여를 하는 사회적 실천들의 유형이 고찰되어 있다. 고찰된 실천들의 유형에는 다음과 같은 것이 포함된다. 보고하고 논증하는 담론 실천, 담론을 규제하는 시장과 비시장 메커니즘, 정보 기술의 유형, 과학적 신뢰를 부여하고 신뢰를 목적으로 하는 과학적 탐구를 지도하는 것, 재판 절차나 사법적 판결 제도, 및 선거 후보자에 관한 정치적 정보를 확산하는 제도 등.

사회적 인식론에 대한 진리주의적 접근 방법은 순수하게 기술적이거나 설명적이라기보다는 평가적이거나 규범적일 것을 목적으로 한다. 그것은 참된 신념 대 거짓된 신념에 대한 영향력에 의해 현실적 관행과 유망한 관행을 평가하려 한다. 비록 진리가 지식이 사회적 연구에서 설명적 역할을 가지고 있지 못할지라도, 그것은 규제적인 역할을 할 수 있다. 우리는 무엇이 참인가를 결정할 방법들이 없다 해도, 어떻게 진리가 규제적인 역할을 할 수 있는가? 사회적 인식론자는 실천에 의해 발생된 신념이 참인지 아닌지를 결정할 방법이 없을 때에도 실천의 진리 성향을 어떻게 평가할 수 있는가? 그러나 사회적 인식론자가 그러한 결정 방법을 가지고 있다고 한다면, 왜 사회적 인식론을 거부해해 하는가? 이런 물음에 대한 대답에서, 어떤 실천은 어떤 진리주의적 속성을 가지고 있을 것임을 수학적으로 증명하는 것이 때론 가능하기도 하다. 예를 들어 골드만은 특정한 베이즈적 추론 실천(실례를 제시하기는 어렵지만)은 혹자의 신념의 진리주의적 속성을 증가시키는, 평균적으로 말해서, 일반적 성향을 가지고 있음을 제시하고 있다(Goldman(1999): 115-123). 마찬가지로, 한 집단에서 전문가 의견을 합병하는 어떤 방식은 다른 합병 방식보다 더 큰 집단 정밀성을 산출한다는 것이 수학적으로 입증될 수 있다(Shapley and Grofman(1984), Goldman(1999): 81-82). 마지막으로, 나중의 더 좋은 증거가 그것의 보호 아래서 출현된 많은 판단들이 거짓이었음을 보여줄 때 실천은 진리주의적으로 불만족스럽다고 판단될 수 있다. 혹독한 시련을 가하는 중세의 재판 관행은 그 시련이 수많은 오류의 유죄 판단을 산출해 왔기 때문에 포기되었다. 이러한 일은 나중에 다른 사람들이 자발적으로 고백하거나 새로운 목격자가 나올 때도 발생하는 것이었다.

키처(P. Kitcher)는 역시 진리 정향적인 관점에서 과학의 사회적 인식론을 발전시켰다. 그의 주 관심사 중 하나는 인식적 작업의 구분이다(Kitcher(1990, 1993): chap. 8). 키처가 말하는 바와 같이, 과학의 진보는 과학 공동체 안에서 노력의 최적합한 분배가 있을 때 최적합하게 될 것이다. 과학 공동체는 모두가 하나의 유망한 전략을 추구하기보다는 오히려 몇몇 회원이 하나의 전략을 추구하고 다른 회원은 다른 전략을 추구하도록 고무함으로써 주어진 문제를 공략하는 것이 더 좋을 것이다. 진보가 최적합하게 될 것이라고 말할 때, 그것은 의의 있는 과학적 물음에 대한 참된 대답을 얻음으로써 최적합하게 될 것임을 의미한다. 키처는 『과학의 진보(*The Advancement of Science*)』(1993)에서 "의견일치 실천(consensus practice)"을 구성하고 있다. 그것은 사회적 실천이다. 그러한 사회적 실천은 개인의 신념, 개인이 신뢰할 만하다고 간주하는 정보원, 개인이 받아들이는 과학적 추론의 방법론 등으로 구성된 개별적 실천들로 형성되는 것이다. "핵심적인(core)" 의견일치 실천은 공동체의 모든 회원들에게 공통적인 개별 실천들이라는 원소로 구성된다. "실질적인(virtual)" 의견일치 실천은 회원들이 다른 과학자들을 권위자들이라고 경의를 표함으로써 "간접적으로" 받아들이는 진술들, 방법론들 등을 고려함으로써 생성되는 실천이다. 그런 다음 키처는 일군의 과학적 "진보"의 개념을 구성하며 의의 있는 진리를 획득하고 설명적 성공을 성취하는 데서 의견일치 실천의 증진에 의해 진보를 규정한다.

사회적 인식론은 여권주의적 인식론자들의 주장 속에서도 종종 나타난다. 하지만, 그들 중 다수는 전통적 인식론을 강력하게 비판하며 사회적 인식론조차 여권주의적 인식론을 위해서는 빈약하다고 생각한다. 하지만 적어도 소수의 여권주의적 인식론자들은 근본적으로 진리 정향적인 입장을 취하고 있는데, 이러한 입장에서는 사회적 인식론을 긍정적으로 활용하려 한다. 그러한 입장을 갖고 있는 앤더슨(E. Anderson)은 명시적으로 여권주의적 인식론을 사회적 인식론의 한 분야로 본다(Anderson(1995): 54). 더욱이, 사회적 인식론의 목적을 설명하려 할 때, 그녀는 그것을 신념 형성의 신뢰할 만한, 즉 진리 공헌적인 과정을 증진하고 신뢰할 수 없는 신념 형성 과정을 점검하거나 취소하는 목적으로 확립한다(Anderson(1995): 55). 그래서 그녀가 사회적 인식론을 취하는 근본적인 목적은 참인 신념을 추구하고 거짓인 신념을 피하는 고전적인 목적에서 벗어나지 않는다. 프리커(M. Fricker)도 고전적 근원을 가지고 있는 사회적 인식론을 접근 방법으로 채택한다(Fricker(1998)). 그녀는 Craig(1990)을 따른다. 그는 인간 존재는 진리를 획득하는 근본적인 욕구와 "좋은 정보원"을 추구하는 파생된 욕구를 가지고 있다고 강조한다. 좋은 정보원은 우리에 p인지 아닌지에 대해 진리를 말해 줄 것이다. 그런 다음 프리커는 신뢰성의 규범이 사회에서 형성되어야 하는 이유는 좋은 정보원의 선별 필요성이라고 지적한다. 좋은 정보원은 진지할 뿐만 아니라 진리에 관해 유능하다고 말해지는 사람이다. 불행히도, 신뢰성의 사회적 규범은 강력한 자에게는 신뢰성을 부여하며 무력한 자에게는 신뢰성을 거부하는 경향이 있다. 후자는 인식적 부정의의 현상이다. 이 현상은 사회적 인식론이 관련되어야만 하는 것이다. 이것은 해당 분야에서 "정치화(politicizing)" 함의를 갖는다. 그러한 정치화 함의는 고전적인 틀에서 볼 때는 인식론에 부합하지 않을 수도 있지만, 프리커는 정치화 함의를 진리 추구가 기본적인 인식 활동인 고전적 인식론적 관점에서 도출한다.

지금까지 살펴본 사회적 인식론은 진리를 목표로 하는 탐구 기획이다. 인식적 정당화나 합리성에 관해서는 어떠한가? 앞에서 말한 바와 같이, 증언의 문제는 정당화에 관한 문제이다. 즉 청자가 화자에 의한 보고나 다른 사실적 진술을 받아들이는 데 있어 정당하게 하는 것은 무엇인가? 지난 20년간 증언은 인식론적 탐구의 활성화된 영역이 되어 왔다. 증언에 관한 이론가들이 자신들의 탐구를 기술하기 위해서 일반적으로 "사회적 인식론"을 사용하지 않을지라도, 그것은 적절하게 명칭을 부여한 것으로 볼 수 있다(Schmitt(1994a)).

증언에 관한 환원주의에 따르면, 청자는 화자의 보고나 사실적 진술을 받아들일 때에 정당화되거나 보증된다면 그는 화자가 믿을 만하고 진지하다고 믿는 데 정당화된다. 이러한 종류의 신념에 대한 정당화는 증언 자체와는 다른 출처에 의거한다. 그러므로 증언은 인식적 보증의 파생적 원천일 뿐이지, 지각, 기억, 또는 귀납추리와 같은 "기본" 원천은 아니다. 청자는 일반적으로 화자가, 특히 현재의 화자가 믿을 만하고 진지하다는 신념에 도달하기 위해서 지각, 기억, 및 귀납추리와 같은 원천을 사용해야만 한다. 청자가 그와 같은 정당화된 신념, 비증언적 원천에서 도출된 신념을 가지고 있을 때만, 그는 어떤 화자가 보고하거나 주장하는 것을 믿는 데 정당화될 수 있다. 이러한 환원주의는 흄이 신봉했던 것이다.

환원주의와 대립적으로 증언 정당화에 관한 반환원주의의 교설이 있다. 반환원주의 자체는 증거 또는 보증의 기본 원천이다. 해당 화자, 또는 화자 일반의 신뢰성과 진지성에 관해 청자가 가지고 있는 긍정적인 증거가 몹시 적을지라도, 그는 화자가 말하는 것을 믿는 데 있어서 초기적인 또는 겉보기의 보증을 가지고 있다. 물론 화자의 비신뢰성이나 비진지성에 관한 증거가 청자의 겉보기의 수용 보증을 패퇴하거나 압도할 수 있다. 그러나 이것이 증언은 화자가 주장하는 것에 대한 증거의 기본 원천이라는 반환원주의적 주장을 약화시키지는 않는다. 다양한 강점을 갖고 있는 반환원주의는 Coady(1992), Fricker(1995), Burge(1993), 및 Foley(1994)가 신봉한다.

아마도 환원주의의 가장 자연스러운 입장은 전체적 환원주의이다. 그것은 화자의 보고에 대한 정당화 가능한 수용은 비증언적으로 기초된 긍정적인 이유를 요구한다고 주장한다. 여기서의 긍정적인 이유란 증언이 일반적으로 믿을 만하다고 믿는 것에 대한 이유이다. 전체적 환원주의에는 두 가지의 난점이 있다. 증언에 기초된 정당화된 신념을 갖기 위해서, 아주 어린애는 자신의 부모의 증언을 포함하여 증언이 일반적으로 믿을 만하다고 추리하기 위해서 충분히 많은 수의 다른 화자들의 충분히 많은 수의 다른 종류의 보고를 점검해 보아야 한다. 첫째, 어떤 증언을 받아들이지 않으면서 증언의 일반적인 신뢰성을 귀납하는 데 요구되는 개념적이며 언어적인 도구를 어린애들은 어떻게 획득할 수 있겠는가? 둘째 사람은 증언의 일반적인 신뢰성을 추리하기 위해서 광범위한 보고의 표본과 대응 사실들을 접할 수 있어야 한다. 그러나 보통의 인식적 행위자의 관찰 기반은 너무 협소해서 그러한 것을 허용하지 않는다. 코우디(C. A. J. Coady)가 지적하는 바와 같이, 전체적인 환원주의가 요구하는 현장 연구와 같은 것을 행할 수 있는 사람은 거의 없다(Coady(1992: 82)). 따라서 대다수의 인식적 행위자에게 있어서 전체적인 환원주의는 회의주의로 귀착된다.

반환원주의에 따르면, 증언의 일반적인 신뢰성에 대한 긍정적인 이유나 심지어 표적이 된 화자의 신뢰성과 진지성을 믿을 이유를 필요로 하는 것은 아니다. 청자의 이유가 관련되는 한, 그 이유는 화자의 신뢰성과 진지성을 약화시키는 증거를 포함하지 않을 훨씬 더 약한 조건을 충족하기만 하면 된다. 이와 같은 부정적인 요건은 아주 약한 것이므로, 대다수의 반환원주의자는 추가 조건을 덧붙인다. 특히 반환원주의자는 화자는 실제로 유능하고 진지하여야 한다는 요건을 부가한다. 하지만 래키(J. Lackey)는 이 두 조건이 청자가 정당화되는 것에 대하여 충분하지 않다고 주장한다(Lackey(2006)). 승철이가 숲 속에서 무엇인가를 떨어뜨리는 한 외계 생명체를 본다고 가정하자. 조사를 해 보니 그것은 일기장으로 보이는데, 그것은 한글로 보이는 언어로 쓰여 있다. 승철이는 증언자로서 외계 생명체의 진지성과 신뢰성에 대해 찬성이나 반대할 어떠한 증거도 가지고 있지 않다. 따라서 승철이는 그 일기의 내용을 믿을 긍정적인 이유와 그것을 믿지 않을 부정적인 이유 모두 결여하고 있다. 만일 그 외계 생명체가 믿을 만하고 진지하다면 반환원주의는 승철이는 그 일기 내용을 믿음에 있어 정당화된다는 것을 함축한다. 하지만 직관적으로 승철이는 정당화되지 않는다고 래키는 말한다. 그러므로 우리는 세 번째 종류의 이론이 필요하다. 그것은 청자를 위한 환원주의의 긍정적 이유 요건과 화자를 위한 반환원주의의 현실적 신뢰성 요건을 조합하는 것이다.

3.1.4 반고전적 접근 방법들

지식의 사회적 연구를 하는 많은 연구자들은 진리, 정당화, 및 합리성과 같은 고전적 개념들에 대한 관심사를 거부하거나 무시한다. 물론 다양한 공동체와 문화가 진리, 정당성, 또는 합리성에 대해 말하는 것은 익히 알려져 있지만, 당해의 연구자들은 자신들의 목적에 합당하거나 유용한 개념들을 찾아내지는 못하고 있다. 그들은 이방 문화의 규범이나 관습을 기술하는 인류학자들과 같이 합리성에 대한 선정된 공동체의 규범을 기술하고 이해하려 한다. 그러나 그들은 스스로 적절하게 끌어들일 수 있는 합리성, 또는 진리 기준에 대한 어떠한 보편적이거나 "객관적인" 규범편적 있다는 개념을 거부한다. 반즈(L. Barnes)와 블로어(D. Bloor)가 말하는 바와 같이, "합리성의 맥락 자유적이거나 초문화적 규범은 없다"(Barnes and Bloor(1982: 27)). 따라서 그들은 어떤 실천이 다른 어떤 실천보다 더 합리적이거나 더 진리 부합적이라는 것을 인정하지 않는다. 바꿔 말해서 그들은 다양한 신념 형성 실천의 인식적 속성들에 관해 판단하는 것을 공식적으로 거부한다. 그러한 판단은 문화-자유적인 기초나 토대를 가지고 있지 않다고 그들은 제안한다. 그들이 이러한 입장을 갖는 것은 과학 공동체가 보편적인 규범에 의해서 탐구를 진행해야 하는 것이 아니라, 자유롭게 탐구하도록 그리고 탐구 과정 자체에 대한 기술에만 관심을 가지고 있으며 이로 인해 다양한 과학 공동체들의 다양한 이론이 개진될 수 있는 길을 열어 준다고 보고 있기 때문이다.

그럼에도 그들은 신념 형성 실천에 관심이 전혀 없는 것은 아니다. 만일 우리가 어떤 종류의 신념(또는 적어도 "제도화된" 신념)에 대해 "지식"이란 용어를 사용한다면, 참이든 거짓이든 간에, 정당화되든 정당화되지 못하든 간에, 그들은 지식의 연구자들이라고 말해질 수 있다. 그들은 지식의 사회적 영향력에 관해 특히 관심이 있으므로, 그들은 아마도 사회적 인식론자로고 규정된다. 그들은 전형적으로 그러한 명칭을 자신들에게 적용하지 않지만, 아마도 전통적으로 "인식론"이라고 불러 온 것은 상이한 목적이나 영감을 가지고 있다는 것은 인지하고 있다. 그러나 그 오래된 영감이 포기된다면, 로티(R. Rorty)가 명시적으로 논증한 바와 같이 (Rorty(1979)), 새로운 종류의 기획에 그 오래된 명칭을 사용해서는 안 되는가? 이런 이유로, 과학, 또는 과학의 사회적 연구, 또는 STS의 연구자들은 여기서 사회적 인식론자라고 간주될 것이다. 하지만 이러한 저술가들 중 몇몇이 사회적 인식론자라고 불릴 수 있는 부가적인 이유가 있다. 몇몇은 사회학적 또는 인류학적 연구에서 인식론적으로 의의 있는 결론들을 ("인식론"의 고전적 의미에서) 도출한다고 주장한다. 요점이 있는 두 개의 예를 살펴보자. 첫째, 위에서 본 바와 같이, 에딘버러 학파의 회원들에 의해 착수된 역사적 사례 연구는 과학자들이 과학의 고유한 사업에 "외재적인" 사회적 요인들에 의해 몹시 영향 받고 있음을 보여주려 한다. 과학의 사회적 분석 몇몇은 과학적 설득 게임이 어떻게 해서 본질적으로 정치권력을 위한 투쟁인지를 보여주려 한다. 그것에서 결과는 가령 진정한 인식적 가치와 대조적으로 동맹자의 수와 힘에 의존한다. 만일 이러한 주장의 어느 것인가가 옳다면, 정보의 객관적이며 권위 있는 출처로서의 과학의 인식적 지위는 상당히 축소될 것이다. 이 주장은, 만일 참이라면, 진정한 인식론적 의의를 갖고 있는 것 같다. 둘째, 몇몇 과학사회학자들은 과학적 "사실들"은 인간 사회의 상호 작용과 독립되어 있는 저 밖에 있는 실체들이 아니며 사회적 상호 작용에서 결과로 나오는 "조작"(나쁜 의미로는 위조, fabrications)일 뿐이라고 주장한다. 언론계에서 사용되는 자료나 표현에 대한 '마사지(massage)'라는 용어도 정도의 차이는 있지만 조작에 해당된다.

이것은 철학적 의의가 있는 인식론적 논제 내지 형이상학적 논제이다. 따라서 이러한 저술가들의 몇몇은 철학적 영감을 갖고 있는 것이며, 단지 사회과학적 영감을 갖고 있는 것은 아니다.

첫번째 유형의 신뢰를 살펴보자. 그것은 과학의 인식적 권위를 거둬내려는 시도이다. 과학의 인식적 권위를 거둬내는 것은, 적어도 과학사회학자나 과학사가에 의해서 행해지는데, 경험적 수단에 의해, 예를 들어 과학적 신념이 실제로 이러저러한 사회역사적 에피소드와 부합해서 어떻게 생산되었는지를 보임으로써, 성취되어야 할 것이다. 이것이 바로 여러 과학사가와 과학사회학자가 성취하려는 것이다. 이에 도전하는 시도는 직선적으로 경험적 도전일 것이다. 즉 이러한 역사적 설명은 문제를 옳게 다루는 것인가? 과학사회학의 "강력한 프로그램"의 연구자들에 의한 많은 권위 폭로 노력에 대해 다른 학자들이 논란을 제기해 왔다.

게다가 분명하고, 이론적으로 더 흥미로운 반응이 있다. 이러한 연구 자체가 인식적 권위를 가지고 있지 않다면 어떻게 해서 권위 폭로적인 결론을 성립시킬 수 있는가? 그러나 그 연구 자체도 바로 권위를 거둬내려는 경험적인, 과학적인 절차의 일부를 사용한다. 만일 그러한 절차가 인식론적으로 의심스러운 것이라면, 그 연구 자체 결과도 의심스러울 것임에 틀림없다. 쉽게 말하면, 너네가 그렇게 비판하듯이 너네들도 그러한 방식으로 비판받아야 한다는 문제가 들어 있다. 에딘버러 학파의 회원들은 때로 과학의 정체를 폭로하거나 약화하려 한다는 것을 부인한다. 예를 들어 블로어, 반즈 및 헨리는 과학의 방법들을 기꺼이 포용한다고, 그들은 "모방에 의한 과학을 존중한다"(Bloor, Barnes and Henry(1996): viii)고 말한다. 하지만 브라운(J. R. Brown)이 지적하는 바와 같이, 이러한 주장은 정직하지 않다(Brown(2001)). 과학에 대한 그들의 묘사에 들어 있는 함축은 과학의 객관성과 권위를 약화시키는 것이다. 그들은 혁명을 제안하지도 못하며 과학이 무엇인가를 변화시킬 것이라는 것도 부정한다(Brown(2001: 143)).

모든 사회학적 접근 방법이 역사적 사례 연구와 관련되어 있는 것은 아니다. 몇몇은 어떻게 과학자들이 이러저러한 결론을 사람에게 설득시키는지에 대한 더 이론적인 분석을 제시한다. 예를 들어 라투어(D. Latour)는 어떻게 과학이 논란의 한 측에서 실질적인 평판이 있는 "연대자들(allies)"을 집결함으로써 과학에서 효과를 발휘하는가에 대한 설명을 개괄한다(Latour(1987): chap.1). 과학에 대한 이렇게 직견적으로 비인식적인 설명이 인식적인 가정들(pretensions)의 성공적인 폭로를 지지할 수 있는가? 주목해야 할 첫째 요점은 인식적 권위에 대한 성공적인 제거가 명시적으로 고찰되더라도 인식적 논제를 표현하고 있음에 틀림없다는 것이다. 과학자들에 의해 사용된 절차는 인식적 성질을 거의 갖고 있지 않다. 그러나 이것은 객관적인, 진실한 인식적 범주들이 있음을 전제한다. 만일 그러한 범주들이 인정된다면, 의견을 같이 하는 "연대자들"의 수를 언급하는 설득이 정말로 인식적으로 나쁜 절차인지 아닌지에 대한 더 심오한 문제가 발생한다. 비록 라투어의 군사적/정치적 어휘가 과학의 실천적 성격 규정에 대해서 흥미로운 대조를 보여주기는 하지만, 기술된 실천이 인식적으로 나쁘거나 합리성이 부족한 실천이라는 것은 분명하지 않다.

이제 과학적 사실들의 사회적 구성을 다루어 보자. 어떻게 이런 종류의 논제가 사회학자들에 의해 수립될 수 있는가의 물음이 제기된다. 어떻게 인문과학자들의 활동이, 예를 들어, 어떤 화학적 실체들이 그러한 과학자들 사이에서 상호 작용과 독립적으로 존재하는가 아닌가에 관한 결정적인 함축을 가질 수 있는가? 이것은 라투어와 울가가 그들의 책 『실험실 생활: 과학적 사실들의 사회적 구성(*Laboratory Life: The Social Construction of Scientific Facts*』(Latour and Woolgar(1979/1986))에서 함축하는 바로 그것이다. 라투어와 울가는 "과학적 실체 또는 사실의 실재는 논쟁의 안정화의 귀결로서 형성된다"(Latour and Woolgar (1986):. 180)고 주장한다. 바꿔 말해서 실재는 안정화라는 사회적 사건 이전에는 존재하지 않으며, 그러한 안정화의 결과일 뿐이다. 어떻게 그들은 사회학자들에 대립되는 생화학자들이 아님에도 이렇게 주장할 수 있는가? 어떻게 사회적 특성을 갖고 있는 거시적 사건들에 대한 연구가 소위 생화학적 실체들이 그러한 거시 사건들과 독립적으로 존재하는지 않는지를 성립시킬 수 있는가?

사회적 구성주의를 논의할 때, 약한 견해와 강한 견해를 구분하는 것이 필수다. 약한 사회적 구성주의는 인간의 실재 표상은, 언어적 표상이든 정신적 표상이든, 사회적 구성물들이라는 관점이다. 예를 들어, 성(gender, 性)은 사회적으로 구성된다고 말하는 것은 성에 대한 사람들의 표상이나 개념은 사회적으로 구성된다고 말하는 것이다. 강한 사회적 구성주의는 표상은 사회적으로 구성될 뿐만 아니라 이러한 표상이 지시하는 실체도 역시 사회적으로 구성된다고 주장한다. 바꿔 말해서, 어떤 생화학적 실체들은 사회적으로 구성될 뿐만 아니라, 실체 자체도 사회적으로 구성된다. 자연적 실체를 제외하고 사회적 실체만이 사회적으로 구성된다고 주장하는 사회적 구성주의의 약한 견해는 적어도 현재의 맥락에서는 흥미롭지 않다. 강한 사회적 구성주의 논제만이 형이상학적으로, 그리고 함축에 의해 인식론적으로 흥미롭다. 이러한 종류의 형이상학적 논제가 라투어와 울가가 신봉하는 것으로 보인다.

그러나 이러한 형이상학적 논제에는 많은 문제점이 있다. 하나의 물음은 라투어와 울가와 같은 사회적 구성주의자들은 쿠쿨라(A. Kukla)의 용어법으로 말해서 "인과적" 구성주의자이길 의도하는 것인지 아니면 "입법적(constitutive)" 구성주의자이길 의도하는 것인지이다(Kukla(2000)). 인과적 구성주의는 인간의 활동은 과학적 사실들을 포함하여 세계에 관한 사실들을 발생시키며 유지한다는 관점이다. 반면 입법적 구성주의는 우리가 세계에 관한 사실들이라고 부르는 것은 실제로 인간의 활동에 관한 사실들일 뿐이라는 관점이다(Kukla(2000): 21). 라투어와 울가가 인과적 구성주의의 언어를 사용할지라도, 그들의 의도하는 교설은 입법적 구성주의인 것으로 보인다. 하지만 쿠클라가 설명하는 바와 같이, 일반적인 형이상학적 교설로서의 입법적 사회적 구성주의에는 심각한 철학적 난점들이 있다.

과학사회학 안에 있는 모든 연구자들이 사회적 인식론을 과학의 기술과 설명에 한정된 것으로 생각하지는 않는다. 풀러(S. Fuller)는 사회적 인식론의 정점에 있는 학자로서, 그는 그러한 기획을 규범적인 것으로 본다(Fuller(1987, 1988, 1999)). 즉 어떻게 과학의 제도는 조직되고 운영되어야 하는가? 무엇이 지식 생산을 위한 최선의 (과학적인) 수단인가? 하지만 풀러는 진리 함축적인 방식으로 "지식"을 해석하지 않으며 고전적 인식론과의 친교에서 갈라선다. 그가 지식 생산의 종말로 간주하는 것은 무엇인가? 한 곳에서 그는 그 종말이 무엇인지는 경험적 결정의 문제라고 말한다(Fuller(1987): 177). 그러나 만일 우리가 지금 그 종말을 알지 못한다면, 우리는 어떻게 과학을 종말로 이끌어갈 수 있는가? 그리고 과학의 종말을 어떻게 결정할 수 있는가? 과학은 수많은 상이한 결과를 갖고 있는 것으로 밝혀져 왔다. 그것들 중 어느 것이 "종말"인가? 롱기노(H. Longino)는 규범성을 강조하는 과학사회학자이다. 롱기노는 사회적인 것은 과학의 규범적 차원이나 정당화 차원을 오염시키지 않는다고 말한다(Longino(1990, 2002)). 반대로 롱기노는 정당화 추론을 사회적 실천, 즉 도전과 응전의 실천의 일부로 간주한다(Longino(2002): chap. 5)).

3.1.5 '사회적인' 것의 개념

어떤 의미에서 사회적 인식론이 "사회적"인가? 사회적인 것에 대해 저술가마다 다른 의미를 갖고 있다. 이것은 불가피하게 사회적 인식론에 대해서도 상이한 개념을 갖게 한다. 마르크스의 전통과 지식 사회학의 초기 형식에서, "사회적 요인(social factors)"은 일차적으로 다양한 "이해 관심(interests)", 즉 계급 이해

관심, 정치적 이해 관심, 또는 권력과 정치의 "실존적(existential)" 세계에 속하는 어떤 것을 가리켰다. 사회적인 것에 대한 이러한 개념 아래서, 사회적 요인을 "이성(reason)"에 대한 반정립으로 간주하는 것은 자연스럽다. 만일 과학이 사회적 요인에 의해 침윤된다면, 이러한 의미에서 그것이 어떻게 진리에 도달하기 위한 성공적인 도구가 될 수 있는가? 합리적인 것과 사회적인 것 간의 관계를 대립 관계로 생각하면, 로던(L. Laudan)이 다음과 같은 "무합리성 원리(arationality principle)"를 제안하고 있음을 보게 되더라도 충격 받지 않을 것이다. 즉 "지식사회학이 신념들을 설명하기 위해 발을 담그는 경우에만 그리고 그러한 경우에 그 신념들은 그것들의 합리적 장점에 의해 설명되지 못한다"(Laudan(1977): 202).

합리적인 것과 사회적인 것 간의 대립은 제거되거나, 적어도 완화될 수 있는가? 가능한 첫째 수법은 "이해 관심"에 과학자들의 개인적이거나 직업적 이해 관심을 포함하도록 허용하는 것이다. 과학자들은 자신의 동료로부터의 "신용(credit)"을 얻기 위한 욕망에 부분적으로 동기화된다는 것은 부인하기 어려워 보인다((Hull(1988)). 그러나 개인적 이해 관심과 직업적 이해 관심이 계급적 이해 관심이나 정치적 이해 관심만큼 과학자들을 이성에서 굴절시키는 것은 아닌가? 여러 저작자들이 그와 반대로 논증한다. 직업적 이해 관심과 성공적인 진리 추구 간에 필연적인 갈등은 없다. 키처(P. Kitcher)는 과학적 연구에서 노동의 적합한 몫은 "순수한(pure)", 이타적인 과학자들에 의해서가 아니라, "지저분하고(grubby)" 인식론적으로 "오손된(sullied)" 동기를 갖고 있는 과학자들에 의해 획득될 수도 있다고 주장한다(Kitcher(1990)). 마찬가지로, 골드만과 쉐이키드(M. Shaked)도 신용 부여 실천과 실험적 선택에 관해서 어떤 가정이 있게 되면, 진리에 의해 동기화된 과학자들의 선택과 신용에 의해 동기화된 과학자들 사이에는 차이가 없을 것임을 보여준다(Goldman and Shaked(1991)). 따라서 과학 공동체가 진리로 움직여 가게 하는 것에 대한 예기된 성공에는 거의 차이가 없을 것이다. 신용에 의해 동기화된 이해 관심은 진리 증진에 적대시되어야 할 필요는 없다.

더 발전된 제안은 "사회적인" 것을 정치와 이해 관심 너머로 모두 확장하는 것이다. 사회적인 것에 대한 가장 포괄적인 의미는 분명히 둘이나 그 이상의 개인들 사이에서의 어떤 관계이다. 사회적 인식론이 이러한 넓은 의미에서 왜 사회적일 수 없는가에 대한 어떠한 이유도 없다. 몇몇 개인들의 신용 상태에 영향을 주는 개인들 간의 어떠한 상호 작용도 사회적-인식적 관계로 간주될 수 있을 것이다. 그렇게 이해되면, 광범위한 의사소통적 상호 작용은 사회적 인식론에 부합하는 주제가 될 것이다. 예를 들어, 많은 지식 추구적 기획은 연구팀을 갖고 있는 과학적 기획을 포함하여 본성상 협동적이다. 사회적 인식론을 위한 흥미로운 과제는 인식론적으로 적합한 척도에 의해 적합해질 협동의 유형들을 밝혀내는 것이다((Thagard(1997)).

"사회적인" 것이 개인 상호간의 관계에 의해 완전히 포착될 수 있는가? 부정적으로 주장하는 학자들이 있다. 그들은 특히 기업, 위원회, 배심원단, 및 팀과 같은 집단적 실체들을 지적한다. 우리는 종종 그와 같은 집단적 실체에 신념을 포함하여 정신적 또는 유사정신적 상태를 부여한다((Gilbert(1989, 1994), Bratman(1999), Tuomela(1995), Searle(1995)). 예를 들어 우리는 한 배심원이 피고는 그러그러한 것을 의도했다는 것을 확신했다거나 그 배심원단은 혐의가 짙은 어떤 대화가 있었다고 의심했다고 말할 수 있을 것이다. 집단적 실체는 분명히 중요한 방식으로 "사회적"이다. 그러한 실체들이 신념들과 여타의 신념적 상태의 담지자들로서 인정된다면, 이러한 집단적 상태들은 사회적 인식론을 위한 중요한 목적이 되어서는 안 되는가? 정확히 말해서, 이것은 넬슨(L. H. Nelson)에 의해 시사된 것이다(Nelson(1993)). 넬슨은 유일한 실재하는 지식자(knower)는 공동체라고 제안하는 데까지 나아간다.

사회적 인식론은 집단 지식에, 전체적으로나 부분적으로, 초점을 맞춤으로써 의제를 추구해야 하는가? 분명히 말해서, 이것은 집단이나 집합체가 지식이나 정당화된 신념과 같은 인지적 상태의 합당한 담지자인지 아닌지에 달려 있다. 이러한 논제를 피력하는 대부분의 철학자들은 그 집단의 모든 또는 거의 모든 회원들이 명제 p를 믿는다는 최소한의 의미에서 그 집단이 그것을 믿고 있다고 기술될 수 있다는 것에 동의한다. 이것은 퀸톤(A. Quinton)이 집단 신념의 "종합적(summative)" 개념이라고 부른 것이다(Quinton(1975/1976)). 그러나 이것이 집단이 무엇인가를 믿는다고 말해질 수 있는 유일하게 합당한 의미라면, 많은 "사회화하는(socializing)" 철학자들은 실망하게 될 것이다. 그들은 집단이나 집합체가 그 회원들의 태도에서 벗어나는 신념과 다른 태도의 주체일 수 있다는 더 강한 관점을 유지하길 원한다. 집단 신념을 이러한 더 도전적인, 비종합적인 개념으로 말하는 것은 합당한가?

페티트(P. Pettit)는 집단은 비종합적인 의미에서 명제 태도의 주체라는 관점을 옹호한다(Pettit(2003)). 페티트의 입장의 핵심은 체계란 일종의 합리적 통일성(rational unity)을 드러내는 경우에만 일종의 지향적 주체(intentional subject)로 적절하게 간주된다는 생각인데, 이것은 많은 심리철학자들 사이에 퍼져 있는 생각이다. 지향적 주체는 시간 경과에 따라서 지향적 태도를 보존해야 한다. 지향적 주체는 합리적 통일성의 형태를 유지하기 위해서 적어도 우호적인 조건에서는 그러한 명제 태도를 형성하고, 해체하고, 그것들에 따라 행위를 해야 한다. 그런 다음 페티트는 자신이 "사회적 통합체(social integrates)"라고 부른 어떤 종류의 집단은 정확히 이러한 종류의 합리성 통일성을 드러낸다고 주장한다. 비록 이런 집단이 개인이 없을 때도 존재할 수 있다는 의미에서 회원 개인과 구별되지는 않을지라도, 집단은 회원들의 태도와는 아주 불연속적일 수 있는 태도의 형성을 위한 중심이라는 의미에서 개인 회원과 구별된다(Pettit(2003): 183). 페티트에 따르면, 집단적 판단과 의도는 존재론적으로 창발적인 영역을 구성하지는 않는다. 왜냐하면 이러한 판단과 의도는 항상 회원들 사이에서 태도와 관계에 수반될 수 있을 것이기 때문이다. 또한 판단과 의도는 다수의 회원들의 판단과 의도와 갈릴 수도 있는 것이다.

비종합적 집단 신념의 존재가 인정된다 해도, 이것은 집단 지향적인 사회적 인식론자가 원하거나 필요로 할 모든 것을 용인하는 것은 아니다. 앞에서 말한 바와 같이, 집단 지향적인 사회적 인식론자는 지식이나 정당화됨과 같은 긍정적인 인식적 속성이 집단에 적절하게 귀속되며 이 결론은 아직 완전하게 옹호되지 않았음을 주장하길 원할 것이다. 이 결론을 거부하는 하나의 기초는 비종합적 집단은 신념을 자발적으로 선택하며 신념적 자발주의는 지식이나 정당화됨과 같은 긍정적인 인식적 속성과 양립 불가능하다는 것이다. 여기서의 주요 접점은 집단은 진리를 목표로 하고 있지 않기 때문에 비인식적인 이유에서 관점을 채택할 수도 있다는 것이다. 우레이(K. B. Wray)는 집단은 개인적 행위자와는 달리 항상 자신의 목적에 근거해서 믿도록 선택한다고 주장한다(Wray(2003)). 마찬가지로, 맥마흔(C. McMahon)도 순수히 도구적인 입장에서 채용한 입장이 참이라고 옹호하려 한다는 것을 지적한다(McMahon(2003)). 잘 알려져 있는 바와 같이, 비록 어떤 담배 회사 중역이 현실적으로 믿고서 옹호하려 하는지가 의문스럽긴 하지만, 담배 회사들은 흡연이 암을 유발하지 않는다는 입장을 견지했다. 만일 우리가 많은 저자들과 함께 진리 목적이 기준 표식임을 가정한다면, 집단의 편에서 인식적인, 과격한 신념적 자발주의는 긍정적인 인식적 속성의 획득에 대한 과속방지턱이 될 것이다. 하지만 매티슨(K. Mathiesen)이 논증하는 바와 같이, 모든 집단 신념이 숙고해서 선택된 것 같지는 않다(Mathiesen(2006)). 게다가, 몇몇 집단 신념들이 진리나 정확성을 목적으로 해서 선택될 가능성을 배제시키는 것은 무엇인가? 따라서 집단적 신념들에 대한 긍정적 인식적 지위는 여전히 어떠한 근거가 있는 것이며, 집단 신념을 사회적 인식론에서 독특하게 사회적인 것은 무엇인가에 대한 개념의 핵심 표석으로서 선택하는 것은 사회적 인식론자들에게 열려 있다(또한 Schmitt(1994b) 참조).

집단 신념을 사회적 인식론의 표석으로 채택하는 것이 개방되어 있다고 가정해 보자. 집단 신념 중 어느 것이 채택되어야 하는가? 하나 이상의 합당한 집단 신념 개념이 있다. 이것이 그러한 것이라는 것은 클린턴 행정부의 국가 안보 고문인 버거(S. Berger)가 기술한 바와 같이 911 재앙을 이끈 것은 무엇인가에 관한 간결한 요약에 함축되어 있다. 버거는 다음과 같이 말했다. "911 이래로 우리는 우리가 무엇을 모르는지 알지 못하고 있다는 것만이 아니라 FBI도 정말 무엇을 알고 있는지를 알지 못하고 있음을 배우게 되었다." 버거가 한 말의 후반부, 즉 FBI도 정말 무엇을 알고 있는지를 알지 못하고 있다는 말에 집중해 보자. 골드만은 이것을 세밀하게 분석했다(Goldman(2004)). 버거는 FBI의 한 개념에 따르면 FBI는 911에 아주 관계가 있는 지식을 정말로 가지고 있었으며 FBI의 또 다른 개념에 따르면 FBI는 이러한 지식을 가지고 있지 않았다고 강력한 진리의 고리를 가지고서 주장한다. 그러면 어떤 부분의 지식을 갖고 있지 않던 실체는 동시에 바로 그런 지식을 갖고 있던 실체일 수가 없다. 따라서 FBI는 하나 이상의 지시물을 가지고 있음에 틀림없다. 분명히 말해서, 버거가 의미했던 것은 지식이 현장(예로, 미내애폴리스와 푀닉스)의 행위자들의 집단에 의해서, 특히 각자가 어떤 의심스러운 외국인이 비행 훈련에 참여했다는 것을 알고 있는 정보원들에 의해 서로 공유된 방식으로 소유되고 있었다는 것이다. 이렇게 공유된 방식으로 FBI는 다수의 미래 비행기 납치범들의 비행 훈련 형태에 관한 지식을 가지고 있었다.

정보원이 같은 지식을 소유하지 않았다는 FBI의 두 번째 개념은 무엇인가? 그것은 비배포적인(non-distributive) 개념임에 틀림없지만, 비배포적 개념에 대해서는 여러 가지 상이한 이해가 있을 것이다. 우리가 보아온 바와 같이, 페티트는 "사회적 통합체(social integrate)" 또는 "통합된 집단성(integrated collectivity)"이라는 개념을 발전시켰다. 이것은 공통된 목적에 의해 통합된 집단이다. 페티트가 합리적인 집단적 판단이라는 개념을 개진하고 있을 때, 그것은 집단 구성원 사이에서 비중의 평등성이라는 중요한 가정을 포함하고 있다. 이 가정은 통합된 집단성이라는 그의 개념 속에 체현되어 있는 것으로 보인다. 하지만 이것은 사회적 인식론의 주목을 받을 만한 집단적 인식 주체 모두에 대한 적합한 규정은 아니다. 911 예를 계속 다루어보자. FBI는 분명히 그러한 종류의 집단이 아니다. 오히려 여타의 조직과 마찬가지로, FBI는 위계적 집단이라고 불릴 수 있는 그러한 것이다. 의사 결정 권력은 단일 개인 또는 지휘권에 귀속되어 있다. 가장 근사적으로 말하자면, 이 개인이나 지휘권을 갖고 있는 자가 결단하는 것이 무엇이든지 간에 그것은 그 조직의 결단이다. 그리고 이 개인 또는 지휘권을 갖고 있는 자가 알고 있거나 알고 있지 못한 것은 자연스럽게 그 조직에 의해 알려지거나 알려지지 못한 것으로 해석된다. 911 비행기 납치범 사례의 경우에 FBI에게 있었던 결점은 현장에 있는 정보원들로부터 워싱턴에 있는 고위급 분석가들에게 의사소통을 전달하고 공유하지 못한 데에 있다. FBI의 발생 사건에 관한 위계적 해석은 버거의 핑계를 의미 있는 만들어준다. 위계적 집단으로서, FBI는 정보 배포 집단으로서의 FBI가 알고 있던 것을 알지 못했다(Goldman 2004).

만일 사회적 인식론이 집단 신념과 집단 지식을 끌어들이려 한다면, 그것은 많은 유형의 집단들 또는 집합체와 집단 신념과 지식을 다룰 수 있는 준비가 되어 있어야 한다. 하나의 치수가 모두에게 맞지는 않는 법이다.

3.1.6 사회적 인식론에 대한 이론적 물음들

이어서 골드만이 주목하는 사회적 인식론의 표본적인 의제를 개괄해 보자. 물론 이 표본은 전체적으로 망라된 것은 아니다. 그것은 단지 사회적 인식론의 기획을 두 개의 자연스러운 분야로 분리하여 각 분야에 속하는 선정된 프로젝트들을 기술한다.

사회적 인식론은 두 논제로 구분할 수 있다. 그것은 바로 이론과학과 응용과학이 있듯이 사회적 인식론에 있어서도 이론적 논제와 응용적 논제로 구분될 수 있다. 이론적 논제는 이 절에서 다룰 것이며 응용적 논제는 다음 절에서 다룰 것이다. 이론적 분야에서 인식론의 개인적 분야와 사회적 분야 사이에는 실질적인 연속성이 있다. 사회적 인식론의 어떤 이론적 논제는 개인적 인식론의 맥락에서 제기될 수 있다. 최소한으로 볼 때, 양 분야에는 상대 논제가 있다. 응용적 논제는 사회적 분야에서 두드러진다. 특히 사회적 인식론에서 응용적 분야는 공통적으로 제도적 설계의 문제들을 포함한다. 그것들에서 진리 획득 또는 오류 배제를 증진하기 위해서 사회 제도를 형성하거나 재형성하는 것이 문제가 된다. 제도 설계의 문제들은 전형적으로 철학 밖에 있는 경험적 학과목과 형식적 학과목으로부터의 투입을 요구한다. 그러므로 사회적 인식론은 순수하고 선험적인 철학의 기획인 것이 아니라, 학제적 기획이 될 것이다. 학제성 자체는 그 두 분야로 분리되지 않는다. 왜냐하면 개인적 인식론도 학제적 취지에서 접근될 수 있기 때문이다(Goldman(1986)). 그러나 개인적 인식론은 사회 제도나 경제학과 유사한 학과목이나 사회적 선택 이론이나 형식적인 정치

이론에 관련되지는 않을 것이다.

"이론적" 논제에 해당하는 첫째 화제는 증언 정당화 문제의 확장이다. 증언 정당화의 중심 문제는 청자가 단일 화자 보고들을 믿을 때 정당화되는 조건들을 명세화하는 것이다. 우리의 현재의 물음은 대립하는 보고들이나 주장들을 전달하는 두 명의 화자에 관련된 물음이다. 특히, 두 명의 화자는 해당 현장에 있는 상상속의 전문가들, 특정 논점에 대해 동의하지 않는 전문가들이라고 하자. 청자는 해당 문제에 대한 선입견이 전혀 없는 자칭 초보자라고 하자. 그러한 초보자가 어떻게 대립적인 주장들 중 어느 것이 더 큰 신뢰를 받을 만하다고 정당하게 결정할 수 있는가? 골드만은 이것을 "초보자/2인 전문가 문제"라고 부른다(Goldman(2001)). 그것은 실제 생활에서 반복성을 발생하는 문제이지만, 여기서 우리는 그 문제를 특별한 실례들을 가지고서 만든 추상적 모형 속에서 음미해 보자.

초보자/2인 전문가 문제에 특별한 무엇인가는 청자가 자기 자신의 견해를 갖고 있지 않다는 것이다. 어쨌든, 청자는 더 권위가 있는 사람을 존경하려 한다. 청자가 두 명의 상상 속 전문가들을 정당하게 선택하는 어떠한 방법이 있는가? 만일 청자가 누가 더 권위자인지를 결정할 수 있다면, 그는 이 정보를 이용해서 누구를 믿을 것인가를 결정할 수 있을 것이다. 그러나 그 영역에 관한 지식이 없는 사람이 어떻게 정당하게 두 명의 자칭 전문가들 사이에서 선택할 수 있는가? 키처는 우리는 때로 우리의 판단이 중첩되는 우리 자신이 견해를 갖고 있는 그러한 권위자가 만들어낸 성과물을 비교함으로써 상상속의 권위자를 "직접 결정한다(directly calibrate)고 말한다(Kitcher(1993): 314, 316). 만일 X가 영역 D와 관련해서 Y에게 얼마나 많은 권위를 귀속시키는가를 결정하기를 원한다면, X는 X 자신이 독립적인 견해를 갖고 있는 D에 관해 Y가 표명했던 견해가 무엇이었는지를 확인해야 한다. 그런 다음 X는 X 자신의 견해로 판단된 바의 Y가 표현한 D 관련 진술들에 비례하여 Y에게 어느 정도의 권위를 귀속시켜야 한다. 하지만, 초보자/2인 전문가 문제에서, X는 영역 D에 대한 어떠한 견해도 갖고 있지 않으며, 적어도 그는 전문가들에 대한 신뢰성 평가를 함에 있어서 아무런 확신감도 없다. 따라서 어떻게 X는 권위나 전문성의 정도에 대해 정당화된 결정을 할 수 있는가?

골드만은 초보자가 사용하려할 여러가지 방법들을 생각해 본다(Goldman(2001)). 경쟁하는 전문가들 사이에서 행해지는 토론을 경청하는 것이 하나의 방법이다. 그 두 경쟁자들의 비교상의 전문성에 관한 다른 메타전문가들로부터 판단을 구해보는 것이 또 하나의 방법이다. 추가적인 전문가들의 의견을 조사하는 것, 어느 입장이 더 많은 지지자들을 갖고 있는지를 살펴보는 것이 셋째 방법이다. 하지만 초보자가 이러한 방법들을 통해서 획득할 수 있는 증거의 질에 관해서 각각의 경우에서 까다로운 이론적 물음들이 제기된다. 초보자 자신의 무식 때문에 다양한 전제들의 정확성에 관한 판단을 하지 못하는 화제에 대한 토론을 들음으로써 초보자는 얼마나 많이 명석해질 수 있는가? 초보자는 원래의 전문가들을 평가하는 제삼자의 상대적인 신뢰성을 어떻게 평가할 수 있는가? 제삼의 전문가들에 대한 신뢰성은 최초의 전문가들의 신뢰성만큼이나 문제성이 많을 수도 있다. 마지막으로, 더 많은 지지자를 갖고 있는 관점이 항상 그 관점의 반대 관점보다 더 큰 신뢰를 받을 자격이 있는 것인가? 동의는 많은 요인들에서 발생할 수 있는 것이다. 요인들 모두가 신뢰성의 증대를 보증하는 것은 아니다. 아마도 어떤 관점을 고수하는 사람들은 카리스마가 있지만 근본적으로 혼동되거나 오도된 지도자를 비천한 맹종자들이다.

또 하나의 흥미로운 이론적 논제는 경쟁하는 전문가들에 대한 평가와 무관하지는 않은 것인데, 그것은 공유된 증거를 갖고 있는 사람들 사이에서 이유 있는 불일치의 가능성이다. 두 사람이 어떤 물음에 관해 대립적인 신념을 갖고 있다고 가정해서 논의를 시작하자. 즉 한 사람은 P를 믿으며 다른 사람은 not-P를 믿는다. 그들은 각자가 관찰했을 것으로 보이는 것을 포함하여 그 물음에 관련된 증거 모두를 갖게 되었다고 가정하자. 마지막으로, 각자는 동등하게 좋은 시력, 동등하게 좋은 추론 기법 등을 갖고 있다는 견해를 품고 있다고 가정하자. 그들은 그들 각각의 양립 불가능한 견해를 합당하게 계속 유지할 수 있는가? 분명히 말해서, 그들 둘 다 이러한 신념을 지속적으로 유지한다면 그들 둘 다 옳을 수는 없다. 그렇지만 그들은 같은 증거를 가지고 있음에도 불구하고 계속 불일치를 보이는 것이 합리적일 수 있는가?

펠드만(R. Feldman)은 두 개의 물음으로 형식화함으로써 그 문제를 요약한다 (Feldman(2006)).

Q1: 증거를 공유해 온 인식적 동료들은 합당한 불일치를 보일 수 있는가?
Q2: 증거를 공유해 온 인식적 동료들은 그들 자신의 신념을 합당하게 견지하면서도 불일치를 보이는 상대방도 합당하다고 생각할 수 있는가?

펠드만은 이 두 물음에 대해 부정적인 답변으로 논증한다. 한 형사는 어떤 범죄의 혐의자 갑이 범인이라고 간주할 수 있는 강력한 증거를 가지고 있으며, 다른 형사는 동일 범죄의 혐의자 을이 범인이라고 간주할 동등하게 강력한 증거를 가지고 있다고 가정하자. 그들은 또한 범인은 단지 하나, 즉 단독범이었다는 결정적인 증거도 가지고 있다. 일단 그 두 형사가 모든 증거를 공유한다면, 첫 번째 형사가 갑이 유죄라고 계속 믿으며 두 번째 형사가 을이 유죄라고 계속 믿는 것은 합리적인가? 확실히 그렇지 않다. 각자는 판단을 중단해야 한다. 이런 점을 고려한 후 펠드만은 "유일성 논제(uniqueness thesis)"라고 부른 것을 다룬다. 이 논제는 증거체는 어떤 특정한 명제에 대한 기껏해야 하나의 명제 태도를 정당화한다는 것이다. 명제 태도에는 믿는 것, 불신하는 것, 및 판단을 중지하는 것이 포함된다. 이 두 명 형사 사례에서, 그들이 같은 증거체를 가지고 있는데, 그 증거로 각기 다른 사람이 범인이라고 주장하게 되면 최소한 둘 중 어느 하나는 틀렸거나 둘 다 틀릴 수도 있기 때문에 판단 중지가 각 형사에게 있어서 유일하게 적절한 태도라 할 수 있다(Elga(2007)).

모든 이론가들이 이 결론에 동의하는 것은 아니다. 로젠(G. Rosen)은 다음과 같이 말한다. "단일 증거체에 대면했을 때에도 합리적인 사람이라면 그는 동의하지 못한다는 것은 명백하다. 배심원단이나 법정이 곤란한 사건에서 입장이 갈릴 때, 그 불일치사실은 누군가가 현재 불합리하다는 것을 의미하는 것이 아니다(Rosen(2001): 71). 로젠은 인식적 규범은 허용 규범이지, 의무 규범이거나 강제 규범은 아니라고 주장함으로써 이 관점을 발전시킨다. 그리하여 두 사람이 같은 증거를 공유할 때조차, 한 사람이 한 명제에 대해 독단적 태도를 채택하며 다른 사람은 다른 태도를 채택하는 것은 허용 가능하다(또한 Pettit(2006) 참조).

합리적 불일치의 문제는 인식 상대주의 대 객관주의(또는 절대주의)의 문제라는 특별 사례로 간주될 수 있을 것이다. 예를 들어 펠드만의 유일성 논제를 부정하는 것은 로젠이 사용하는 상대주의를 신봉하는 것으로 간주될 수 있을 것이다. 그러나 대다수의 인식론자들은 '상대주의'란 용어를 다른 방식으로 사용한다. 메타윤리학과 일치시켜 말하면, 인식 상대주의는 모든 인식적 규범들은 공동체에 상대적이라는 관점 또는 객관적으로 옳은 인식적 규범은 없다는 관점으로 이해될 수 있을 것 같다. 그래서 보고씨안(P. Boghossian)은 인식 상대주의를 다음과 같은 세 가지 논제들의 합성으로 형식화한다(Boghossian(2006): 73). (1) 무엇이 무엇을 정당화하는가에 관한 절대적인 사실은 없다(인식적 비절대주의), (2) 인식적 정당화는 관계적 형식, 즉 "E는 인식 체계 C에 따라서 B를 정당화한다"는 형식을 가지고 있는 것으로 해석되어야 한다(인식 상대주의), 및 (3) 많은 대안적인 인식 체계들이 있지만 이러한 체계 중 어느 것이 다른 체계의 어느 것보다 더 정확하게 해 주는 사실들은 없다(인식적 다원주의).

인식 상대주의 대 객관주의(또는 절대주의) 간의 논쟁은 확실히 인식론의 이론적 문제들의 목록에 속한다. 그러한 논쟁은 개인적 인식론에 대립되는 사회적 인식론에 제한되지 않지만, 그러한 논쟁은 사회적 인식론의 맥락에서 특별한 힘을 가지고서 발생한다. 사회적 인식론에서 인식 체계의 다양성이 종종 조명을 받는다. 인식 체계의 다양성은 사회적 인식론에서 종종 조우하는 구성요소인 상대주의로 나아간다. 앞에서 주목했던 바와 같이, 반즈와 블로어는 "상대주의, 합리주의, 및 지식 사회학 (Relativism, Rationalism, and the Sociology of Knowledge)"이라고 이름붙인 논문에서 "합리성의 맥락 자유적인 또는 초문화적인 규범은 없다"는 진술로 인식 상대주의를 신봉한다(Barnes and Bloor(1982): 27). 마찬가지로, 쿠쉬(M. Kusch)도 사회적 인식론에 상대주의의 옹호를 포함하고 있다(Kusch(2002)).

다른 한편, 사회적 인식론 자체는 인식 상대주의에 전혀 관여되어 있지 않다. 보고씨안은 사회적 인식론에 대한 다면적 비판을 제기한다. 첫째 그는 상대주의의 관계주의적 가닥에 정합적 해석을 부여하는 가능성에 대해 의심을 던진다. 만일 일반적인 단일한 인식적 판단이 불완전한 명제를 표현하기 때문에 수용 불가능하다고 말해진다면, 똑같은 것이 인식 체계의 내용에 대해서도 성립하지 않겠는가? 따라서 보고씨안이 말하는 바와 같이, 인식 정당화의 상대주의적(체계 상대적인) 개념에 대한 안정적인 표현은 없다. 이와 유사한 책략을 써서 상대주의적 도전에 대해 적합한 반응을 할 수 있다고 보고씨안은 주장한다.

이론적으로 정향된 사회적 인식론의 네 번째이면서 마지막 예는 사실적 판단에 대한 합리적 집성에 관한 것이다. 집성이란 집단의 의사를 모아 최종적으로 결정한다는 의미이다. 우리가 살펴본 바와 같이, 집단은 종종 회원들의 개인 판단을 집성함으로써 "신념들"을 채택한다. 예를 들어, 삼인의 재판관으로 구성된 법정이 불법 행위 사건을 결정해야 하는데, 관련 사법 이론 하에서 법정이 피고가 책임이 있다고 판단해야만 하는 경우 그리고 그러한 경우에만 법정은 첫째 음에 피고의 과실은 원고에 대한 위법 행위에 인과적으로 책임이 있었다는 것, 둘째 피고는 원고에 대해 주의 의무가 있었다는 것을 찾아낸다고 가정하자. 세 명의 재판관 A, B, 및 C가 다음과 같은 두 개의 "전제(premise)" 명제와 어떤 피고에 관한 "결론 (conclusion)" 명제에 대해 아래와 같은 투표를 한다고 가정하자. 여기서의 첫 번째 전제는 피고가 권리 침해를 일으켰다는 것이며, 두 번째 전제는 피고는 주의 의무가 있었다는 것이며, 결론은 피고는 손해 배상 책임이 있다는 것이다.

	권리 침해 원인?	주의 의무?	손해 배상 책임?
A	네	아니요	아니요
B	아니요	네	아니요
C	네	네	네
다수	네	네	아니요

    더 나아가서 법정은 다수결 결정 규칙에 의해 여러 재판관들의 개인적 투표를 집성한다고 가정하자. 이 사건에서의 결과는 변칙적이다. 그 집단의 집성적 판단은 두 전제를 찬성하지만 결론을 거부한다. 이러한 집합의 집단적 판단은 일관성이 없다. 왜냐하면 제시된 사법 이론이 주어진다면 그 결론은 전제들로부터 논리적으로 나온다. 그렇지만 그 집단은 전제들을 찬성하지만 결론을 거부한다.

    이러한 종류의 결과 때문에 이론가들은 가능한 집성 절차들의 범위에 대해 반성해 왔다. 여기서 집성 절차는 집단이 회원의 개인적 신념이나 판단에 기초하여 집단적으로 찬성하는 신념 또는 판단을 생성하는 규칙이다. 판단 집성 절차에 관한 다양한 물음들, 사회적 인식론에 흥미로운 물음들이 제기될 수 있다. 각각의 가능한 절차가 집단 수준에서 합리성을 보존하는가 보존하지 않는가가 하나의 물음이다. 각 절차의 진리 부합적 속성에 관한 것이 또 다른 물음이다. 이러한 유형의 물음들은 현재 철저히게 조사 중에 있다.

    리스트(C. List)와 페티트는 몇 가지 흥미로운 불가능성 정리들을 증명해 왔다 (List and Pettit(2002, 2004). 그 정리들은 사회적 선택 이론을 출범시킨 애로우 (K. Arrow)의 불가능성 정리와 유사하다(Arrow(1963)). 집단 합리성과 관련된 그러한 불가능성 결과에 대한 하나의 예가 있다(List(2005)). 불법 행위 가능성 결과에 예에서와 같이, 사소하지 않은 상호 연관된 명제들의 집합에 대해 판단을 해야만 하는 두 명 이상으로 구성된 어떤 집단을 생각해 보자. 판단들의 집합이 합리적이라면 그리고 그러한 경우에만 그것은 일관성이 있으며 완전하다. 각 개인이 이러한 명제들에 대해 합리적인 판단들을 한다고 가정하자. 그러면 다음의 불가능성 정리는 집단적 판단들에만 타당하다. 즉 합리성과 더불어 다음의 세 가지 합리성 조건들, 즉 (a) 보편적 영역, (b) 익명성, 그리고 (c) 체계성, 이 둘 다를 충족하는 개인적 판단들로부터 집단적 판단들을 생성하는 어떠한 집성 절차도 존재하지 않는다(List and Pettit (2002)). 보편적 영역은 한 절차가 명제들에 대한 완전하고 일관성 있는 개인적 판단들의 어떠한 가능한 조합들을 용인 가능하다고 받아들이는 조건이다. 익명성은 모든 개인들의 판단들은 집단적 판단들을 결정하는 데 있어서 동등한 비중을 가진다는 조건이다. 체계성은 각 명제에 대한 집단적 판단은 그 명제에 대한 개인적 판단들에만 의존하며 같은 의존성 형태는 모든 명제들에 대해서 타당하다는 조건이다. 그 정리는 다수결 투표는 이 조건들을 충족하지 않는다는 것과, 다른 절차 역시 그렇지 않다는 것을 함축한다. 이것은 직시적으로 집단적 수준에서 합리적인 판단들을 생성함에 있어서 내재적이지만 충격적인 난점을 보이기 때문에 역설의 냄새가 난다. 물론, 그 불가능성 결과는 이 조건들의 몇몇이 완화된다면 피할 수 있다. 그러나 관계된 불가능성 정리들도 역시 증명되어 왔다(Dietrich(2006)). 조건들의 어느 집합이 공동으로 정당화 가능하거나 정당화 가능하지 않는지를 살펴보는 것은 이론적으로 흥미롭다. 다음 절에서 우리는 이러한 물음들도 역시 제도적 설계와 관련성이 있을 것임을 주목해 둔다.

집성에 있어서 발생하는 문제들에는 심리학적 요인에 기인하는 것도 있다. 집성은 다른 말로 집단사고(group think) 또는 집단지성(group inteligence)이라 불리는 것에 해당한다. 집단사고가 항상 문제가 되는 것은 아니지만, 그것이 오류나 실패에 빠질 경우가 있는데, 그럴 경우의 집단사고란 결속력이 높은 비교적 소규모의 집단에서 이의의 제기를 억제하고 합의를 쉽게 이루려고 하는 경향성을 가리킨다. 생각이 비슷하고 응집력이 강한 집단일수록 어떤 현실적인 판단을 내릴 때 만장일치를 이루려는 사고의 경향이 있다. 이 과정에서 합리적인 이견이나 대안 분석은 영향력을 상실하고 결과에 대한 합리화의 경향이 나타난다.

미국의 심리학자 재니스(I. Jannis)는 집단사고의 원인으로 결속을 강요하는 집단분위기, 외부의견의 철저한 차단, 긴급사태로 인한 위기감 등을 꼽았다. 집단사고의 대표적 사례로 피그스 만 침공(Bay of Pigs Invasion)을 들 수 있다. 그것은 1961년 4월 4월 17일, 쿠바의 피델 카스트로 정부를 전복하기 위해 미국이 훈련시킨 1,400명의 쿠바 망명자들이 미군의 도움을 받아 쿠바 남부를 공격하다 실패한 사건이다. 미국은 쿠바 민중의 호응을 얻어 쉽게 승리할 것으로 예상했다. 그러나 쿠바 민중은 카스트로 혁명군을 지지했고, 작전은 참담한 실패로 끝나 100여명이 죽고 1,200여명이 생포됐다. 미국은 포로들을 돌려받기 위해 5,300만 달러를 해외원조 형태로 제공해야 했다. 미국 역사상 최고의 두뇌집단으로 평가 받았던 케네디 행정부의 오판은 어디서 비롯된 것일까. 당시 케네디 대통령과 러스크 국무장관, 덜레서 CIA 국장 등 정책 결정의 수뇌부는 대부분 하버드대 출신의 친구 사이였다.

점심 때 중국집에서 잡채밥을 먹고 싶었지만, 다수의 의견을 따라 자장면이나 짬

뽕을 시킨 경험이 누구나 있을 것이다. 한 조직에서 다수의 견해를 거부하는 사람들은 대개 인기가 없는 법이다. 개인적 친분까지 있는 사이라면 이런 경향은 더 심해진다. 대통령 특별보좌관으로 쿠바 침공을 결정하는 회의에 참석했던 슐레진저에 따르면, 몇몇 참모는 그 계획에 의심을 품었지만 '온건파' 딱지가 붙는 것이 두려웠고, 동료의 시선을 거스를 수 없어 적극적으로 반대하지 않았다고 한다. 국가대사를 결정하는 회의가 마치 사교클럽의 파티처럼 훈훈한 동료애 속에서 이뤄진 셈이다.

한편 집단지성이란 다수의 개체들이 협력 혹은 경쟁함으로써 얻어지는 고도의 지적 능력을 말한다. 개체적으로는 미미하게 보이는 박테리아, 곤충, 동물, 사람의 두뇌가 모여 한 개체의 능력범위를 넘어선 고도의 지적 능력을 발휘할 수 있다는 것이다. 그것은 1910년대 하버드대 교수이자 곤충학자인 휠러(W. M. Wheeler)가 개미의 사회적 행동을 관찰하면서 처음 제시한 개념이다. 오늘날 집단지성의 대표적인 사례는 사이버 공간의 개방형 백과사전인 위키피디아다. 위키피디아는 참여자 모두에게 편집권이 있고, 다수에 의해 수정되며, 매일 매일 업데이트되는 '살아있는 백과사전'이다. 위키피디아적 집단지성의 가장 큰 장점은, 그 결과물의 방대함이나 신속성, 정확성보다는 다수의 참여에 의해 가치중립적인 사전이 만들어지는 '과정'에서 발견된다. 이것은 서로 이해와 입장이 다른 수많은 참여자가 서로 콘텐츠를 생산하고, 수정하고, 다시 그것을 소비하며 개별 지식과 개념의 빈자리를 자연스럽게 메워가는 과정을 그 자체이기 때문이다. 집단사고와 집단지성의 가장 큰 차이점은 참여와 커뮤니케이션의 수준에서 구별될 수 있는 개념이다.

3.1.7 사회적 인식론에서 제도 설계에 관한 문제들

법의학의 고유한 기능은 진실을 찾아내는 것이다. 불행하게도, 이러한 기능은 현재 말하고 있는 관행에는 잘 기능하지 않는다. 색스는 다음과 같이 말하고 있다. "법의학은 오늘날 실제로 행해지는 바와 같이, 진실을 믿을 만하게 찾아내지 않는다. 오류(즉 단순한 실수인)를 범하며 부정한(즉 고의적인 오표현) 법의학 전문가증거는 무죄인 사람들에 대한 잘못된 혐의의 주요 원인들 중의 하나인데, 아마도 주도적인 원인으로 밝혀져 왔다(Saks et al.(2001: 28))". 한 명의 악한 과학자는 15년 동안 과격한 허위조작에 관여되었으며 또 다른 과학자는 조사되지 않은 사체들에 대해 100회 이상의 검시를 조작했고 수십 번의 독성 보고서와 혈액 검사 보고서를 왜곡했다(Kelly and Wearne(1998), Koppl(2006)). 우리는 이와 비슷한 충격적인 사례들을 여러 나라에서 찾아볼 수 있다.

　법의학 실험실의 보고들의 오류율은 감소될 수 있는가? 이것은 응용 사회적 인식론의 한 문제이다. 코플(R. Koppl)은 이러한 분석을 지지하는 하나의 이론적 분석, 실험 결과, 및 현 제도를 재설계하기 위한 특별 제안을 제시한다(Koppl(2005, 2006)). 분석과 정책 추천의 이러한 조합은 응용 사회적 인식론의 명쾌한 본보기이다.

　코플은 경제학자인데, 그는 대다수의 법의학 실험실들 대 실험실들로부터 도움을 받는 사법 재판권들이 누리는 독점적 지위가 바로 문제라고 꼬집어 지적한다. 가가의 사법적 재판권은 실험실로부터 도움을 얻으며, 실험실만이 범죄 현장 증거를 전달한다. 한 전형적인 보고서는 범죄 현장에서 획득된 증거물과 피고의 특징 간의 "일치", 즉 범죄 현장에서 채취한 DNA 표본과 피고의 DNA 분석 자료 간의 일치가 있는지 없는지에 대해 말한다. 법의학 연구자들은 검사들이 일치를 보고하는 메시지를 선호한다는 것을 알고 있으며, 이것 때문에 일치를 보고하는 쪽으로 편의(bias, 偏倚)가 생겨난다. 코플은 인식 체계의 게임 이론적 모형들을 이용해서 그 상황을 분석한다(Koppl(2005)). 그러한 모든 모형들은 "메시지 공간"을 조사하여 메시지를 한 명 이상의 "수신자들"에게 전달하는 한 명 이상의 "전달자"가 있다. 법의학에서 수신자들은 공개 법정에서 전달되는 법의학 메시지를 듣는 배심원들이다. 그래서 배심원단은 범죄 현장에 남아 있는 지문이나 DNA가 피고에게 속하는지 아닌지를 결단한다. 이러한 판단은 전형적으로 유무죄의 판단에서 절정을 이루는 배심원단의 숙고에 유일한 투입물이다. 그러나 분석의 특별한 목적은 지문이나 표본이 피고에게서 나온 것인지 아닌지에 대한 배심원단의 판단이다. 코플이 주장한 바와 같이, 법의학 보고서를 제도적으로 조정하는 것 중 일부에서는 다른 제도적 조정배치의 형태보다 평균적으로 덜 정확한 법의학 보고서들의 형태가 유도될 것이며, 그럼으로써 다른 가능한 제도적 조정을 가하는 판단들보다 신뢰할 만하지 않은 배심원 판단들의 형태가 유도될 것이다.

　코플은 다른 법의학 실험실(즉 또 하나의 잠재적 "발신자")과의 경쟁이 없을 때 일치를 보고하려는 쪽으로 쏠리는 왜곡으로 거짓 정보가 많이 발생될 것이라고 게임이론적 분석에 근거해서 주장한다. 다른 한편, 법의학 실험실들 모두, 가령 세 개가 있다고 한다면, 세 실험실들 모두 보고서를 제출하게 함으로써 제도상 경쟁이 도입된다고 가정하자. 각 실험실은 다른 두 실험실들도 보고서를 제출한다는 것을 알고 있다고 하자. 전략적 상호 작용의 새 형태에서 다른 유인들이 발생할 것이며,

거짓 정보의 전송은 덜하게 될 것이다. 코플은 법의학 실험실들에 대해서 기술된 시나리오를 모방하는 독점적 게임 대 경쟁적 게임의 전략적 구조를 만들어내도록 의도된 도박 실험을 해 보았다. 실험 결과는 예측된 방향으로의 행동 변화의 확인이었다(Koppl(2006)). 삼명 송신자 상황은 체계상의 오류율을 일명 송신자 상황과 비교해 보았을 때 2/3나 감소시켰다. 이것은 코플이 "인식 체계 설계(epistemic systems design)"라고 부르는 현장에 대한 좋은 예이다. 인식 체계 설계를 통해서 우리는 진실성의 문제에 대한 제도적 체계 설계의 영향력에 대해 연구할 수 있다. 이것은 효율성의 문제에 대한 상이한 제도적 체계들을 분석하는 경제학에서의 표준 기법과 대비해서 잘 이해할 수 있다.

법의학 실험실과 법정을 연결하는 제도는 더 큰 사물 체계에서 볼 때 작은 제도이다. 그러나 인식 체계 설계는 어떠한 규모를 갖든 간에, 거시 체계나 미시 체계 모두에 응용될 수 있다. 담론을 지배하는 전반적인 사법 구조와 언론을 생각해 보자. 이것은 사회의 정보 상태에 강력한 관계를 갖고 있는 사법적 틀이며, 따라서 인식적 귀결들에 의해 분석될 수 있다. 많은 사가들이 언론과 출판의 자유에 대한 최선의 이유율은 그것이 진리를 증진시킨다는 귀결들이라고 주장했다. 밀턴(J. Milton)의 말로 표현하면 다음과 같다. "진리와 허위가 싸우게 하라. 자유롭고 공개된 충돌에서 진리가 더 열악한 상황에 처해 있는 것을 누가 알겠는가"(Milton(1644/1959: 561)). 이십 세기에, 진리 이유률은 특히 경제 용어로, 즉 자유 교역 또는 시장 메카니즘의 효율성에 의해 옹호되었다. 샤우어(F. Schauer)가 그 개념을 표현한 바와 같이, "아담 스미스의 '보이지 않는 손'이 최선의 생산물들은 자유 경쟁에서 발생할 것임을 보장할 것이며, 따라서 보이지 않는 손은 또한 최선의 관념들이 모든 의견들이 자유롭게 경쟁하도록 허용될 때 발생할 것임을 보장할 것이다"(Schauer(1982): 16).

하지만 사법적 방해를 받지 않는 순수한 경쟁이 사회에서의 지식을 적합하게 만들 것인지 아닌지는 논란이 많다. 일부의 옹호자들과는 반대로, 이것은 순수 경제 이론의 결과는 아니다(Goldman and Cox(1996)). 더구나, 많은 사법 제도들은 다음과 같은 목적으로 만들어진다. (1) 허위 보고의 전달 방지, (2) 보도 가치가 높은 진실의 전달 고무, 및 (3) 새 지식 창조 증진. 명예 훼손과 사기에 관한 법은 (1)의 예이다. Laws against libel and fraud are examples of (1). 기자들이 취재원을 보호할 수 있게 하는 수비권법(守秘權法)(이것에 의해 귀결되는 진실들의 공적 폭로를 증대한다)은 (2)의 예이다. 그리고 특허법과 지적재산보호법은 (3)의 예이다. 그러한 모든 법률의 정확한 인식적 영향력은 공개 토론을 해 볼 필요가 있다. 하지만 성문화된 법률과 규칙이 뜻 깊은 인식적 귀결들을 갖고 있음을 부인하기는 어렵다.

제도들이 존재하게 되고 변화하게 되는 방식들은 많이 있다. 입법이 유일한 방식은 아니며, 따라서 응용 사회적 인식론은 전체적으로 사법 정책들에 초점이 맞추어져 있다고 가정되어서는 안 된다. 응용 사회적 인식론은 자발적인 연합체와 조직체에 의해 채택된 정책들에, 또한 다양한 경제적, 기술적, 역사적 환경들에서 발생하는 행동 형태들에도 동등하게 관심을 가져야 한다. 예를 들어, 커뮤니케이션들의 새로운 형식들이 신기술의 결과로서 발생하며 옛 형식들을 대체한다. 이 시대에, 인터넷은 감소하는 시청자와 광고 수입 때문에 주류 언론을 위협하는 커뮤니케이션의 주요 자원이 되어 왔다. 몇몇 곳에서 웹블로그가 주류 언론보다 더 신뢰받는다. 독특한 취향을 갖고 있는 전문 기자들이 비전문가들에 의해 밀려날 수도 있다는 것이 그 결과이다. 이것이 인식적 또는 진리적 용어로 말해서 좋은 것인지 나쁜 것인지는 사회적 인식론에 있어서 심각한 물음이다. 포스너(R. Posner)는 자유 기업 증진 감정 사인데 항상 블로거 활동을 하고 사람으로 블로그세계는 뉴스를 전파하고 분석할 때 전통 언론만큼 적어도 좋은 일을 한다고 주장한다(Posner(2005)). 이것이 정확한 것인지 아닌지는 사회적 인식론의 또 하나의 중요한 응용된 물음이다.

마지막으로, 판단 집성 주제와 집단이 상이한 집성 절차 아래서 진리를 얻을 상이한 전망을 다루어 보자. 리스트는 집성 절차의 차이는 집단이 획득하려 할 지식의 양에 영향을 줄 수 있는 여러 방식들을 논의한다(List(2005)). 명제 p에 대한 정보원의 "긍정적인 신뢰도"는 p가 참이라고 주어질 때 그가 p를 믿을 확률이며 p에 대한 "부정적인 신뢰도"는 p가 거짓이라고 주어질 때 그가 p를 믿지 않는 확률이라고 하자. 상이한 집성 절차와 시나리오 하에서 다양한 명제들에 대한 집단의 긍정적 신뢰도와 부정적 신뢰도를 고려함으로써, 집성 절차(즉 특별한 제도)가 집단의 진리적 성공 전망에 어떻게 차이를 발생시키는지를 살펴볼 수 있게 된다.

첫째, 세 개의 절차, 즉 다수결 투표, 독선적 절차(집단적 판단은 항상 같은 고정된 집단 회원에 의해 전적으로 결정되는 방식), 및 만장일치 절차(집단적 판단에 이르기 위해서 모든 회원의 동의가 필수적인 방식)를 비교해 보자. 첫 번째 절차는 불완전한 집단적 판단을 허용한다. 각 집단 성원은 명제 p에 대해 긍정적 신뢰도든 부정적 신뢰도든 신뢰도 $r(1 > r > 1/2)$을 가지고 있다(이것을 권능 조건이라 부르자)고 가정된다. 독선적 절차에서는, 집단의 p에 대한 긍정적 신뢰도든 부정적 신뢰도든 그것은 독재자의 것, 가정상 r과 같다. 만장일치 절차에서는, 집단 규모가 커지면 부정적 신뢰도는 1로 접근하며 긍정적 신뢰도는 0으로 접근한다. 따라서 만장일치 절차는 거짓 판단을 피하는 데 좋지만 참인 판단에 도달하는 데는 나쁘다. 이것은 만장일치 하에서 결정적인 집단적 판단에 이르게 된다면 모든 회원이 동의할 때만 그렇기 때문이다. 그렇지 않다면, 집단적 판단은 형성될 수 없다. 대조적으로 다수결 투표에서는, 집단의 규모가 커짐에 따라 집단의 긍정적 신뢰도는 유명한 "꽁도르세 배심 정리(Condorcet jury theorem)"에서 볼 수 있는 바와 같이 1로 다가간다. 그것은 1785년에 꽁도르세의 가장 중요한 저작 『다수결의 확률에 대한 분석의 응용에 논고(the Essay on the Application of Analysis to the Probability of Majority Decisions)에 나와 있다. 그것은 만일 투표 집단의 각각의 성원이 옳은 결단을 할 것 같지 않다면, 그 집단의 최다 투표가 옳은 결정일 확률은 집단의 성원들의 수가 커짐에 따라 증가한다는 것이다. 이 배심 정리는 옳은 결단에 도달하는 개인들의 집단의 상대 확률에 관한 정치학적 정리이다.

이 정리에 내재한 가정은 집단은 다수결로 결단을 하길 원한다는 것이다. 투표 결과의 둘 중 하나가 옳은 것이며 각 투표자는 옳은 결단에 투표할 독립 확률 p를 가지고 있다. 그 정리는 그 집단에 얼마나 많은 수의 투표자가 포함되어야 하는가를 묻는 것이다. 그 결과는 p가 1/2보다 큰지 아니면 작은지에 달려 있다.

만일 p가 1/2보다 크다(즉 각 투표자가 아마도 옳게 투표할 것이다)면 투표자를 더 늘리는 것은 그 다수결이 옳다는 확률을 증가시킨다 극한에 이르면, 다수가 옳게 투표한다는 확률은 투표자의 수가 증가함에 따라 1로 정확하게 수렴할 것이다. 한편 만일 p가 1/2보다 작다(즉 각 투표자가 아마도 옳지 않게 투표한다)면 투표인이 늘어나는 것은 상황을 악화시킬 것이다. 이럴 경우 단 한 명이 있는 경우에 최적합한 배심이 있게 된다.

동등하게 무차별적으로 결정되는 것을 피하기 위해서, n이 홀수라고 가정하자. 그러면 n개의 투표가 있다고 말할 수 있다. 그들 중 m개가 옳은 것에 투표하는 수라 하자. 전체가 홀수가 되도록 유지하기 위해서 두 개를 추가할 때 어떤 일이 생기는지 생각해 보자. 다수결 투표는 단지 두 경우에서만 변한다. (1) m이 너무 작아서 다수결로 결정될 수 없는 경우이지만 그 두 명이 옳게 투표한다. (2) m이 n개의 표 중 다수에 해당하는 것이지만 그 두 새로운 투표가 옳지 않은 것에 투표한다. 그러면 이후의 나머지 시간에는, 그 새로운 투표가 무효가 되거나 간극을 증가시키거나 아니면 차이가 없어지게 된다. 따라서 우리는 (처음의 n표 중) 단하나의 표가 옳은 것에 투표하는 것과 옳지 않을 것에 투표하는 것을 가를 때 발생하는 것이 무엇인지에만 관심을 가지면 된다. 이 경우 대해서만 관심을 한정하면, 우리는 처음의 n-1 표가 무표여서 n번째 표가 결정적인 표가 되는 것을 상상해 볼 수 있다. 이 경우에 옳은 것에 투표할 다수가 되는 확률은 바로 p이다. 그런데 두 명의 추가 투표가 있다고 하자. 그 둘이 옳지 않은 다수를 옳은 다수로 바꾸는 확률은 $(1-p)p^2$인 반면 옳은 다수를 옳지 않은 다수로 바꾸는 확률은 $p(1-p)^2$이다. $p > 1/2$인 경우 그리고 그러한 경우에 그 두 확률 중 첫 번째 것이 두 번째 것보다 더 크다.

주어진 가정에 따를 때 이 정리는 옳은 것이지만 가정은 실제에 있어서는 비현실적이다. 일반적으로 다음과 같은 비판이 제기된다. 실재 투표는 독립적이지 않으며 일양적인 확률을 가지고 있지도 않다. 이것은 각 투표자가 옳은 것에 투표할 것인 한에서 필연적으로 문제가 되는 것은 아니며 후속 투표는 상관된 투표의 사례로 고려되어 왔다. 이 정리의 아주 강력한 견해는 투표자의 개인 능력 수준의 평균이 다소 절반 이상이어야 함을 요구한다. 이것에는 투표자 독립성이 요구되지 않지만 투표자들이 상관되어 있는 정도가 고려되어 있다는 문제점이 들어 있다. 또한 옳음의 개념이 사실들의 결단에 대립되는 정책 결단을 할 대 유의미하지 않을 수도 있다. 이 정리를 옹호하는 몇몇 사람들은 개인적 선호를 표현하는 것을 목적으로 하는 것이 아니라 공익을 최선으로 증진시키는 정책이 어느 것인지를 결정하는 것을 목적으로 하는 것에 응용할 수 있다고 주장한다. 이 해석에 따르면, 그 정리가 말하는 것은 비록 유권자의 각 개인이 두 개의 정책 중 어느 것이 더 좋은 것인지에 대해 모호한 지각을 가지고 있을지라도 다수결은 확장적인 효과를 갖는다는 것이다. 다수가 옳은 대안을 선택할 확률에 의해 표상되는 "집단 능력 수준"은 각 투표자가 그르다기보다는 옳다고 가정하여 투표자의 규모가 증가함에 따라 1로 증가한다.

꽁도르세 다수결 정리는 두 개 이상의 결과들 사이에 대한 결단에는 직접적으로 적용되지 않는다. 이러한 결정적인 한계는 사실상 꽁도르세 자신에 의해 지각되었다. 그것은 꽁도르세 역설이라고 불리기도 하며 나중에 애로우 정리(Arrow's theorem)라고 불리게 되었다. 그것은 일반적으로 세 개 이상의 결과들에 대한 개별적 결단들 내에서 조화를 찾을 수 없다고 것으로, 세 개 이상의 대안들 사이에서 선호의 이행관계가 성립하지 않을 때 역설적인 상황이 발생한다는 것을 지적한다.

예를 들어, 당신이 지금 6명의 친구들과 길을 걷고 있다고 하자. 점심은 굶고 아침도 조금밖에 먹지 못해서 당신과 친구들은 무척 배가 고프다. 그러다가 맥도날드를 발견한다. 그곳에서는 불고기버거, 치킨버거, 치즈버거의 세 종류의 햄버거만 팔고 있었는데 다 가격이 3000원으로 같다. 안으로 들어가서 자리를 잡고 지갑을 열어

보는 순간, "아뿔사!!" 돈이 3000원밖에 없다. 다른 친구들은 돈을 하나도 갖고 오지 않았다고 하자. 즉, 7명이서 햄버거를 하나밖에 먹지 못하는 상황이다. 당신은 어떻게 하겠는가? 먼저 다음과 같이 의논을 할 것이다. 당신은 친구들에게 치즈버거가 맛있다고 설득할 것이고 다른 친구들은 불고기버거, 치킨버거가 맛있다고 할 것이다. 하지만 서로 너무 고집이 센 탓인지 결론이 나질 않는다. 이제 6명의 친구들과 어떤 버거를 먹을지 투표를 한다고 해보자. 그럴 때에는 다수결을 사용한다고 하자.

당신과 친구들이 다수결을 한 결과, 불고기버거 3 명, 치킨버거 2 명, 치즈버거 2 명으로 불고기버거가 채택이 되었다. 당신은 치즈버거를 먹고 싶었지만 불고기버거가 가장 많은 사람들이 뽑았으므로 '최선'으로 판단했다고 생각할 것이다. 그런데 다수결에서 선택한 대안이 '최선'으로 판단한 것이 아닐 뿐더러 '최악'으로 판단한 것일 수도 있다. 다음과 같이 말할 수 있기 때문이다. 불고기버거는 가장 먹기 싫었다고. 왜 이렇게 말할 수 있을까?

당신과 친구들은 불고기버거 하나를 시키고 나서도 뭔가 께름칙한 마음에 다시 가장 먹기 싫은 버거에 대해 투표해 보았다. 그런데 투표 결과는 불고기버거 4명, 치킨버거 1명, 치즈버거 2명으로, 가장 먹기 싫은 햄버거도 불고기버거였다.

이처럼 가장 먹기 싫은 햄버거를 선택하면 처음에 가장 먹고 싶다고 했었던 불고기버거가 4표를 얻어 선택됨을 알 수 있다. 따라서 1 : 1로 비교했을 때 가장 높은 평가를 받았던 것이 선택되지 않고 가장 낮은 평가를 받은 것이 선택되거나, 최선과 최악의 투표 결과가 일치하는 경우도 나온다는 것을 알 수 있다. 이처럼 각 투표자가 합리적인 판단 아래 투표를 했는데도, 불합리한 투표 결과가 발생하는 경우가 있다.

이와 같은 역설적인 상황이 발생할 수도 있지만, 의사 결정에 있어서 개인들이 독립적이라면, 다수결에 의한 의사 결정은 일반화하는 것은 오류 가능할지라도 진리 쪽으로 다가가려는 노력을 읽어낼 수 있다. 다수결 투표는 명제 p에 대한 집단의 긍정적 신념도와 부정적 신념도 둘 다를 최대화함으로써 만장일치와 독선적 절차보다 우수한 것이다. 따라서 지식을 획득하는 목적을 위해, 특히 노직의 지식에 대한 정의(Nozick(1981))에 따라서, 그 세 가지 집성 절차 중 최선은 다수결 투표이다.

리스트가 집성 절차에 대한 형식적 분석에서 끌어낸 또 하나의 교훈은 "분배"로부터 얻는 이익들에 관한 것이다(List(2005)). 인식적 과제가 여러 명제들에 대한 판단을 요구한다는 점에서 복잡할 때, 집단 안에 있는 상이한 개인들은 상이한 명제들에 대한 전문성의 수준이 서로 다를 수 있다. 집단이 하위집단으로 분할 될 수 있도록 허용된 체계를 생각해 보자. 거기서 각 하위집단의 성원들은 하나의 전제에 대해 전문화되어 있다. 각 하위집단은 자신의 지정된 전제들에 대한 판단하며 그런 다음 집단적 판단이 그 전제들에 대한 하위집단 판단들로부터의 결론에 근거해서 도출된다. 그와 같은 "배분된" 절차가 정규적인, 비분배적인 (전제에 근거된) 절차보다 더 기능을 잘 수행하는 시나리오들이 있다.

지금까지 사회적 인식론의 기본 내용과 응용 사회적 인식론을 살펴보았다. 사회적 인식론의 응용 분야는 실제 과학에서 많은 논의를 거쳐 합의에 도달해야 하는 과정을 보여 주었는데, 응용 사회적 인식론의 프로젝트가 고전적인 개인적 인식론과 연속적이라는 초기의 주장에 관해 의문을 가질 수 있다. 이것이 어떻게 해서 가능한가? 데카르트의 인식론적 기획은 주체의 마음 안에 있는 에피소드들을 표적으로 한 것이었다. 고도로 "내재적인" 기획은 사회 체제나 제도의 설계와 무슨 관련이 있는가?

실로, 데카르트주의는 내성 가능한 정신적 내용들에 초점이 맞추어져 있었으며, 이것은 사회적 인식론과는, 특히 제도 설계 차원에서는 극적으로 상이하다. 하지만 현대의 인식론은 데카르트의 엄격한 내성주의를 더 이상 준수하지 않는다. 만일 우리가 데카르트의 기획의 상이한 모습을 강조한다면, 우리는 사회적 인식론과 전적으로 같은 특성, 즉 진리 추구를 발견한다. 데카르트는 진리는 "이성"의 고유한 행위에 의해서만, 특히 신념적 행위자 자신의 이성에 의해서만 추구되어야 한다고 생각했던 반면, 사회적 인식론은 극단적인 회의주의자는 제외하면 누구든지 진리 추구는 신념적 행위자들이 다른 사람들로부터 듣는 것이거나 듣지 못하는 것에 상당히 영향을 끼치는 제도적 조정에 의해 더 좋게든 더 나쁘게든 공통적으로 영향을 받는다는 것을 인정할 것임을 인정한다. 성공적인 진리 추구를 최대화하기 위해서, 우리는 이러한 사회적 인식론적 관련 요인들을 두드러지게 무시하지는 못한다.

3.2 풀러의 STS의 역사적 이해와 주요 과제

3.2.1 STS의 이전 역사로서의 HPS

풀러는 과학기술연구(Science-Technology Studies, 줄여서 STS)가 나타나기 이전에 과학사와 과학철학(History and Philosophy of Science, 줄여서 HPS)가 있었음을 말한다. 널리 알려져 있듯이, 19세기의 과학이론가들은 자신들이 연구하는 개별 과학에도 정통하여 과학적 훈련을 받고 역사적 방향성도 가지고 있었지만, 철학적인 관심사들을 가지고 있어서 그들을 철학자들이이라고 부르는 데 대한 반론은 거의 없다. 특히 영국의 학자들은 과학의 대중적 수용과 민주적인 의사 결정 과정에서 과학적 추론의 역할에 관심을 가지고 있었다. 독일의 과학자들도 마찬가지였다. 하지만 현대 세계에 대한 인지적 긴급성은 과학과 역사에 대한 사용을 요구했다. 그런데 대부분 그 사용은 몹시 "수사적(rhetorical)"인 것이었다. 이 이론가들은 인지적 권위를 위해서 교육받은 청중들이 창발하는 과학적 제도들을 지지할 수 있도록 해줄 과학적 주장을 표현하는 방법을 탐구했다. 그들은 과학이 종교, 동업자 조합(craft guild), 민간의 지혜, 및 사이비과학이나 반과학 운동과 같은 경쟁자들보다 과학이 우위에 있게 하려고 하였다.

그렇게 하기 위해서 당시의 과학자들은 관찰 실험 보고를 중시하는 실증주의적 관점을 가지고 있었다. 또한 인식의 경제성을 위해서 표현상의 간결함을 추구하여 수학적 표상을 중시했다. 1930년대에 받아들여진 사상은 논리실증주의 또는 논리 경험주의로 과학이론은 논리적 구조와 조작적 정의를 수사학적 소매자락에 올려놓고 있어야 한다는 것이었다(Fuller and Collier(2003): 3)).

과학사도 마찬가지로 수사학적 방식으로 사용되었다. 이러한 입장의 선구자는 1840년대에 훼웰(W. Whewell)인데, 그는 "과학의 역사와 철학(HPS)"라고 부른 분야를 개척했다. 최근에 한국에서 최재천이 『통섭(*Consilience*)』이라고 번역한 윌슨(E. Wilson)의 책제목은 훼웰이 사용한 용어이다. 훼웰은 과학사를 통해 귀납 논리의 단서가 밝혀진다고 보았다. 이러한 단서는 지류-강의 유추이다. 그 자신의 역사 연구에서 과학은 과거의 결과를 현재의 이론으로서의 점진적인 통합을 통해서 발전된다고 결론을 내렸다. 그는 뉴턴의 중력 이론을 통합에 의한 발전을 보여주는 패러다임으로 간주했다. 뉴턴의 이론은 케플러의 법칙, 갈릴레오의 자유 낙하 법칙, 조수의 운동 및 그 밖의 다양한 사실들을 담아내고 있었다.

훼웰은 특정 현상에 대한 연속적인 해석이 항상 일관되지는 않는다는 점을 알고 있었다. 그럼에도 그는 과학의 발전이 연속적인 지보이지 혁명은 될 수 없다고 결론을 내렸다. 만일 그가 과학의 발전이 불연속이며 혁명적이라고 주장했다면 과학혁명론의 공헌은 쿤이 아니라 훼웰에게 돌아갔을 것이다. 그만큼 당시에 과학철학사에 있어서 혁명적인 주장보다는 온건하며 보수적인 주장이 제기되었던 것이다. 휘웰은 이러한 시각에서 반증된 이론도 실은 그것을 반증시킨 새로운 후속적인 이론 형성을 촉진하는 결과를 낳는다고 강조했다. 예를 들어 이전의 필로지스톤 이론은 라브와지에의 산소 이론에 의해 대체되었는데, 산소 이론에 의한 많은 사실은 필로지스톤과 모순되었지만, 필로지스톤 이론이 화학사에서 적극적인 역할을 해왔다는 사실에 동조하였다. 왜냐하면 필로지스톤 이론은 연소, 산화, 그리고 호흡의 과정을 나름대로 분류했기 때문이다. 휴웰의 견해에 의하면, 이론은 그것이 비록 오도된 근거에 의할지라도, 실제로 관계되는 사실을 함께 결합할 때 비로소 과학적 진보에 기여한다.

과학사는 귀납 논리의 단서를 밝혀준다고 휘웰은 주장했다. 이 단서는 지류-강의 유추이다. 그는 과학적 진보가 연속적인 통합의 과정이기 때문에 특정 과학에서 일반화의 수용 가능한 조합은 일정한 구조적 유형을 지닐 것이라고 결론을 내렸다. 이 유형은 귀납적 표(inductive table)인데, 이것은 지류 관계의 형식이다. 귀납적 표는 역삼각형으로 나타내지는데, 위에는 개별 사실들이 맨 아래는 시야가 가장 넓은 일반화가 놓여 있다. 표의 위에서 아래로의 이행은 점진적인 귀납적 일반화를 반영한다. 이 표에는 관찰과 기술 가능한 일반화가 넓은 시야를 갖고 있는 이론 밑에 포용되어 있다.

두 개 또는 그 이상의 일반화를 더 포괄적인 이론으로 통합하는 것은 그 자체로 과학이론에 대한 수용 가능성의 기준이다. 그는 이러한 통합을 귀납의 통섭(consilience of inductions)라고 부르고 다음과 같이 주장했다. "예를 들 수는 없으나, 전 과학사를 통해서 내가 알고 있는 한, 귀납의 통섭은 나중에 거짓으로 판명된 그런 가설을 지지하기 위한 증거를 보여 주었다"(Whewell(1858): 90). 특정한 경우에 있어서 귀납의 통섭이 이루어질 수 있느냐 없느냐의 문제는 두 개 또는 그 이상의 법칙을 결합하는 이론적 개념의 적합성에 달려 있다. 기체 운동 이론은 성공적인 귀납의 통섭에 해당하는 좋은 본보기이다. 뉴턴의 기체 분자간의 탄성 충돌의 개념은 보일과 샤를 그리고 그라함의 경험 법칙들을 하나의 이론으로 결합시키기에 충분한 것이다.

휘웰은 과학사를 인식의 형식과 내용에 대하여 칸트가 구별한 방식으로 해석하였다. 그에게 있어서 과학적 지식은 관념에 의한 사실들의 결합이다. 그러나 이 관념들은 필연적 진리를 나타내는 것이기 때문에 최소한 몇 가지의 과학적 지식은 필연적 진리의 지위를 획득하게 될 것이다.

훼웰의 초기 저작에서, 그는 기하학의 공리와 자연의 기본 법칙은 인식의 지위에서 서로 다르다고 하였다. 기하학적 공리는 필연적 진리이지만 자연과학의 법칙은 그렇지 않다. 그러나 나중에 그는 생각을 바꿔 자연과학의 몇몇 법칙들도 당당하게 필연적 진리로 인정하였다. 그는 이 주장의 역설적 성질을 인정했다. 그와 흄의 일치점은 경험 증거를 아무리 많이 모아도 필연성의 관계를 증명하지 못한다는 것이다. 그러면서도 여전히 그는 어떤 과학 법칙은 필연성의 지위를 획득한다고 믿었다.

이러한 역설을 해결하고자 하는 훼웰의 시도는 기본적인 자연 법칙의 형식과 내용의 구별에 그 성패가 달려 있다. 예를 들면 뉴턴의 운동 법칙은 인과율의 관념의 형식을 예증하는 것으로 볼 수 있다. 그러나 인과율의 관념은 객관적 경험 지식의 가능성을 구성하기 위한 필요조건이기 때문에 뉴턴의 법칙은 이 필연성을 공유해야 한다. 훼웰에 의하면 인과율의 관념의 의미는 세 가지의 공리로 구분된다. (1) 원인 없이는 아무것도 발생하지 않는다. (2) 결과는 그 원인에 비례한다. (3) 반작용은 작용과 반대 방향의 같은 힘이다. 그러나 이러한 공리의 내용을 규정하는 것은 경험이다. 경험은 무생물이 본래적으로 가속도의 내적 원인을 가지고 있지 않음을 보여준다. 동시에 힘은 일정한 방식으로 합성되고 있으므로 작용 및 반작용의 정의는 적절한 것임을 알게 해준다. 뉴턴의 운동 법칙은 이러한 발견을 나타낸다. 훼웰은 뉴턴의 법칙은 인과율의 공리에 대한 적절한 경험적 해석을 제공하며 따라서 필연적 신리의 시위를 획득하고 있다.

훼웰은 자연의 기본 법칙의 필연성의 지위는 객관적 경험의 지식의 선험적 필요조건인 관념에 대한 관계에서부터 유도된다고 주장했다. 그는 이러한 관계의 본성에 대한 규정을 그러한 법칙이 관념의 형식을 예증한다는 생각에 제한시켰다. 그러나 이 예증은 과학의 역사적 발전에 있어 점차적으로 발생한다고 그는 생각했다. 이것은 가장 일반적인 귀납 법칙과 과학의 기본 관념과의 관계를 점진적으로 명료히 해 가는 문제이다. 훼웰은 뉴턴의 법칙이 일반적인 역학 법칙의 필연성의 지위를 확보하고 있다고 강하게 확신하였다. 그는 과학의 일반 법칙에 관해서는 그다지 강한 확신을 가지고 있지 않았다.

위에서 살펴본 훼웰의 HPS는 바람직한 미래를 구성하기 위해서 과거에 관해 믿어야 할 최선의 것이 무엇인지를 명시적으로 추구했다. 이 프로젝트는 다음과 같은 이중의 전략이 담겨져 있다고 요약될 수 있다. (1) 학문들 간에 전달될 수 있을 인식적 성장의 원리를 유도하기(즉 귀납의 통섭 메카니즘 추출), 및 (2) 주요 인식적 변화의 과정이 명증적인 어떤 혁명적 시기에 대한 연구를 지지하기(즉 실제의 과학사에서 일치하는 사례 연구).

풀러는 사회적 인식론의 표제 하에 추구하고 있는 "규범적"의 의미는 지식 생산이란 19세기 사상에서 나타난 것으로 보고 있다. 19세기에서 20세기초까지의 과학철학자의 업적을 요약하면 다음과 같이 말할 수 있다. 19세기의 철학적 관여는 처방적 활동이라는 취지에서 행해진 것이다. 그래서 휘웰은 패러데이와 다윈의 이론의 개념과 해석에 대해 그들을 조언해 주었다. 콩트와 밀은 갓 출연한 사회학과 심리학이 진정 과학적인 것이 되도록 계단을 놓아주었다. 마하는 뉴턴의 패러나임이 적설하게 응수하지 못하는 불일치들을 복구함으로써 당대의 토론에 중대한 실마리로서 물리학의 역사를 사용하였다. 뒤앙은 과학과 종교가 탐구의 궁극적인 목적이 다름(즉 도구적 성공 대 설명적 성공)에도 불구하고 양자 간의 부분적 연속성(예로 현대 물리학 개념들의 중세적 기원)을 강조함으로써 과학이 로마 카톨릭 교회와 같은 전통적인 문화적 권위와 정상적인 관계를 갖도록 하였다. 허쉘은 과학적 추론을 상식의 확장과 형식화로 묘사함으로써 과학이 빅토리아 시대의 영국의 독서 대중과 갖는 관계를 정상화시켰다. 듀이는 20세기초 미국의 교육에서 같은 역할을 상당히 강력하게 발휘하였다.

이러한 과학이론가들의 아주 독특한 규범적 기여는 과학이 더 큰 방법론적 통일성과 따라서 더 큰 대중적 설명력을 갖도록 발전할 수 있게 하는 절차적 지식을 분리해 내는 것이었다. 실증주의는 19세기와 20세기의 이러한 프로젝트를 포착하기 위해서 아직도 정상적으로 사용되는 용어이다. 사회적 인식론의 프로젝트는 실증주의의 본능적인 물음, 즉 우리는 어떻게 상당히 분기된 사회적이며 인지적 질서를 극복하는가에 동정적이다.

위의 물음에 반응해서 우리가 추구하는 가능성들은 STS에서의 최근의 발전들로 중재된다. STS는 철학적 실증주의의 경로를 상당히 이탈한 것이다. 그러나 실증주의가 잘못되어 있는 곳을 제시하기에 앞서, 최근의 과학철학자들 모두가 이전 세기의 이론가들의 강력한 규범적 관점을 포기한 것은 아니라는 점을 지적해 두는 것은 중요하다. 이와 관련해서 포퍼와 파이어아벤트는 사회적 인식론의 선구자들이다.

포퍼와 파이어아벤트는 연구가 초기에 자극받고 궁극적으로 평가되는 정책 포럼의 그림자에 관여했다. 그들은 과학이 개념화에 의해서보다는 결과에 의해 평가될 필요가 있음을 강조했다. 그들의 저작에 들어 있는 주제는 과학이 구사하는 자원들에 대한 접근을 증대할 수 있다면, 과학은, 이전에는 그렇지 않았더라도, 투자 기화와 공적 신뢰가 된다는 것이다. 연구는 그와 같은 것 위에서 행해질 필요가 있다. 포퍼가 사용하는 방식으로 요점을 말하자면, 과학은 사회의 모두를 위해 하나의 본보기로서 역할을 할 "열린사회"로서 지지되어야만 한다. 사회적 인식론은 이러한 기획의 취지를 품고 있다.

진보적인 19세기의 지성인 파레토는 만일 과학이 우리에게 가장 종합적인 세계 이해를 제공한다면, 과학에 대한 가장 종합적인 이해는 과학을 과학적으로 연구함으로써 획득될 수 있다고 제안했다. 하지만 정치경제학인 파레토는 특별한 추론 노선을 제시했다. 그의 생각은 궁극적으로 STS가 하는 바와 같은 과학적 수단에 의해 과학적 실제를 연구하라는 것이 아니라, 과학적 실재를 마치 그것이 우리의 최선의 과학적 이론들에 의해 표상된 세계와 같은 것으로 다루는 것이다. 파레토는 과학적 실제를 자연의 투입 요소들 위에서 작동하는 합리적 원리들의 체계 하에 닫혀 있는 이상화된 역학으로 보았다. 그러나 과학적 실제는 여타의 영향을 빈번하게 받는다. 그래서 과학의 역사적 서술에 있어서 "내적-외적" 구별이 표준화되었다. 내적주의자는 뉴턴의 물리적 역학과 유사한 "정신 역학"을 제공하려는 흄의 약속을 제기하려 한다. 더 일반적으로 말해서, 과학은 과학이 연구하는 사물들의 질을 갖고 있는 것으로 간주된다. 이렇게 유사한 방식으로 이론화하는 것은 자연의 미시체계로서의 개인의 개념이나 종의 개념과 엄청난 유사성을 갖는다. 그 유사성은 20세기 과학철학에서 더 강화되었다. 과학은 그것이 표현한 세계의 구조를 재생산하는 것으로 간주될 뿐만 아니라 단일 개인, 즉 과학철학자의 마음속에서 잠재적으로 발산되는 것으로 간주되었다. 콩트는 자신의 마음속에 과학의 역사를 재현하여 과학의 위계를 정당화함으로써 이러한 미시내적주의를 예상해 보았다. 오늘날의 시대에, 이러한 합리적 재구성주의(rational reconstruction) 입장은 일군의 실증주의자들, 라이헨바하(그의 합리적 재구성에 대한 강조는 다음 장 참조), 포퍼주의자인 라카토스, 및 역사주의 과학철학자인 샤페레(Shapere)에 의해 표현되어 왔다.

1962년에, 쿤은 HPS를 본격적으로 풀어놓기 시작했다. 그의 주업적인 『과학혁명의 구조(The Structure of Scientific Revolutions)』는 과학이 특히 어떤 곳에서 동기화되었다고 결론내리지 않고서 내적으로 동기화되었다고 과학의 역사를 설명하는 것이었다. 하바드의 일반 교육 프로그램의 베테랑 강사인 쿤은 독자들에게 과학 교과서에서 표준화되어 있는 내적주의적 과학사에 들어 있는 일련의 에피소드들의 기억압 만한 것들은 패러다임의 "정상 과학"이 전달되는 매개물로서 역할을 했다는 것을 상기시켰다. 하지만 일련의 특정한 에피소드들은 패러다임마다 달랐고, 그리하여 내적주의자들이 서열화로부터 끌어내고자 원했을 "진보"와 "지식의 목적"에 관한 어떠한 결론들도 상대화하였다.

과학철학자들에 대한 쿤의 일격은 과장하기 어렵다. 몇몇 사람들은 그의 책을 실증주의자들에 대한 인문주의자들의 복수를 드러내는 것으로 간주했다. 패러다임-변칙사례-위기-혁명-새 패러다임이라는 쿤이 말하는 과학에서의 일련의 과정이 주어진다면, 순환적 역시는 직선적 진보의 마지막 방어 거점, 즉 과학에 침입한 것으로 보인다. 어떠한 근거에서건 쿤에게 공식적으로 동의한 과학철학자들은 거의 없지만, 점차 구체적인 용어(즉 과학자들 자신이 인지하는 용어)로 과학적 진보를 옹호하는 사람들은 거의 없다. "진리근사도(verisimilitude)"와 "증가된 경험적 적합성(increased empirical adequacy)"와 같은 경쟁 개념들이 그와 같은 순수한 형식적인 근거에서 경합되었다. 이 개념들 중 하나에 동의가 있었다 하더라도, 철학자들은 현재의 연구 프로그램들에 의해 향유된 진보의 정도를 평가할 입장에 있지 못할 것이다. 이러한 토론은 과학의 "본성"에 관한 사이비선험적인 논증들에 대한 명시적인 역사적인 호소로부터 철학자들이 후퇴할 때 학문적 주의를 끈다. 즉 진보의 개념 없이 어떻게 과학이 가능할 것인가? 이러한 종류의 물음을 쿤은 현명하게 침묵으로 넘겨버린다.

내재화를 증대시킴으로써, HPS는 더 제한된 규범적 감수성을 발전시켰다. HPS는 현재 정책입안자가 탐구 행위를 개선시키려는 것보다 학교장이 말을 하는 취지에서 더 많이 수행되는 것으로 보인다. 과학철학자들은 갈릴레오 시대에 프톨레미보다는 코페르니쿠스를 선택하는 것이 좋았다는 것, 그리고 그 선택을 더 빨리 했었으면 더 좋았을 것임을 안다. 그러나 과학철학자들은 우리가 지금 어떤 연구 노선을 취해야만 하는가에 관해 말해 줄 수 있는 보물을 가지고 있는 것은 아니다. HPS 실천가들은 자신들의 연구로 자신들이 문학 비평과 예술 감정(이 두 학문은 그 실행이 평가의 잠정적인 대상에서 점차 소외되고 있다)에 얼마나 가깝게 놓이게 되는지를 깨닫는다면 무슨 말을 할 것인가를 궁금해 할 수 있다. 19세기의 희망과 반대로, 비평가들의 판단은 전형적으로 더 좋은 예술이나 예술의 수용을 위한 훨씬 더 좋은 대중의 창조로 환류되지 않는다. 대신, 생산되는 것은 학문적 문헌의 자기 지탱적 체계이다. 금세기의 예술에 대한 비평가들의 긍정적인 영향은 과학의 현 과정에 대한 철학의 영향과 마찬가지로 뜻밖의 일이었던 것이다.

3.2.2 사회학과 STS로의 방향 전환

쿤이 학계에 미친 전반적인 영향력은 금지적이라기보다 해방적이라는 것이 일반적인 평가다. 쿤은 『과학혁명의 구조』에서 과학적 지식을 거의 배반하지 않았지만, 그는 사회학자들에게 "진리", "객관성", "합리성", 심지어 "방법"과 같은 철학적 범주를 참고할 필요 없이 과학에 관해 흥미로운 것의 대부분을 설명할 가능성을 시사했다. 이러한 범주들은 전통적으로 사회학자들이 과학 대 그들이 다른 사회적 관행을 연구하는 방식에서 이중적인 표준을 강요하였다. 만하임은 실로 이 이중적인 표준은 지식 사회학의 창시자인 Mannheim(1936)과 그의 저명한 미국인 계승자 Merton(1973)의 연구에서도 작동하고 있다.

정도는 다르지만, 이 초기의 사회학자들은 과학에 대한 공적 설명을 과학을 그 자신의 원리들에 의해 조사하는 것을 거부함으로써, 드러내놓고 신비화하는 것은 아니었지만, 미칠 정도로 축소시켰다. 과학을 과학적으로 연구하지 않는다는 것은 사회학자들이 전형적으로 위대한 철학자들과 과학자들의 권위 있는 증언 또는 과학사에 있는 위대한 에피소드로부터 일화적 증거에 근거해서 과학에 관한 결론을 끌어낸다는 것을 의미한다. 그와 같은 지식의 전과학적 출처는 다른 사회 현상에 대한 연구에서 관용되지 않았던 것이므로, 방법론적 표준이 아마도 사회의 으뜸인 인지적 제도라 하는 것에 대해서 왜 낮아져야 하는가?

쿤의 책에 의해 고무되어, STS의 최초 학파가 1970년에 설립되었다. 과학적 지식의 사회학에 있어서 강한 프로그램(Barnes(1974), Bloor(1976)) 또는 에딘버러 학파는 풀러가 다음과 같이 명명한 것을 제시함으로써 과학의 사회학적 연구에서 이중적 표준을 거부하였다.

STS의 근본 지령: 과학은 어떤 다른 사회 현상을 연구할 때 연구되어야 하는 것으로, 그것은 과학적으로 (권위 있는 증언, 일화적 증거 등에 무비판적으로 의거해서가 아니라) 말하는 것이다.

놀랍게도 저명한 STS 연구자들 중 사회학자로서 실제로 훈련받은 사람들은 거의 없다. 그럼에도 그들은 범주와 방법 면에서 사회에서 과학 이외의 다른 나머지 것들의 역사와 구별되는 과학의 "내적" 역사를 부인한다는 의미에서 "사회학적"이라고 폭넓게 규정될 수 있다. 이 연구자들이 과학을 연구하기 위해 사용해 온 방법들의 혼합에도 불구하고, 민속학적 관행의 실제 사례들로부터의 유추나 암시나 그 자체는 현장에서의 인식적 특권을 누린다. 이러한 편향은 STS 연구자들이 과학자들의 말과 행동 간의 불일치를 "현장에서 관찰할" 수 있게 한다. 이러한 발견은 명시적인 규범적 입장에서는 없는 것으로서, STS 연구에서 요란스럽게 말해진 "상대주의"를 결과시켰다.

이렇게 과학을 사회학적으로 옷벗기는 데 있어서의 표적은 과학자들이 아니다. 일반적으로 과학자들은 기대는 높지만 자원은 황당하게도 종종 보잘 것 없는 간난의 상황을 선용하는 온건한 일꾼으로 STS에서 묘사된다. 오히려, 실재의 적들은 철학자들이며 철학자들의 처방에 따라 행위하려는 사람들이다. 실증주의 철학자들은 사회가 제공할 수 있는 다른 어떤 것과는 아주 다르게 "합리성"을 드러내는 "방법들"에 의해 과학이 기능하는 것으로 보이게 함으로써 이러한 무보증된 기대를 조장해 왔다. 이러한 정념은 과학에 대한 인기 있는 설명에서 지속적으로 찾아볼 수 있다. 과학에서는 가설 생성, 이론 검증, 및 오류 가능성의 언어가 말해진다. 그것들은 과학에 대해서 말할 때만 옳게 들리는 단어들이다. 그런 점에서, 콩트와 그의 후학들에 의해 실천된 구획주의자적 수사는 모두 효과적인 것으로 증명되었다. 왜냐하면 과학이 행해지는 실험실과 작업장에 실제로 발을 담그게 될 때, 이러한 제목 하에 포함될 것이라고 말해질 수 있는 아주 일상적이며, 종종 비일관적인 많은 행위들이 관찰되기 때문이다. 그러므로 우리는 STS를 직면하고 있는 규범적 교차로에 도달해 있다. 즉 STS는 어떻게 그것이 과학에 관해 배운 것에 비추어서 스스로를 지도해야 하는가?

위의 물음은 좀 더 구체적으로 제기될 수 있다. STS는 대중이 과학에 대한 신앙을 포기하도록 조언해야 하는가? STS는 과학을 더 많이 조사하여야 하지는 기대는 하지 말아야 하는가? STS는 과학자들이 자신들의 사업을 추진하고 "방법"과 "합리성"에 관한 신비화하는 대화에 종지부를 찍어야 하는가? 더욱이 STS는 그 자체의 실행이 변화되어야 하는지 말아야 하는지를 결정해야만 한다. 이러한 관심사는 규범적 물음의 반성적 차원인데, 그것은 철학사에서 헤겔의 전통과 가장 강력하게 연결되어 있다. STS의 경우에, 우리는 다음과 같은 것을 궁금하게 여길 것이다. 만일 과학이 실로 사회역사적 우연의 산물이라면, 지금 여기서 우리가 이것을 왜 배우게 되었으며 이 지식이 이어지는 실행에 어떻게 영향을 끼쳐야만 하는가? 이 중요한 물음에 대한 대답은 일률적이지는 않다. 몇몇 사람은 최소한으로 인식적인 "일상 사업적" 태도를 논의한다(Collins(1985)와 더 정통적인 민속학자들). 이런 태도로써 STS 연구자들은 자신들이 연구하는 탐구를 따라서 탐구를 수행한다. 다른 사람들은 STS는 이러한 새로 발견된 우연성을 그 자신의 실행에서 일소시키고 과학자 자신보다 더 과학적이 되어야 한다고 제안한다(강한 프로그램의 원 취지). 한편 또 다른 사람들은 STS는 우연성을 연구에 더 당파적이고 정취적인 풍미가 가미되도록 자신의 연구결과들의 내용에 담아야 한다고 주장한다(Fuller 및 비판이론적 접근방법들). 마지막으로 또 다른 사람들은 STS는 과학에 대한 사실적 설명과 허구적 설명을 구별하는 우연적인 특성을 드러내는 자기 파괴적 글쓰기 스타일을 채택할 것을 추천한다(Woolgar(1998)).

STS의 아킬레스건은 이러한 반성적 태도의 상대적 이점에 관해 논의하기를 꺼려한다는 것이다. 대신에 STS 연구자들은 이러한 문제들을 자신들의 실행에서 조용하게 해소하려는 경향이 있다. 물론 침묵이 지식 체계를 면밀히 연구하는 것의 요점은 무엇인가라는 물음을 위험스럽게 열어 놓는다는 것이 문제이다. 사회적 인식론은 STS를 지식 기획의 연구자들, 즉 인식론자들, 과학 정책 분석자들, 및 비판적 사회 이론가들에게 가장 추상적이고 가장 구체적인 것 둘 다에 더 다가가기 위해서 그러한 규범적 고려사항에 대한 토의를 제공한다.

풀러는 STS 실행자들 중에서 찾아볼 수 있는 과학에 대한 두 개의 일반적인 태도를 구별한다(Fuller(2004: 9)). 첫 번째 태도는 깊은 과학(Deep Science)으로, 그것은 현재의 훈련은 과자들은 그들이 하고 있으며 철학자들과 다른 외부 조사자들의 오도된 논평 없이도 지속적으로 행하고 있어야만 하는 것이 무엇인지를 알고 있음을 확신케 한다는 것이다. 두 번째 태도는 얕은 과학(Shallow Science)으로, 그것은 STS 실행자들은 비전문가들이 어느 과학이 행해지며 어떻게 행해지는지에 관해 말할 것이 있음을 함축하기 위해서 그들 자신의 성공을 과학의 내적 작업들에 삽입시키려는 것이다.

우리는 그 두 태도들을 다음과 같은 물음에 대한 대안적인 대답을 제시하는 것으로 생각할 수 있다. 즉 사회에서 지식을 어디에서 발견하는가? 깊은 과학 탐구자는 지식을 과학자들이 그들의 작업 현장에서 개진하는 기술들에서 지식을 찾는다. 그들의 작업장은 그들이 생산하는 것과 밀접하게 연관되어 있으며 좋든 나쁘든 사회에

"응용되는" 것으로 간주된다. 이러한 접근 방법은 우리가 일반적으로 과학에 관해 생각하는 방식과 유사하다. 하지만 얕은 과학 탐구자는 지식과 그 응용 간에 그러한 구별을 하지 않는다. 지식은 권위와 신뢰의 그물에 의해 분포되어 있는 것으로 간주된다. 권위와 신뢰에 의해 과학적 연구의 부분부분들은 연합된다. 그러므로 깊은 과학자들(즉 깊은 과학 탐구자에 의해 연구되는 과학자들)은 마음과 몸의 독특한 힘들에 의한 지식을 갖게 되는 반면, 얕은 과학자들은 타인들이 분별력을 행사하도록 함으로써 지식을 갖게 된다. 점차 분명하게 될 것이지만, 사회적 인식론에 대해 Fuller가 제안하는 것은 얕은 과학과 연결되어 있다.

깊은 과학은 대체로 비문자적 기술 또는 "암묵지(tacit knowledge)"인데, 그것은 상당 기간 지속적인 훈련 전통으로의 축적을 요구하며 과학적 실천에 대한 세밀한 현상학에 의해 가장 잘 연구된다. 암묵지는 학습과 경험을 통하여 개인에게 체화(體化)되어 있지만 겉으로 드러나지 않는 지식이다. 문서 등에 의하여 표출되는 명시지(明示知, Explicit Knowledge)에 상대되는 개념이다. 암묵지는 영국의 철학자이자 물리화학자인 폴라니(M. Polanyi)가 구분한 지식의 한 종류이다. 폴라니는 지식을 암묵지(암묵적 지식)와 명시지 또는 형식지(形式知)으로 구분하였는데, 암묵지는 학습과 경험을 통하여 습득함으로써 개인에게 체화되어 있지만 언어나 문자로 표현하기 어려운, 겉으로 드러나지 않는 지식을 말한다. 명시지(명시적 지식)는 암묵지와 상대되는 개념으로서 언어나 문자를 통하여 겉으로 표현된 지식으로서 문서화 또는 데이터화된 지식이라고 할 수 있다.

폴라니는 암묵지의 중요성을 강조하였는데, 대부분의 사람들은 말로 표현하는 것보다 더 많은 암묵지를 보유하고 있으며, 인간 행동의 기초가 되는 지식이 바로 암묵지이기 때문이다. 오랜 경험이나 자기만의 방식으로 체득한 지식이나 노하우가 여기에 속한다. 명시지는 이러한 암묵지의 기반 위에서 공유되는 것이며, 암묵지가 형식을 갖추어 표현된 것이라고 할 수 있다. 일본의 경영학자 노나카 이쿠지로[野中郁次郎]는 이것을 기업에 적용하여 지식은 암묵지와 명시지의 사회적 상호작용, 곧 경험을 공유하여 암묵지를 체득하는 공동화(共同化), 구체화된 암묵지를 명시지로 전환하는 표출화(表出化), 표출된 명시지를 체계화하는 연결화(連結化), 표출화와 연결화로 공유된 정신 모델이나 기술적 노하우가 개인의 암묵지로 전환하는 내면화(內面化)의 네 가지 과정을 순환하면서 창조된다고 하였다.

암묵지에 대한 이러한 이미지의 반대가 얕은 과학의 이미지인데, 그것은 다양한 배경에서 자신의 이익을 위해 과학-사회 경계선에 대해 협상하는 능력으로 이루어진 대체적으로 말로 하는 기술이다. 즉 깊은 과학은 과학 내적 지식을 추구하는 목적과 기술로 되어 있는 반면, 얕은 과학은 과학과 사회와의 관계를 말로 처리하려는 목적과 기술이 두드러진다. 얕은 과학은 요란한 활동, 즉 실증주의자들의 "발견의 맥락", 즉 실증주의에서 수사로 가려져 있는 것을 드러내기 위해서 과학자들의 솔기 없는 수사를 해체함으로서 연구된다. 깊은 과학에 대한 전형적인 연구자들에는 이론화의 역할과 매일매일의 과학적 실행에서 언어의 사용을 과소평가하는 Polanyi(1958)를 추종하는 실험의 역사가들이 포함된다. 얕은 과학의 연구자들은 대다수가 사회적 구성주의자들, 담론 분석가들, 및 행위자 연결망 이론가들이 포함된다.

풀러는 얕은 과학에 동의를 하는데, 그것에 구성주의자라는 총칭적인 명칭을 부여한다. 풀러는 과학에 대한 강력한 규범적인 접근 방법은 얕은 과학 관점과 양립 가능하며 그것에 의해 촉진된다고 믿는 것에 있어서는 구성주의자와 견해를 공유하지 않는다. 전목적적인 방법론적 술수를 분리시키려는 그들 자신의 비길 데 없는 노력에서, 과학철학자들은 비과학자들 자신들이 얕은 과학의 활동들을 설명할 수 있도록 하기 위해서 얕은 과학 관점을 창안하였다. 이러한 방식에서 정당화의 맥락에 대한 고전적인 철학의 초점은 과학의 합당화(legitimation) 양식에 대한 사회학적 관심으로 변형되어 왔다. 대조적으로 깊은 과학의 연구자들은 자신들의 영감에서 순수하게 기술적인 경향이 있으며 암묵적으로 과학자들이 불평하지 않는 한 과학이 잘 작동하고 있다고 가정한다. 그러므로 깊은 과학이 실험실에 집중되어 있는 경향이 있는 반면, 얕은 과학은 사회에 산발적으로 퍼져 있다는 것은 놀랄 만한 일이 아니다.

깊은 과학 이미지와 얕은 과학 이미지는 개별 과학자의 인지력에 대한 극단적인 태도를 규정한다. 과학자들은 실재의 본성을 표상하기 위해서 훈련에 의해 잘 맞추어져 있다는 생각이 깊은 과학 진영에 있다. 과학자들의 관행은 그 기원에서는 이종적일지라도 자연스러운 모습으로 "생활 형식" 속에 융화되어 있다. 과학자들은 실재를 표현하기에 평범한 사람들보다 더 잘 맞추어져 있는 것은 아니라는 생각이 얕은 과학 진영에 있다. 이 생각은 과학자들은 그들 자신의 관행을 조사할 능력에 있어 평범한 사람들의 기본적인 제약을 공유할 뿐만 아니라 과학적 판단의 오류 가능성을 인정하는 인식적 비용이 특히나 높기 때문에 거의 인식되지 않는다. 물리학자의 판단이 잘 근거되어 있는 것이 아니라면 공학은 어떻게 가능할까? 그렇지만 얕은 과학 관점이 도전하려 해 온 것은 바로 과학과 기술 간의 이러한 관계이다.

깊은 과학에서의 기본적인 문제는 사회적인 것의 개념이 과학을 과학자가 아닌 다른 사람들에게 설명 가능한 것이 되길 바라는 사람들에게는 어울리지 않는다는 것이다. 깊은 과학은 사회를 "지엽적 지식"의 평결로 변방화하는데, 지엽적 지식의 권위는 주어진 평결 밖에 있는 사람들에 대한 잠재적 귀결들을 무시한 채로 신뢰를 받도록 되어 있다. 이러한 기초에서 깊은 과학의 지지자 대부분은 상대주의자라고 주장된다. 실로 일반적으로 말해서, 상대주의자라는 것은 발화가 공동체에서 의도된 청중들에게만 영향을 준다고 가정된다면 이해하기 쉽다. 하지만 언어가 발화의 원 맥락 밖에서 평가될 때 존재하는 사회 질서를 강화하거나, 축소하거나, 뒤엎는다고 믿는다면, 상대주의자에 대한 잘 정의된 평결일지라도 그것은 유지하기 불가능할 것이다. 행위자 연결망 이론의 방법론은 과학적이건 비과학적이건 이해관심의 조정을 추적하는 것인데, 한 부분의 연구에 대한 운명을 장악한다. 이 요점은 생생하게 이해된다.

얕은 과학 관점을 가지고 있는 사람은 암묵지와 같은 용어를 액면가로 취하기를 거부한다. 그 용어가 긍정적인 지시체, 즉 과학자의 분명치 않은 기술 능력을 가지고 있다고 가정하는 것 이상으로, 얕은 과학 과점은 암묵적 차원에 대한 호소를 과학자들에게 그들의 활동에 대해 설명하도록 요구하지 않게 될 때에 대한 수사적 지표로 간주한다. 과학에 대한 설명에서 "암묵적인" 것과 "명표한" 것 간의 변동하는 경계선에 관해 환상적인 사회적 역사를 말할 수 있다. 그러한 역사는 과학자들과 그들의 인식론적 재갈이 개인적 접촉에 의해서만 전달되는 직관이나 직접적인 경험의 "적절한 대상들"로서 확인되어 온 사물들의 종류를 탐색할 것이다.

얕은 과학 관점에서 볼 때, 깊은 과학 역사가들은 암묵지를 명시적인 형식적 이론들의 무상성과 암묵적 실험실 실천들의 지속성을 피상적으로 구별함으로써 소박하게 처리한다. 얕은 과학 지지자들이 보는 바와 같이, 이러한 구별은 이론과 실천 간의 절대적 차이 때문이 아니라, 문자적 수단에 의해 합당화된 실천과 비문자적 수단에 의해 합당화된 실천 간의 차이 때문이다. 어떤 사물들을 말함 또는 측정함으로써 검열을 통과하는 관행은 부드럽게 처리되는 것으로 관련 청중들에게는 보여야 한다고 요구하는 실천보다 더 세밀하게 탁마된 수준의 분석, 따라서 비판과 지시된 변화를 따를 수 있다. 암묵적 실천이 역사적으로 변화할지라도, 문자적 실천도 역시 그러한데, 이러한 변화 의해 선으로 나아가는 경우를 제외하면 추적하기가 더 어려울 것이다.

깊은 과학이 얕은 과학의 규범적 관점에 어떻게 가까이 갈 수 있는가? 단순하게 말해서, 깊은 과학은 언어 사용의 개념을 두텁게 해야 한다. 말할 수 없이 풍부한 세상에 대한 알량한 추상화로서의 언어라는 깊은 과학 지지자의 의미 대신에, 얕은 과학 지지자는 언어를 비결정적 실재에 날카롭게 집중한 구성으로서 제시한다. 두텁게 하는 사람은 수사적이다. 만일 자신의 목적을 위해서 역사를 재구성하는 철학적 탐닉이 허용된다면 두텁게 하는 과정의 첫 단계는 특히 용법의 패러다임을 진지한 발화로부터 문법적 글쓰기로 전이시킴으로써 언어를 표준화되고 통제될 수 있는 것이라는 소피스트인 프로타고라스의 창안으로 돌아가는 것이다. 청각에 근거된 커뮤니케이션 매체로부터 시각에 근거된 커뮤니케이션 매체로의 이러한 전이는 "외재화"라 할 것인데, 이것은 이러한 매체, 즉 언어의 물질성이라는 확실한 신호에 대한 희소한 접근이 생성된 후에 나온 것이다. 그러므로 사람들은 서로 차이가 있는 커뮤니케이션 기술에 대해 접근을 하고 있음을 볼 수 있으며, 그러한 기술의 교정을 위해 수사와 변증이라는 문자적 기술에서의 훈련이 요구되었다. 프로타고라스가 취한 마지막 단계는 서비스에 대해 요금을 물리는 것이다. 그럼으로써 희소 자원을 시장성이 있는 재화로 변환시킨다. 이 마지막 수순으로 소크라테스는 자본주의적 정신에 내해 최초의 공격을 시도힐 수 있었다. 결국 소크라데스가 묘사하고 있는 비와 같이, 소피스트들은 고객에게서 정신을 소외시키려고 제안하고 있으며 고객이 비용을 들여 그것에 익숙해질 것을 제안하는 것이었다. 소피스트들은 소크라테스의 도전을 성공적으로 응수하지 못했다. 왜냐하면 그들의 변증적 용맹성을 심각한 장면과 경쾌한 장면에서 모두 과시했던 편안함은 그들이 팔고 있는 재화가 진정 희소한 것이라는 생각을 훼손시키는 데 기여했기 때문이다.

플라톤이 소크라테스를 무대에서 끌어내렸고 옳음 지향적인 발화는 희소하지 않다고 결론을 지었으며, 그것은 보편적으로 이용 가능해졌다. 하지만 어떤 사람들, 소피스트들이 강조했던 활동을 해온 사람들은 웅변, 애매한 말, 및 위협에 의해 그러한 발화에 대한 접근을 부당하게 제한하려 했다. 여기서 플라톤의 조처는 프로타고라스가 시작했던 언어를 두텁게 하는 것을 해제하는 것이었다. 두텁게 하는 과정이 계속되었다면, 소피스트들은 문법에서 체현 발화를 발언의 실질적 맥락에서 문법의 삽입함으로써 보충했다. 소피스트의 언어 개념이 더 두터워짐에 따라, 수사는 지식과 정치 경제의 사회학에 양보되었다. 인지과학자들, 사회학자들, 및 수사학자들에 의해 비슷한 결론이 제시되었다.

만일 깊은 과학이 "얇은" 언어의 개념(즉 일종의 세계에 대한 투명한 표상)과 결합되고 얕은 과학이 "두터운" 언어 개념(수사로 덧칠된 것)과 결합된다면, 자연스럽게 제기되는 물음은 어떻게 얇은 것을 얇게 하는가이다. 언어를 체현하고 끼워 넣는 순간을 포착하는 두 개의 번역 전략을 살펴보자. 그 두 전략 뒤에 있는 생각은 언어를 두텁게 하는 것은 그것에 시공간적 함의를 부여하는 것이다. 아주 두터워진 언어의 범위는 "경제성", 가능한 모든 것이 같은 시간과 장소에서 실현될 수 있는 것은 아니며 따라서 모든 실현은 한 가능성에 대한 다른 가능성의 집합을 교환하는 것을 포함한다는 형이상학적 개념을 구성한다. 체현과 삽입은 각각 두텁게 하기 과정의 시간적이며 공간적인 차원을 표명한다. 그래서 담론 행위의 단위를 지칭하기 위해서 "발화"를 사용하면, 우리는 다음과 같은 정의를 얻게 된다.

체현(시간화): 언어는 발화의 목적이 화자가 말하고 있는 시간 동안 스스로를 지도하는 방식으로 현시되는 한 체현된다.

삽입(공간화): 언어는 발화가 발화 공동체에 있는 누구나가 같은 정도로 소유하는 보편적으로 부여 가능한 유형의 실례로서 간주되는 것이 아니라, 발화 공동체의 회원들 간에 유한하게 배분되어 있는 소유 대상물의 일부로서 간주되는 한 끼워 넣어져 있다.

체현을 예시할 때, "자신을 위해서" 행해진 것 또는 "목적 자체"라고 말해지는 일종의 활동을 생각해 보자. 그러한 칸트적 대화는 이러한 활동을 추구하는 결과는 자신들의 평가에서 모습을 갖추지 않을 것임을 나타낸다. 칸트적 대화는 당해의 활동이 지식 생산이 전형적으로 가지고 있다고 말해지는 방의 추적 불가능하거나 산만한 귀결을 갖고 있을 때 더 효과적이다. 우리가 인식적 실행을 계획하고 그것의 사회적 귀결들을 점검하는 것에 더 익숙해질 때, 소위 평화, 생존, 행복, 및 심지어 진리와 궁극적인 목적들은 정당화가 주어지지 못하는 극단적인 가치 선택을 가리키는 것이라기보다는 다른 도구적으로 정당화 가능한 목적들이 추구되는 방식에 대한 제한 사항을 가리킨다. 그러므로 삶에서의 행복은 어떤 종착점에 다다름에 의해서 성취되는 것이 아니라, 여타의 목적들을 추구할 때 어떤 태도를 획득함으로써 성취되는 것이다. 관련된 요점이 진리 추구에 응용된다. "진지한 탐구자들"은 시간이 경과할 때 다른 사람들에게서 그들이 진리의 향기를 포착했다는 생각을 강화하는 방식으로 처신한다. 관련 특성들의 정확한 동일성에 대해서는 상당한 불일치가 있지만, 그러한 특성이 있다는 것에는 거의 의심이 없다. 표명된 목적과 일치하지 않는 문자적 태도는 시간 경과에 따라 약화되지 않으며 정통적이지 않은 "단순한 수사"로서 사라져버릴 것 같다. 단순한 수사로 그쳐버리는 것은 "방법론적 엄정성(methodological rigor)"을 현시하지 못한다.

형이상학적 경제성으로 말해서 체현이 투자에 대한 회수의 척도(즉 청중이 이해하는 의미가 증가되거나 감소되는 화자의 태도에 대한 평가)가 된다면, 체현은 "통용 흐름"의 척도가 된다. 이것은 푸코가 발화의 "희귀성(rarity)"라고 부른 것이다. 삽입은 자식에 그 가치를 부여하는 것은 무엇인가를 결정하는 사회적 인식론의 문제와 연결되어 있다. 누군가가 효과적으로 말할 때는 언제나 그는 선례를 따르기 위해서 타인들의 능력을 축소함으로써 말해지는 것의 효과를 증가시키거나 선례를 따르기 위해 타인들의 능력을 증가시킴으로써 말하는 것의 효과를 감소시킨다는 것이 기본 생각이다. 그러므로 말하지는 것의 통용성은 말 보태기를 아니함으로써 강화되거나 아니면 말 보태기를 함으로써 약화된다. 예를 들어, 마술사들을 수세기 동안 엄격한 도제를 통해 구진 지식을 전수받았다. 이 과정은 구전 지시에 대한 접근을 확실히 제한하였다. 구전 지식은 평범한 청중들에게 마술의 "성공"으로 비춰진다. 하지만 어메이징 란디(Amazing Randi)와 같은 오늘날의 전문 마술사가 일단 지위를 파괴하고 자신의 기술의 비밀을 공표하면, 마술은 그 효과를 상당 부분 잃게 되고, 하나의 행위 예술이나 오락 형태로 평가 절하된다. 노벨상 수상자들이 공개적으로 얕은 과학 관점을 따른다면 이와 유사한 일이 발생할 것이다. 가치 용어 적용 가능성을 제한하는 것에서 체현된 권력 관계를 불안정하게 하는 것이 이와 관련된 하나의 전략이다. 인간에게 배타적으로 적용되던 "합리성"이나 "지성"을 어떤 배경에 있는 인간에게만 적용하는 경우를 생각해 보면 이해될 수 있다. 이처럼 인간이 아닌 실체들이나 비전형적인 인간에게 "합리성"을 적용하는 의미론적 규약(또는 은유적 확장)을 개발함으로써, 우리는 그 용어에 근거해서 정치적으로 의의 있는 조치를 취하는 것을 더 힘들게 만든다. 이러한 방식으로 "합리성"은 권력의 출처로서 중성화된다.

3.2.3 수사학: 과학 실천의 배경 이론

과학적 지식과 관련해서 수사학이라는 용어는 거의 사용된 적이 없으며, 수사적으로 적절하다고 말해질 수 있는 것을 벗어나서는 수사적으로 효과적인 것도 아니라고 생각되어 왔다. 수사학에 찬동적인 사람이 책임이 있는지 아니면 그것에 반대하는 사람이 책임이 있는지도 분명하지 않다. 수사학 찬성자는 잘 선택된 언어의 공동체 구성 기능을 과대 강조하는 경향이 있는데, 사람들 사이에서 성취 가능하거나 바람직한 공통 근거의 정도에 관해 아주 향수적인(솔직히 신화적이 아니라면) 관점을 품는다. 사람들이 서로를 기꺼이 경청하는 공동체가 말해진 것으로부터 거의 배우려 하지 않는 한 수사학이 바람직하다고 말하는 것에는 의문이 제기된다. 사람들이 서로 관계를 맺고 세계에 대해서도 관계를 맺는 방식들을 재형성하기 위한 수사학의 잠재력은 공동체 안 어디에 있는가? 수사학 반대자도 그 이야기의 일부를 바르게 이해하고 있다. 하지만 동시에 수사의 탈신화적인, 분석적인, 기초를 파괴하는 특성에 대한 반대자들의 강조는 수사의 설득적이며 신랄한 힘에 대한 날조된 관점을 전제한다. 정통한 수사학자들 모두가 불길한 유혹자들인가? 광고로 유혹하는 자들은 확실히 그렇다. 하지만 모두가 그런 것은 아니므로, 우리는 수학의 혼동된 개념에서 그래도 보존하고자 하는 것이 있다면 그것을 찾아볼 필요가 있다.

풀러의 접근 방법에서 수사의 지위는 오늘날 통용되는 STS 사고를 괴롭히는 반론을 극복하는 데 도움이 되고 있다. STS에 대한 반론은 사회적 인식론 쪽으로 논의의 장을 발전시키지 못하게 해왔다. 이러한 반론은 주로 STS가 무엇인가를 제자리에 놓아두지 않고서 과학의 철학적 개념들을 결정적으로 부인하는 데서 주로 결과된다. 아주 기본적인 반론들을 아래에서 생각해 보자.

(T+) 철학자들은 언어는 그것이 수동적으로 표현하는 자연 질서와 분리되어 존립한다. 그러므로 언어는 "자연의 거울(mirror of nature)"로서 기능한다.

(T-) STS 연구자들은 언어는 무엇인가를 움직이고 무엇인가로서 움직여지는 능력을 갖고 있는 자연 질서의 일부임을 보여 왔다. 실로 언어는 "자연"이 실제로 구성되는 물질이다.

칼은 언어의 본성에 대해 가로질러 놓여 있는 것으로 보인다. 그러나 언어 능력이 인간의 징표라고 믿는 아리스토텔레스부터 하버마스에 이르는 서양 사상가들의 긴 노선을 따른다면, 그 반론은 더 유익하게 결정론 (T+)과 자유 의지 (T-) 간의 논란을 은밀하게 표현하고 있는 것으로 간주될 수도 있다. 이 두 극단 사이에서 동작하는 수사는 "한계 내에서의 자유"라는 영역, 칸트와 헤겔을 다시 경청하는 표현을 제공한다. "한계 내에서의 자유"는 한계를 수반하는 이성적 자유와 한계를 제시하지 않는 비이성적 자유 간의 구별을 포함한다. 수사는 합리적 자유의 연습이다. 우리의 선택권이 제한되어 있고 그래서 조사 가능한 경우에만 우리는 대안들에 대해 숙고한다는 의미에서 합리적으로 행위할 수 있다. 진실로 자유로운 존재인 신은 항상 한계를 설정한다. 하지만 우리는 우리 자신이 만든 것이 아닌 제한된 상황에서 행동하게 되어 있다. 이 생각이 수사학자들이 전통적으로 긴급(exigence), 즉 수사학적 고안이 요구되는 기회를 현시하는 세계의 특성이라고 부른 것이다(Bitzer(1968)). 이제 이러한 탐구의 지평은 넓어져서 긴급성이 때때로 발생되는 조건들을 포함한다. 규약들에 대한 연구는 그것들을 유지하는 권력 구조의 분석에서 근거가 세워질 수 있다. 체계적 기획으로 이해된 STS는 주로 이러한 목표로 방향이 정해져 있다. 사회적 인식론자는 이러한 권력 구조의 불안정화를 초래하는 긴급성들을 찾기 위해서 그렇게 형상화한다.

수사학의 지위를 이해해 두는 것이 중요하다. 관련된 반론들을 해소하는 데 수사가 하는 역할을 고찰해 보자. 수사적 해결을 T'으로 표시하자.

(T+) 철학자들은 합리적 언어 사용은 담론은 특정한 이해 관심과 무관하게 다른 언어 사용자에 의해 이해될 수 있다는 것을 개념적으로 전제한다고 주장해 왔다.

(T-) STS 연구자들은 합리적 언어 사용은 특정 언어 공동체들의 표준과 상대적임을 보여 왔다. 언어 공동체들의 상이한 이해 관심은 자신들의 담론을 상호 이해 불가능하게 만들 수도 있다.

(T') 수사학자들은 고르지 않게 이해 관심을 갖고 있는 파당들이 공통 명분에 가담하기 위해서 자신들의 언어적 차이들을 극복하는 데 도움을 주는 방법들을 가지고 있다.

여기서 보편적 청자에 대한 선험적인 규범적 주장들은 공약 불가능한 세계관들에 대한 후험적인 경험적인 주장들과 만나게 된다. 공약 불가능한 세계관들은 상호 침투 가능한 담론들에 대한 후험적인 규범적 주장들에 의해 해소될 수 있게 된다. 합리적 자유와 비합리적 자유를 고려할 때 이러한 반론에 대한 다른 표현은 수사학자가 탐구를 어떻게 시작하는가에 있어서 독특성을 조명해 준다.

(T+) 철학자들은 신이 우주를 이상적으로 설계했을 것인 만큼 과거를 지워버리고 긁음으로써 시작한다. 먼저 있던 것들이 먼저이다. 이러한 수는 철학자가 최대한

의 자유를 가지고서 조작할 수 있게 한다. 최대한의 자유는 철학자가 이미 설정해 놓은 원리들에 의해서만 제한된다.

(T-) STS 연구자들은 그들이 연구하는 사람들과 같은 존재론적 평면에서 물리적 매체들로 시작한다. 그것들은 연구 중인 사람들이 자신들의 관행들에 제한을 가함으로써만 제한된다.

(T´) 수사학자들은 물리적 매체들로 시작하지만, 이어서 인식된 긴급성들을 규범적으로 수용 가능한 행위로 변형하기 위한 전략들을 설계한다.

수사학을 다른 학문과 구획하기 위한 이 마지막 반론의 중요성은 과대평가될 수 없다. 예를 들어 철학자들은 전형적으로 동료들을 만족시키는 규범적 행위 이론들을 제안한다. 하지만 철학자들은 행위가 철학자들의 이론에 의해 판단되거나 지배되는 사람들(가령, 현실적인 과학자들)을 만족시키지는 못한다. 신고전주의 경제학자들에 의해 제안된 합리성의 모델들에 대해서도 똑같이 말해질 수 있다. 결과적으로 이러한 이론들은 그들이 모형화하는 현상들의 근사치가 되지 못한 이상화들이다. 바꿔 말해서, 그러한 이론들이 더 실재론적인 가정들, 가령 인간 심리학, 사회학, 및 의사 결정 환경에 관한 실재적인 가정들을 제공받는 만큼, 행동을 예측하거나 아니면 처방하는 그것들의 능력은 일치해서 증진되지 않는다. 오히려, 그 이론이 작동할 수 있다면, 규범적 이론가는 인간 존재에 관한 비실재적인 보조 가정들을 제공하거나(허구주의의 경로), 일치하지 못함에 대해 실재를 비난하거나(도덕주의의 경로), 실재를 그 이론의 주형 속으로 밀어 넣으려(강압의 경로) 해야 한다.

이러한 접근 방법들의 우연한 효능을 부정하지 않으면서, 수사학자는 규범적인 기획은 더 효과적으로 추구될 수도 있다고 주장할 것이다. 사람들은 철학자들이 인생의 방향을 제시하는 선언을 기다리면서 규범적 탐구를 시작할 때 빈 석판은 아니라는 사실을 존중함으로써 애당초의 의도된 청중에 관한 더 실재적인 가정들 속에서 요인들을 규명하는 것이 더 효과적인 접근 방법일 수도 있겠다. 오히려, 안내를 구하는 사람들은 어떤 관심사들, 마음의 습관들, 행위할 준비가 되어 있는 상황들과 함께 출현한다. 그러므로 어떠한 규범적 제안도 이러한 상태를 보완하는 충고의 형태를 취해야 한다. 그러한 충고는 편차들과 목적 지식 체계에 이미 존재하는 처리 제한들을 전략적으로 보상하는 "발견법"으로서 기능해야만 한다. 수사학자들에게 좀 더 익숙한 용어로 말하면, 규범은 입증 부담을 더 유효한 논증이 만들어질 수 있도록 하는 방향 전환의 취지에서 제안된다.

수사학자들은 인식론에서보다 윤리학에서 더 유사한 취지를 찾는다. 전통적으로 인식론자들에 의해 가정된 지식의 표준은 전지적인 것이다. 번성하지 않는 의견들은 데카르트의 악마의 환영으로 비춰지기 쉽다. 인식적 규범이 제안될 때, 그것이 제자리를 잘 잡고 있다면 그것이 탐구 행위를 현실적으로 증진하는지 않는지에 대해서는 관심을 두지 않는다. 대신 탐구는 이상적인 배경에서 증진될 것이라고 말해진다. 불행히도, 악마의 상존 가능성이 주어지면, 탐구의 실재 세계는 그럴 듯하지 못한 배경이다. 대조적으로 윤리학자는 전형적으로 원리를 고수하는 사람이 사탄의 유혹에 항상 저항할 수 있게 하는 도덕적 원리들을 제공하는 것을 목적으로 하지 않는다. 반대로, 행위를 개선하는 방식에 대한 어떠한 조언도 필요하지 않기 때문에 도덕적 성인이 있다면 윤리학은 필요하지 않을 것이라고 말하는 것이 여기서의 요점이다.

윤리학은 도덕적 불완전성과 시정 가능성을 전제한다. 인식론자들이 최근 인식 규범이 작동하는 심리학적 배경을 파악하기 위해서 인지 과학에 경도되고 있는 동안 도덕 심리학은 플라톤과 아리스토텔레스로부터 쭉 도덕적 탐구의 진정한 부분이었다. 칸트주의와 공리주의와 같은 도덕 원리들은 윤리학자가 탐구를 시작했을 때 이미 현존하고 있는 "인간 본성"의 특징들을 조절하거나 완화하려는 취지에서 제안되어 왔다. 이러한 원리들이 행위에 대해 갖는 정확한 귀결은 청중이 윤리적 토론에서 제기하는 인간 본성의 개념에 달려 있게 될 것이다. 세계 이해를 확신하는 공리주의자는 "최대 다수를 위한 최대 선"을 장기적 교환을 약속하는 연기된 만족의 기획들에 관여하는 훈령으로 간주할 것이다. 회의적인 공리주의자라면 그는 그 슬로건을 증식 정책과 가역적 결단에 대한 요구로서 해석할 것이다. 마찬가지로, 확신적인 칸트주의자라면 그는 의무에 있어 망설임이 없을 것이고, 결과들을 전적으로 무시할 것이다. 정언 명령에 대해 확신이 덜한 고수자라면 그는 의무에 대해 꾸준한지 아닌지에 의문을 갖게 될 때 유죄 의식을 품게 될 것이다.

이러한 정신에 가장 가까운 인식론은 포퍼의 반증 원리인데, 그것은 의견을 지지하는 증거를 발견하는 쪽에 대한 경향을 좌절시키려고 의도된 것이다. 포퍼는 지식에 대한 초인간적 표준을 설정함으로써 인식론자들은 두 가지의 과대 행동을 강화했다고 불평한다(Popper(1959)). 그 중 하나는 과학을 행하는 것에 대한 어떤 동기를 훼손시키기에 충분한 것이다. 한편에서, 근본적인 신념들을 확신했던 사람들은 모든 사람이 근본 신념들을 공유하길 원했다. 다른 한편에서, 신념들에 대해 회의적인 사람들은 다른 신념들이 자신들의 회의론을 완화시킬 것이라는 전망을 개방시켜 놓지 않았다. 반증에 대한 철학자들과 STS 연구자들의 반응에서, 포퍼는 수사학적 감수성을 갖고 있다고 결론지을 수 있겠다. 반증주의의 생존력에 대한 다음의 세 견해들을 생각해 보자. 각각은 철학자들의 의견으로서의 정립 (T+), STS 연구자들의 의견으로서의 반정립 (T-), 및 포퍼 자신의 종합 (T´)에 대응된다.

(T+) 가설에 대한 반례를 찾는 것은 용이하므로, 반증주의에 대한 엄밀한 고수는 가설이 테스트되기 전에 개발될 수 있을 만큼 충분한 시간을 허용하지 않을 것이다.

(T-) 사람들은 반증주의의 심리적으로 악의를 품고 있다. 그것은 그 원리가 철학자들과 과학자들이 비슷하게 제기하는 반대 주장에도 불구하고 왜 적용하기 어려운지를 설명한다.

(T´) 사람들이 반증주의에 심리적으로 악의를 품고 있기 때문에 어떤 가설에 대한 반례를 찾는 것이 쉬울지라도, 과학자들에게 그 원리를 적용하라고 충고하는 것은 가설들의 적합한 반전에서도 발생할 것이다. 반증주의에 대한 과학자들의 자연스러운 저항은 그들이 오로지 발전된 견해가 결정적으로 반증되게 하기 위해서 가설들을 공격으로부터 보호할 것이다.

포퍼는 수사학자의 접근 방법과 자신의 접근 방법을 동일시할 인물은 아마도 아니었을 것이다. 하지만 대부분의 철학적 충고와는 달리, 그의 충고는 인간의 실재론적 이해에 기울어져 더 가깝게 움직인 만큼 실제로 더 좋은 결과가 되었을 것이다. 대조적으로, 항상 인기가 있는 베이즈 정리와 같은 공식을 생각해 보자. 그것은 시험이 시행되기 전과 후의 확률을 비교함으로써 경쟁 가설들 중 가장 그럴 듯한 것을 결정하는 수학적 등식이다. 베이즈 정리의 배경이 되는 생각은 퍼스 이후에 철학자들이 "귀추법(abduction)"이라고 부른 것인데, 그것은 완벽한 것이다. 그렇지만 과학적 추론에 대한 이러한 정확한 안내는 인간들에게 말해졌을 때 대수롭지 않은 것이었다. 인간의 계산 능력은 형식적인 방법들을 사용하는 것에 우호적일 때라도 아주 빨리 상당히 어색하게 된다. 아주 심각한 맥락에서, 글리머(Glymour)는 합리성의 그러한 맥락은 컴퓨터 인조인간에게 정말 적합하게 될 것이라고 주장했다 (Glymour(1987)). 수사적으로 말해서, 이러한 모델을 개발하여 발전시킨 실증주의자들은 청중에 대한 극단적으로 잘못된 개념을 갖고 있었다. 실증주의자들은 자신들의 제안이 고안되어야 할 기계들에게만 의미가 있는 것임을 깨닫지 못했다. 컴퓨터 혁명 이전에 철학적 제도로서의 형식적 추론의 역사는 이러한 요점에서 검증될 수 있다. 초보 논리와 핵심적인 논리 연구를 예외로 하면, 형식적 모델들은 현실적인 추론 사용을 위한 도구로서 그리고 비형식적으로 표현된 논증들의 평가를 위한 표석이나 시험판으로서 잘 기능하지 못하였다.

학계에서 수사학의 이점들과 양가적인 지위 둘 다를 설명하는 역사적으로 의미 있는 특성은 일차적으로 관행으로서의 자기 이미지이다. 교설 체계는 그것으로부터 사후적으로 도출되고 가르쳐질 수 있다. 여기에 함축된 진행 순서는 학계에서 정상적으로 볼 수 있는 것과는 반대이다. 관습적인 학문은 경멸조로 관행을 이론 추동적인 연구의 응용으로 간주하는 경향이 있다. 그러나 수사학자들은 문제를 우회적으로 고찰하려는 경향이 있어 왔다. 학문적으로 인정된 지식은 실패한 실행자를 위한 궁극적인 안전한 대피소이다. 자신들의 수사학 이론이 교실에 한정되어 있는 사람들은 시장의 검사를 받지 못한다. 그렇게 하지 못하는 사람들은 가르친다. 수사의 인식적 편견들은 수사학을 자유 직종, 즉 법, 의학, 및 공학과 같은 것의 사촌이 되게 한다. 풀러는 수사학자들은 STS 실천가들이 지식 생산의 본성에 대한 이해가 주어질 때 어떻게 스스로를 추tm려야만 하는지에 대한 좋은 모델들을 만들고 있다고 주장한다(Fuller(2004: 19)).

자유직 개업자와 같이, 수사학자들은 교실과 교재가 의사소통 가능성의 제한된 범위를 표현한다는 사실에 있어서 생생하다. 수사학자들은 어떤 형식의 논증과 설득을 요구하는 기회와 장소를 구성함에 있어서 전문가이다. 유사한 전문적 전략은 다양한 사람들과 사회적 긴급성들이 발생할 때 의사나 변호사를 차는 보편적으로 느끼는 필요를 만드는 것이다. STS 연구가들은 인식적 경제성의 현행 문제, 즉 사회에서 지식의 생산, 배포, 및 소비로부터 발생하는 물음을 표명함으로써 그러한 필요를 다듬을 필요가 있다. 하지만 STS 실행자들이 다른 학문과 공유하는 것은 공간과 시간을 어떻게 사용하는가에 관한 구체적인 의미이다. STS에 관심이 있는 학계는 시공간적 감수성을 세련되게 하기 위해서 공적 표명뿐만 아니라 수행적인 예술과 구축술을 학습받아야 한다. 같은 청중에 대해서 같은 종류의 논문과 책을 계속해서 쓰는 것은 사실-허구 구별이 뭉개지거나 교차된다고 주장된다 해도 충분하지 않다. 커뮤니케이션 환경이 대체로 변하지 않는다면, 이러한 "새로운 문자적 형식들"은 오래된 술을 새 부대에 쏟아 붓는 것이 될 것이다.

3.2.4 STS와 사회적 인식론

풀러의 사회적 인식론은 STS의 성과를 얇은 과학 관점에서 해석함으로써 시작된다. 그의 이론은 다음과 같은 세 가지 가정으로 구성된다. 그것들은 특히 수사와 STS 간의 연대를 동기화한다.

변증법적 가정: 과학의 과학적 연구는 과학이 대체로 반성적 조사가 없을 때에도 현재 상태에 이른 한에 있어서 아마도 장기적으로는 과학 실행을 변경하는 데 기여할 것이다.

관습성 가정: 연구방법론들과 학문적 차이점들은, 이성이나 자연의 법칙에 의해서 기록된 것이기 때문이 아니라, 그것들을 변화시키기 위한 어떠한 종합된 노력이 없기 때문에 지속적으로 유지된다.

민주적 가정: 과학은 자신들이 연구하는 과학에서 신임을 얻지 못한 사람들에 의해서 과학적으로 연구될 수 있다는 사실은 과학은 적절하게 정보를 가지고 있는 평범한 대중에 의해 조사되고 평가될 수 있음을 시사한다.

풀러는 이 가정들로 인해 암묵적으로 함축되어 있는 의미론적 귀결들을 명시적으로 드러낸다. 그 귀결들은 다음과 같이 상충되는 이항 관계들로 구성된다. 즉 이성들 = 원인들, 자연적 = 사회적, 대중 = 정책입안자.

이성 = 명분: 이것은 변증법적 가정의 결과로서 나온다. 과학의 지지자와 비판자 모두 전형적으로 이 두 항들 간의 구별을 아주 상반된 결과로 나오도록 이용한다. 지지자는 그것을 자율적으로 추동된 지식 기획("이성"에 의해 지배된 것)과 외재적인 사회적 요인들에 의해 추동된 것("명분"에 의해 좌우된 것) 간의 차이를 근거 짓기 위해 사용한다. 비판자는 이 구별을 과학자들이 자신들의 활동을 합당화하기 위해 끌어들이는 이데올로기(소박한 "이성")를 그들이 하는 것을 왜 하는지에 대한 참된 설명(실재적인 "명분")과 구별하기 위해서 사용한다. 이성과 명분 간의 구분이 계속 존재한다는 것은 STS에 의해 생성된 지식이 탐구 행위로 환류되어야 하는 범위에 대한 척도이다.

자연적 = 사회적: 이것은 관습성 가정의 결과로서 나온다. 과학은 규준적인 방법들과 전문적 어휘 하에 닫혀 있는 지식 체계이다. 과학은 독일어 Wissenshaft의 의미인데, 영어로는 discipline이 가장 좋은 한 단어로 된 번역어이다. 달리 표현되지 않는 한, 학문은 차별 없이 자연과학과 인문 (사회) 과학을 가리킨다. 그러한 구별이 아무 차이를 보이지 않는 추상화의 수준에 대해서 말하는 것은 아니다. STS 관점에서 더 중요한 것은, 자연과학은 사회적 자원을 도원하기 위한 어떤 전략들로 구성된다는 것이다. 자연과학 연구는 사회 조직과 정치 경제에 관한 가설들을 간접적으로 테스트한다. 그러한 전략과 가설의 성공 또는 실패는 과학의 수명과 사회적 함의가 있는 것들의 수명을 결정한다.

대중 = 정책입안자: 이것은 민주적 가정의 결과로 나온다. 만일 STS의 약속이 전달되고 과학의 연구가 비전문가들에 의해 이해될 수 있다면, 지식 정책입안자로서의 각 개인, 가령 정부 관료는 동료 중의 일인자의 지위를 갖게 될 것이다. 정책입안자로의 역할을 갖고 있는 사람은 관심과 정보를 갖고 있는 어떤 시민의 역할과 잠재적으로 상호 교환 가능하다. 이러한 제안된 사태는 모든 과학을 공식적으로 훈련받은 사람에 의해서가 아니라, 많은 청중에게 자신의 활동을 설명할 수 있는 과학자에 의해서 초래될 것이다. 그것은 결국 누구나가 연구 결과에서 어떤 몫을 가질 있게 한다. 그러므로 사회적 인식론을 위한 우선성이 높은 항목은 누구나가 잠재적으로 참여할 수 있는 정책 간련 토론에서 의사소통을 위한 수사를 잘 설계하는 것이다.

사회적 인식론이 위치하는 더 큰 맥락은 서양 철학자들이 지식과 권력의 동등성에 대해 지녀 온 심원한 양면가치이다. 이 양면가치는 인식론(과학철학 포함)과 윤리학(사회정치철학 포함)이 특히 영미철학적 전통에서 분리된 전문성을 갖도록 진화됨에 따라 20세기에 상당히 모호해졌다. 하지만 일단 우리가 서양 전통을 권력을 분배하는 것을 제외한 지식을 생산하는 문제에 고정시켜 본다면 문제는 쉽게 복구된다. 결론적으로, 인식론은 대체로 사회에 대한 접근성과 관계없이 가장 높은 수준의 인식적 생산성을 가지고 있는 관행(즉 "과학")에 집중되는 경향이 있다. 윤리학은 평등한 분배 제도를 구현하는 데 필요한 제도들을 갖추는 비용을 고려하지 않고서 평등한 분배 체계에 집중해 왔다. 그러므로 사회적 인식론은 본질적 긴장감을 가지고서 출현한 것이다. 즉 마키아벨리즘적 충동과 민주적 충동을 어떻게 균형적으로 처리할 것인가의 문제가 상존한다.

마키아벨리즘적 충동은 생산 수단이 인식계층(epistemocrats)의 엘리트 간부에 집중되어 있을지라도 지식과 권력의 생산을 최대화하는 쪽으로 향해 있다. 인식계층은 사람들의 우수한 지식과 사람들을 위해 좋은 것이 규범적 모델로 세계를 조정하는 것에서 자신의 사적 관심을 차단할 수 있는 사람들을 의미한다. 이것의 궁극적인 출처는 플라톤이다. 정치에 대한 아리스토텔레스적인 숙려에서, 지배자는 여러 입법들을 단번에 표현하는 능력을 제외하고서는 피지배자보다 더 영리하지는 않다. 플라톤적 인식(episteme, 일반적으로 doxa(개인적 신념)에 대비해서 진지(眞知)라는 용어가 사용된다) 접근법은 규범적으로 받아들일 수 있는 목적으로 대중을 이끌기 위해서 전략적인 과대 명료화와 착각 속에 빠진 지배자를 포함한다. 경제학자들은 이러한 방식으로 "순수성"을 "권력"으로 변화시키는 데 있어 기교가 뛰어난 사람들이다. 대조적으로, 민주적 충동은 비록 이것이 통용적인 과학적 관행들의 자율성과 완결성을 훼손할지라도 지식과 권력의 분배를 최대화하는 것을 목적으로 한다. 설득의 민주적 양식은 전적으로 개방되어 있다. 즉 만일 내가 당신에게 나의 지식 주장을 정당화하지 못한다면, 당신은 그것들을 믿을 이유가 없다.

수사와 입론에 대한 사회적 인식론의 적합성은 커뮤니케이션(촉진과 방해 두 측면에서 모두)이 지식과 권력에 관한 현대의 사고에서 하는 통합적 역할에 대한 강조에 놓여 있다. 풀러는 우리 시대에 사회적 인식론에 대한 가장 두드러진 기여자들은 포퍼, 쿤, 푸코, 및 하버마스로 꼽는데, 그들은 오늘날의 세계에서 실현 가능하다고 간주하는 커뮤니케이션의 유형에 의해 가장 잘 이해될 수 있다. 이 네 명의 나름대로 독특한 사상가들을 통합하는 유용한 방법은 다음과 같은 생각의 연쇄에 의거된다. 커뮤니케이션 과정에 자유롭게 접근하는 것은 책무를 증대시키며, 그것은 결국 열망이 넘치는 권위자들이 많은 수의 사람들에 의해 이해될 수 있는 용어들로 지식에 대한 주장을 표현하도록 강제한다. 좀 더 쉬운 표현으로 말하면, 우리 모두는 같은 세계에 산다는 생각을 지니고 있다는 것이다. 우리가 그 세계에 접근하는 데 있어서의 분명한 차이는 인식적 술책, 즉 이데올로기에 기인된다. 그것은 전형적으로 존재론적 차이 또는 "공약 불가능한 세계"라고 가장되어 있다. 이러한 세계 차이는 다수의 적격의 비판자들이 있을 수 있음에도 그들이 "전문가" 또는 "토박이"라고 알려진 사람들의 부류의 주장들에 대해 비판을 가하지 못하게 한다. 풀러는 이러한 생각의 연쇄는 커뮤니케이션 파괴가 문화적 차이의 주도적 원인이며, 그것의 통시적 표현이 개념적 변화라고 주장한다(Fuller(1988): xiii).

지식 생산에 대한 포퍼의 "열린사회" 설명에서는 인지적 민주주의와 위의 시나리오에서 제시된 세계 간의 긍정적인 관계가 표명된다. 과학적 기획에 대한 쿤의 "패러다임" 그림에서는 인지적 권위주의와 다수의 분별적 세계들 간의 부정적인 관계가 주장된다. 하지만 쿤과 포퍼는 과학자 자신의 탐구에 대한 개시 담론 또는 종결 담론의 함축에 대해서 주로 말하는 것으로 이해할 수 있다. 대조적으로, 푸코와 하버마스는 이러한 가능성들이 타인들이 행하는 것에 대해 갖는 함축들에 관해 더 많이 관련되어 있다. 푸코는 이러한 가능성들과 연결된 권력은 대안적인 목소리를 억압한 가능성들로부터 생긴다, 또는 쿤의 용어로 말하면 타인들을 자신의 세계와 공약 불가능한 세계에 묶어놓는다고 가르친다. 과학적 권위의 경우에, 이러한 억압은 열망이 큰 혁명주의자들이 완전한 청문을 승인받기 전에 전복시킬 필요가능성들에 의해 가장 잘 연구된다. 하지만 하버마스는 각 탐구자가 자기의 주장을 자기 제한의 조치를 행사하는 타당성 검사를 받게 하는 것을 원하며 대안적인 이러한 검사는 타인에게 자신들의 주장을 유지할 기회를 제공한다. 적어도 사회적 인식론의 관점에서는, 만일 푸코가 타인 지향적인 쿤이라면, 하버마스는 타인 지향적인 포퍼이다. 그 결과는 아래의 표로 정리할 수 있다. 푸코, 쿤, 하버마스, 및 포퍼에 대한 이러한 배치표에서 사회적 인식론이 가르치는 지식-권력 연계에 관한 특별한 철학적 교훈의 차이점을 볼 수 있는데, 그러한 차이가 극복되지 않고 커뮤니케이션이 불가능하게 될 때 그것은 실재 차이가 된다.

지식 정치학 함축 목적	인지적 민주주의 (수평화된 작업장)	인지적 권위주의 (다중적 판단들)
자기 이해 관심	포퍼의 열린 사회	쿤의 패러다임들
타인들의 처리	하버마스의 이상적 담론 상황	푸코의 억압된 목소리들

<표> 사회적 인식론의 담론 우주

긍정적인 연구 프로그램으로서, 사회적 인식론은 사회적 인식론의 세 가지 가정들(변증법적, 관습적, 민주적)을 평범하게 만들기보다는 철저한 것으로 만드는 일종의 제도적 관성력의 유지에 대한 탐구들을 제안한다. 연구 우선성은 왜 더 자주 그리고 더 철저하게 변화하지 않는가? 문제들이 왜 어떤 맥락에서는 발생하며 다른 맥락에서는 발생하지 않는가? 학문들 간에서보다 하나의 학문 내에서 왜 자원 경쟁이 더 많이 일어나는가? 잠재적인 공약 불가능성에 대한 감수성은 이러한 종류의 비판적 지식 정책을 돕는 것이지 방해하는 것이 아닌 것으로 판명된다. STS 교역의 도구들로 무장되어 있으므로, 사회적 인식론자는 이익 집단 자신의 독특한 방식으로 충분한 이익을 끌어내는 아주 잠종적인 이익 집단과 변화의 동인을 거의 갖고 있지 않는 현상태를 분리시킬 수 있다. 그래서 연구자들이 자원을 위해 경쟁하는 환경을 주기적으로 재구성하는 것이 그 전략이다. 이러한 재구성하기란 용어는 아주 난해할

수도 있다. 덜 난해하게 말하면, 연구자들은 이전에는 경쟁 관계에 놓이지 않았다가 서로 직접적인 경쟁 관계에 놓일 수도 있다. 게다가 연구자들은 적절한 자금 지원을 받기 위해서 그 학문의 실행자들을 포함하여 다른 학문의 이해 관심을 통합하라고 요구받을 수도 있다. 마지막으로, 연구자들은 자신의 학문의 실행자들뿐만 아니라 다른 학문의 실행자들과 심지어 평범한 대중에게도 자신들의 연구 결과를 설명하도록 강요받을 수도 있다.

이 마지막 단계는 지식의 가치를 찾는 사회적 인식론의 기획에 본질적인 것이다. 지식의 가치는 과학철학에서 논의되어 온 것이나. 인식적 가치에 대한 일종의 노동 이론을 먼저 살펴보자. 이 이론은 지식의 가치를 세계로부터 지식을 추출하는 일의 어려움이나 성립 불가능성에서 찾는다. 지식 자체는 과학자의 노동에 의해 실질적으로 변형되어 온 자연적인 물질(뇌, 책 등)이다. 이 견해에 대해서는 하이 처치 원형(High Church prototype)과 로우 처치 원형(Low Church prototype)이 있다. 하이 처치는 영리한 실험에 대한 베이컨의 관점을 수단으로 끌어들인다. 그것에 의해 인간은 자신의 무지와 비밀을 만들 때에 자연의 저항을 극복한다. 로우 처치는 근면성, 근성 시험, 및 교육적 덕목으로서의 "열렬한 사상(hard thought)"을 끌어들인다.

다른 한편, 인식적 가치의 효용 이론은 광범위한 현상을 조직하기 위한 이론의 능력과 관련되어 있다. 그것은 결국 광범위한 목적을 실현하는 데 사용될 수 있다. 지식은 경쟁적인 목적-수단 관계들(또는 만일 그러면 진술들)의 장이다. 그것은 과학자들을 상이한 정도로 상이한 방향으로 끌어간다. 모든 과학에 대한 검약적인 설명 이론의 모델로서의 뉴턴 역학은 하이 처치 입장에서 놓여 있다. 검약적인 설명 이론은 모든 과학자들의 목적에 대한 수단이다. 아주 많은 사람들이 자신들의 필수품들을 쉽게 충족시킬 수 있게 하는 소비자 기술은 로우 처치 입장에 놓여 있다. 기본적인 연구와 연결된 노동 이론과 응용된 연구와 연결된 효용 이론은 근본적으로 대립적인 것이다. 이 관점들은 학계에서 형성된 어렵게 획득된 교환의 결과로서 공존한다. 기초 연구자들은 특권의 일부를 교환하여 응용 연구자들이 그들과 함께 일할 수 있게 허용했다. 결국 응용 연구자들이 하는 일이 신뢰를 받게 하는 과정을 만들기 위해서, 기초 연구자들은 순수 과학을 위해 꾸준히 연구생들을 확보받았다. 인식적 가치의 노동 이론을 효용 이론에 이처럼 양위하는 것은 공학자들이 되기 위해서 물리학과 역학 분야를 연구해야 하거나 의료인들이 되기 위해서 생물학과 화학 분야를 연구하도록 요구하는 모든 교과 과정에 반영되어 있다. 많은 경우에, 기초

연구는 관련 응용 기술의 숙달과는 다르다.

풀러는 노동 관점과 효용 관점 모두 동의하지 않으며, 지식의 가치는 지식 생산의 후속 과정에 선행자들이 영향을 미치는 능력에 놓여 있다고 제안한다. 그래서 물리학에 대한 물리학자의 지식은 양자 역학에 대한 대중화된 설명 이상의 가치가 있다. 그 이유는 물리학자와 타인들의 생명을 편안하게 하는 내재적 심오함이나 능력인 것이 아니라 훈련된 물리학자가 물리적 지식의 생산에 관여할 수 있는 상대적인 용이성이다. 즉 과학자들은 기초 이론을 배움으로써 높은 수준의 연구를 착수하기가 용이해진다. 풀러가 제시하는 관점의 가장 분명한 이점은 증명이라는 인식적 개념과 권능화라는 정치적 개념을 하나의 표제 하에 들어오게 한다는 것이다. 결과적으로, 유능성은 전통의 단순한 불문법화라기보다는 전통의 적절한 변경에 의해 판단된다.

지식 생산 과정에 영향을 주는 능력은 역시 지식의 단순한 소유자나 소비자가 되는 것의 가치에 의문을 제기한다. 지식은 교육의 목적에 관해서 어떻게 생각하는가에 영향을 준다. 그래서 인식적 가치는 어떤 생산물에 의해서 측정될 뿐만 아니라, 지식 체계를 통해 이상적으로 분배되는 어떤 생산 자본과 관련해서 더 중요하다. 그 경우에, 교육은 연구자들이 이 제도의 과정에 영향을 줄 기회를 제공받지 못하고서도 과학 연구나 민주 정부의 본성을 이해하게 된다면 지식의 통용 가치를 깎아 내릴 수 있다. 여권주의자들은 이 요점에 특히 민감하게 반응해 왔다. 요컨대, 여성들은 대학생이 되는 권리는 쉽게 얻었지만 강단에 서는 것은 그렇지 않았다. 금세기 초반부에, 미국 공립학교에서 공민과 과정의 목적은 학생들에게 자신들의 취향에 맞는 정치적 메커니즘을 강습함으로써 이 문제를 표현하는 것이었다. 과학 교육에 있어서는 그에 비견할 만한 어떤 것도 없었다. 기껏해야 학교들은 과학의 순수한 소비자들을 양산했다. 그들은 과학 연구와 그것의 기술적 확장을 자신들의 일상 활동과 같이 정상적이며 도전 불가한 것으로 간주한다. 이런 종류의 교육은 신체 운동을 과격하게 하지 않고 고열량 다이어트에 몰두하는 것과 비슷한 것이다. 시민의 인식적 에너지는 과묵한 지방 과다로 변성된다.

지식 생산의 변인들을 재형성하는 데 도움을 줌으로써, 사회적 인식론자들은 학문의 경계가 자연종으로 경화되지 않으며 과학 공동체는 엄밀하게 규정된 집단 이해 관심을 획득하지 않는다는 것을 확신할 수 있다. 그러한 재형성은 공약 불가능성이 점차 커지는 것으로 보이는 사회의 분야들 사이에서 커뮤니케이션 통로를 개방하는 쪽으로 먼 길을 갈 것이다. 실로 이 전략은, 우리가 무엇인가를 지식이라고 부를 때 지식이라고 간주되는 것을 포함하여, 생산된 지식의 특성을 바꿀 수도 있을 것이다. 이 모든 것에서, 사회적 인식론은 철저하게 수사적 기획일 필요가 있다. 앞의 논의에 함축되어 있는 설득의 상이한 두 맥락을 생각해 보자. 첫째, 연구자들의 지식이 기여하는 목적들에 관한 더 일반적인 관심사들에 비추어서 연구 의제를 재구성하도록 과학자들을 동기화할 필요가 있다. 둘째, 이런저런 연구 프로그램의 지원과 연결된 대중의 운명을 보도록 대중을 동기화할 필요가 있다. 일련의 규범들과 그것들의 기초가 되고 있는 수사적 교류(transaction, 交流)가 강력하게 조사되지 않는 한, 그것들은 피지배자들의 명시적 동의를 얻지 못할 것이다. 즉 관성적 생산자들은 둔감한 소비자들과 짝을 이루고 있다. 그러므로 사회적 인식론자는 규범적 행위의 본질적으로 수사적 특성을 다음과 같은 것으로 인식한다. 규범의 적합성을 위한 (충분조건은 아닐지라도) 필요조건은 그 규범이 적용될 사람들이 그 규범을 준수하는 것이 자신들의 이해 관심과 일치함을 발견하는 것이다.

제 3 장 S T P(Science-Technology-Philosophy)

1. 상식적 과학관의 한계

  우리는 일상대화에서 '과학적'이라는 수식어를 자주 사용하다. 그것을 '믿을 수 있는', '체계적인', '참된' 등을 의미하도록 사용한다. 다른 누구보다도 광고 제작자들은 이 사실을 잘 알고 있다. 어떤 광고 카피에 "침대는 가구가 아니라 과학입니다"라는 것이 있을 정도다. 침대를 광고하는 것이 분명한데도 침대가 가구가 아니라 과학이라는 범주 오류를 버젓이 범하는 주장에는 침대를 제작하는 과정에서 수많은 경험적 연구와 객관적 사용 시험을 거쳐서 가장 편안하게 잠을 잘 수 있도록 침대를 만들었음을 강조하는 의도가 숨어 있다. 이렇게 지속적인 연구를 통해 믿을 만한 침대를 만들었다는 호소를 "침대는 과학입니다"라는 한 문장으로 대신할 수 있다는 것은 우리 사회에서 과학이 믿을 만한 지식으로서의 지위를 누리고 있다고 생각하게 한다. 일반적으로 말해서, 철학은 상식을 비판하므로 상식의 배반을 강조한다. 마찬가지로 과학도 상식에 대한 비판적 검토를 통해 참된 지식에 도달하려고 상식에 대한 배반을 강조한다. 하지만 비판을 견디어낸 상식도 있으니만큼 모든 상식이 부정되는 것은 아니다.
  현대의 과학기술은 그 발전성에 비추어볼 때 그러한 대접을 받아 마땅하다. 현대 자연과학이 세련된 연구방법을 사용하여 물질과 생명의 다양한 영역을 체계적으로 탐구하고 있음은 누구나 동의한다. 그러한 탐구 결과도 합리적인 방식으로 진행되는 논쟁을 거쳐 평가되고 정리되어 그 중 일부만이 성공작으로 평가되고 있다. 과학과 기술 간의 관계가 과학을 응용한 것이 기술이라는 단순한 이해만으로는 충분하지 않겠지만, 지금의 과학과 기술은 한 세기 전의 과학과 기술보다 엄청나게 깊은 수준으로 발전했음을 부인하기 어렵다. 우리는 과학의 발전보다 기술의 발전에 더 많은 실질적인 혜택을 입음으로 인해 기술에 대한 신뢰를 더 많이 하는 것으로 보인다. 이처럼 과학기술의 발전으로 인해 인간은 더욱 더 자유를 향유하는 것으로 보인다.

현대의 과학기술 문명이 가져온 환경오염이나 대량살상 무기의 존재와 같은 부정적인 측면 때문에 과학기술 자체가 문제가 있다는 지적도 타당성이 있다 할 수 있지만, 그렇다고 우리는 지금 모든 긍정적 효과를 부정하면서 원시 상태로 돌아갈 수도 없다. 우리는 그러한 과학기술 문명의 문제에 대해 더 깊이 토론하고 경험적 증거에 입각해서 판단할 필요가 있다. 또한 사회적 결정 과정에서 객관적 실험에 의거하여 관련 전문가들의 합의 도출을 통한 문제해결방식이 정착될 필요도 있다.

우리가 신뢰해 온 과학이 관찰이나 실험을 통해 엄밀하게 도출된 절대적으로 신뢰할 수 있는 지식으로 이해하는 상식적 과학관은 여러 문제를 갖고 있다. 이러한 문제는 과학이 무엇인지를 규정하려는 시도 자체가 쉽지 않다는 데서도 드러난다. 한 시대의 상식으로 통한 과학적 지식은 엄밀하게 연구된 결과에 의해 전복된다. 예를 들어 과학자들은 종종 형이상학적이거나 이론적인 이유에서 자신들이 선호하는 이론이 설령 관찰이나 실험 결과와 일치하지 않더라도 고수하려는 경향이 있다. 슈탈은 산화구리가 되는 과정에서 질량이 증가한다는 사실을 접했을 때 음의 질량을 가진 플로지스톤이 있다고 미봉적으로 대처했다. 아인슈타인은 그 당시 최고의 실험물리학자였던 카우프만의 정밀한 실험결과가 자신의 이론과 일치하는 것이 아니라, 자신의 경쟁자인 아브라함이라는 물리학자의 이론과 일치한다는 소식을 접하고도 자신의 이론을 수정하지 않았다. 왜냐하면 아인슈타인은 역학법칙과 전자기 이론 사이의 근본적인 모순을 해결한 자신의 이론이 우월하다는 점을 너무나도 확신했기 때문이다. 결국 아인슈타인이 옳고 아브라함이 틀렸다는 것이 나중에 밝혀졌지만 이론가의 고집이 항상 행복한 결말을 보게 되는 것은 아니다. 과학사에는 명백한 경험적 증거와는 반대로 이론을 전개함으로써 성공했던 경우도 있다.

그 하나의 예가 명왕성의 발견이라 할 수 있다. 천왕성의 궤도는 뉴턴역학을 연구하는 학자들을 오랫동안 괴롭혀 온 문제였다. 문제는 천왕성 궤도가 뉴턴역학에 분명히 맞지 않는다는 점이 천체 관측 기술이 발전하면서 더 명백해졌다. 19세기의 많은 과학자들은 이 분명한 반증 사례에 근거하여 뉴턴역학을 다른 역학 체계로 바꾸어야 한다고 주장했다. 그러나 뉴턴역학이 그때까지 이룩했던 눈부신 성공에 깊이 빠져 있었던 수리물리학자들은 이런 경험적 사실에 쉽게 굴복하지 않았다. 그래서

1844년에 아담스라는 영국의 과학자와 1846년에 르브리에라는 프랑스 과학자가 각각 독립적으로 이 문제를 다음과 같은 방법으로 해결했다. 즉 그때까지 알려진 뉴턴역학의 예측과 천왕성의 실제 궤도 사이의 차이를 정확하게 상쇄시킬 수 있는 적당한 질량을 가진 행성 하나가 존재한다고 주장했던 것이다. 물론 이러한 예측이 나오기 전까지 이런 행성은 발견되지도 않았고 그런 행성이 존재하리라는 어떤 경험적 증거도 없었다. 그러므로 이 두 사람의 행동은 상식적 과학관으로 볼 때는 억지였다. 이 두 사람이 예측했던 장소와 매우 가까운 곳에서 해왕성이 발견되자 과학자들은 이것을 뉴턴역학의 승리로 간주했다.

하지만 문제는 이런 방식으로 과학적 성공을 얻는 것이 항상 가능하지는 않다는 것이다. 예를 들어 이미 뉴턴이 살던 시대부터 뉴턴역학이 수성이 태양에 가장 가깝게 가는 지점(근일점이라고 한다)이 조금씩 변하는 현상을 설명하지 못한다는 사실이 잘 알려져 있었다. 르브리에는 해왕성을 예측했던 방법을 똑같이 사용하여 수성 근일점의 이동을 설명하려 했다. 즉 그는 수성 궤도 안쪽 적당한 지점에 수성에 적당한 인력을 행사하는 적당한 질량을 가진 행성 하나(이것을 벌칸(Vulcan)이라고 불렀다)가 존재한다고 주장했다. 그러한 행성은 아직까지 발견되고 있지 않다. 결국 뉴턴역학은 수성 근일점에 관해 발생된 문제를 해결 못하는 것으로 판명되었다. 이 문제는 아인슈타인의 일반상대성이론이 등장한 후에 해결되었다. 이 사례에서 알 수 있듯이 과학의 진보는 단순히 경험적 증거를 맹종해서 되는 것도 아니며 이론적 근거를 절대적으로 생각해서 되는 것도 아니다. 오히려 과학 연구는 경험적 증거와 이론적 근거 사이의 긴장과 균형을 창조적인 방식으로 유지하는 것이다.

상식적 과학관은 과거의 경험적 증거를 통해 의심의 여지없이 믿었던 과학이론이 후대의 연구에 의해 잘못된 것으로 밝혀질 때 설 자리를 잃는다. 앞에서 말한 18세기의 플로지스톤이론이나 19세기의 에테르에 관한 물리이론이 이에 해당하는 사례들이다. 그러므로 경험적 증거에 의해 잘 지지된다는 사실만으로 우리는 어떤 이론이 의심할 여지없이 참이라는 주장을 할 수는 없다. 과학활동에는 경험적 증거 수집뿐만 아니라 이론적 통찰이나 형이상학적 직관 등도 중요한 역할을 한다. 따라서 경험적 증거에 의한 지지만으로 과학적 이론의 신뢰성을 담보하려는 상식적 과학관은 쉽사리 오류에 봉착한다.

과학이 진행되는 모습이나 과정에 관련된 사항들을 평가하는 데는 과학을 종합적으로 연구하는 과학철학자의 역할이 요청된다. 법을 직접 집행하는 판사는 법이 실제로 적용되는 구체적인 상황에 대해서는 전문적인 지식을 가지고 있지만 판사는 상황의 구체성에 파묻혀서 법을 전체적으로 조망하지 못할 수도 있다. 그래서 법철학자나 법학이론가가 필요하게 된다. 역으로 법학이론가는 법에 대한 일반이론이 법이 실제로 진행되는 모습과 부합하는지 항상 주의를 기울여야 한다. 그러므로 이와 유사한 관계가 현장 과학기술자와 과학기술철학자들 사이에 존재한다고 말할 수 있다.

2. 과제 해결 중심의 STP의 중요성

과학에 관해 이와 같은 현장에 대한 연구뿐만 아니라, 과학이론에 관한 메타이론적 분석, 역사적 변화 과정, 및 지식의 사회적 관계 등에 관심을 모아 현대의 과학기술철학 연구는 과학기술 사회학 등 과학기술을 연구하는 다른 STS와 협동하여 현대 과학기술에 대한 종합적인 이해를 산출하게 되었다. 과학기술의 역할과 영향력이 더 커져가고 있는 현대 사회에서 과학기술에 대한 이러한 통합학문적 이해는 더욱 필요하게 되었다. 과학기술에 대한 이러한 통합학문적 이해를 과학기술철학(Science-Technology-Philosophy, 줄여서 STP)라고 한다.

오늘날의 과학기술은 개인적으로 진행되기보다는 제도화되어 탐구된다. 제도화된 탐구 기관은 대학이나 연구소(기업 부설 연구소도 포함)에서 진행된다. 대학이나 연구소를 통틀어 연구소(institute)라고 하자. 이를 과학기술계라고 해도 좋다. 대학 등의 이러한 연구소에서 과학기술은 폭넓은 사회문화적 맥락에서 역사적인 사례를 사용하여 분석하거나 당면 연구 과제와 관련된 기존의 연구 성과들을 활용하여 더 깊은 연구가 진행된다.

기존 이론에 대한 학습이 입문 과정이나 도제 수준의 연구자들에게 도움이 되는 경우도 있지만 오히려 과학계의 문제를 해결할 창의성 발현에 장애가 되기도 한다. 당면 문제를 해결하려는 과제 중심적 연구소의 창의적인 또는 혁신적인 과학기술 연구는 현재의 과학계가 당면 문제를 어떤 방식으로 정식화할 것인지, 어떤 형태의 답이 그 문제에 대한 해결책이라고 생각될 수 있는지, 그리고 그 해답을 어떻게 찾을 것인가에 관해 서로 다른 의견이 존재하는 상황에서 연구가 진행된다. 예를 들어 DNA가 유전정보를 어떤 방식으로 저장하고 전달하는가에 관한 왓슨과 크릭의 연구도 유전현상에 대한 다양한 연구계획 중 하나에 불과했다.

다양한 문제 제기의 가능성과 연구의 복잡성을 무시하면 과학기술 연구는 자칫 창조성이 결여된 기계적인 작업이나 수학적 능력과 같은 상당히 선천적인 능력에 의해서만 전적으로 결정되는 따분한 지적 게임이 되기 쉽다. 하지만 실제로 과학기술 연구는 수많은 우연성과 노력 등이 어우러지는 방식으로 진행된다. 과학기술 연구의 이러한 다양한 측면을 잘 이해할 때만 연구자들은 과학기술 연구를 즐길 수 있고, 도전해 볼 만한 활동으로 간주하게 된다.

과학기술 연구에 있어 교과서나 리뷰를 통한 학습은 현재까지의 합의된 과학 내용을 개념적으로 가장 잘 이해될 수 있도록 정리해서 학습자에게 제시하는 것이다. 그렇기 때문에 과학기술 연구가 역사적으로 어떤 전개 과정을 거쳤는가에 대해서는 일반적으로 부정확한 모습을 보여주게 된다. 가령 A라는 연구 이후에 수많은 다른 방향의 연구가 진행되다가 B라는 연구가 이루어졌다고 하자. 만일 현대적 관점에서 연구의 역사를 정리할 때, A 다음에 B를 연이어 서술하는 것이 이해에 도움이 된다면, 교과서는 A의 연구 이후 B의 연구자들이 A의 연구에 직접적으로 자극을 받아서 B의 결과물을 얻게 된 것처럼 서술하는 경우가 많다. 이것은 실제로 아무런 직접적 연관성이 없는 두 개의 사실(史實, historical facts)을 과학사가 자신의 관점을 가지고서 만들어내는 이야기에 불과한 것이 된다. 이처럼 과학계에서는 역사적 왜곡이 발생하는 경우가 있다.

과학기술계에서 왜 역사적 왜곡이 발생하는가? 그 이유는 과거의 과학기술 이론들이 현재의 과학기술 이론으로 바뀌어가는 과정을 자연스럽고 필연적인 것으로 묘사할 때 학습자들이 훨씬 쉽게 그 과정을 이해할 수 있기 때문이다. 즉 연속되는 이론들이 그 전 이론의 단점을 하나씩 극복해 나가는 과정으로 과학기술의 역사를 서술하는 것이 교과서의 목적을 달성하는 데 극도로 유리하기 때문이다.

이 요점을 이해하는 데 도움이 되는 원자모형의 연구를 예를 들어 설명해 보자. 톰슨의 원자모형이 러더포드의 원자모형으로, 그리고 보어의 원자모형으로 대체되는 과정에 대한 교과서적인 설명을 살펴보자. 톰슨의 원자모형에 따르면 원자 내에서 양의 전하와 음의 전하는 서로 고르게 섞여 있다. 그런데 러더포드가 알파입자를 원자에 쏘아주었더니 일부가 매우 큰 각도로 튕겨 나왔다. 만일 톰슨의 원자모형이 옳다면 원자 내부의 모든 지역에서 평균 전하의 값은 대강 0에 가까울 것이기 때문에 양의 전하를 가진 알파입자는 거의 영향을 받지 않고 원자를 통과해야 한다. 그러므로 큰 각도로 튕겨 나온 알파입자가 존재한다는 사실은 양의 전하가 매우 작은 공간에 엄청난 밀도록 뭉쳐 있음을 시사한다. 러더포드는 이를 원자핵이라고 명명했고 러더포드의 원자모형은 양의 전하를 가진 원자핵의 주위를 음의 전하를 가진 전자가 마치 지구가 태양 주위를 돌듯이 회전하는 형태로 되어 있다. 그런데 고전 전기역학에 따르면 원운동을 하는 전자는 전자기파를 방출해야 하는데, 전자기파는 에너지이므로 전자는 곧 에너지를 잃고 원자핵으로 추락해야 한다. 그러나 이렇다면 이 세상의 모든 원자들은 순식간에 붕괴해야 하므로, 보어는 이 문제점을 해결하기 위해 전자의 궤도가 특정한 정상파 조건을 만족하면 전자가 원자핵으로 추락하지 않고 안정된 상태로 있을 수 있다고 제안했다. 이것이 보어의 원자모형이다.

이상의 원자모형에 관한 발전의 역사는 이해하기 쉽다. 그리고 톰슨-러더포드-보어로 이어지는 과학자들이 자신 이전의 원자모형의 단점을 수정해 가는 활동은 거의 필연적인 것으로 보인다. 하지만 실제의 역사는 이보다 더 복잡하다. 톰슨, 러더포드, 보어는 각자 독자적인 연구 계획들을 가지고 있었고, 그 계획들에서 원자모형은 서로 다른 방식으로 이해되었다. 그리고 각 모형의 주창자들이 자신들이 모형을 제안할 때 그 함의를 즉각적으로 인식했던 것도 아니었다. 오히려 많은 경우 자신이 제안한 모형이 무엇을 의미하는지를 다른 학자들이 설명해주는 일도 있었다.

때로는 이러한 왜곡이 실시간을 일어나기도 한다. 쿤은 미국물리학회의 요청으로 현대물리학의 기초를 세웠던 거장들을 인터뷰했다. 인터뷰 대상자 중에서 양자물리학의 형성에 중요한 역할을 한 닐스 보어도 포함되어 있었다. 쿤은 그와의 인터뷰에서 평소 가지고 있던 의문점을 풀고 싶어 했다. 그 논문은 세 편으로 구분되어 있고 우리가 현재 알고 있는 양자물리학 최초의 원자모형인 보어의 모형을 처음 제시한 것으로 알려져 있다. 쿤의 의문점은 3부작 논문의 첫 논문과 마지막 논문에서 보어의 생각이 불일치하고 있다는 것이었다. 쿤이 아무리 꼼꼼하게 읽어보아도 첫 논문에서 보어는 자신의 스승이었던 러더포드의 고전물리학 연구 전통에 입각하여 원자의 문제를 접근하고 있었다. 그러나 약간 혼란스러운 둘째 논문을 지나 마지막 논문에 이르러서 보어는 현재 우리가 양자물리학적 사고방식이라고 부르는 것에 상당히 근접해 있었다.

쿤이 이 점을 보어와의 첫 인터뷰에서 지적했을 때 보어의 반응은 간단하게 부인하는 것이었다. 그럴 리가 없다는 것이었다. 자신은 그 3부작 논문을 처음부터 끝까지 분명하게 양자물리학적 사고방식에 입각하여 서술했다는 것이다. 얌전히 물러나 온 쿤은 보어와의 다음 인터뷰 때 그 문제의 논문을 복사해서 보어에게 보여 주었다. 보어는 잠시 말문을 잃더니 "그 논문을 그 때 너무 급히 써서 그렇게 서둘러 발표하지 말았어야 했는데"라고 우물거렸다.

왜 보어는 그토록 당황스러워 했을까? 그것은 보어 자신도 표준적 교과서에서 왜

곡시킨 양자물리학이 역사를 어느새 그대로 믿고 있었기 때문이라 할 수 있다. 즉 교육 목적을 위해 과학 연구의 과정을 단순하게 보여준, 보어 모형에 대한 교과서의 서술을 보어는 자신이 실제로 어떻게 작업했는지를 망각하고 다른 후학들이 믿고 있는 바처럼 그대로 믿고 있었던 것이다.

쿤이 말하고 있는 보어의 경우에서 볼 수 있듯이, 우리는 과학기술 연구의 전개 양상에 대한 교과서 전통의 위력을 실감할 수 있다. 그 예에서 우리는 교과서나 리뷰가 써지는 방식이 현재의 과학기술의 지식이나 이론을 교육시키고 후속 연구자들을 훈련시키는 데 아주 유용하고 효율적임을 인정해야 하면서도, 과학기술의 본질에 대해 왜곡된 이미지를 심어줄 수 있다는 점도 주목해야 한다. 원래 쿤은 보어를 세 차례 인터뷰할 예정이었지만 마지막 인터뷰는 끝내 이루어지지 않았다. 왜냐하면 보어가 세 번째 인터뷰 전에 사망했기 때문이다.

3. STP에서 철학의 역할

과학은 우리에게 신뢰감을 주고 지적 권위를 높여주는 것으로 보인다. 반면 경험을 통해 얻은 결론이나 민간요법은 비과학적이라 여겨지고 체계적이지 않은 방식으로 일하는 사람은 비과학적이라고 비판을 받는다. 그러므로 우리는 과학적인 것은 좋은 것이고 비과학적인 것은 나쁜 것으로 받아들이는 세계에 살고 있다 할 것이다. 그러나 한편에서는 환경오염이나 대량 살상 무기의 등장과 같은 현대 과학기술과 관련된 수많은 폐해들을 지적하는 목소리도 크다. 그렇다면 과학적인 것이 반드시 좋은 것만은 아니지 않을까라는 의문을 갖게 된다.

과학에 대한 의혹을 벗어나기 위해서 '과학적'이라는 개념을 좀 더 정확하게 정의할 필요가 있다. 개념을 더 정확하게 이해하는 일 자체가 문제에 대한 해답을 주지는 않지만, 우리는 개념을 통해 사고하고 있기 때문에 개념을 명료히 하는 일은 문제의 핵심을 인식할 수 있게 하며 많은 해답을 찾아가는 실마리를 제공해 준다.

'과학적/비과학적'이라는 말은 일반적으로 두 가지 서로 다른 의미로 사용되고 있다. 예를 들어 침대가 과학이라는 광고 문구는 아마도 다음과 같은 점을 강조하는 것일 것이다. 즉 아무 나무나 골라 대강 대패질을 한 다음 적당히 잘라서 침대 크기 정도로 만든 다음에 그 위에 스프링이 달린 매트를 올려놓아 만든 침대가 아니라,

이러저러한 재료를 이렇게 저렇게 결합하여 침대를 만들었을 때 그 위에서 자는 사람이 편안하고 숙면을 취할 수 있음을 체계적으로 연구하고 시제품에 대해 시험을 거쳐서 최선의 제품이, 최적합한 제품이 되도록 생산했음을 의미할 것이다.

모든 연구 주제에 적합한 보편적인(좀 지나치게 말하면 획일적인) 과학적 방법이 존재하는 것은 아니다. 과학자들이 자신의 문제를 해결하려는 구체적인 문제에서 가장 적절한 연구방법을 찾아내는 것은 연구 활동의 주요 부분이라 할 수 있다. 일반적으로 과학적 방법은 다음과 같은 네 가지 특징으로 요약할 수 있다. 첫째, 과학 연구의 대상으로 '자연적' 원인만을 인정한다. 이것은 흔히 초자연적 현상이라고 불리는 영역은 과학적 방법이 적용될 수 없다는 것을 의미하는 것이 아니라, 초자연적 현상은 그것이 자연적인 원인으로 분석될 수 있는 한에서만 과학의 타당한 연구 주체로 인정될 수 있음을 의미한다. 둘째, 과학적 방법은 적어도 원칙적으로는 경험적 증거에 근거하여 모든 주장이 평가될 것을 요구한다. 물론 매번 새로운 이론이 등장할 때마다 그것의 모든 내용을 경험적으로 완벽하게 검증할 수는 없다. 하지만 이미 관련 연구 분야에서 받아들여지고 있는 배경적 경험을 제외한 부분에 대한 평가는 경험적인 방식으로 이루어져야 한다. 셋째, 과학적 방법은 분석적이다. 대개 우리가 이해하려는 자연 현상은 질적으로 다양한 여러 인과적 영향이 복합적으로 작용하므로 실제로 아주 복잡한 성격을 띠지 않을 수 없다. 그럼에도 분석적 방법은 이러한 복잡한 상황을 비교적 단순한 요소로 분석하여 그 각각을 이해한 후 나중에 그 연구 결과를 종합하여 복잡한 전체 상황에 대한 최종적인 이해를 얻어내려고 노력한다. 넷째, 과학적 방법은 체계적이다. 이것은 과학적 방법을 사용하는 연구자 집단끼리는 서로 정보를 고유하고 상대방의 문제점을 비판하는 방식으로, 여러 연관된 주장들 사이의 관계를 정합적으로 밝히려 노력하는 태도이다.

과학적 방법의 특징으로 설명된 내용에서 우리는 '과학적'이라는 수식어는 긍정적인 의미를 갖고 있음을 알 수 있다. 초자연적인 것, 다른 말로 미신(superstition)을 배제하고 종합된 경험적 사실에 대해서 분석적 방법 사용을 선호하는 것은 세계에 관한 특정한 존재론적 입장을 취하고 있는 것이다. 그런 점에서 연구방법으로 절대적으로 중립적인 것은 아니지만 적어도 이런 의미에서의 과학적 태도는 반드시 자연과학이 아니라도 모든 경험 과학이 정도의 차이는 있을지언정 모두 공유하고 있는 방법론적 특징이다. 물론 과학적 방법이 연구 주제에 따라 구체적으로 얼마만큼 유용한가에 대해서는 의견의 차이가 있을 수 있다. 예를 들어, 생명체에 대한 연구에서 분석적 방법과 기계적 모형이 전체론적 이해에 대해 어떤 장점과 한계를 지니는가에 대한 논의가 이에 해당된다. 그러나 적어도 방법론적 의미에서의 '과학적'이라는 수식어는 지적 활동에 관한 한에서는 상당히 긍정적으로 평가될 수 있다.

'과학적'이라는 용어가 갖고 있는 또 다른 의미를 살펴보자. 예를 들어, 침대는 과학이라는 광고 문구는 그 침대가 과학적 방법을 사용한 연구 성과물이라는 사실만을 전달하는 목적만을 가지고 있는 것이 아니다. 현대 산업 사회에서 정도의 차이는 있지만, 방법론적 의미에서 전적으로 비과학적으로 만들어지는 침대는 없을 것이다. 그렇다면 광고제작자들이 침대를 과학이라고 강조함으로써 기대하는 것은 무엇일까? 그것은 과학이 현대 사회에서 가지고 있는 권위를 이용하는 것이다. 어떤 것이 과학적이라고 평가되면, 그것의 내용은 확실하고, 종종 그 진리가 보증될 수 있음을 의미하는 것으로 암묵적으로 인정된다. 그러므로 자기 회사의 침대가 과학이라고 하는 광고는 자신들의 침대가 침대에 관한 한 가장 최고의 품질과 기능을 가졌음을 자연과학적으로 보증할 수 있다는 주장을 암묵적으로 하고 있는 것과 같다. 과학적인 것은 가장 정확하고 객관적인 것이므로 그것을 믿지 않는 사람은 곧 자명한 것을 믿지 않는 사람이라고 비난받을 수 있다는 의미가 담겨 있다.

이러한 방식으로 '과학적'이라는 용어를 보증 또는 정당성의 의미로 사용하는 것은 상당한 위험성을 내포한다. '과학적' 주장이라고 해서 그 주장이 자체적으로 정당화되는 것은 아니다. 수많은 과학사 연구를 통해서 확실해진 점은 당시에는 진리라고 주장되었지만 오늘날에는 더 이상 진리로 인정받지 못하는 이론이 상당히 많다는 것이다. 요컨대, '과학적' 방법으로 연구되었다고 하더라도 이론의 진리성이 보증되는 것은 아니다.

물론 이런 점이 참이라고 해서 현재 우리가 믿고 있는 모든 과학 지식도 언젠가는 모두 거짓으로 판명날 것이므로 과학 지식은 신화적 믿음에 지나지 않는 것이라고 상대주의적 결론이 도출되는 것은 아니다. 왜냐하면 많은 경우 우리는 이전의 과학이론이 왜 실패했는지 또한 어떤 측면에서 한계가 있는지를 후에 등장한 과학이론을 사용하여 설명할 수 있기 때문이다. 신화적 믿음은 이러한 설명적 연관성을 갖고 있지 않다. 설사 세계관과 개념 체계에 있어서 극단적으로 상이하여 공약 불가능한 이론들이 관련된 복잡한 상황이어서 이러한 방식의 설명이 불가능한 경우에도 대개 우리는 경험적 지식의 수준에서는 연속적으로 과학 지식을 축적하고 있다.

따라서 과학적 방법을 사용하여 획득한 지식이 비과학적 방법을 사용하여 획득한 지식보다 대체적으로 더 믿을 만하다. 그럼에도 어떤 지식이 과학적이라는 이유만으로 어떤 단서 조항 없이 무조건적으로 참이 보증되는 것은 아니다. 왜냐하면 과학적 방법의 사용이 연구 결과가 참이라거나 연구 결과가 유일하게 나온다는 보증을 해주지 않기 때문이다. 만일 이러한 보증이 가능했다면 인류는 오래 전에 전지한 신과 같은 존재가 되었을 것이다. 과학 연구 활동의 진정한 매력은 성공을 보증해 주는 지적 능력이나 방법론적 도구가 인류에게 없음에도 어떻게 인류는 세계에 관한 신뢰할 만한 이론을 창조해 왔는가? 그것은 여러 과학자 또는 과학자 집단이 서로 경쟁적인 이론들을 개진해서 그 중에서 더 효과적인 이론이 적자 생존한 것이라고 볼 수 있다.

이러한 적자 생존적인 진화론적 지식 성장 이론은 과학적 지식에 대하여 지식으로서의 과학과 사용으로서의 과학의 차원이 구분될 수 있음을 말해 준다. 대부분 우리가 과학의 폐해를 말할 때 과학적 지식과 그 응용인 기술을 사용함으로써 발생되는 나쁜 결과들을 가리킨다. 그러므로 과학적 지식 자체는 중립적이지만 그것을 사용하여 바람직하지 않은 결과가 초래될 가능성은 상존한다. 물론 바람직하지 않은 결과는 비과학적인 지식을 사용했을 때도 발생한다. 이렇게 보면 과학적인 것이 좋은 것인가의 여부는 현대 사회에서 과학과 관련된 폐해의 문제와는 별개이다.

하지만 상황은 그리 단순하지는 않다. 일상적으로 과학적이라는 말은 서양 근대 이후 형성되어 현재까지 이어온 과학적 전통을 지칭한다. 몇몇 이론가들, 특히 문화 상대주의자나 급진주의적 여권주의자들은 서구에서 유래한 이 과학적 전통이 본질적으로 왜곡된 것이라고 비판한다. 즉 그들은 중립적 과학 지식이 오용되어 문제가 생긴 것이 아니라 과학 지식 자체가 제국주의적이거나 폭력적인 본성을 갖고 있다고, 또는 과학 지식 자체가 남성 우월적이기 때문에 그것으로부터 파생된 결과는 나쁘다고 말한다. 이 견해는 여전히 논란거리가 되고 있지만, 과학이 관련된 문제 상황에 대해 그 책임을 단순히 과학의 오용에 물을 것인가 아니면 과학기술 자체에 물을 것인가에 관한 중요한 물음을 제기한다.

결론적으로 과학적인 것은 무조건 좋은 것인가의 물음은 과학적이라는 용어로 무엇을 의미하는가에 따라 달라진다고 볼 수 있다. 방법론적으로 '과학적'이라는 용어를 사용한다면 대체적으로 '과학적' 방법은 '비과학적' 방법보다 훨씬 더 성공적이고 유용하다. 그러나 보증적 의미에서 '과학적'이라는 용어가 사용된다면 특정 주장을 무조건적으로 정당화하려는 태도는 STS를 통해 얻은 결과에 대한 맹신과 모든 문제를 STS를 통해서만 풀어야 한다는 일종의 과학기술 만능주의 내지 과학기술 제국주의로 이어질 위험성이 아주 크다. 그러므로 과학적 지식과 그 사용을 구분하는 것은 과학철학의 내재적 특질은 그 특질대로 발전시킬 필요성이 있으며 사용과 관련된 정책은 사회적 합의를 도출할 필요성을 제기한다. 앞에서 현대의 과학철학의 역사에서 간략히 말한 바와 같이, 과학기술의 구조나 지식의 확장에 관해 연구하는 진영도 필요하고 역사적 사회학적으로 접근하는 진영도 필요하다. 오늘날에는 이 양 진영이 더 이상 고립적인 방식으로 연구하지 않는다. 양 진영은 상보적인 측면이 있느니 만큼 과학철학을 통해 과학심리학을 포함하여 과학사와 과학사회학이 통합적으로, 즉 학제적으로 연구되고 있다.

4. 과학기술 연구방법의 규제적 원리

풀러의 용어로 과학에는 깊은 과학의 측면과 얕은 과학의 측면이 모두 있다. 과학이 추구하는 지식은 인식적 가치를 가지고 있다. 그러나 과학기술 지식은 사용 가치를 무시해서는 안 된다. 사용 가치는 경제적 가치와 관련이 있기 때문이다. 또한 경제적 가치가 큰 과학기술 분야는 그렇지 않은 것보다 연구의 우선성을 갖는다. 이렇다고 해서 모든 과학기술자가 가장 가치가 높은 과학기술분야에만 관심을 갖는 것은 아니다. 각각의 과학기술자는 그들 자신의 고유한 연구 분야에서 가장 가치가 높은 연구 분야 내지 주제를 선정한다는 의미에서 연구의 우선성에 대한 이해가 전제되어야 한다.

사회적 연결망이 강조되고 있는 오늘날에는 과학 탐구가 과학자 개인의 선택의 문제만 아니다. 고전적인 인식론에서는 지식이란 탐구자 개인의 것이었기 때문에 지식 사용의 맥락은 그다지 중요한 검토 요소로 작용하지 않았다. 탐구자의 도락적 취향에서 암석을 연구한다든지 동식물을 연구한다든지 할 수 있었다. 그야말로 탐구자 개인의 순수한 지적 관심과 경제적 여유로 인해 탐구가 가능하다고 인정되었다. 하지만 현대 사회는 과학자의 연구 결과가 사회에 미치는 영향력을 도외시하지 않으며 탐구 자체도 공동체 차원에서 이루어진다. 과학자가 속한 공동체는 연구 결과의 선용을 위해서 자금을 지원한다. 순수 기초 분야에 대한 자금 지원도 실제로는 그러한 연구 결과를 기초로 하여 응용할 수 있는 가능성이 클 때 실제로 자금 지원이 따른다.

이처럼 자금 지원과 연결된 과학기술 연구의 평가에 있어서 순수한 기초 연구는 인식적 가치, 응용적 가치, 경제적 가치(흔히 말하는 부가 가치) 등을 초래할 때만 그것의 연구 가치가 인정되는 것이지, 한 개인의 사적 인식의 내용이 획득되었다고 해서 과학적 가치를 높게 인정받는 것은 아니다. 가령 어떤 어린이가 물위에 떠 있는 소금장수가 네 개의 다리를 가지고 있다는 것을 관찰을 통해 알게 되었다고 해도, 그것은 그에게 있어서 새로운 학습으로서의 가치는 있을지언정 생물학계에서 유용한 새로운 관찰은 아닌 것이다. 전문 용어법으로 말해서, 과학적 발견 내지 지식의 형성이란 개인의 단순한 관찰에 의한 것이 아니라, 과학이론이라는 배경 지식을 가지고서 패러다임에 일치하는 사실을 획득할 때 과학적 발견이라고 한다. 관찰 사실이 과학적으로 유의미하게 해석될 수 있을 때에 과학적 발견으로서의 인식적 가치를 보장받는 것이다.

전통적인 인식론은 물론이려니와 사회적 인식론 중에서도 과학적 탐구의 규범을 강조하는 골드만과 같은 학자들의 주장도 있다. 과학적 탐구의 규범은 논리적 탐구 과정이나 절차의 준수와 탐구 윤리 두 측면으로 나누어 고찰할 수 있다. 탐구의 방법론에 있어서도 파이어아벤트와 같은 무정부주의 내지 반반법론의 입장이 있기도 하지만, 궁극적으로 문제에 대한 결단이 필요할 때에는 이것도 진리고 저것도 진리다라는 식으로 말할 수는 없다. 우리는 문제 해결을 위한 과학적 탐구에서 여러 가지 대안이 잠재적 성공 가능성이 있음을 부인하지는 않는다. 하지만 두 명제의 진위가 대립될 때에는 둘 다 거짓일 수도 있지만 대립되는(즉 모순되는) 두 주장이 동시에 참일 수는 없다. 따라서 어느 것이 진리인지 아닌지를 결정하는 논리적 장치는 필수이다.

과학은 탐구 대상에 대한 과학자의 경험적 내용을 수집하지만, 단순한 사실들만을 모아놓아서는 과학이라 말하지 않는다. 그것에는 핵심적인 개념들이 있고, 그 개념들이 서로 연결된 법칙들 또는 가설들이 들어 있다. 그러한 구성 요소들을 모아서 엮어놓을 때 우리는 그것이 체계적이라고 말한다. 따라서 과학은 체계성을 가지고 있어야만 한다. 즉 체계성이 없으면 과학이라 말할 수 없다. 과학에서 지식들을 획득하는 기본적인 방법으로 경험의 일반화 또는 인식 간격을 메우는 그럴 듯한 체계화(plausible systematization)로서의 귀납에는 이러한 체계성을 선호하는 필연성이 들어 있다.

비유적으로 말해서, 벽돌만을 아무리 많이 모아 놓는다고 해서 집이 되는 것은 아니듯이, 귀납의 밑바탕에는 체계성을 선호하는 이유가 있다. 이러한 체계성 선호는 존재론적 입장의 산물이 아니라, 방법론적 입장의 산물이다. 갈릴레오는 "그러므로 내가 처음에는 정지해 있는 돌이 상당한 높이에서 떨어져서 점점 더 새로이 속도가 증가하는 것을 관찰할 때, 나는 가장 단순하고, 가장 그럴 듯한 방법으로 그러한 증가가 발생한다고 믿어야만 하는 것이 아닐까?"(Galilei(1914): 154)라고 말함으로써 탐구의 방법론적 도구, 즉 귀납적 체계화의 표준 과정의 단면을 보여주었다.

과학자의 인식 내용을 타당화하기 위해서 세계 자체가 체계적이라고 형이상학적으로 전제할 필요는 없다. 자연은 단순할 수도 단순하지 않을 수도 있다. 탐구자의 입장에서는 아직까지 미지의 세계일뿐이기 때문이다. 하지만 탐구된 내용에 대해서는 체계를 갖추어야 한다. 체계성의 한 요소로서 단순성이 있는 있는데, 과학이론은 복잡하기보다는 단순한 것이 더 좋다. 하지만 필수적인 구성 요소들을 없애가면서까지 지나치게 단순화하는 것은 좋지 않다. 세계에 관해서 밝혀지는 그대로를 과학의 내용으로 담아내야 하는데, 우리는 여기서 방법론적 관점에서 체계성을 선호한다. 그것은 세계가 얼마나 복잡한지 또는 무작위적인지 등의 존재론적 관점에서 아니라 인식론적이며 방법론적 관점에서 제기되는 문제이다.

푸앵카레는 다음과 같이 말한다. "자연법칙들은 틀림없이 단순하다는 것을 믿지 않는 사람들조차도 마치 그들이 그것들을 정말로 믿고 있는 듯이 행동해야 한다. 그들은 모든 일반화 및 모든 과학을 불가능한 것이 되게 하지 않고서는 전적으로 이러한 필연성 없이 탐구할 수 없다. 어떤 사실도 무수히 많은 방법들로 일반화될 수 있다. 그것은 선택의 문제임이 분명하다. 그 선택은 다수성만을 고려해서도 착수될 수 있다. … 요컨대 대부분의 경우에서 각각의 법칙은 그 반대가 증명되기 전까지는 단순하다고 간주된다"(Poicaré(1914): 145-146). 방법론적 단순성을 강조하는 것은 무리한 요구가 아니다. 그것은 탐구의 효율성이나 간결한 표현을 통한 탐구 결과의 집성을 목적으로 하는 것이지, 탐구된 세계 자체를 왜곡하려는 것이 아니다. 인식의 가능성뿐만 아니라 이론 구성 절차도 중요한 사항이므로, 선택과 선별이라는 원리는 필수 요건이다. 그리고 여기에 경제성, 및 단순성, 제일성 등은 이론 구성을 위해 자연스러운 규제 이념들이다. 그것들을 통해서 우리는 과학에서 말해주는 내용이 실제로 정확한 것인지 아닌지를 검토할 수 있게 된다.

형태심리학적 예술사가인 곰브리치는 다음과 같이 말한다. "형태심리학파의 운명이 신경과학에서 어떻게 되든지 간에, 단순성 가설이 학습될 수 없다고 주장하는 것은 논리적으로 옳다고 증명될 수도 있다. [단순성]은 실로 우리가 어쨌든간에 학습할 수 있는 유일한 조건이다. 구멍을 조사하기 위해 우리는 곧은 막대를 사용해서 그것이 얼마나 깊은가를 살펴보지 않으면 안 된다. 가시적인 세계를 조사하기 위해서 우리는 사물들이 다른 방식으로 증명되기 전까지는 단순하다는 가정을 사용한다"(Gombrich(1960): 272). 이러한 관점은 과학적 탐구를 위해서 필요한 것으로 받아들일 수 있으며, 단순성으로부터 체계성 일반의 규제적 이념들로 확장될 수 있다. 우리는 과학적 탐구에서 출발점으로 제기되는 물음들에 대한 가장 체계적인 유연한 해결책이 명백하게 지지할 수 없다고 입증되기 전까지는 그것을 일시적이나 유효한 것으로 허용하지 않으면 안 된다.

   과학에서의 발견과 학습은 평소의 기대와 상충될 수 있다. 오히려 상충될 때 인식적 가치가 더 크다고 말해질 것이다. 우리에게 유레카를 외치도록 하지 않은 과학적 발견은 지적 만족감을 주지 않는 사소하거나 진부한 것이라 할 수 있다. 상당히 충격적인 지적 만족감을 주는 발견, 그러한 기대감을 가지고서 찾아낸 과학적 사실들이나 법칙들은 이전 경험의 투사를 통해서 형성될 수 있다. 그러한 기대를 형성하고 방향을 잡아주는 무엇인가가 있는가? 굳이 있다면, 그것은 경험을 체계화하는 요구이다. 그것은 학습과 탐구의 전 과정을 이끄는 결정적인 요인이다. 체계성 선호는 이러한 과정의 결과가 아니라, 규제적인 사전 조건이다. 왜냐하면 이 세계성 지향이 제공해 주는 결정적인 로드맵이 없다면, 학습과 탐구 과정은 효과적으로 작동할 수 없기 때문이다. 이러한 관점에서 귀납은 탐구 영역에서 근본적으로 규제적이며 절차적인 수단이며, 인식 내용을 부드럽게 체계적이게 되는 하는 범위를 최대화하라는 훈령으로 제시될 수 있다. 그와 같은 원리가 없다면 합리적 탐구 과업은 진행 불가능하거나 흐지부지 소멸해버릴 것이다.

   귀납의 체계성 선호를 지지해 주는 근거는 운용상의 경제성과 편의성이다. 자체적으로 잘 작동하는 가장 경제적인 것이 가장 좋다고 말할 수 있다. 우리는 탐구에서의 문제들이 항상 단순하고, 제일적이고, 정상적인 기반에 놓여 있다고 알고 있어서거나 믿고 있기 때문에 단순성, 제일성, 정상성 등의 체계성을 가정하는 것이 아니라, 인식 과업을 가장 이점이 많고, 가장 경제적인 방법으로 행해야 할 필요성 때문에 그러한 것을 가정하는 것이다. 복잡성, 비제일성, 비정상성 등에 대해서는 많은 비용과 손실이 따른다. 그것은 가장 손쉬운 방식으로 진행되지 못하는 경우에 발생하는 일탈이다. 퍼스는 탐구의 경제와 관련해서, 귀납적 체계성의 척도들, 즉 단순성, 제일성, 규칙성, 정상성, 정합성 등은 모두 인식적 경제성의 원리를 포함한다고 본다고 레셔는 해석한다(Rescher(1978)). 그러한 체계성 척도들은 탐구 목적 실현을 위한 시도 과정에서 분규를 줄이거나 피하기 위한 노동 절약 장치이다.

   귀납은 과학적 탐구의 인식 내용을 가장 경제적으로 주직하기 위해서 작용한다.

방법론적-실용적 관점에서 귀납 사용의 초기 정당화는 이와 같은 경제적 관점에서 제시할 수 있다. 귀납을 과학적 방법으로 선택하여 사용하는 이유는 체계성 선호, 즉 단순성, 규칙성, 및 인식 영역에서 작용의 경제성 등이 다른 어떤 방법보다 우위에 있어 사용 승인을 받는 것과 같다. 따라서 과학적 탐구를 위한 귀납 사용의 이유율은 근본적으로 (탐구 성과의 측면에서가 아니라, 탐구 비용적 측면에서) 근본적으로 경제적인 것으로서 다음의 훈령에 따른다. 손 안에 있는 인식 상황을 적합하게 처리할 수 있는 가장 경제적으로 가능한 방법으로 인식 문제를 해결하라. 체계성 선호는 탐구 행위에서 경제성을 추구하는 문제이다. 그것은 오캄의 면도날에 유추될 수 있는 것이다. 오캄의 면도날은 불필요한 복잡성은 반드시 피하는 효과가 발생하도록 검약성의 원리에 따르는 것이다. 실제적이며 방법론적인 측면에서 고려하고 있는 귀납적 방법이 문제 해결을 위한 가장 효율적이며 효과적인 수단을 제공하는 것이라면, 탐구자는 귀납적 개념과 방법을 사용하여 자신의 손 안에서 작업을 할 수 있는 가장 체계적인, 또한 가장 경제적인 장치에서 출발하는 것이 자연스럽다. 탐구자에게 탐구의 상황은 항상 풍족한 것은 아니다. 설령 풍족한 상황일지라도, 최소 자원과 노력을 들여 탐구하는 방식의 경제 원리를 준수하는 것은 경제성의 원리에 부합하는 합목적성이 있기 때문에 다른 어떤 낭비적인 방식보다 선호된다. 요컨대 귀납적 체계화의 근본 원리는 귀납적 경제성의 공리이다. 불필요하게 복잡하게 만드는 것은 필연성을 벗어난 것이다.

경제성에 근거해서 인식적 체계성을 합리화하기 위한 이와 같은 접근 방법은 단순성, 체계성 등을 진리 개념과 존재론적으로 연결하는 것이 아니다. 우리가 자연은 하나의 체계라는 원리를 전제하는 것은 존재론적 관점에서가 아니라 인식적 합리화를 위한 규제 원리이다. 그 원리의 근거는 존재론적인 것이 아니라 인식론적이며 개념적인 것이다. 왜냐하면 그 원리를 받아들이지 않으면 자연에 대한 과학자의 인식 내용은 개념화되기 어렵고 따라서 체계화 불가능하기 때문이다. 질서정연하게 인식되어 표상되지 않거나 체계화되지 않은 인식 내용은 올바른 인식 내용으로서의 가치가 떨어지며 타인에게 소통할 수조차 없게 된다.

이와 같은 과학의 탐구방법론적 관점에서 볼 때, 귀납적 체계성은 그 자체로 실재가 아니라, 실재를 개념화하기 위한 절차이며 따라서 실재에 관한 우리의 개념 내지는 실재를 개념화하는 과학자의 사고 또는 탐구 방식의 한 측면이다. 예를 들어 귀납에서는 단순성이 규제 원리로 제시되는데, 단순성을 선호하는 이유는 단순한 가설들이 탐구 목적과 관련해서 사용하기에 가장 편리하고 이점이 많다는 방법 지향적인 관점에 근거되어 있다는 것이다. 그러므로 귀납에서의 단순성은 구체적인 자연의 단순성이라는 공준에 근거하지 않는다. 그것은 수단의 경제성이라는 규제적 또는 실천적 개념에 의거하는 것으로 충분하다. 결국 인식적 체계성의 추구는 존재론적으로 중립적이다. 그것은 최대한의 경제성으로서 문제 해결 과업을 수행하는 과업이다. 최소 노력의 원리는 거부할 수 없다. 경제성 원리에 따르는 탐구 과정은 설정된 목적 달성에 대해 최대한으로 경제적인 수단이다. 이 점은 실제적인 측면뿐만 아니라 귀납적 체계성의 이론적 옹호에서 강조되는 것이기도 하다.

5. 과학전쟁을 통해서 본 진리의 법정

5.1 과학전쟁의 전개과정

쿤의 출현과 에딘버러학파의 등장 이후, 특히 프랑스 전통의 과학사 탐구의 특성은 규범적 과학 탐구를 거부하고 과학의 실제에 대한 고고학적 탐구와 문화인류학적 탐구의 방법을 채택하여 과학 상대주의를 만연시켰다. 이에 대해 과학적 실재론의 입장에 서 있는 과학자들은 과학 상대주의자들이 의미없는 말들로, 개념을 정확하게 규정할 수 없는 말장난으로 자신들이 마치 과학의 위대한 권인자인 양 글이나 말로 인기를 추구하는 것에 환멸을 느끼고 그것에 대해 경종을 울리려 하였다. 이것은 과학과 관련하여 상대주의 진영과 실재론 진영의 싸움으로 그려질 수 있는데, 이를 소위 과학전쟁(science war)이란 이름으로 불리게 되었다.

과학전쟁으로 묘사되는 과학에 대한 극렬한 논란에 있어서 공세를 취하고 있는 진영은 실재론적 과학자들이며 방어를 해야 하는 진영은 상대주의자들이다. 상대주의자들은 문화적 다양성을 존중하는 입장에서 규범적 과학관을 거부하고 상대주의적 과학관을 유포시켰다. 과학전쟁은 이러한 상대주의자들의 STS를 강력하게 비판한 것을 계기로 일부 과학자들과 일부 과학학자들(특히 과학사회학자들) 사이에서 벌어졌던 과학지식의 성격을 둘러싼 치열한 논쟁을 말한다. 아래에서는 "과학전쟁"의 과정에서 중요한 의미를 지녔던 사건들을 중심으로 "과학전쟁"의 전개과정을 간략하게 살펴보기로 한다.

1994년에 생물학자인 그로스(P. Gross)와 수학자인 레빗(N. Levitt)이 『고등미신(*Higher Superstition*)』이라는 책을 출간하였다. 그들은 이 책에서 아주 논쟁적인 스타일로 인문과학과 사회과학 연구에서 자주 발견되는 과학에 대한 왜곡과 과장을 확산시키는 관점들을 비판하였다. 이들은 사회적 구성주의자들, 문화이론가들, 페미니스트들, 다문화주의자들, 그리고 극단적인 환경주의자들이다. 통상 이들을 학문적 좌파(academic left) 또는 좌파 (과)학자, 좌파 지식인라고 불린다. 이 좌파 학자들은 무정부주의적인, 소위 "반과학(anti-science)"을 유포시킴으로써 지성의 전당이라고 할 수 있는 대학에 해독을 끼치고 있다고 주장하였다.

같은 해인 1994년에 미국 워싱턴 D.C.에 있는 국립 미국역사박물관에 "미국인들의 삶에 있어서 과학"이라는 주제로 전시코너가 생겼는데, 곧 이어 재정적으로 후원하였던 미국화학회는 이 전시가 과학의 혜택보다는 부정적인 측면들(예컨대 원자탄에 의한 파괴나 화학적 오염 등)을 더 부각시키고 있다고 비판하고, 이러한 반과학적 전시는 이 전시에 참여한 몇몇 큐레이터들과 자문위원회 위원들의 포스트 모더니스트적인 정서를 반영한 것이라고 주장하여 커다란 논란을 불러 일으켰다.

그로스와 레빗은 자신들의 책에 대한 동료 과학자들로부터의 적극적인 반향에 고무되어 1995년 여름에 뉴욕과학아카데미의 후원으로 "과학과 이성으로부터의 도피"(The Flight from Science and Reason)라는 주제로 대규모 학술대회를 개최하여 "반과학적" STS를 집중적으로 비판하였다. 이 학술대회에는 자연과학자들 뿐만 아니라, 평소 상대주의적이고 구성주의적인 STS에 비판적이던 사회과학자들과 인문과학자들도 다수 참가하였다.

한편 같은 해에 꽤 저명한 문화연구 학술지인 ≪소셜 텍스트(*Social Text*)≫는 "과학전쟁"이라고 이름 붙인 특집호에서 STS에 대해 쏟아지고 있는 일부 과학자들의 공격에 대해 비판적으로 분석하거나 반격하고 있는 STS 관련 연구논문들을 게재하였다. 그런데 여기에 실린 논문 중의 한편인 "경계를 뛰어넘어: 양자 중력의 변형적 해석학을 향해(Transgressing the Boundaries: Toward a Transformative Hermeneutics of Quantum Gravity)"를 쓴 뉴욕대학교 물리학자인 소칼(A. Sokal)은 자신의 논문이 실린 ≪소셜 텍스트≫가 나오자마자 자신의 논문은 여러 학자들의 글을 말도 안 되게 짜깁기한 엉터리 날조에 불과한 것이라고 주장하여 일대 파란을 일으켰다. 소칼은 자신의 글이 엉터리 날조임에도 불구하고 ≪소셜 텍스트≫의 편집진(여기에는 로스(A. Ross), 애로노비치(S. Aronowitz)와 같은 유명한 좌파 문화연구자들이 포진되어 있다)이 이러한 날조를 전혀 알아보지 못한 것은 과연 인문과학적인 STS의 지적 수준이 얼마나 저급한지를 보여주는 것이었다고 비판하였다.

1997년에는 프린스턴 대학교의 저명한 과학사가인 와이즈(N. Wise)가 이 대학교 사회과학대학의 과학학 종신교수 임명을 위한 심사에서 떨어지는 사건이 발생하였다. 뛰어난 실력을 인정받았던 그가 떨어진 것은 STS에 적대적인 일부 과학자들의 로비 때문이었던 것으로 알려졌다.

이러한 일련의 적대적인 분위기 속에서도 양 진영 사이의 화해를 도모하려는 시도가 몇 차례 이루어지기도 했다. 1994년에 영국의 더햄과 1997년초 미국의 칸사스에서 열린 학술대회에서는 과학자들과 과학을 연구하는 역사학자들 및 사회학자들이 우호적인 분위기 속에서 자리를 함께 하였고, 1997년 7월에 사우스햄튼에서는 "과학전쟁"이 아닌 "과학평화 워크샵"이 열리기도 했다.

1950년대 후반에 스노우(C. P. Snow) 경이 인문과학과 자연과학 사이의 의사소통의 어려움을 나타내는 말로써 "두 문화"라는 개념을 쓴 바 있다. 그 후 이 "두 문화" 개념은 문과 대 이과, 또는 인문과학·사회과학 대 자연과학·공학 사이의 갈등 구조를 묘사하는 데 종종 동원되어 왔다. 1990년대에 확산되었던 "과학전쟁"에 대해서도 바로 이 "두 문화" 개념을 가지고 이해하려는 시도들도 존재한다. 즉, "과학전쟁"은 인문과학의 문화와 자연과학의 문화 사이의 대격돌이라는 성격을 지닌다는 것이다. 이렇게 보면 과학자들은 모두가 "과학전쟁"에서 STS를 비판하는 입장을 취하는 것으로 이해하기 쉽고, 반면 STS 연구자들은 모두가 과학에 대해 상대주의적인 입장을 취하고 있는 것으로 이해하기 쉽다.

그러나 "과학전쟁"을 이처럼 "두 문화"의 문제로 파악하려는 것은 문제를 지나치게 단순화하는 오류를 범하는 것이다. 엄밀하게 이야기하자면, "과학전쟁"은 일부의 과학예찬론자들과 STS 내의 일부 분야(주로 상대주의적이고 구성주의적 입장을 취하는 STS 흐름) 사이에서 일어난 갈등과 논쟁이었다. 자연과학자들 중에서도 STS의 입장을 옹호해 주는 사람들이 있었고, STS 연구자들 중에서도 상대주의적 STS에 대한 과학자들의 비판에 입장을 같이 하는 경우도 있었으며, 이들 양 극단의 입장이 아닌 제3의 입장을 취하는 경우도 많았다. 심지어는 "과학전쟁"의 진행과정에 극적인 방식으로 개입했던 소칼조차도 "과학전쟁"에 오로지 두 개의 입장만이 존재하는 것처럼 비춰지는 것은 잘못이라고 비판하면서 자신은 "중간적 입장"을 취하고 있다고 말한 바 있다(http://www.sciencetimes.co.kr/ data/article/13000/ 2005년 11월 22일 참조).

과학에 대한 문과 이과의 구별은 좋은 구별이 아니다. 앞에서 과학기술의 비분리성과 관련된 내용에서, 인간에게 있어서 과학기술, 문과적 학문분야와 이과적 학문분야 모두 통합적으로 이용되어야 좋은 품질의 지식이나 기술지식이나 과학기술이 생산될 수 있음을 레오나르도 다빈치와 라이프니츠를 예로 들어서 살펴보았던 것을 유의하라. 요즘에 CEO들은 인문사회과학적 소양의 중요성을 강조한다고 한다. 기술에 의한 하드웨어 상품도 인간에게 감동이나 편의성을 주는 내용과 결합되지 않으면 높은 경제적 부가 가치를 실현해 내기 어렵다. 더구나 문과 이과로 구분되던 우리나라의 대학 제도에 대해서도 과학의 전 분야에 대해 문리의 구별을 하지 않고 자유롭게 전공할 수 있는 학부대학(college of liberal arts 또는 university college)이 출현할 것이라는 보도가 나오기도 했다. 이것은 과학기술 지식의 본유성에 대한 심오한 반성을 통한 결과라고 볼 수 있으며 STP의 필요성을 강조해 주는 것으로 이해될 수 있다.

동서양을 불문하고 사회문화의 발전을 위해 각 문화는 과학이라고 부르기 이전의 형태로 인간의 지혜를 모아서 교육해 왔다. 특히 초중등 교육은 전통 지식의 학습에 주안점을 두지만, 대학교나 전문연구소나 각 기업의 연구소는 고등 지식의 전수뿐만 아니라 첨단과학기술의 연구 개발을 목표로 설립되어 있다. 대학이나 전문연구소는 아카데미즘에 토대를 두고 있지만 기업부설 연구소는 실용에 토대를 두고 있다. 아카데미즘에 입각하든 실용에 입각하든 과학기술의 개발을 통해 인류 문화 창달과 삶의 질 향상을 목표로 하고 있는 것은 공통이다. 다만 두드러진 차이점이 있다면 아카데미즘 연구소는 실용보다는 순수 과학기술 연구와 학습에 중심이 맞추어져 인력을 양성하게 되며 기업연구소는 유능한 연구인력을 충원하여 상품화할 수 있는 실용기술에 집중하고 있다는 것이다. 따라서 기업의 CEO들은 명문대학이나 연구소 출신자들을 초빙하려 노력한다.

각국의 대학들은 언론이나 공인평가기관을 통해 서열화되고 있다. 각 대학은 상위 서열로 인정받으려고 노력한다. 그렇게 될 때 민간이나 정부의 지원 확보도 용이하고 우수한 인재 선발에도 유리하며 또한 졸업생들의 사회 진출도 용이해져서 명문대학으로의 지위 유지가 쉬워지는 등 많은 이점을 누린다. 우리나라의 대학들도 세계 명문 대학들과 동등하거나 그 이상의 수준을 유지하려고 대학경영진들은 노력한다. 미국의 경제기반이 약해져 많은 우려가 있지만, 그래도 조만간에 극복할 수 있다고 예상하는 이유는 미국의 대학들이 지식 경제 사회에서 다른 어느 나라들보다도 수준 높은 과학기술을 보유하고 있는 인재들이 많고 교육연구기관들이 잘 제도화되어 있기 때문이다. 우리나라도 세계 유수의 대학기관들과 어깨를 나란히 하려고 많은 투자를 하고 있다. 훌륭한 교수진을 갖추고자 어느 대학의 총장 후보는 연봉 3,000만원 인상 약속을 하였고 이에 호응하는 교수가 많아 총장으로 당선되었다는 보도도 있다. 이러한 정책과 선거 결과는 훌륭한 대학이 되기 위한 조건에 부합하는 것이라기보다 대학교수인 유권자들이 퍼주기 공약에 솔깃해 하는 일반 유권자들과 별반 다르지 않다는 비판을 받고 있다.

우리나라에도 고등연구원이 있다. 고등연구원은 기초과학연구뿐만 아니라 고등기술을 연구하여 경제적 가치를 높이기도 한다. 하지만 일반인들에게 잘 알려져 있지 않아 올해 취임하는 신임 원장은 대한민국 국민 모두가 인정하는 연구원을 만들겠다는 포부를 밝히고 있다. 우리나라의 고등연구원에는 수학부, 물리학부, 계산과학부의 세 가지로 구성되어 있다. 학부생 없이 소수정예의 교수들과 박사후연구원으로 구성되어 있다. 고등과학원을 찾는 외국 연구자들이 한 해 평균 200여 명이며 국제학술행사만 한 달에 4회 가량 연다. 이처럼 정부의 예산으로 운영되는 연구기관도 과학기술의 진흥과 발전을 위해 우수한 교수 인력과 연구 인력을 확보하고 경제적 가치를 실현하는 성과를 내어야 지속적으로 존립할 수 있게 된다. 대학교나 연구소와 같은 과학기술의 제도들은 모두 국가 사회의 필요성에 의해 정책적으로 설립 운영된다. 따라서 과학기술과 관련된 제도는 사회적 관점과 정책적 관점에서 면밀히 검토되어야 할 필요성이 있다.

제 4 장 사회적 구성주의와 과학기술 윤리

1. 사회적 구성주의

  사회적 구성주의는 과학을 둘러싼 사회제도만을 분석했던 전통적 과학사회학의 영역을 과학지식 분석으로까지 확장했다는 점에서 과학사회학의 발전에 크게 기여한 것이라고 평가할 수 있다. 기본적으로 사회적 구성주의는 과학기술지식이 일반적으로 알려져 있는 것처럼 그렇게 가치중립적이며 객관적이고 보편적 성격을 갖는 것이 아니라, 다른 사회적 지식들과 마찬가지로 시대와 사회문화적 상황, 우연적 요인들에 의해 구성되는 불확실성과 가변성을 지닌 지식이라고 주장함으로써 과학기술지식이 주장해온 진리 주장을 상대화 시키는 결과를 낳는다. 이러한 과학기술지식의 상대화는 현대사회에서 압도적 권위를 부여 받고 있는 과학기술 만능주의(과학주의 및 기술중심주의라고 부르기도 한다)를 비판적으로 접근할 수 있는 유력한 이론적 자원으로 기능 할 수 있다.
  사회적 구성주의는 과학기술지식이 사회적 맥락 속에서 구성됨을 드러내줌으로써 과학기술지식도 사회학 연구의 중요한 대상이 될 수 있고, 또 마땅히 되어야 함을 강조한다. 그 결과 이제 사회학은 단지 주어진 과학기술이 사회에 미치는 사후적인 영향에 대해서만 분석하는 것이 아니라, 과학기술 그 자체의 '암흑상자'를 열고 들어가 과학기술 지식의 구성과정에 대해서도 비판적으로 분석하려 한다. 사회적 구성주의는 또한 우리 인간의 생활양식에 매우 중요한 영향을 미치는 과학기술의 진화경로가 다양할 수 있음을 암시한다. 다시 말해, 과학기술은 그 자체의 내적 논리에 따라 필연적인 경로를 밟으면서 진화하는 것이 아니라, 다양한 사회적 요인들의 개입에 의해 과학기술의 내용과 방향이 바뀔 수 있음을 사회적 구성주의는 함의하고 있는 것이다.

하지만 1970년대에 등장한 과학지식 사회학의 사회적 구성주의에 대해 그 동안 많은 비판이 제기되어 왔다. 사회적 구성주의자들이 지적하고 있듯이, 이러한 비판들 중 상당 부분은 사회적 구성주의에 대한 오해에서 비롯된 것도 많았고, 다양한 내적 구성을 지닌 사회적 구성주의를 어느 한 입장으로 과잉 일반화한 상태에서 잘못된 비판을 가하는 경우도 많았다. 그러나 사회적 구성주의 둘러싼 일련의 논쟁과정에서 사회적 구성주의가 지닌 문제점들도 드러나고 있다고 본다. 아래에서는 사회적 구성주외가 견지하는 인식론의 특징 및 그것과 연관된 실천적 문제점들을 분석해 보기로 한다.

사회적 구성주의의 주도적 이론가들은 모두 상대주의, 정확하게는 인식론적 상대주의를 방법론적 기초로 삼고 있다. 과학지식 사회학에서 인식론적 상대주의는 블로어에 의해서 대표적으로 주장되고 있다. 블로어에 따르면, 과학지식의 사회학은 어떤 주장의 진리성 여부는 따지지 말고 과학에서 진리라고 받아들여지고 있는 주장이건 거짓이라고 이야기되는 주장이건 동일한 종류의 원인에 의거해 설명해야 한다. 이것이 공평성과 대칭성의 원리이다. 이러한 공평성과 대칭성의 원리는 인식론적 상대주의를 수반한다. 왜냐하면 공평성과 대칭성의 원리는 진리 주장에 대해서는 자연에 대한 합리적 재현으로, 그리고 거짓 주장에 대해서는 사회적 요인에 의해 설명하는 것을 거부하고, 다시 말해 진리 여부에 따른 차별적 설명의 절대적 기준설정을 거부하고 양자 모두에 대해 동일한 종류의 원인으로 설명해야 한다고 함으로써 양쪽 모두의 주장을 상대화하기 때문이다. 이러한 인식론적 상대주의는 과학적 지식내용 구성에 있어서의 국지성과 상황성을 강조하는 데서 더 잘 드러난다. 즉 과학지식은 보편적이거나 객관적이지 않고 국지적이고 상황(우연)적 성격을 지니므로 시대적, 사회문화적 맥락에 따라 변화하는 상대적 성격을 지닌다는 것이다.

이러한 인식론적 상대주의는 그들 스스로가 거듭 부인하고 있음에도 불구하고 결국 '판단적 상대주의', 또는 '도덕적 상대주의'로 귀결될 가능성이 매우 크다. 왜냐하면 과학지식 사회학의 인식론적 상대주의는 사회학자로 하여금 옳은 지식, 그릇된 지식에 대한 판단을 허용하지 않고 모든 진리 주장을 상대화하여 분석할 것을 요구하기 때문에 과학기술정치의 구체적 실천과정에서 요청되는 규범적 가치의 개입을 적어도 학문적으로는 봉쇄하고 있기 때문이다.

이러한 인식론적 상대주의는 구체적인 분석과정에 있어 과학지식 사회학자의 가치개입보다는 엄정한 가치중립을 요구하게 된다. 즉 사회학자는 분석의 대상이 되는 지식 주장, 또는 논쟁에 관여되어 있는 지식 주장들을 분석함에 있어 일정한 거리두기를 통해 가치중립을 지켜야 한다는 것이다. 예컨대 현재 뜨거운 논쟁이 되고 있는 어떤 과학적 이슈에 대한 두 가지 상반된 해석과 주장이 있다고 할 때 사회학자는 양자의 해석과 주장을 있는 그대로 드러내 주고, 왜 그러한 해석과 주장이 나오게 되었는가에 대해 동일한 종류의 원인을 동원하여 인과적으로 설명해주어야 하지 어떤 한 입장을 지지하거나 반대하는 태도를 명시적으로 표명해서는 안 된다는 것이다.

연구자의 가치중립성에 대한 이러한 요구는 과연 진정으로 가치중립적인 연구가 가능한가에 대한 사회학에서의 고전적인 가치중립논쟁을 연상시킨다. 그러나 현실적으로 논쟁적인 이슈에 대한 완벽한 가치중립적 연구는 가능하지도, 바람직하지도 않다. 사실 사회적 구성주의의 핵심적인 주장 중의 하나는 바로 이러한 과학지식의 가치중립성의 부정이다. 그럼에도 불구하고 과학지식을 분석하는 연구자에 대해서는 중립적인 입장을 견지하도록 기대하는 것은 매우 역설적이라고 아니 할 수 없다.

아울러 인식론적 상대주의는 반실재론(anti-realism)과 연관되곤 한다. 반실재론이란 과학지식의 구성에 있어서 자연실재(natural reality)의 역할을 무시하는 인식론적 태도이다. 이러한 자연실재의 역할에 대한 인식론적 태도가 아마도 사회적 구성주의 이론가들 사이에 의견의 차이를 가져오는 가장 중요한 요인일 것이다. "강한 프로그램"의 주창자들은 과학지식의 구성에 있어 자연실재가 행하는 역할을 어느 정도 인정하는 입장이다. 예컨대 블로어는 자연실재의 역할을 인정하지만, 이러한 자연실재는 과학지식 구성의 필요조건일 뿐이지 충분조건은 아니라는 점을 강조한다. 반면 콜린스나 울거는 과학지식의 구성과정에 있어서의 자연실재의 역할에 대해서 "강한 프로그램"에 비해 더 급진적이다. 콜린스는 과학지식의 구성과정에서 자연실재의 역할은 미미하거나 존재하지 않는다고 본다. 특히 울거는 기존의 과학지식 사회학이 방법론적으로는 상대주의적이면서 존재론적으로는 실재론을 취하고 있다고 비판하면서 반실재론을 명시적으로 주장한다. 그에 따르면 자연실재는 과학지식 구성의 원인이라기보다는 결과로서 구성된다. 다시 말하면, 자연실재를 과학지식이 재현하는 것이 아니라, 역으로 과학지식이 자연실재를 낳는다는 것이다. 따라서 실재론/반실재론의 측면에서 보면, 반스와 블로어는 "약한 구성주의", 콜린스와 울거는 "강한 구성주의"의 입장을 취하는 것으로 평가할 수 있다.

그런데 콜린스와 울거 등이 주장하는 인식론적 반실재론은 과학기술지식의 구성과정 자체를 지나치게 관념론적으로 묘사한다는 문제점뿐만 아니라, 역시 앞에서 제기한 비판과 동일한 맥락에서 볼 때 과학기술을 둘러싼 실천적 행위의 준거를 상실케 해주는 결과를 가져온다는 점에서 문제점을 지니고 있는 것으로 판단된다. 왜냐하면 반실재론은 우리의 신념이 실재하는 대상이나 현상과 얼마나 조응하는가에 대한 판단을 허용하지 않음으로써 곧바로 우리를 상대주의의 함정에 빠지게 만들기 때문이다. 이러한 점에서 특히 네오 칸트적 "강한 구성주의"의 반실재론을 비판하면서 인식에 있어 자연실재의 (절대성은 아니지만) 상대적 중요성을 강조하는 기어리와 콜 및 시스몬도는 자신들의 입장을 "구성적 실재론"이라고 부르고 있다.

이상에서 살펴본 바와 같이 사회적 구성주의 내에서 일부 연구자들이 취하고 있는 극단적인 상대주의, 가치중립성, 그리고 반실재론의 방법론적 원칙들은 여러 가지 문제점들을 지니고 있는 것으로 판단되므로 이러한 논제들을 포기하거나 대폭 완화시킬 필요가 있다고 본다. 극단적인 상대주의, 가치중립성, 그리고 반실재론의 원칙은 참과 거짓, 바람직한 것과 바람직하지 않은 것에 대한 연구자의 평가를 불가능하게 만들기 때문이다. 우리는 사회적 구성주의에 대한 이러한 문제제기에 동의하며, 지금까지 사회적 구성주의가 내걸었던 방법론적 원칙들 대신, 덜 상대주의적이고, 비가치중립적이며, 실재론적인 입장을 취하면서도 과학지식의 구성과정에 사회문화적 요인들이 어떠한 영향을 미치는가를 충분히 보여줄 수 있는 방향으로 사회적 구성주의가 재구성되기를 기대한다.

이러한 입장은 자연실재에 대해서 있는 것 자체로 있다는 실재론적 입장이 타당한 측면과, 자연은 인간의 지적 노력에 의해 드러나며 구성된다는 측면을 문제상황에 따라 면밀히 분석하여 결단할 것을 요구한다. 사회적 실재는 인간의 노력에 의해 구성되는 경향이 많으며 자연실재는 그렇지 않은 경우가 많다. 구성에 의해 만들어지는 자연이 아닌 경우에, 우리 인간은 단지 파악을 할 뿐이며, 인간의 노력에 의해 구성되어 파악되는 자연인 경우는 일종의 인공적인 측면이 강하기도 한 것이지만, 궁극적으로 그렇게 구성되는 자연이 다수가 동의할 수 있는 방식의 표현과 자연실재로서의 불인정이 발생하지 않아야 할 것이다. 과학자들에 의해 주장되거나 구성되는 바의 자연실재가 인정/불인정의 논의가 종결된 이후에는 새로운 시대와 새로운 과학자 진영이 나올 때까지는 일사부재의(一事不再議)의 원칙이 준수되어야 할 것이다. 이런 입장은 어디까지나 진리의 관점에서 비진리를 주장하는 진영에 대해 준엄한 심판을 가할 수 있다는 것이다. 그래야만 허무맹랑한 혹세무민하는 주장들이 제거될 것이기 때문이다.

2. 과학기술사회학의 발전방향

1970년대 이후 과학기술사회학의 주류적 이론/방법론으로 발전해 온 사회적 구성주의는 앞에서 살펴보았듯이 많은 기여에도 불구하고 또한 많은 문제점들도 지니고 있다고 판단된다. 따라서 향후 과학기술사회학이 더욱 의미 있는 학문적 프로젝트로 발전하기 위해서 취해야 할 연구방향을 모색해 보고자 한다. 이러한 모색은 과학지식의 인식론적 성격을 둘러싸고 신경질적인 논쟁만을 되풀이 해 왔던 "과학전쟁"이 간과한 과학기술과 사회의 또 다른 측면들을 부각시킴으로써 결과적으로 "과학전쟁"이 야기한 소모적인 논쟁을 넘어서고자 하는 시도의 일환이기도 하다.

"과학전쟁"의 진행과정 속에서 과학이 사회에 어떠한 영향을 미치는가에 대한 논의는 거의 이루어지지 않은 채 단지 과학지식 그 자체의 성격을 둘러싼 논란에만 초점이 맞추어짐으로서 과학과 사회를 둘러싼 더 풍부한 논의들이 지나치게 제한된 범위로 축소되는 결과가 야기되었다. 물론 이것은 앞에서 살펴본 사회적 구성주의와 관련이 있다.

지금까지 과학기술사회학을 주도해온 사회적 구성주의는 단지 과학기술 지식의 사회적 구성과정을 분석하는 데 초점을 맞춤으로써 현재 사람들의 삶에 매우 중요한 영향을 미치고 있는 과학기술이 발생시키는 문제들에는 별로 관심을 기울이지 않고 있다는 점이 지적되곤 한다. 이와 관련하여 특히 기술정치학자인 위너(L. Winner)가 사회적 구성주의는 새로운 과학기술의 등장이 인간의 지각, 인간사회의 구조, 일상생활의 질, 그리고 사회에서의 권력의 배분 등에 중요한 영향을 미치게 된다는 점에 거의 주목하지 않고 단지 과학기술지식의 기원에 대한 사회학적 탐구에 만족하는 경향이 강하다고 비판한 것은 정곡을 찌른 것이었다고 생각한다.

과학기술 지식의 구성과정에 사회문화적 요인들이 어떠한 영향을 미치는가에 대한 분석도 물론 중요하지만, 특히 지금과 같이 과학기술이 인간과 사회, 그리고 생태계에 엄청난 영향력을 행사하고 있는 이러한 상황에서는, 과학기술이 미치는 영향에 대한 과학적이고 체계적인 분석이 그 어느 때보다도 절실하게 요청되고 있다.

아울러 지적하고 싶은 점은 과학기술의 제도(institutions)에 대한 분석이 갖는 중요성이다. 사실 과학지식의 사회학은 과학지식의 내용이 아니라 과학을 둘러싼 제도만을 분석대상으로 하는 머튼의 과학제도의 사회학에 대해 강한 비판의식을 가지고 출발하였다. 머튼과 그의 제자들에 의해 수행된 과학제도의 사회학이 기본적으로 과학의 권위를 정당화해 준다는 점에서 보수적인 성격을 가지고 있는 것으로 인식되었던 것이다.

그런데 이처럼 서구의 학계에서는 과학제도의 사회학을 극복하려는 노력의 일환으로 사회적 구성주의가 출현했던 것과는 대조적으로, 우리나라의 경우에는 과학제도에 대한 거의 아무런 연구도 이루어지지 않은 상태에서 사회적 구성주의의 과학제도 사회학에 대한 비판이 먼저 소개됨으로써 과학제도에 대한 분석이 갖는 의미가 격하되는 결과가 초래되었다. 그러나 사실상 현대 사회의 가장 권위 있는 제도 중의 하나인 과학기술의 제도에 대한 분석은 과학기술과 사회의 관계를 설명하고자 하는 과학기술 사회학이 반드시 포함해야 할 연구영역이다. 예컨대 과학기술자 내의 위계와 불평등구조, 보상구조, 연구비의 흐름구조, 재생산구조, 인적 연결망구조 등 과학기술의 제도적 측면들은 과학기술사회학이 적극적으로 끌어안아야 할 연구영역이다. 이러한 과학기술의 제도연구는 과학기술의 제도 자체의 문제점과 아울러 그것을 둘러싸고 있는 사회제도 전체의 문제점을 파악하는 데 도움이 될 것이다.

1960년대 이후 유럽에서 발전된 과학기술사회학은 초창기에는 과학기술의 민주화와 같은 실천적인 문제들에 많은 관심을 보였다. 그러나 최근 몇몇 과학기술학 연구자들은 현재의 사회적 구성주의가 지나치게 난해한 인식론의 덫에 빠져 원래의 실천적 문제의식은 점점 사라지고 이제는 아카데미즘에 함몰되고 말았다는 비판을 제기한 바 있다. 이들 비판자들은 물론 사회적 구성주의의 긍정성과 강점을 전혀 인정하지 않는 것은 아니지만, 지난 1960년대 후반 이후 활발하게 제기되었던 과학기술과 사회의 관계에 대한 실천적 문제의식과 그것에 대한 이론화가 사회적 구성주의로 계승되지 못한 상태에서 사회적 구성주의가 아카데미즘의 맥락 안에서 "순화"되어 버렸음을 아쉬워하는 것이다.

과학기술사회학이 단지 학문적인 영역에만 안주하려는 것이 아니라면, 과학기술과 사회의 관계를 둘러싸고 제기되는 실천적 관심을 복원해야 한다. 사회적 구성주의는 이미 지나간 과거의 과학기술논쟁을 회고적으로 분석하는 사후적 설명에 그친다는 비판이 종종 제기된 바 있다. 그러나 바로 이 순간에도 과학기술과 사회는 다양한 상호작용을 계속하고 있고, 그 속에서 과학기술의 민주화에 대한 사회적 요구도 증대되고 있다. 과학기술 지식의 사회적 구성과정에 대한 인식론적 논의나 사후적 분석에만 머무는 것이 아니라 이처럼 현재 진행되는 과학기술의 민주화 요구에 대한 실천적 관심을 복원하는 것이야말로 과학기술사회학이 "과학전쟁"을 넘어서 새롭게 발전할 수 있는 길이다.

3. 과학기술 연구윤리: 천안함 사건을 사례로

과학기술자의 연구 행위도 인간의 행위인 만큼 도덕적 평가를 피할 수 없다. 또한 과학기술의 성과물도 인간이 향유할 수 있는 권리이기 때문에 과학기술자 자신뿐만 아니라 타인과의 관계성 속에서 정당함을 인정받아야 한다. 이런 이유들 때문에 과학기술자의 연구는 도덕적 논의의 대상이 된다. 현대 사회에서 과학기술은 과학기술자만의 전유물이 아니다. 시민, 정부, 과학자 모두가 과학 정책에 관심을 가질 뿐만 아니라 정책에 직·간접적으로 영향을 주고받고 있다. 시민 또는 일반 대중은 그들의 이익을 위해 선거를 통해 선출된 관료의 정책에 영향을 준다. 대중을 설득하지 못한 과학기술은 이런 프로세스에서 많은 손해와 불이익을 당하게 되며 이러한 방식으로 시민, 정부, 및 과학계가 서로 연계되어 영향을 주고받는다.

일반 대중을 설득하고 동반자로서 과학기술계가 발전하기 위해서는 과학기술윤리라는 중요한 사회적 합의를 시민, 정부, 및 과학기술계가 도출해 내야 한다. 과학기술자들의 연구 태도에서 취하는 윤리적 관점과 결단은 사회의 미래에 아주 중요하다. 그렇기 때문에 과학기술자의 사회적 책임과 연구윤리는 중요하게 다루어지지 않으면 안 된다. 이를 위해 과학기술윤리의 철학적, 윤리학적 배경과 핵심 논점들을 살펴보자. 또한 오늘날의 연구는 연구소와 실험실이라는 공동체에서 실행되고 있으므로 과학기술 공동체 내에서의 연구윤리도 살펴볼 필요가 있다. 이러한 연구윤리는 윤리적, 법적, 및 사회적 함의(ELSI)라는 이름으로 오늘날 심도 있게 연구되고 있지만, 먼저 과학기술 주체의 연구윤리 중 연구의 진실성 문제를 살펴보겠다.

과학사회학에서는 과학 공동체에 관해서 연구한다. 특히 과학 공동체가 지식을 생산하고 유통시키는 과정, 그리고 그러한 과정에서 발생하는 과학기술 지식과 권력의 관계, 과학기술의 결과물에 대한 사회 구성원의 소유 내지 혜택의 공유 문제 등을 다룬다. 과학사회학에서 지식의 생산과 유통에 관한 문제는 주로 사회적 인식론의 문제가 되지만, 지식 생산에서의 과학자의 진실과 허위 내지 위선은 도덕의 문제가 된다.

1980년 이후로 과학의 대중화와 과학 공동체의 시장 경쟁 원리와 금전적 이익이 과학자에게 중대한 관심사가 되었으므로 전통적으로 순수하게 보아 주었던 과학계는 더 이상 순수한 상아탑내의 제도라는 인식을 넘어서게 되었다. 따라서 과학기술과 관련된 이익의 문제는 경제학적 문제일뿐만 아니라 일반 대중을 포함한 사회 전체의 권리의 문제, 즉 분배적 정의의 문제가 되었다. 또한 위에서 과학전쟁이라는 이름으로 전개된 논쟁과 관련해서도 과학자의 진실성은 중요한 검토 사항이 되었다. 과학자가 자료를 위조하거나 허위인 줄을 알면서도 사실이라고 주장하는 경우에 부도덕하다고 말해진다. 그러한 부도덕한 행위가 자신의 이익이나 명성(즉 인기)를 위해서라면 비판받아 마땅하다. 왜냐하면 그러한 행위는 타인, 나아가서 사회를 기만하는 일이 되기 때문이다.

이러한 문제로 인해 과학기술윤리의 필요성이 대두되었다. 과학기술윤리는 과학기술의 산업화로 인한 연구윤리의 변질 내지 타락을 막기 위한 과학자의 암묵적인 약속이다. 연구윤리에 관한 가장 일반적인 논의는 머튼(R. Merton)의 과학의 규범 구조에서 찾아볼 수 있다(Merton(1973). 그는 과학 공동체는 합리적이고 객관적인 지식을 산출하며 현대 사회가 지향해야 할 민주주의 모델을 제공한다고 주장했다.

그는 과학 공동체의 규범을 다음과 같은 네 가지로 제시했다.
(1) 공유주의(Communism): 과학자들은 데이터와 연구 결과를 서로 공개하고 공유한다.
(2) 보편주의(Universalism): 정치적·사회적 요인들은 과학적 아이디어 또는 개인 과학자를 평가하는데 아무 역할을 하지 못하며, 과학적 성취 그 자체에 의해서만 평가된다.
(3) 무사무욕(Disinterestedness): 과학자들은 오직 진리 추구에만 관심을 두며, 개인적 또는 정치적 이해관계를 추구하지 않는다.
(4) 조직화된 회의주의(Organized Skepticism): 과학자들은 높은 표준의 엄밀성과 증명을 추구하며, 충분한 증거 없이 어떤 신념을 받아들이지 않는다.

하지만 이러한 규범은 현실의 과학계에서는 잘 지켜지지 않는다. 통상 규범이란 과학자들이 자신의 특정한 행위를 정당화하기 위하여 맥락에 따라 가변적으로 사용하는 주장이 되곤 한다고 멀케이는 주장하였다(Mulkay(1976)). 그는 머튼이 주장하는 바의 규범의 제도화를 경험적 연구를 통해 비판하였다. 머튼의 이상적인 과학 공동체는 학문적 과학에서 이상화된 것인데, 그것은 산업화된 과학기술의 시대에는 적용하기 어렵다. 1980년대 말 이후의 과학적 산물들, 특히 전자공학의 산물은 연구 결과의 상업화에 크게 기여하였다. 과학기술자들은 이러한 상황에서 서로의 이해관계를 더 넓히는 쪽으로 그들의 규범을 정의하기 시작했다.

과학기술계의 현실은 이상과는 사뭇 다르다. 과학기술자에게 도덕성을 요구하는 것은 도덕성 자체를 위해서가 아니라 과학기술 자체를 위해서 과학기술자에게 윤리적 기준이 필요하기 때문이다. Resnik(1998, ch.4)은 과학기술윤리의 원칙 열두 항목을 제시하고 있는데, 이를 간략히 정리하면 다음과 같다.

(1) 정직성(Honesty): 과학기술자는 데이터나 연구 결과를 조작, 위조, 또는 왜곡하지 말아야 한다.
(2) 조심성(Carefulness): 과학기술자는 연구에 있어서 오류를 피해야 하며 결과 제시에 신중을 다해 표현하여야 한다.
(3) 개방성(Openness): 과학기술자는 데이터·결과·방법·아이디어·기법·도구를 공유해야 한다.
(4) 자유(Freedom): 과학기술자는 어떤 문제나 가설에 대한 연구든 자유롭게 수행해야 한다.
(5) 신뢰(Credit): 성과를 내어 신뢰를 받아야 할 사람에게는 신뢰가 부여되어야 한다.
(6) 교육(Education): 과학기술자는 예비 과학기술자들을 교육시키고 그들이 더 나은 과학기술을 수행할 방법을 확실히 배우도록 도와주어야 하며 대중에게도 교육할 의무가 있다.
(7) 사회적 책임(Social Responsibility): 과학기술자는 사회에 대해서 위해를 끼치지 말아야 하며 사회적 이익을 창출하도록 노력해야 한다.
(8) 합법성(Legality): 연구 과정에서 과학기술자는 자신의 연구에 적용되는 법을 준수해야 한다.
(9) 기회(Opportunity): 어떤 과학기술자라도 과학기술 자원을 사용하거나 과학기술 연구에서 승진할 기회가 부당하게 거부되어서는 안 된다.
(10) 상호존중(Mutual Respect): 과학기술자는 동료를 존중해야 한다.

(11) 효율성(Efficiency): 과학기술자는 자원을 효율적으로 사용해야 한다. 연구 결과를 일부러 여러 편으로 쪼개어 발표한다든지 미세한 수정을 통해서 여러 편의 상이한 논문으로 만들어서는 안 된다.

(12) 실험 대상에 대한 존중(Respect for Subjects): 과학기술자는 인간을 실험 대상으로 사용할 때 인권이나 존엄성을 침해해서는 안 된다. 동물 시험에 대해서도 동일하게 적용되어야 한다.

대학교육이 보편화되었고, 교통, 정보통신, 방송 등이 고도로 발달하여 일반대중의 과학기술에 대한 기본적인 소양과 관심이 획기적으로 높아진 오늘날 과학기술의 연구방법은 개인 중심적인 방식에서 벗어나, 자본집약적이고 프로젝트화된 거대 과학기술이 주류가 되어 있다. 현대의 이러한 거대 과학기술은 과학은 진리이며 진보한다는 전통/근대성의 이분법과 일반인/전문가의 구별에 근거하고 있다. 특히 현대 과학기술은 산업사회를 발달시킨 핵심 원동력이고 과학기술 전문가에 의해 성취되어 왔다는 생각 속에는 과학기술자의 권위를 인정하고 무비판적인 태도가 형성되는 이유가 되었다. 이러한 태도는 현대 사회에 위험을 초래하게 되어 현대 사회를 위험사회라는 개념으로 규정할 수 있다.

현재의 거대 과학기술은 스스로 초래한 여러 문제들 속에서, 특히 과학기술로 인해 발행한 위험들(가령 핵폭탄과 같은 대량살상무기, 생명복제, 유전자변형식품 등) 때문에 더 이상 과거에 누리던 무소불위의 대중에 대한 권위를 누리지 못하게 되었다. 과학기술화가 진전되면서 체계적으로 생성된 외부적 불확실성은 현실의 외부적 관계들을 확대시켰다. 그 결과 과학기술은 현대의 대중 사회에서 스스로 초래한 현대의 많은 논쟁들에 대해 신속하고 확실한 해답을 제공하지 못하고 있다. 따라서 과학기술계 내부에서 형성된 회의주의적 입장을 대중 사회와의 외부적 관계로 확장하지 않을 수 없게 되었다. 이런 점에서 현대 과학기술에 대한 성찰이 요구된다.

이처럼 현대의 과학기술이 인류에게 예기치 못한 부작용이나 위험을 초래할 수 있는데, 이러한 사회에서 국가는 국민에 대한 안전 보장을 해 줄 수 없게 되는데, Beck(1997)은 이렇게 국민의 안전 보장에 실패한 사회를 위험사회(risk society)라 말했다. 산업 사회를 지탱해 주는 오늘날의 자본주의 사회에서는 인간의 욕망이 절제되지 않고 극도로 추구되는 것이 허용되는데, 이 때문에 성 범죄뿐만 아니라 과학기술자들의 무모한 탐구 내지 실험 시도도 있을 수 있다. 우리는 이차세계 대전을 통해서 핵무기의 위험성을 경험했으며, 체르노빌과 같은 원자력 발전소의 사고로 인한 인명 피해도 겪었다. 생명 복제로 인한 인간의 존엄성 상실의 위기도 맞이하고 있으며, 유전자 변형식품으로 인해 인간의 품성이 어떻게 변화될지 모를 위기에 처해 있기도 하다. 이와 같은 위험사회가 도래한 이유를 벡은 '일차적 과학기술화'(벡 자신은 과학화라고 말하고 있지만 필자의 입장에서 과학기술화라고 하겠다)에서 그 원인을 찾는다. 일차적 과학화란 과학은 진리 및 진보와 동일시하는 것으로 그 근간에는 전통/근대성의 이분법과 일반인/전문가의 구분이 놓여 있다. 전통/근대성의 이분법은 과학기술이 인간에게 계몽을 가져 왔으며 과학기술자의 지식은 전통적인 지식보다는 우월하다는 생각에 근거한 이분이다. 이러한 구분으로 근현대인들은 전통 지식보다 근대 지식이 더 우월하다는 것을 당연시해 왔다. 또한 이러한 점과 더불어 근현대인들은 과학기술자는 전문가로서의 지식과 식견을 가지고 있음을 당연히 인정하는 태도를 보여 왔다. 우리는 이러한 일차적 과학화가 과학기술자에게 무절제한 탐구를 시도할 수 있는 여지를 준 것으로 이해할 수 있다.

일차적 과학화는 자본주의의 심화 더불어 많은 부작용이나 위험을 초래하고 있으므로, 우리는 이에 대해 적절한 대비책을 마련하여야 한다. 더구나 오늘날은 산업자본주의를 넘어, 지식/금융 자본주의로 변화되어 가는데, 이 시점에서 과학기술로 인해 형성되는 부(wealth)의 불평등 문제가 삶의 전부분에 걸쳐 부조화를 심화시키기도 한다. 우리는 이러한 위험사회에서 문제가 발생하는 순간순간마다 단기적인 대중요법에 급급해 하고 있다. 하지만 이제 우리는 진정한 해결책을 모색하기 위해 중장기적인 대책 마련을 위한 총체적 논의과정을 거쳐야 한다. 지금까지의 목표 중심적이며 일(즉 프로젝트) 중심적인 사고방식을 벗어나야 한다. 사라져 버린 과정에 대한 중시를 회복해야 한다. 현금의 심화된 자본주의 정치 시스템은 그러한 과정의 지난함을 허용하지 않지만, 일반 국민을 포함하여 과학기술 전문가들의 국민적 합의를 도출하는 과정이 있어야 조금이라도 위험을 피할 수 있게 될 것이다.

문명사적으로 알프스 고지대 협곡, 땅도 거칠고 위험이 많아 생계유지가 어려운 그 땅에 사람들이 정착한 가장 그럴 듯한 해석은, 자기보다 힘 있는 이웃에게 복종하는 대신 자유롭게 살 수 있는 황무지의 불확실한 삶을 택했다고 포퍼는 말하는데, 도시화된 문명이 본질적으로 가질 수밖에 없는 해악을 피하는 방법 중 하나는 바로 도시에서 떠나는 일이 아닌가 한다. 물론 이러한 도피적인 해결책도 하나의 해결책이긴 하지만, 지속 가능한 도시화된 문명을 유지할 수 있는 대책이 전혀 불가능한 것을 아닐 것이다.

오늘날의 사람들이 이러한 문제의식을 갖고 있기에 현대의 거대한 과학기술은 스스로 초래한 여러 가지 문제들 속에서 더 이상 이전에 누리던 무소불위의 대중적 권위를 누리지 못하게 되었다. 과학기술화가 진전되면서 체계적으로 생성된 외적 불확실성은 현실의 외적 관계들, 즉 대중 사회로 확산되었다. 그 결과 원전 사고, 광우병, 유전자변형 식품 등에 이르기까지 과학기술은 스스로가 초래한 현대의 많은 논쟁들에 대해서 신속하고 확실한 해답을 제공해 주지 못하고 있다. 따라서 과학기술은 자신 내부에서의 회의주의적 입장을 대중 사회와의 외적 관계로까지 확장하지 않을 수 없는 상황을 맞이하게 되었다. 그래서 Beck은 과학기술은 성찰이 요구된다고 주장한다.

위험사회를 극복하기 위한 성찰적 과학기술은 기존의 이분법적인 일차적 과학기술화를 버리고 일반인들을 과학기술 공동체 내의 공동 생산자로서 받아들여야 한다. 이러한 철학적 배경으로 오랜 동안의 환경 운동을 통해 대안적 지식을 축적한 환경 전문가, 에이즈 환자의 권리 운동을 해 온 에이즈 전문가 등이 출현하게 되었다.

벡의 위험사회론과 맥을 같이 하는 Ravetz and Funtowicz는 '탈정상과학(post-normal science)' 라는 개념으로 새로운 대안의 필요성을 설파한다. 그들은 확실성과 안전성을 보장하던 기존의 낡은 패러다임은 더 이상 타당하지 않다고 다음과 같이 말하고 있다. "사실은 불확실하고, 가치는 논쟁 중이며, 이해관계는 첨예하게 대립 중에 있으며, 결정은 긴급한 그러한 국면이 현대 [과학기술]이 맞이한 상황이다"(Ravetz(1999)).

Funtowicz and Ravetz는 위에서 말한 과학기술의 현 상황의 사례들에 적합한 탐구방법론을 규정하려고 시도하고 있다. 그들은 쿤의 과학혁명론에서 차용하여 탈정상과학을 규정한다. 탈정상과학은 혁명적 과학을 통해서가 아니라 해소될 수 없는 지식과 이해의 간극에 대한 잠재성을 인식하는 과정으로서의 과학이다. 그 개념에 의하면 우리는 과학이 기초하든 기초하지 않든 세계의 모순적 관점들을 해소하거나 없애려 할 필요는 없다. 대신 다중의 관점들을 같은 문제 해결 과정 속으로 통합해야 한다.

그 탐구방법론은 일차적으로 지구 온난화에 관한 토론과 가용 정보가 부족한 여타의 유사한 장기적인 논제들의 맥락에서 적용된다. 그 주창자들에 따르면, '탈정상과학기술'은 과학기술이 그 경계를 확장하여 달라진 타당화 과정, 관점, 지식 유형들을 포함한다. 특히 그것은 과학적 전문성과 대중의 관심 사이의 간극이 메워지기를 기대한다. 따라서 탈정상과학기술은 어떤 문제에 대해 모든 당사자들, 즉 과학기술자, 언론인, NGO 활동가, 주부 등이 그들의 형식적 자격이나 소속에 관계없이 서로 대화하는 것으로 이루어진다. 탈정상과학기술에서는 과학기술의 질적 평가는 더 이상 과학기술자만의 책임도 권리도 아니다. 왜냐하면 과학자 역시 불확실성과 위험 상황에 노출되어 있는 아마추어이기 때문이다. 따라서 이러한 질적 평가를 위하여 전문가로만 구성된 좁은 과학기술 공동체가 아닌 '확대된 동료 공동체(extended peer community)'가 요구되고, 이 공동체는 구성원들이 수집한 우연한 증거와 통계까지 포함하는 확대된 사실을 이용할 것이다. 이것은 결코 과학기술자들의 연구 작업을 훈련받지 않은 사람들에게 넘겨준다는 뜻이 아니다. 오히려 과학기술을 실험실에서 끌어내어 과학기술의 사회적·정치적·문화적 측면에 대해 모두가 참여하여 논의하고 고민하는 것을 의미한다.

확대된 동료 공동체의 역할이 중대함을 우리는 2010년 3월에 발생한 천안함 사건을 통해서 잘 이해할 수 있다. 이 사건의 조사에 대해서 과학기술적 분석 결과에 대한 검증이 최종적으로 완료되지 못하고 있다. 그 이유는 정부측의 합동조사단의 견해와 일반 과학기술자·언론 등의 비정부측의 견해가 대립되고 있기 때문이다. 천안함 사건에 대한 과학적 설명을 구성하는 많은 요소들이 있지만, 여기서는 '1번' 글씨의 잔존/소멸 논쟁 및 그와 관련된 논쟁만을 살펴보기로 한다. 이에 대한 더 상세한 자료는 부록 1로 첨부되어 있다. 과학공동체의 의사집성과정 또는 논의 종결이 어떻게 이루어지는가를 천안함사건을 통해 살펴보는 것은 사회적인식론과 STP의 올바른 이해에 도움이 된다. 현재까지의 토론 전개가 어느 편이 옳고 어느 편이 틀렸다는 취지에서 살펴보는 것이 아니다. 천안함사건이 확대된 동료공동체와 과학기술윤리의 의의와 문제성을 이해하는데 좋은 자료가 되기 때문이다.

미국 버지니아 대학교 이승헌 교수(물리학과), 캐나다 매니토바 대학교 양판석 박사(지질과학과) 등이 공동조사단의 사건 조사 발표에 대해 문제제기에 계속해 왔다. 이러한 문제 제기에 수세적인 해명만 내놓던 정부와 침묵하던 <조선일보> 등의 보수 언론이 포문을 열었다. 이것은 천안함의 침몰 원인을 놓고 진행 중인 '진실 게임'에 불을 붙인 것이 되었다.

송태호 KAIST 교수(기계공학과)는 2일 민군 합동조사단이 천안함 침몰의 원인이라고 내놓은 어뢰의 '1번' 글씨가 폭발 당시 타지 않은 이유를 놓고 "1번 글씨가 쓰인 (어뢰의) 뒷면은 폭발 후 온도가 단 0.1도도 올라가지 않았을 것이라는 결론을 도출했다"고 밝혔다. 그는 이런 내용이 담긴 '안함 어뢰 1번 글씨 부위 온도 계산'이라는 논문도 냈다.

송태호 교수의 이 논문은 KAIST 기계공학과 교수 26명으로부터 "옳다고 본다"는 추인을 받았다. 송 교수와 KAIST 교수들은 사실상 국방부와 합동조사단을 대신해서 이승헌 교수 등이 "어뢰 폭발로 방출된 열로 1번 글씨의 잉크는 타버릴 수밖에 없다"고 주장한 것을 정면 반박한 것이다. 또 <조선일보> 등은 이런 시도를 대서특필했다.

그렇다면, 이런 송 교수의 주장은 <조선일보> 등의 보도처럼 반박의 여지가 없는 것일까? 사실은 그렇지 않다. 송태호 교수와 마찬가지로 기계공학과에서 '열(熱)전달'을 연구하는 한 과학자는 3일 <프레시안>과의 인터뷰에서 송 교수의 주장을 조목조목 반박했다. 그는 "위계적인 한국의 대학 사회에서 당할 수 있는 불이익 때문에, 정부를 대리한 송 교수처럼 실명을 밝힐 수 없는 점을 이해해 달라"고 독자에게 양해를 구했다.

이 과학자는 "송태호 교수는 '어뢰 폭발'이라는 특이한 현상을 이론상으로만 존재하는 '이상기체(ideal gas)'에 근거한 화학 반응으로 해석하면서 엉뚱한 결론을 내놓았다"고 지적했다. 실제로 송 교수는 어뢰 폭발로 발생한 에너지가 똑같은 온도를 가진 이상기체로 변화하고, 이 이상기체의 움직임을 '충격파'로 가정했다.

이 과학자는 "송 교수의 가정과는 다르게 어뢰는 폭발 효과를 극대화하고자 섞는 20~25%의 알루미늄 분말의 비산 효과 때문에 순수 기체가 아니라 준액체의 효과를 나타내 이상기체의 화학 반응과 다를 수밖에 없다"며 "합동조사단이 '폭발 중심이 20만 기압에 달한다.'고 가정한 것도 바로 이런 특별한 폭발에서 나타나는 화학 반응을 염두에 둔 것"이라고 지적했다.

이 과학자는 ""그러나 송 교수는 이상기체의 화학 반응으로 가정을 하다 보니, 폭발 중심의 압력은 합동조사단의 10분의 1 수준인 2만 기압 정도로 가정했고, 이런 식으로는 폭발 때의 현상을 설명할 수 없는 모순에 빠진다"고 지적했다. 즉, 송 교수의 가정대로라면, 어뢰 폭발을 제대로 재연할 수 없다는 것이다. 요컨대, 송 교수의 주장은 잘못된 가정으로 엉뚱한 결론을 내놓았다는 것이 그의 주장이다.

이 과학자는 구체적으로 송태호 교수 논문의 모순도 지적했다. 그는 "송 교수는 논문의 2쪽에서 어뢰의 TNT 폭발로 인한 충격파가 초당 수 ㎞(킬로미터)에 달한다"고 언급해 놓고서, "정작 12쪽에서는 충격파가 어뢰의 후면에 있는 디스크(막)에 닿는 시간을 0.0071초로 계산하고 있다"고 지적했다.

그는 "일반적으로 알루미늄 분말이 들어간 TNT가 폭발할 경우에 실험으로 얻어진 충격파의 속도는 초당 5~7㎞이고, 이런 충격파가 어뢰 5.47m를 이동해 디스크에 도달하는 시간은 0.0071초가 아니라 그 10분의 1인 0.0009초에 불과하다"고 지적했다. 가정을 잘못하다 보니, 송 교수의 논문 안에서 모순이 생긴 것이다.

그는 "또 송 교수는 6쪽에서 선저에 0.1기압(0.01MPa, MPa는 메가파스칼이라는 압력의 단위)이 가해진다고 주장했는데, 이 정도의 기압은 천안함 하단의 강철의 변형을 가져오기에는 턱없이 부족한 압력"이라고 지적했다. 그는 "실제로 천안함 프로펠러를 제작한 업체 가메와는 '400Mpa 정도의 압력이라야 프로펠러에 영구 변형을 가져올 수 있다'고 밝히고 있다"고 덧붙였다.

즉, 송태호 교수의 논문대로라면, 해당 어뢰는 폭발을 했더라도 천안함을 침몰시키기에는 턱없이 모자란 충격파만 내놓는다. 따라서 송 교수의 논문은 합동조사단의 ""버블제트(물기둥) 효과를 낳는 최신형 어뢰가 천안함의 침몰 원인"이라는 핵심 주장 자체를 정면 반박하는 것이 된다.

이 과학자는 "송태호 교수 논문의 허점은 이뿐만이 아니다"라며 "한 가지만 더 언급하겠다"고 덧붙였다. 그는 "송 교수의 결론은 어뢰의 폭발이 거의 대부분 바닷물의 운동에너지로 변하는 것으로 되어있다"며 "송 교수의 결론대로 충격파의 압력이나 온도가 낮게 나온다면 결론적으로 버블제트 효과를 내는 어뢰는 없는 셈"이라고 지적했다.

이 과학자는 "송태호 교수는 논문의 말미에 '항간의 서투른 계산으로 잘못되었고, 해당 분야의 전문 지식이 부족한 자들이 여론몰이를 할 경우 한국 사회가 낙후되어 있는 것이다'라고 얘기했다"며 "그러나 단언컨대 진정한 전문가라면 송 교수처럼 저렇게 얘기하지 않는다"고 비판했다.

이 과학자는 "과학자라면 항상 열린 의식을 가지고 초등학생의 하찮은 질문이라도 대화하는 모습을 보여주는 것이 옳은데, 송 교수는 자신도 폭발 분야의 전문가가 아니면서 마치 자신이 지식을 독점하고 있는 것처럼 행세하고 있다"고 꼬집었다. 그는 "아무리 해당 분야의 전문가라도 실수할 수 있기 때문에 '동료 검토(peer review)'가 있는 것"이라고 덧붙였다.

이 과학자는 "실제로 송 교수는 자신이 전문가라고 하면서 정작 폭발 문제의 전문가가 아니기 때문에 위에서 지적한 것처럼 이상기체의 화학 반응에 근거해서 어뢰 폭발 상황을 분석하는 오류를 범했다"며 "송 교수의 논문은 비현실적인 가정으로 천안함 '1번' 글씨를 둘러싼 온도 문제를 제대로 설명하지 못한다"고 단언했다.

한편, 이 과학자는 KAIST 교수 26명의 '추인'을 놓고도 이렇게 해석했다. 그는 "26명의 기계공학과 교수들이 '송 교수의 주장 자체가 옳다'고 본 것이라기보다는 송 교수가 '특정 가정에 기초해서 결론을 얻는 과정이 논리적으로 문제가 없다'고 본 것뿐"이라고 설명했다. 그는 "물론 이런 추인에는 정치적 의도가 있었을 것"이라고 덧붙였다.

　무엇이 천안함을 침몰케 했는가에 대한 합동조사단의 발표에 반대하는 의견이 전문과학기술자로부터가 아니라 일반인의 상식으로부터 '좌초설'이 제기되어 왔다. 박사학위는 없으나 현장 경험이 풍부한 신상철 이종인 씨가 그러한 주장을 해왔으며, 그러한 주장은 러시아 전문단의 결론과도 같다. 합동조사단은 북한 어뢰설을 주장해 왔는데, 그 조사단의 구성원들의 박사학위만 20개가 넘는다. 이 두 그룹에 제시하는 증거들의 성격 또한 판이하게 다르다. 전자는 상식인이라면 이해할 수 있는 생존한 병사와 죽은 병사 시신의 깨끗한 상태, 물기둥이 없었던 점, 스크루 날개의 손상 상태, 프로펠러의 축에 감겨 있던 어선 그물 등을 내세웠다. 후자가 내세운 것은 어뢰 파편의 쇳덩어리이다.

　그 쇳덩어리는 진실을 감추려고 합동조사단이 내세운 실체가 없는 허깨비이다. 표면의 부식 정도에 대해 이종인 씨는 금속 부식 실험을 통하여 그 쇳덩어리가 물속에서 50일만 있었다는 합동조사단의 주장은 거짓이라고 반박했다. 이것은 러시아 전문가들의 육안에 의한 평가와도 일치한다. 상식인이 보아서는 물에서 몇 년이나 있었을 고철 덩어리가 합동조사단에 의해 북한 어뢰가 천안함을 침몰시켰음을 입증하는 '결정적' 증거로 제시됐다.

　합동조사단의 주장에는 두 개의 논리적 단계가 들어 있다. 첫째, 그 어뢰 파편이 북한제여야 하고 둘째는 그 어뢰가 천안함 바로 옆에서 폭발했어야 한다. '1번' 글씨는 첫 번째를 위해 제시되었고, 흡착물질 데이타는 두 번째를 위해 제시되었다. 따라서 이 중 하나만 틀려도 합동조사단의 주장은 틀리게 된다.

　먼저 그 '1번' 마크는, 상식선에서 생각하면 남한 사람들도 쓸 수 있으니, 민주 사회와 법정에서는 증거로 채택될 수가 없다. 합동조사단도 '과학적인' 분석 결과, 청색 잉크의 색소는 한국 회사인 모나미가 특허를 냈던 '솔벤트 블루5'여서 북한제라고 말할 수 없다며 스스로 그것의 증거 효력을 부정했다.

　송태호 교수가 '1번' 글씨가 안 탈 수 있다고 주장을 하였다. 하지만 그의 계산대로 '1번'이 쓰여 있는 디스크 후면에 0.1도의 온도 상승도 없었다면 폭약이 들어 있는 탄두에서 디스크보다 더 멀리 떨어진 프로펠러에 어떻게 폭약 성분인 알루미늄이 흡착되어 있었는지 설명이 안 된다. 송 교수 주장대로라면 버블의 반경이 어뢰 가장 끝 부분에 있는 프로펠러 부분까지 다다르는 데는 0.15초 정도가 걸리고, 그때는 버블과 폭발에서 파생되는 물질들의 온도는 영하의 온도이게 된다. 이 온도에서는 알루미늄 산화물이 고체 상태가 되어 프로펠러에 흡착될 수 없다. 즉 송태호 교수의 주장은 알루미늄 산화물이 폭발 결과 붙었다는 합동조사단의 주장과 상충한다. 더욱이, 합동조사단은 어뢰 외부의 페인트가 열로 인해 다 타버렸다고 주장했는데, 송 교수의 결과는 이와는 정반대를 예측한다.

그렇다면 무엇 때문에 송 교수는 어뢰 폭발이 일어나도 근방의 온도는 올라가지 않는다는, 항간의 믿음과는 반대되는 계산 결과를 얻었을까? 이는 모든 폭발 과정은 비가역 과정임에도 불구하고, 버블 안과 바닷속의 압력이 언제나 동일하게 유지되면서 팽창이 비교적 천천히 일어난다는, 교과서적인 가역과정에서 유도된 $PV\gamma=C$라는 식을 송 교수가 이용했기 때문이다. 물리학과 학부 3학년 학생 정도이면 프로펠러에 도달하는 초기 버블 가스 팽창 과정은, 버블 내부의 기압이 외부에 비해 10만 배 이상 높기 때문에, 진공으로 기체가 팽창되는 비가역적 과정과 유사하게 됨을 알 수 있다. 이 과정에서는 이상기체이면 팽창 전과 팽창 후의 온도가 똑같다. 비가역적 과정이기 때문에 정확한 계산은 불가능에 가깝지만 근사를 해보면, 버블이 프로펠러에 닿을 때의 온도는 최소한 1,000도에 가까운 고온이 될 것이다.

합동조사단이 제시한 두 번째의 '과학적' 증거인 EDS/XRD 데이터는 특정한 분야에서 최소한 석사학위가 있어야 이해할 수 있는 일반인의 상식 밖의 것들이어서 한동안 막강한 권위와 힘을 합동조사단에게 부여하는 듯이 보였다. 휘황찬란한 박사학위를 건 사람들의 '세계 최초의 발견'이라며 떠벌리는 현란하고, 어려운 설명을 들으면 웬만한 사람들은 기가 죽을 만도 하였다. 그런데 EDS가 전공인 양판서 박사와 XRD가 전공인 이승헌 교수는 합동조사단의 데이터들이 앞뒤가 맞지도 않고 어느 데이터는 조작되었다고 주장한다. 양판석 박사와 이승헌 교수는 자신들의 문제제기에 대한 합동조사단의 반박은 거짓으로 점철됐다고 말한다.

이 천안함 사건 전개 과정을 보면, 박사학위를 가진 두 그룹의 사람들의 활약은 대부분 허깨비에 연관되어 있음을 볼 수 있다. 합동조사단에 속한 대부분의 박사들과 최근의 모 대학의 송 교수는 그 허깨비를 만들고 유지하는 데 노력하고 있고 과학 커뮤니티 웹사이트에 글을 쓴 다수의 과학자들과 양판석 박사와 이승헌 교수는 그 허깨비의 장막을 거두려고 노력한 진영의 인물들이다.

이제는 허깨비 장막 뒤에 숨어 있던 천안함 침몰의 실체를 밝히는 단계로 넘어가야 한다. 이 단계는 이미 시작이 되었다. 그 시발점은, 6월 29일에 합동조사단이 가진 언론 단체 설명회에서 스크루 날개의 변형 상태를 뉴턴의 '관성 법칙'을 들며 설명하였는데, 거기에 있던 비과학분야에서 학사학위만 받은 노종면 기자가 "관성이면 힘 방향이 정반대가 되어야 하지 않느냐"고 핵심을 찌르는 질문을 하였는데,

그 질문이 천안함 침몰 원인의 실체에 접근하는 단계의 시발점일 수 있을 것이다. 그 이후 러시아 조사단 팀도 똑같은 결론을 내렸음을 알 수 있다. 최근에는 합동조사단에 참여하며 스크루 날개 변형 상태를 맡았던 충남대 노인식 교수가 자기 시뮬레이션 결과는 합동조사단의 주장과 다르다는 것을 증언했다.

천안함사건과 관련된 현재까지의 논의는 송태호교수가 이승헌교수에게 '끝장토론'을 하자고 8월 5일 《주간조선》에 이메일을 보냈다는 것이다. 그 메일에서 송교수는 이교수의 반박을 재반박하며 "학회 등 공개된 자리에서 관련 전문가들을 모시고 학자답게 끝장토론을 하자"고 주장했다는 것까지이다. 우리는 천안함사건의 원인규명이 영구미제로 빠질지 아니면 과학적이고 공정하게 종결이 될지 꼭 지켜보아야 한다.

천안함 침몰 진상을 밝히는 데는 박사학위가 필수 조건이 아니다. 상식을 가진 집단의 이성이면 충분하다. 박사학위를 가진 사람들의 역할은 그 와중에 나타나는 허깨비들을 치우는 것 이외에 또 하나가 있다. 그것은 누가 어떻게 그 허깨비를 만들었느냐를 밝히는 것이다. 간단하게 합동조사단의 모의 폭발 실험을 다시 하면 된다. 이러한 모의실험은 아마 우리나라의 정치 상황과 맞물려서 진행될 것이므로 단기간 내에 가능하지는 않을 것이다.

이 사건 전개 과정에서 한국 사회는 탁월한 집단 이성을 보여 주고 있는데, 왜 아직 침몰 진상을 못 풀까? 그 원인은 한국 정부가 관련 정보를 숨기고 있다는 것이 주요 원인 중의 하나이다. 국회의 국정 조사가 필요한데 현 국회는 본연의 임무를 방기하고 있다. '확대된 동료 검토'라는 위험사회의 탈정상과학기술의 상황에서 일반인의 참여는 적극적으로 보장되어야 한다. 이들은 제한된 정보만을 가지고서도 반론을 제기하고 있는데, 그 하나의 단서가 스크루 변형 상태이다. 한국 사회의 일반 상식인들의 집단지성과 정부 당국 간의 대립은 경험의 법정에서 공정한 게임의 규칙에 입각하여 전개되어야 천안함 진상이 규명될 것이며, 이것은 사회적 인식론의 과제에 해당하는 것이어서 집단지성의 의사 집성의 사례가 될 것이다.

이처럼 앞으로의 과학기술은 사회적 인식론의 관점에서 과학기술 자체의 진실성과 과학기술자 간의 윤리 이외에도 대중을 설득하고 대중과 함께 하는 과학기술을 위한 윤리가 요구된다. 대중을 더 이상 무지한 집단으로 간주하는 이분법적 체계에서는 더 이상 과학기술이 유지될 수 없다. 따라서 이러한 대중을 과학 공동체 안에 적극적으로 포함하여 합의되는 더 포괄적인 윤리가 과학기술자와 과학기술 사회에 요구되는 것이다.

4. 과학기술윤리 상론

과학기술윤리는 일반 윤리와는 달리 특별한 윤리이다. 그것에는 과학기술의 목적, 성취 결과, 제도적 지원 정책, 입법 규정 등과 관련해서 좀 더 구체적인 규정이 요구된다. 통상 과학기술윤리의 쟁점들에 관해 다섯 가지로 분류된다.

(1) 과학기술 연구에서의 진실성 유지(Research integrity)

과학기술 연구의 전 과정에서 과학기술자는 주의를 충분히 기울여 정직하고 충실한 연구를 수행해야 한다. 과학기술자는 의도적인 속임수, 부주의, 실수, 자기기만 등으로 인해 문제가 있는 연구 결과를 산출해서는 안 된다. 특히 연구 과정에서 데이터를 날조, 변조 내지 표절(Fabrication, Falsification, and Plagiarism, 줄여서 FFP)한 기만행위는 중대한 과오가 된다. 과학기술 활동에서의 경쟁이 극도로 심화되면서 1980년대 미국에서 여러 건의 대규모 기만행위가 있었음이 보고되어 크나큰 사회적 물의를 일으켰다(김동광역(2007)/Broad and Wade(1982)). 또한 우리나라에서도 2006년에 생명공학에서 줄기세포 복제와 관련된 황우석 사태가 발생하였는데, 이를 계기로 연구윤리의 강화가 사회적으로 요구되었다. 황우석 사태에 관한 자료는 부록 2로 제시되어 있다.

(2) 논문 발표시의 저자표시(authorship) 및 공로(credit) 배분

전문학술지에 논문을 발표하는 것은 과학기술 활동에서 아주 큰 부분을 차지한다. 논문 게제 및 발표 시 발생할 수 있는 윤리 문제는 소장 과학자의 정당한 공로 인정과 명예 저자 표시를 근절하는 것이다. 관습적으로 인정되어 오던 명예 저자(즉 공저자)가 실제의 연구에서 노력과 공헌도가 높은 소장 과학자의 성과를 가로채는 일은 더 이상 용인되어서는 안 된다. 논문 작성시 실질적인 기여 정도에 따라 공로를 합당하게 배분하고 이에 따라 저자 표시가 되어야 한다.

(3) 연구실 내에서의 권위 및 차별

연구개발과정에서 실험실 내지 연구소에서 많은 사람들이 오랜 시간 동안 함께 생활하는 것은 과학적 탐구에서 불가피한 일이 되었다. 이러한 생활과 상하, 수평적 관계 속에서 다양한 윤리적 문제들이 발생될 수 있다. 일례로 지도교수와 대학원생의 관계(mentor-mentee relationship), 성희롱, 기만행위에 대한 내부고발(whistle blowing), 연구원 채용과 고용에서의 형평성·공정성, 가용 자원의 공평한 배분 등이 관련된 사항이다.

(4) 특정 대상이나 연구방법을 포함하는 연구

이 항목은 주로 생물학, 의학, 심리학에 관련된 것으로, 연구대상이 인체 또는 동물과 관련된 실험에서 발생되는 윤리적 문제이다. 인체 대상에 대한 실험의 경우, 피험자의 인권이나 프라이버시가 보장되어야 하므로, 특정 연구가 사회적·윤리적으로 용인될 수 있는 것인지, 그리고 피험자의 인지된 동의(informed consent)가 적절한 절차를 거쳐 이루어졌는지가 중요한 쟁점이다. 동물 실험에 관하여서는 실험 동물에 대한 주의와 배려가 충분히 이루어져 학대가 없어야 할 것이다.

(5) 과학기술자의 사회적 책임

전문직업인으로서의 과학기술자와 사회일반인과의 관계성에서 책임 있는 자세로 행동했는지를 판단하는 근거는 다음과 같은 세 가지로 요약될 수 있다.

- 공공자금을 이용한 연구에서 연구비를 정해진 용도로 지출하였는지의 문제
- 공공성과 생명존중에 반하는 산업 및 군사 연구에 종사하는 과학기술자의 윤리 문제
- 과학기술자들이 사회 전체가 직면한 중요한 문제에 관한 책임 있는 발언을 하고 외부에 독립적인 조언을 제공할 책임에 관한 문제

이상의 과학기술윤리의 쟁점들 중 (1)에서 (3)까지는 과학기술계 내부의 윤리적 쟁점이며, (4)와 (5)는 과학기술계와 대중이 연관된 윤리 문제로서 의료 및 생물 분야에서 최근 부각되고 있다. 이러한 쟁점들을 좀 더 구체적으로 살펴보자.

4.1 연구 진실성

천안함 사건의 진실 규명은 현재 진행 중이지만, 우리 사회는 2005년에 황우석 교수의 논문 조작 사건을 겪으면서 연구 진실성에 관한 관심과 사안의 중대성을 상당히 각성하게 되었다. 과학기술계의 조작 사건은 연구의 진실성 위반 사례라 불린다. 다음은 연합뉴스의 임화섭 기자의 보도문으로 물리학계에서 발생한 사례이다.

"2004년도 국내외를 떠들썩하게 했던 박영 박사의 논문 표절은 세계적 과학저널에 의해 밝혀졌다. 그는 영국 케임브리지대학교에서 방문연구원으로 근무하던 한국과학기술원(KAIST) 출신 재료공학자로서 무려 8건의 논문을 표절한 것으로 밝혀졌다. 또 이를 계기로 전세계 물리학 관련 학회 연합체인 국제 순수 및 응용물리연합(IUPAP)

이 표절사건 대처 가이드라인을 제정키로 결정하는 등 파장이 일파만파로 번지고 있다. 이 학술지는 이어 '케임브리지 물리 연구실서 발생한 표절사건으로 가이드라인 필요성제기(Plagiarism in Cambridge physics lab prompts calls for guidelines)'라는 3면의 기사에서 러시아어 논문과 표절 의혹 논문의 사진을 나란히 싣는 등 이번 사건을 상세히 다뤘다."

과학기술계에서 연구윤리 위반 스캔들은 우리나라뿐만 아니라 미국 및 유럽에서도 있어 왔던 일이다. 대표적인 사례 중 하나는 2002년 과학기술계를 뒤흔든 'Jan Hendrik Schön 사건'이다. 이것은 벨연구소에서 근무하던 독일인 물리학자가 25편의 논문에서 데이터를 조작한 사건이다. 《네이처》와 《사이언스》에 제출된 그의 모든 논문들이 허위로 밝혀져서 쇤은 과학기술계에서 영구 추방되었다.

Schön은 응집물질물리와 나노기술 분야에서 연구를 했다. 1997년 독일 콘스탄츠 대학교에서 박사학위를 받았으며, 2000년 12월 벨 연구소에 들어간다. 2001년에 그는 자신의 이름이 올라간 논문을 8일에 하나 꼴로 발표한다. 같은 해 《네이처》에 분자규모의 트랜지스터를 만들었다는 논문을 발표한다. 이 논문은 얇은 유기 색소 분자 층을 이용하여 전자회로를 구성할 수 있으며, 이 회로에 전류를 가하면 트랜지스터의 특성을 나타낸다고 설명하고 있다. 이 연구는 반도체가 현재의 실리콘 기반에서 앞으로는 유기물 기반으로 교체되리라 예견하는 것이었다. 더 나아가, 실리콘으로는 도저히 불가능한 크기보다 작은 크기에서 유기물 트랜지스터를 만드는 것이 가능하기 때문에 현재 예측되는 한계 이하로 무어의 법칙을 이어갈 수 있다는 것을 말한다. 또한 이것이 가능하다면 전자부품 제조가격도 매우 싸지게 된다.

그의 업적이 출판된 직후 물리학계에서 Schön의 데이터가 수상하다는 소문이 돌았다. 특히 그의 데이터가 너무나 정확하게 맞아 떨어지며 이것은 물리학적으로 모순이라는 것이었다. 버클리 대학의 Lydia Sohn 교수는 Schön이 발표한 온도가 상이한 조건에서 실시한 두 가지 실험이 정확히 같은 노이즈 데이터를 갖고 있다는 사실을 발견했다. 《네이처》의 편집자가 이 사실을 Schön에게 알렸을 때 그는 실수로 같은 그래프를 보냈다고 발뺌했다. 코넬 대학의 Paul McEuen 교수가 또 다른 실험에 대한 논문에서 이 그래프를 다시 찾아냈으며, 결국 Schön의 25개의 논문과 그가 공동저자로 올라간 20개에서 수상한 점이 발견되었다.

2002년 5월 벨 연구소는 스탠퍼드 대학의 Malcom Beasley 교수에게 이 사건의 조사를 맡겼다. 조사 위원회는 Schön이 쓴 논문의 공저자에게 질문지를 보냈으며, 주로 공동 작업을 하던 3명의 공저자를 직접 인터뷰했다. 논란이 된 논문의 데이터 수치 분석이 들어있던 논문 초고를 조사했다. 위원회는 원 데이터의 복사본을 요구했으나 그는 실험실 노트를 보관하고 있지 않았다. 그의 원본 데이터 파일도 그의 컴퓨터에서 지워진 상태였다. Schön에 따르면 하드 디스크 공간이 모자라 파일들을 지웠다고 한다. 또한 그의 실험 샘플은 모두 복원할 수 없도록 훼손되거나 버려졌다.

2002년 9월 25일 위원회는 보고서를 발표했다. 보고서는 24개 의심사례의 세부사항을 담고 있다. 위원회는 최소한 16개에서 부정이 있었다고 결론 내렸다. 한 가지 데이터는 여러 실험의 결과로 재사용된 것을 발견했다. 또한 그래프 중 몇몇은 실제 데이터를 사용하지 않고 수학함수를 사용하여 그린 것을 밝혀냈다.

조사보고서에 따르면 모든 조작은 Schön 혼자서 저지른 것이며, 공동저자들은 모두 이 부정행위와 무관한 것으로 보고하고 있다. 그러나 공동저자들이 Schön의 데이터를 책임감 있게 검토했는지에 대해서는 명확하지 않다. 연구에 깊숙이 관여하지 않은 저자들인 경우에는 그들의 책임을 다한 듯 보이지만, Schön이 일하던 그룹의 책임자에 대해서는 그가 충분히 Schön의 연구결과를 검토하지 않았다는 의문이 제기되기도 했다. 물론 사건이 터진 이후에 연구책임자는 적절히 대응하였으나, 이와 같은 획기적인 연구결과에 대해 미리 충분히 검증하지 않았음이 지적되었지만 공식적인 제제는 없었다. 조사 위원회는 공동저자의 책임에 대해 어떤 명시적인 규율 같은 것이 존재하지 않기 때문에 위원회 자체가 이 문제에 대해서는 해결할 수 없다고 결론지었다.

벨 연구소는 보고서를 받은 당일 Schön을 해고했다. Schön 사건은 이 연구소에서 발생한 첫 번째 사기 사건이었다. 2002년 10월 31일 《사이언스》는 Schön이 쓴 8개의 논문을 거둬들였으며, 2003년 3월 5일 《네이처》 또한 그의 논문 7개를 거둬들였다.

과학에서 진리를 추구하는 과학자가 사기꾼으로 판명되는 경우는 종종 있다. 과학사상 널리 알려진 사기 사건들 중에 가장 큰 희대의 사기 사건은 '필트다운(Piltdown) 사기사건'이다. 1910년대에 영국 필트다운 지방의 변호사이자 아마추어 고고학자였던 Charles Dowson은 유인원에서 현생 인류로 넘어오는 중간 단계의 인류 조상의 것으로 보이는 두개골과 턱뼈 등을 발굴하였다고 발표하였다. 그는 그동안 화석이 발견되지 않아서 이른바 '잃어버린 고리'라 불려온 인류 진화 과정상의 수수께끼를 풀어낸 인물로 고고학계의 찬사를 받았고, 그 화석은 가장 오래된 인류라는 뜻으로 발견자의 이름을 딴 '에오안트로푸스 도스니(Eoanthropus Dowsoni)' 또는 '필트다운인'이라고 불렸다. 그러나 이후 의문을 품은 학자들이 X선 투시검사법, 불소 연대측정법과 같은 여러 첨단 과학기술과 방법들을 동원하여 검증한 결과, 필트다운인의 두개골은 비교적 오래된 다른 인류 조상의 것이었지만 턱뼈는 오랑우탄의 뼈를 가공해서 붙이고 표면에 화학물질을 발라서 오래된 것처럼 꾸몄던 가짜임이 1953년에 밝혀졌다. 사후에 불명예를 뒤집어쓰게 된 도슨이 스스로 조작했는지, 아니면 그도 화석발굴꾼 등 다른 사람에게 속았는지는 아직까지 밝혀지지 않고 있다.

또 다른 대표적이며 독특한 진실성 위반 사례는 노벨물리학상을 수상한 Millikan의 최소전하량 실험이다. 이 경우는 과학계에서 쉽게 간과되어 온 조작 사례인데, 과학기술자의 연구 진실성이 어느 범위까지 고려되어야 하는지를 생각해 보게 하는 하나의 사례이다. Millikan의 최소전하량 측정 실험은 '조작이 진실을 이긴 사건'으로 오랜 동안 세상 사람들의 입에 오르내린 바 있다. 그는 이른바 '기름방울 실험'이라 불리는 유명한 실험을 통하여 전하량의 최소 단위를 이루는 전자의 기본 전하량을 정확히 측정하였다. 20세기 초 물리학계에서는 더 이상 나눌 수 없는 최소 단위의 전하량이 존재하는가에 관하여 치열한 논쟁이 있었다. Millikan은 모든 전하는 기본이 되는 최소 전하량의 배수로 이루어진다고 생각한 반면에 물리학자 Ehrenhaft는 기본 전하량의 최소 단위가 있는 것이 아니라 연속적인 값으로 되어 있다고 주장하였다.

이 두 물리학자는 거의 똑같은 실험을 하였으나 결국 Millikan의 주장이 옳은 것으로 받아들여져 그는 그 공로 등으로 1923년 노벨 물리학상을 수상하였다. 반면 Ehrenhaft는 학문적인 패배에 그치지 않고 정신질환에까지 시달리든 등 불행한 삶을 살았다.

그런데 그 후 Millikan의 실험 노트를 검토한 결과, 그는 자신이 실험했던 모든 데이터를 정확하게 발표하지 않고 자신에게 불리한 것은 버리고 유리한 데이터만을 골라서 사용했다는 비판이 제기되었다. 즉 데이터를 거짓으로 조작한 것은 아니라고 하더라도 자신의 약점을 적절하게 숨긴 쪽이 결벽할 정도로 정직하게 실험한 쪽을 이겼던 바람직하지 않은 경우로 여겨졌고, 이것은 그동안 자연과학적 진리의 객관성을 부정하고 상대주의적 관점을 지닌 일부 과학사회학자들의 좋은 공격거리가 되곤 했다. 그러나 최근의 연구 결과에 의하면, Millikan이 일부 데이터를 발표하지 않은 것은 사실이지만 그 역시 실험상의 엄밀성 등을 고려하여 그렇게 한 것이지, 자신에게 불리해 보이는 수치들을 의도적으로 숨긴 것은 아니라는 주장이 제기되어 기존의 견해를 뒤집고 다시 논란이 되고 있다.

과학기술의 역사에서 이와 같은 조작과 논란의 역사는 과학기술자로서 가져야 할 윤리가 얼마나 중요하고 그것에 관한 교육과 학습이 중차대함을 보여주는 것이다. 따라서 과학기술 탐구에서 진실성에 관한 정의, 방법, 규제 등에 관해서 구체적으로 다루어질 필요가 있다.

오늘날 과학기술 사회 구성원의 일부에는 과학기술 전문 연구자뿐만 아니라 과학기술 관료가 포함된다. 과학기술 관료는 국가의 과학기술 정책을 수립 집행해 가는 파워 엘리트이다. 그들은 과학기술 지식뿐만 아니라 권력(특히 연구를 지원하는 정책을 실행하고 연구 결과를 다시 경제적 가치로 환원할 수 있는 금권을 포함한 결정권)을 가지고 있으며 또한 유지하려 한다. 과학기술 엘리트들은 모든 아이디어를 그 우수성에 따라 수용하고, 모든 사람들은 그가 갖고 있는 아이디어의 가치에 따라 판단하려 한다면, 과학기술의 아이디어에 대한 객관적이거나 합리적인 평가의 가능성이 있게 된다. 이를 위해 사회적 위계성이 제한되어야 공평하고 연구 기회의 삭탈 가능성이 줄어들 것이다. 진정한 자유주의적 과학기술 사회라면 그 사회의 모든 성원들은 공적에 따라 지위가 결정되고, 그 지위는 사회적 지위나 개인적인 특성과 관계가 없을 것이다.

Merton은 진리 주장을 받아들이거나 배격하는 것은 그 주장을 제기한 당사자의 개인적·사회적 특성에 따라 결정되는 것이 아니며 그의 인종, 국적, 종교, 계급, 개인적 특성 등은 전혀 관계가 없다고 말한 것은 과학기술계의 보편주의를 천명한 것이다. 보편주의는 온갖 종류의 계층화가 만연한 사회에서는 대체로 찾아보기 힘든 원리이다. 어느 나라에서든 한 종류, 또는 그 이상의 계급 구조가 형성되어 있음을 쉽게 찾아볼 수 있다. 또한 그 안에는 당파성이나 배타성이 만연하고, 사람들은 되도록 명성과 지위를 높이 쌓아올려 온갖 보상을 차지하려 한다. 만일 Merton이 옳다면 과학기술 사회는 이러한 행위로부터 스스로 단절되어야 하며 그것은 선택의 문제가 아니라 의무 사항이 될 것이다. 왜냐하면 새로운 아이디어가 효율적으로 평가되고 확증된 지식의 창고에 쌓이려면 보편주의가 필수적이기 때문이다.

보편주의가 실현되기 위한 메커니즘으로는 첫 번째 동료 평가가 있다. 이것은 정부의 돈이 연구자들에게 전달되는 방식을 점검하는 과정이다. 대부분의 국가에서 정부는 암, 국방 등의 분야에 어느 정도의 돈을 예산으로 사용할 것인지를 결정한다. 그러나 정부가 결정하는 부분은 너무 광범위하고 어떤 연구자가 얼마의 연구비를 배분받는지는 공무원이 결정하는 것이 아니라 해당 분야의 전문 과학기술자들로 이루어진 위원회에서 결정된다. 이 동료 과학기술자들의 위원회가 동료 평가 체계를 구성한다. 그들은 과학기술자 사회에서 막강한 권력을 휘두른다. 왜냐하면 제출된 연구비 지원 신청서에 대한 그의 평가에 따라 누가 기금을 받고 누가 받지 못하는지가 결정되기 때문이다.

보편주의를 유지하기 위한 두 번째 메커니즘은 심사 제도이다. 과학기술 저널의 편집자들은 이 제도를 기초로 논문 심사를 그 분야의 전문가들에게 의뢰한다. 심사자들은 논문의 과학적 방법이 올바른지, 연구 결과의 발표가 과학기술 발전에 충분히 기여하는지, 그리고 저자가 인용한 부분에서 해당 분야의 선행 연구를 적절히 참고했는지 등을 평가한다. 또한 결과 보고와 관련해서는 재연을 통한 오류 방지를 위해 자기 규찰 시스템을 구성한다.

그러나 재연과 달리 동료 평가와 심사 제도는 공정하고 불편부당하며 편향되지 않은 이념에 직접적으로 의존한다. 그리고 그것들은 보편주의라는 개념 속에서 구현된다. 만일 보편주의의 원리가 과학 속에 고착되어 있다면, 동료 평가와 심사 제도는 완벽하게 작동할 수 있을 것이다. 그리고 보편주의로부터의 이탈은 이 두 메커니즘에 심각한 결함을 일으킬 것이다. 그 하나는 개인적 편견이 동료 평가와 심사의 효력을 떨어뜨리는 것이다. 다른 하나는 임의성으로, 그것은 심사자에 따라 심사 기준이 달라져 일관성이 결여되고, 논문의 업적이 아니라 심사자에 따라 판단되는 것은 합리성을 결여하는 문제를 낳는다. 이러한 문제가 발생하지 않도록 제안서나 결과보고서에서 신청자나 보고자에 관한 정보가 가려져서 공평무사한 평가가 되도록 하려 하지만, 실제로는 그렇게 되지 않는다. 동료나 심사자가 이미 해당 신청서나 보고서의 내용이 누구의 것인지에 관한 정보를 가지고 있어서 그 개인이나 연구 내용에 대한 주관적 평가나 임의적 평가를 하여 공정하지 못하고 피해를 낳는 결과가 비일비재하다. 이러한 문제가 발생하는 제도를 가진 나라일수록 학문적 연구와 그 평가 수준이 선진화되지 못한 것이라 할 수 있다.

과학기술의 합리성, 공정성, 보편성이 확보되기 어려운 현실적인 장애 요소들은 많이 있다. 김동광 역(2007), 5장 엘리트 파워에서 Broad and Wade는 상사의 연구에 의혹을 제기하기 어려운 문제, 원칙을 무시하는 엘리트주의, 후광 효과의 작동, 관료주의의 폐단 등의 원인들을 열거하며 구체적인 사례들을 들어 설명하고 있다. 과학기술 사회는 제도화되어 있다. 그 구성원들 사이에는 위계질서가 형성되어 있으며, 권력을 행사하는 상사는 부하 직원 또는 연구자에게 압력을 행사하게끔 되어 있다. 메사추세츠 종합 병원에서 1970년에 레지던트로 들어와 종양 세포에 관한 생화학적 연구로 능력을 인정받던 Long이란 연구자의 사례를 살펴보자.

Long은 1976년부터 3년에 걸쳐 20만 9천 달러의 연구비를 받았고 1979년에는 55만 달러의 추가 연구비를 지원받았다. 그는 1978년 봄에 연구 조교인 Quey와 다른 연구원들과 함께 호지킨병의 시험관 배양 세포의 면역학에 대한 논문을 쓰고 있었다. Quey는 이 세포들의 어떤 특징을 측정했는데, 예상했던 것보다 훨씬 작다는 것을 알았다. Long이 논문을 발표하려고 했던 저널은 Quey의 비정상적인 측정을 좀더 자세히 검증할 필요가 있다는 심사자의 평가를 토대로 논문 게재를 허가하지 않았다.

1978년 5월 2주일간의 휴가에서 돌아온 Quey는 자신이 잘못된 답을 얻었다는 사실에 조금 놀랐다. 또한 그는 Long이 복잡한 측정을 그렇게 빨리 해낼 수 있었다는 사실에 대해서도 의아해했다. 그러나 Long이 특정을 하지 않았을 지도 모른다고 Quey가 의심을 품기 시작한 것은 그때부터 1년이 지난 1979년 10월이었다. 상당한 불안감을 안고 Quey는 Long에게 문제의 측정에 기반이 된 원초 데이터를 보여달라고 요구했다. 그러나 요구받을 때마다 Long은 매번 데이터를 잃어버렸다고 둘러댔고, Quey에게 화를 내면서 그의 요구가 어떤 종류의 비난을 의미하는지 아느냐고 반발했다.

Quey는 자신이 하고 있는 일의 심각성을 깨달을 수밖에 없었다. 병원의 고위직에 있는 상사에게 그가 데이터를 조작했을 수 있음을 감히 지적한 젊은 생화학자 쪽이 옳을 가능성이 더 컸다. 그러나 Long처럼 인맥이 넓고 부동의 지위에 있는 의학 연구자가 비열하게 실험을 조작할 필요가 있을까라고 생각하면서 Quey는 Long에게 데이터를 계속 요구할지 아니면 철회할지를 두 달 동안 고민했다.

1979년 크리스마스를 며칠 앞두고 Quey가 우려했던 최악의 사태가 현실로 닥쳤다. 갑작스럽게 태도가 돌변한 Long이 발표 논문의 토대인 원초 데이커가 담긴 노트를 그에게 내밀었다. Quey는 실험 노트를 흘깃 들여다보고는 자신이 동료의 진정성에 의심을 품었다는 사실에 소름이 돋았다. 그는 자신의 행동으로 심란해진 Long에게 거듭 사과했고 그는 그의 사과를 받아들였다.

그 후 두 주일이 지날 때까지도 Quey는 그 노트를 상세히 들여다 볼 수 없었다. 그러나 곧 그것을 Long에게 도려주어야 한다는 사실을 깨닫고는 검토하기 위해 집으로 가져갔다. 어느 날 밤, 아내와 딸이 잠든 후에 그는 거실에서 문제의 노트를 펼쳤다. 불빛이 페이지들에 비치자, 그는 한 귀퉁이에 전에는 보지 못했던 뭔가를 보게 되었다. 그것은 노트에 사진을 붙인 테이프가 도드라지게 솟아 있어서 빛이 반사된 것이었다. 테이프를 떼어내자 그 아래에 두 번째 테이프 조각이 붙어 있었다. 그것은 마치 누군가가 굳이 흔적을 숨기려고 하지 않고 다른 노트에서 사진을 잘라내 여기에 붙여놓은 것으로 보였다. 노트를 좀더 철저하게 조사하자 Long이 제출한 데이터가 조작되었을 가능성이 높다는 사실이 밝혀졌다. 1980년 1월 그는 메사추세츠 종합병원의 병리학과장 McCluskey에게 그의 의구심을 털어놓았다.

McCluskey는 Long을 직접 불러 캐물었지만, Long은 단호하게 혐의를 부인했다. 그는 자신이 보고한 대로 실험을 하였고, 그 결과를 증명하기 위해서 측정을 하는 데 사용한 초원심 분리기 작업 일지를 작성했다고 말했다. 공이 다시 Quey에게로 넘어왔다. 일지에 적혀 있는 내용들은 나중에 고쳐 쓴 것으로 보였지만, McCluskey는 그 정도로는 Long이 거짓말을 하고 있다는 사실을 입증하기에는 불충분하다고 말했다.

그러나 Quey는 일지에 있는 회전계수 기록에 대해서도 의문을 품게 되었다. 회전 속도와 지속 시간이 기록되어 있는 일지의 세부 내용을 토대로 그는 예상 회전 계수를 산출했다. 그런데 정작 일지에 기록되어 있는 회전수는 매 사례에서 실제로 나와야 하는 예상 수치에 크게 미치지 못했다. 순진하게 설명하자면, 초원심 분리기가 항상 그렇듯이 분리 작업이 완료되기 전에 과열로 중간에 작동이 멈추었다고 볼 수도 있다.

Quey는 McCluskey가 함께 있는 자리에서 초원심 분리기를 확인하러 갔을 때 기계가 계속 돌아가고 있었는지를 Long에게 물었다. Long은 그렇다고 대답했다. 그러자 Quey는 그와 McCluskey에게 일지에 적혀 있는 데이터의 비일관성으로 볼 때 그 실험이 기술한 것처럼 수행될 수 없었다며 그 이유를 설명했다.

Long은 연구비를 받아내야 하는 과도한 압력을 받고 있는 상태에서 저질러진 실수라고 인정했으며 즉시 메사추세츠 종합병원을 사직했다. 이후 조사 과정에서 Long의 연구 경력 전체가 폭로되었다. Long의 또 다른 연구 조교였던 병리학자 Harris는 Long의 거의 모든 연구의 기초가 되는 네 개의 호지킨병 세포주에서 잇달아 심각한 문제들을 발견했다.

네 개의 세포주는 각기 다른 환자에게서 채취한 것으로 알려져 있었다. Harris의 첫 번째 발견은 세 개의 세포주가 다른 환자에게서 나온 것이 아니라 동일한 개체에서 채취한 것이라는 사실이었다. 계속된 조사 결과, 그 개체가 남성인지 여성인지 또는 그 누구인지는 모르지만 하여튼 사람이 아닐지도 모른다는 사실이 밝혀졌다. 조사가 계속되면서 마침내 그 세포의 주인은 콜롬비아 주 북부에 서식하는 갈색 발을 가진 밤원숭이(owl monkey)로 확인되었다.

연구부정행위는 날조, 위조, 및 표절의 세 가지로 구별된다. 이 중 범죄로써 취급되는 것은 날조와 위조의 경우이며 최근에는 표절 또한 중범죄로 다루어지는 경향이 있다. 날조는 기록되거나 보고된 자료 및 결과물을 거짓으로 만들어 내는 것을 의미한다. 즉 없는 것을 있는 것처럼 만들어내는 행위이다. 위조 또는 변조는 연구, 재료, 기기, 절차 등을 조작하거나 자료를 적정한 기준 없이 생략하거나 변조함으로써 연구의 실제 상황이 틀리게 반영되도록 하는 행위이다. 표절은 적절한 원천의 인용 없이 타인의 생각, 절차, 결과, 용어를 사용하는 것을 의미한다. 특히 표절은 그 기준이 매우 모호한 경우가 많고 논문 저자들이 잘 인지하지 못하면서 범하는 경우가 종종 있다. 표절과 관련된 내용은 주관적이고 모호한 기준들이 있기 때문에 내부적인 조치로써 그 제재가 이루어지는 경우가 대부분이다.

표절에 해당하는 주요 행위들은 다음과 같다.
- 두리뭉실하게 인용하여 인용된 글과 저자의 글이 혼동되는 경우
- 따옴표 없이 상당한 양으로 타인의 용어를 인용하는 경우
- 타인의 이론이나 연구방법을 그대로 옮겨 적는 경우
- 심의를 요청받은 제출 원고나 연구비 신청서에 포함된 내용을 자신의 필요에 따라 사용하는 경우
- 지도 교수가 학생 논문을 자신의 필요에 따라 사용하는 경우
- 편자가 각 저작물을 임의로 사용하는 경우
- 공동 연구에서 공저자의 일원이 과거 발표 결과를 재사용하는 경우

과학기술 연구는 논의와 재생산에 의하는 것이므로 연구 부정 행위에 정직한 실수나 의견 차이는 포함되지 않는다. 연구 완결성은 연구의 부정 행위를 막기 위한 소극적인 차원에서가 아니라 책임 있는 연구를 위한 적극적인 대처이다. Macrina(2000)에 의하면, 이러한 책임 있는 연구 행위를 위해 다음과 같은 열 가지의 항목에 관한 규정이 정립되어야 한다.

1. 책임 있는 저자정신과 동료간의 검증
2. 자료 완결성
3. 흥미 있는 발표의 대립
4. 공동 협력 연구
5. 연구 지도
6. 인간 연구에 관한 윤리
7. 동물 실험에 관한 윤리

8. 지적 재산 소유권
9. 국가 기금에 의한 연구 책임
10. 생물학적으로 위험한 물질에 대한 적절한 취급

확대된 동료 공동체에 의해 진실성과 견실함이 없는 연구는 일차적으로 걸러져야 한다. 그럼에도 발견되는 진실성과 견실성이 부족한 연구는 그 경중에 따라 분류될 수 있다. 가벼운 실수는 저자의 신용과 명예에 금이 가고 동일 분야의 미래 연구에 손실을 초래할 것이다. 날조, 위조, 그리고 표절은 중범죄로 취급되며 심한 경우 사법적인 제재도 가해진다. 특히 정부의 기금 지원으로 수행된 연구의 경우는 사법 심사와 함께 언론과 대국민적 사과, 그리고 이후 정부 관련 연구 금지와 같은 제재를 받게 된다. 경범에 해당하는 실수들은 학습되지 않으면 재차 범하기 쉽다. 이와 같은 경미한 실수들은 쉽사리 위반하도록 유혹받기도 하고 잘못된 것임을 인지하지 못하고서 저지르는 경우가 많으므로 과학기술자는 연구발표에 있어서 신중하게 경미한 실수가 발생하지 않도록 주의해야 한다.

과학기술자가 가장 많이 직면하게 되는 것은 데이터 관리이다. 연구 진실성의 핵심은 결국 자료의 진실성이다. 궁극적으로 과학기술자의 주장(법칙, 가설의 확증이나 설명 등)은 자료가 그 진실성을 말해주는 것인데, 과학기술자의 논문과 그 가치는 최종 산물인 자료에 의해 평가된다. 일반적으로 데이터란 측정과 관측에 의해 정의되거나 연구 활동의 주요 산물로서 정의된다. 데이터는 추리, 결론, 그리고 출판이라는 실질적인 프로세스를 통해 사실로써 과학기술계에서 인정을 받게 된다. 만일 이러한 데이터가 연구 진실성 원칙에 의해 잘 생산된 연구 결과라면, 이것은 연구실 차원의 데이터 이상의 가치를 갖게 될 것이다.

연구 진실성 원칙에 의한 책임 있는 데이터 관리는 자료 수집을 어떻게 할 것인가에 관한 연구전 계획에서 시작된다. 실험 계획과 실험 승인서가 작성되면 본격적인 자료 생성에 들어가게 된다. 연구자는 이 단계에서 정확성을 향상시키고 편의(偏倚)를 배제하기 위해 노력한다. 다음으로 데이터에 대한 통계 처리 기준을 명시해 두고 자료 수집에 착수한다. 그래서 수집된 데이터에 대해 분석과 선택을 한다. 이렇게 연구가 데이터의 수집, 사용, 공유에 관한 책임을 연구 보고서 및 상응하는 문서에 명기하여야 한다. 이를 측정 준비 단계, 측정 단계 및 자료의 분석과 선택 단계로 나누어 살펴볼 수 있다.

데이터 측정 전 단계에서는 탐구의 목적인 가설을 명료하게 수립한다. 가설의 수립은 측정 데이터, 측정 대상, 측정 방법, 그리고 측정 한계를 설정해 둔다. 이때 개인의 신념, 사회적 통념 및 연구 대상과 연구 기관에서 설정한 한계 내에서 연구 범위를 고려하여 연구 가설을 만든다.

연구 가설에 의한 데이터의 기본적인 골격이 갖추어지고 난 후, 데이터가 편의될 요소들을 최소화하거나 제거하도록 연구 설계를 한다. 이것은 데이터의 완결성과 추후 연구의 기본 데이터로서의 자격을 부여하게 될 중요한 요건이 되는 것이다. 마지막으로, 연구자는 적용할 통계 처리에 관한 모든 내용을 기술한다. 데이터 수집을 위한 적절한 통계 수단의 선택은 합리적인 데이터의 범위를 정량적으로 정하는 것이 된다. 데이터의 범위가 결정되면 연구자는 범위 밖의 데이터를 공개적이고 합의된 범위에서 제거하고 처리할 수 있다. 예를 들어 데이터가 너무 작거나 너무 많은 경우의 처리, 잘못된 측정, 장비의 오작동에 의한 데이터, 기록 시 잘못된 데이터 등을 제거하거나 규정에 따라 처리할 수 있다.

데이터 측정은 실험의 핵심 과정이다. 부여된 조건 하에서 데이터를 측정 또는 수집할 경우는 적절한 기록이 데이터의 완결성과 진실성을 보증해 준다. 이를 위해서는 원초 데이터(raw data)의 기록이 필수이다. 데이터의 올바른 기록은 연구실 내의 연구 훈련과 결과 검증, 그리고 사본의 제작 보관에 의해 이루어진다. 특히 사본으로 기록 보관해야 하는 연구 노트에 다음과 같은 기본 사항이 기입되어야 한다.

- 페이지 번호를 쓸 것
- 실험 일자를 쓸 것
- 잉크로 쓸 것
- 언제, 누가, 무엇을 꼭 기입할 것
- 삭제는 라인을 그어서 삭제 내용을 볼 수 있게끔 할 것
- 수정 사항을 항상 기입할 것
- 참고한 문헌의 출처를 표시할 것

연구 노트는 분첩이 되지 않는 일반 노트 사용이 권고된다. 실험자가 임의로 폐기하지 못하게 하기 위해서이다. 이렇게 기록된 연구 기록은 연구실 내에 일정 기간(대략 3년) 의무적으로 보관하여야 한다. 왜냐하면 연구 결과물에 문제가 발생할 경우 기록된 연구 노트는 유일한 증빙 자료가 되기 때문이다. 연구자들이 조작을 의심받는 경우의 대부분, 기록된 연구 노트가 없거나 있더라도 위변조되거나 사후 작성되어 있다. 연구 결과를 증빙할 자료가 없을 경우, 조작이 의심되면 그것은 모두 연구 책임자와 저자가 책임을 져야 한다.

실험 연구에서 실험 데이터의 취사선택은 연구자의 주관에 따르게 된다. 그러나

주관에 의한다고 위변조를 허용하는 것은 아니다. 실험 데이터의 취사선택은 엄밀히 연구 계획에 규정된 연구 범위에 의해 결정된다. 주관적인 판단이 아닌 객관적이고 합리적인 판단으로 행해진다. 이러한 기준에서 비록 실험 결과가 예상과 다를지라도 기준에 합당한 데이터는 결과에 기입하여야 한다. 심지어 과학기술계에서는 삭제나 데이터의 처리 없이 원초 데이터를 표현해야 한다고 요구되기도 한다.

과학기술 지식은 합리적 구성과 재생산의 방식으로 진행되므로 타인의 연구 결과를 활용하는 것은 불가피하다. 따라서 인용을 함에 있어서 타인의 지적 재산권과 명예를 존중해 주어야 한다. 인용은 자신의 글 속에 다른 사람의 문헌을 차용한 것을 독자에게 표현하는 방식이다. 인용을 통해 독자는 새로운 정보와 아이디어를 얻을 수 있다. 인용에는 다음과 같은 사항이 포함되어야 한다.

- 저장에 대한 정보
- 원저의 제목
- 인용된 출판물의 정보
- 출판된 연도/일자
- 인용된 내용의 페이지

인용을 통해 원저자에게 명성을 안겨주는 것은 표절 없이 다른 사람의 작업을 사용할 수 있는 방법이다. 인용을 통해 원래의 아이디어가 어디에서 유래되었고 원저자의 아이디어를 더 많이 찾기를 원하는 사람에게는 귀중한 정부가 된다. 또한 인용을 통해 저자는 자신의 아이디어의 한계를 명확히 할 수 있으므로 다른 사람의 잘못된 생각들에 대한 비난을 면하고 자신의 연구를 보호받는다. 인용의 양에 따라 연구 노력이 평가될 수 있는 측면도 있다. 하지만 인용을 명확히 밝히지 않는 경우는 아마도 자신의 연구의 독창성이 떨어져 보일 것이라는 우려 때문일 것이다. 하지만 태양 아래 새로운 것은 없다는 극단적인 생각에서 모든 것을 그대로 표절해야 하는 것은 아니며 연구자의 조금이나마 창의적인 생각의 그 연원을 밝혀놓은 것은 학문적 정직성에 근거해서 좋게 평가받는 측면이기도 한다.

연구를 위해 참고한 문헌들이 있다면 다음과 같은 내용으로 정리를 해놓으면 된다.

- 저자명
- 문헌의 제목
- 원저의 출판사명 및 출판사 소재지
- 출판년도

· 논문의 경우 수록된 출판물에서의 페이지 수

연구와 관련해서 표절의 의혹을 받지 않으려면 다음과 같은 사항을 저자가 점검할 것을 요구한다(한국원자력연구소편(2006): 49).

· 주의 깊게 참고 문헌의 내용을 메모하라
· 항상 다른 저자의 연구 내용을 그에게 돌리라
· 출처를 항상 메모하라
· 참고 문헌 목록에 모든 인용 출처를 포함하라
· 그림, 모델들 그리고 그래프 등을 사용할 경우 인증(permission)을 받으라

현대의 자본주의 하에서의 과학기술학 연구는 결과를 중시하는 입장 위에 서 있다. 막대한 기금을 투자하여 연구된 과학기술이 실패하였거나 무가치한 결과만을 낳게 되었다면, 그 손실은 고스란히 국민의 부담이 되어버린다. 또 연구 결과가 성과 없는 것으로 평가가 된다면, 그 연구 수행 공동체는 앞으로의 연구에 자금 지원을 받지 못하는 불이익을 받게 되어, 그 연구 공동체의 존립 자체가 위험에 빠지게 된다. 그러한 존폐 위기를 극복하려거나 아니면 더욱 적극적으로 기금 지원을 받으려는 의도에서 과학기술윤리를 위반하면서까지 연구 결과를 조작하는 일이 발생한다면, 그러한 일의 최종 결과는 연구자 개인의 불명예만이 아니라 국민이 그 손실을 부담지게 되는 일이 된다. 과학기술 공동체가 근시안적으로 경제적 가치 추가만을 목적으로 과학기술윤리를 위반하는 행위를 해서는 안 될 것이며, 일반 대중으로서의 국민은 과학기술윤리에 대한 관심을 갖고서 과학기술 지식의 인식적 가치와 그에 부가된 경제적 가치에 대한 평가적 관심뿐만 아니라 도덕적 가치를 도외시하거나 무시하지 말고 윤리적 기준을 적극적으로 반영하여 평가해야 한다.

제 5 장 ELSI

1. ELSI의 필요성

과학기술은 인류를 이롭게 하는 측면만이 있는 것이 아니라 인류에게 해악을 끼치는 어두운 면도 있다. 특히 어두운 면과 관련해서 환경영향평가, 교통영향평가 등을 포함하여 총체적으로 '기술영향평가'가 전세계적으로 확대되고 있다. 국내에서는 ≪사이언스타임즈≫가 한국과학기술기획평가원(KISTEP)과 공동으로 기술영향평가를 심층 해부한 기획기사를 마련해 연재해 봤나. 이러한 기획 기사는 ELSI에 해당하는 것으로, 기술영향평가가 과학기술의 해독제 역할을 하는 것임을 잘 이해할 수 있게 해준다.

기술영향평가는 아직 완전한 형태로 실현되지는 않았지만 미래의 삶에 미칠 영향이 클 것으로 예상되는 기술을 대상으로 한다. 예를 들어 나노기술이나 생명공학기술에 대해 현 단계에서의 기대효과를 구체적으로 분석한 후, 기술 발전이 바람직한 영향으로 진행되는 데 도움을 줄 수 있는 정책을 제안하는 일을 수행한다.

기술영향평가 과정에서는 당연히 분석대상 기술이 현재 어느 정도 개발됐는지, 그리고 앞으로는 어떤 기술이 나올 가능성이 있는지 등과 함께 그런 기술들이 얼마나 큰 경제적 효과를 가져올 것인가에 대한 전망이 포함된다. 그러나 실은 이러한 기술적, 경제적 분석은 기술영향평가에서는 본격적인 조사라기보다는 기초자료에 해당되며 이 자료들의 도움을 받아 이루어지는 본 평가는 흔히 'ELSI'(Ethical, Legal and Social Implications)로 지칭된다.

ELSI는 미래 기술의 윤리적, 법적, 사회적 영향을 포함한 넓은 의미의 사회문화적 영향에 대한 평가와 정책 제안이다. 얼핏 생각하면 기술의 영향을 평가하는데 왜 윤리나 사회가 중심적으로 등장하는지에 대해 의아하게 느낄 수 있다. 기술영향평가가 ELSI 중심으로 이루어져야 하는 이유를 살펴보자.

원래 ELSI는 지금은 완료된 인간유전체계획(Human Genome Project)이 1990년 시작할 당시 전체 연구비의 4%라는 상당 규모의 예산으로 시작됐다. 이 예산은 인간유전체에 대한 연구를 포함한 생명공학이 미래의 우리 삶에 끼칠 다양한 수준의 영향을 예상하고 관련된 부작용을 최소화시킬 수 있는 방안을 모색하는 연구에 투자하기로 결정됐는데 이 결정이 이후 ELSI 연구의 전반적 범위를 규정하게 됐다.

인간유전체계획의 ELSI 연구는 생명공학에 대한 초기 반대와 일반시민의 불안감을 단순히 근거 없는 무지의 소치라고 무시하지 않고 그 근거와 해소방안을 모색하는 데서 출발했다. 이와 같은 ELSI 연구는 연구자와 일반시민 사이의 매개 역할을 수행함으로써 생명공학 연구의 장기적인 미래를 확보하는 데 상당한 도움을 주었다고 평가된다.

이후 미국과 유럽의 연구 선진국들은 ELSI라는 이름으로 국가가 지원하는 거대 과학기술 연구 프로젝트에 대해 그것의 사회문화적 영향을 체계적으로 연구해 그 연구결과를 연구계획과 수행과정에 반영하는 노력을 기울이는 것을 관례로 정착시켰다. 우리나라에서도 명칭은 다양하지만 넓은 의미에서의 ELSI 연구가 인간유전체기능연구사업단, 바이오장기개발연구사업단 등에서 이뤄지고 있으며 앞으로 다른 국가주도 연구사업으로의 확대실시될 것으로 예상된다.

이처럼 기술영향평가가 ELSI 중심으로 이뤄지고 그로부터 도출된 정책제안이 기술개발 과정에 반영되는 일은 상당히 중요한 의미를 가진다. 미래의 광범위한 영향을 줄 수 있는 기술개발에 있어 지원기관과 연구자 집단 모두가 사회적, 윤리적으로 책임 있는 태도를 갖고 연구에 수행하고 있음을 궁극적인 의미에서 지원의 주체라고 할 수 있는 일반 시민에게 확인시켜 주는 일이기 때문이다. 이처럼 기술개발의 주체가 자발적으로 독립적인 기관의 기술영향평가 결과를 적극적으로 수용하는 모습을 보이는 것은 관련 연구가 효율적으로 이뤄지는 데 큰 도움을 줄 수 있다.

특히 생명공학처럼 대다수의 국민에게 큰 영향을 끼치는 미래기술에 대해서는 사회적 공감대를 도출하는 과정이 필수적이다. 신속한 연구진행을 위한다는 생각에 이런 과정이 생략되어 버리면 실제로는 최근의 방폐장 부지선정 문제처럼 엄청난 사회적 비용을 지불하게 되는 경우가 많기 때문이다. 이것은 우리나라뿐 아니라 일정 수준의 민주화가 이루어진 연구 선진국에서는 수많은 역사적 경험사례를 통해 확인되고 있는 사실이다. 예를 들어 유럽에서 유전자변형식품과 관련된 사회적 논란에서 전문가들이 취한 '내가 전문가이니 내 말을 믿으라' 는 식의 태도가 불러일으킨 대중적 역풍에 주목할 필요가 있다.

시민들은 이제 더 이상 연구자들이 자신감 있게 큰 소리를 칠 때 신뢰하지 않는다. 그보다는 미래 기술의 잠재적 영향을 득과 실 모두에 있어 편향되지 않고 차분하게 설명하는 모습에서 신뢰감을 갖게 된다. 이러한 신뢰감은 결국 사회적 자원을 활용할 수밖에 없는 국가주도 연구프로젝트를 진행 중인 연구자에게는 실험실에서의 획기적 발견 못지않은 소중한 밑천이다.

이제는 첨단장비를 갖추는 물질적 밑천이나 뛰어난 연구자를 좋은 팀으로 엮는 인적 밑천만이 아니라 연구의 장기적 전망을 확보할 수 있는 사회적 밑천을 확보하는 일에도 연구자들이 주의를 기울여야 할 때이다. 그리고 이러한 사회적 밑천은 단순히 과학지식을 일반 시민에게 '교육'시킴으로써 얻어지지 않는다는 경험적 사실에도 주목할 필요가 있다.

기술영향평가가 공정하게 수행되고 그 결과가 연구과정에 최대한 반영되는 모습은 현대 과학기술 연구의 사회적 밑천 확보를 위해 매우 주효할 수 있다. 그러므로 지원기관과 연구자는 기술영향평가가 객관적이고 공정하게 이뤄질 수 있도록 정확한 전문지식을 제공하고 논의결과에서 도출된 정책제안을 최대한 수용하려고 노력하는 것이 실제로는 자신들이 수행하는 연구의 장기적인 미래를 확보할 수 있는 길이라는 점을 이해할 필요가 있다.

미국처럼 효율성을 중요시하는 나라에서 시민사회로부터가 아니라 Watson과 같은 대표적인 과학자에 의해 ELSI 연구가 제안됐다는 사실은 우리 과학기술 연구자들에게 시사하는 바가 크다. 거대한 규모의 과학기술 연구에서는 조금 돌아가는 길이 실은 지름길이 되고 있는 것이다.

ELSI는 생명과 관련된 연구에서 중시될 수밖에 없는데, 신경과학기술, 나노과학기술, 및 생명공학과 관련된 사항을 소개하기로 한다. 이 중 생명과학기술은 가장 먼저 ELSI 문제가 대두되고 법제화가 되어 있어, 정리 차원에서 마지막에 다루기로 한다.

2. 신경과학기술과 ELSI

신경과학기술은 생명공학기술의 특수 사례로 볼 수 있다. 생명공학기술은 일반적으로 동식물의 유전체 연구와 관련해서 발전되었다. 신경과학기술을 특히 인간의 두뇌 또는 신경 세포/뉴런과 관련한 정보기술이기도 하다.

인간을 다른 동물이나 존재자와 구별하는 가장 두드러진 점은 사고 기능이며 이것은 전통적으로 이성이라 불렀다. 하지만 이성의 작용 이전에 감성의 작용이 없으면 사고 내용을 구성하는 실제의 자료가 없는 셈이 된다. 유물론적 관점에서는 결국 인간의 각가 기관과 사고는 신경망에 의거한다는 일반 신념이 오늘날 대체적으로 인정되고 있다. 이에 관한 연구는 요즘 뇌 과학(brain science)라 하기도 하고 신경과학(neuroscience)라 하기도 한다. 이 분야에 대한 연구는 인간의 존엄성과 관련된 문제이기도 하고, 동물을 포함하여 인간을 실험 대상으로 삼는 문제이기 하므로, ELSI에서 일차적인 연구 과제가 되고 있다. 아래에서는 교육과학기술부(2009)에 나와 있는 내용을 중심으로 뇌 연구에서의 ELSI 문제를 소개하겠다.

현재 미국과 유럽연합은 신경과학 연구의 사회 문화적 영향을 체계적으로 연구하여 그 결과를 연구 계획과 수행 과정에 반영하는 노력을 기울이는 것을 정착시키는 과정에 있으며 일본도 최근 이 분야의 연구에 대한 정책적 지원을 시작하였다. 우리나라의 경우 2006년 5월 인간배아 복제 연구의 성과를 조작한 '황우석 사건'을 계기로 생명과학 분야의 연구윤리가 사회적 문제로 등장한 이후 뇌 연구 분야의 윤리적, 법적, 사회적 문제를 다루는 정책 과제가 시작되었다. 과제의 수행을 계기로 신경 윤리학 문제에 대한 관심도 증가하고 있다.

최근 신경과학, 심리학, 전산학, 경제학에서 의사 결정 과정에 대한 연구가 활발하다. 신경과학에서는 보상의 메커니즘, 심리학에서는 학습 이론, 전산학에서는 기계 학습, 경제학에서는 의사 결정 및 게임 이론이 따로따로 연구되어 왔으나 현재 하나의 흐름으로 통합되고 있다.

이러한 학문적 흐름이 통합되면서 신경경제학이라는 분야가 새로 생성되었다. 역동적인 환경에서 어떻게 최선의 선택을 찾아내어 이익을 극대화하는가가 신경경제학의 핵심적인 연구 주제이다. 이를 이해하는 이론적인 틀은 강화 학습 이론이다. 강화 학습에서 의사 결정자는 효용 가치에 근거해 행동 선택을 하고, 그 결과에 따라 효용 가치를 다시 수정하는 과정을 끊임없이 되풀이 한다. 이 과정을 통해 역동적으로 변하는 환경에서 최적의 행동 전략을 끊임없이 수정해 나가고 최대의 보상을 획득하려 한다.

의사 결정 과정을 연구하기 위해 맞고 틀림이 분명한 행동 과제를 사용하는 기존 연구와는 다르게 자유 선택 과제를 사용하는 연구가 활성화되고 있다. 현재까지의 행동 연구, 뇌 영상 연구, 신경생리 연구가 공통적으로 전두피질-기저 핵 회로가 의사 결정 과정에 핵심적인 연구를 하는 것으로 이해되고 있다. 하지만 전두피질-기저 핵 회로가 어떤 방식으로 효용 가치를 처리하며, 이에 근거해 어떤 방식으로 행동 선택에 대한 의사 결정을 하는지는 잘 알려져 있지 않다.

현재 대부분의 연구가 사람을 대상으로 한 뇌 이미징과 원숭이를 이용한 시스템 신경과학 접근 방법을 사용하고 있다. 전두피질-기저핵 회로의 의사 결정 메커니즘을 규명하는데 영장류보다 설치류를 이용한 연구가 더 유리할 수도 있다. 최대 이익을 추구하는 기본 메커니즘은 동일하다고 생각되는 반면, 신경계가 좀 더 단순하고 실험이 용이하여 연구 진행에 유리하기 때문이다.

최근 영장류를 대상으로 하는 신경생리학 연구와 인간의 뇌 활동을 관찰하도록 해주는 뇌 영상 기술의 발전으로, 한 때는 철학이나 인문과학의 영역으로 여겨졌던, 정서, 언어, 판단과 의사 결정, 사회적 상호 작용, 자아, 도덕성과 같은 인간의 고등 인지 기능이 신경과학의 연구 대상이 되고 있다. 신경과학의 발전은 정신 현상을 세포와 세포 간의 물리-화학적 정보 전달 과정으로 설명하려는 시도를 뛰어넘어, 사람의 뇌 활동 패턴을 읽어내어 생각의 내용을 알아내거나, 약물이나 외과 수술, 기계를 이용한 외부 자극 등을 통하여 정신 과정에 직접 개입하거나, 뇌와 기계를 연결하는 기술도 가능하게 하였다.

지난 반세기 동안 생명 복제와 유전자 연구의 발전이 새로운 생명윤리적 문제들을 제기해왔듯이, 신경과학의 발전은 전례 없는 ELSI 문제를 야기하고 있어 그 파장은 매우 크다. 뇌는 인간의 정신 과정을 관장하는 기관이라는 점에서, 뇌 기능에 대한 새로운 발견이나 뇌 기능에 직접 개입하는 기술의 개발이 우리의 정체성이나 존엄성, 존재의 문제와도 직결되는 변화를 가져 올 수 있기 때문이다. 신경 약물을 이용한 정서 상태의 개선이나 인지 기능의 향상이 개인의 행복을 증진시킨다면, 이것은 성형 수술과 같이 허용될 수 있는 것인가? 범죄 행위의 대부분이 뇌의 구조적 손상이나 뇌 기능 이상에 의한 것임이 밝혀진다면, 법적, 도덕적 책임에 대한 우리의 생각이 변해야 하는 것인가? 뇌 영상 정보는 어느 수준까지 공개되고 보호되어야 하는가?

뇌 연구와 더불어 이러한 여러 차원의 논점들이 대두되고 있다. 윤리적 쟁점에서는 기술 적용의 문제를 중심으로 논란이 될 만한 신경 공학 기술들에 대해 검토할 필요가 있다. 철학적 쟁점에서는 인간 본성에 대한 기존의 철학적 입장에 대하여 신경과학의 연구 결과들이 제기하는 새로운 물음들이 다루어져야 하며, 여기서 비롯되는 법적 책임의 문제를 다룰 필요가 있다. 사회적 쟁점에서는 신경 공학 기술과 신경과학 연구 결과들이 사회 경제적 지위와 어떻게 상호 작용하는지를 살펴보아야 한다.

신경윤리학(neuroethics)은 신경과학과 윤리학의 합성어이다. 신경과학자들의 윤리적 역할에 관한 논의는 Churchland et al.(1991)로 거슬러 올라가고, 1993년 심리학자 Pontius(1993)가 도덕 교육과 관련하여 신경윤리학이라는 용어를 사용하기도 하였다. 그러나 신경윤리학이 학계에서 현재의 의미로 본격적으로 통용되기 시작한 지는 이제 8여 남짓 되었다. 신경윤리학은 신경과학의 ELSI를 강조하는 학문 분야라는 정도로 이해되고 있으나 보편적으로 받아들여지는 명확한 정의는 아직 없다. 어떤 학자들은 신경과학과 신경기술의 윤리적 문제를 다루는 생명윤리학의 하위 분야로 간주하기도 하고, 생명윤리 일반과 구분되는 새로운 영역으로 분류하려는 움직임도 있다. Rees and Rose(2004)는 신경윤리학을 신경과학과 신경기술이 인간의 삶에 미치는 영향에 관하여 다루는 생명윤리학이라고 정의하고 있는 반면, Gazzaniga(2005)는 의학적 적용 문제뿐만 아니라, 질병, 정상과 비정상의 구분, 삶과 죽음, 삶의 방식과 같은 우리가 살아가면서 접하는 사회적 문제를 어떻게 다룰 것인지 검증하고, 뇌의 메커니즘에 대한 정보를 충분히 공유하고 이해하며 살아가도록 '뇌 기반 삶의 철학'으로 신경윤리학을 정의하며 생명윤리학과는 별개의 학문이라고 간주한다.

신경과학과 윤리학의 결합은 크게 두 가지 방향에서 가능하다. 신경과학 연구 결과들로부터 비롯되는 문제를 다루는 '신경과학의 윤리학과' 윤리적 행동을 신경과학적 방법론을 통해 이해하는 '윤리학의 신경과학'이 그것이다. 윤리학의 신경과학은 윤리적 행동의 신경과학적 메커니즘을 이해하고자 하는 것으로 옳고 그름에 대한 논쟁보다는 과학적 접근의 영역이다. 과학적 방법을 통해 밝혀진 현상을 기술하며 신경과학의 윤리학에 새로운 문제를 던져주는 역할을 한다. 윤리적 고려 대상이 되는 문제들은 신경과학의 발전으로 새롭게 알려지는 우리 뇌에 관한 사실과 그것을 응용한 기술이 가져올 문제점에 관한 것으로 주로 신경과학의 윤리학에서 다루어진다.

'신경과학의 윤리학'은 신경과학에서 밝혀지는 사실들이 미칠 ELSI를 예상하고 대비하는 것을 목표로 한다. Farah(2005)는 '신경과학의 윤리학'의 주요 쟁점들로 크게 '적용의 문제(What-we-can-do problems)'와 '이해의 문제(What-we-know problems)'로 구분하였다. '적용의 문제'는 뇌 영상을 이용한 마음 읽기 기술의 발달, 신경 약물학이나 신경 외과적 개입, 뇌-기계 인터페이스(Brain-Machine interface, 줄여서 BMI)를 이용한 정신 향상 기술의 발달에서 비롯되는 윤리적 문제들을 포함한다. '이해의 문제'에는 의사 결정, 도덕성, 정서, 자아, 의식, 종교적-영적 체험과 같은 고등 인지 기능에 관한 신경과학 연구 결과로부터 제기되는 철학적 문제들과 여기서 비롯되는 법적 쟁점들이 포함된다. 또한 사회-경제적 계층 고착화와 관련되 기회 불균형과 분배의 문제를 신경과학의 관점에서 바라보는 사회적 쟁점도 신경윤리학의 주요 문제이다.

인간의 마음 읽기가 신경 기술의 발달로 가능해졌다. 뇌의 구조를 입체적으로 보여주는 흑백 사진 위에 무지개 색깔로 뇌의 활동 정도를 표시한 그림은 이제 인지신경과학자나 심리학자가 아닌 사람들에게도 제법 친숙한 것이 되었다. 사람의 뇌 구조뿐만 아니라 마음이 작용하는 동안의 뇌 활동을 관찰 가능하게 해준 기능적 뇌 영상 기술에는 PET(Positron emission tomography), fMRI(functional Magnetic Pesonance Imaging), EEG(Electroencephalography), MEG(Magneticencephalography), NIRS(Near Infrared Spectroscopy) 등이 있다. 바르게 설계된 실험 과제에 이러한 기계 장치를 이용하면 특정 심리 상태에서 뇌의 어떤 영역이 어떻게 활동하는지 추론할 수 있다. 최근에는 이와 같은 기술로 측정한 뇌의 활동 패턴을 읽어서 사람들이 무슨 생각을 하고, 무슨 감정을 느끼고 있는지를 읽어내려는 마음 일기에 대한 연구가 진행되고 있다. 이러한 신경측정 방법들은 성격검사, 여론조사 등 행동과 자기보고에 기반을 둔 종래의 검사들을 부분적으로 대체할 가능성이 있다.

특히 fMRI는 뇌의 산소 포화도를 반영하는 것으로 알려져 있는 BOLD(Blood Oxygen Level Dependent) 신호를 측정함으로써 어느 시점에 어느 부위의 신경세포들이 활발하게 활동하는지를 간접적으로 보여주는데, 방사성 동위원소를 주입하여야 하는 PET와 비교할 때 아무런 추가 조치가 필요하지 않아 비침습적이며, 신경 신호의 정확한 위치를 알기 힘든 뇌파 측정 방법(EEG)에 비해서도 훨씬 많은 정보를 준다. 이러한 장점으로 fMRI 기술의 발전은 인간의 고등 인지 기능에 관한 뇌 연구에 큰 도약을 가져왔다. 경제적 의사 결정, 도덕적 판단, 정서, 동기, 사회적 상호 작용과 같은 고등 인지 기능의 신경 메커니즘을 밝히거나, 성격이나 지능과 같은 지속적인 특질을 뇌 활동 패턴의 개인차와 관련지으려는 많은 연구들이 행해졌으며, 유전학의 발전과 더불어 유전자 지도를 밝혀내려고 했던 인간 지놈 프로젝트와 그 후속의 유전자 기능의 연구에서처럼, 뇌 어느 영역이 인지 기능과 관련되어 있는지를 보여주는 뇌의 기능적 지도를 그려내고 있다.

초기 fMRI 연구는 단순히 뇌 기능 지도만을 그리는 데 그친다고 하여 현대판 골상학이라고 불리기도 했지만, 최근에는 분석 기법의 발전으로 특정 기능과 관련된 영역뿐만 아니라 그 영역 내에서의 시간에 따른 뇌 활동의 상세한 변화 양상을 알아낼 수 있게 되었으며, 여러 영역 간의 기능적 연결에 대한 정보도 알 수 있다. 또한 특정 심리 상태에서 관심 있는 뇌 영역의 평균값을 이용하던 기존의 분석 방법과는 달리 본래 fMRI에서 신호를 얻는 단위인 개별 복셀(voxel)의 신호를 정보의 단위로 사용하여 패턴 인식 기법을 적용한 다중복셀(multi-voxel) 분석법은 뇌 영상 자료로부터 역으로 개인의 심리 상태를 측정할 수 있는 길을 열었다. 얼굴, 장소, 사물을 회상하는 과제에서 피험자의 뇌 활동 패턴을 읽어 피험자가 셋 중 어떤 범주를 회상하고 있는지 정확하게 추정할 수 있으며 피험자들에 과제를 선택하도록 한 뒤 전전두엽의 활성화 패턴을 측정하여 피험자들의 선택을 미리 예측할 수도 있다. 영상 자극과 각 복셀의 활성 양상의 모델에 기초하여 fMRI 복셀들의 활성 패턴으로 200장의 영상 가운데 참가자가 어떤 것을 보고 있는지를 우연 수준 이상으로 맞출 수 있음을 보인 연구는 다른 사람의 꿈이나 상상에 접근할 수 있는 가능성을 열어G다. 잘 통제된 실험 상황에서 시선을 고정하고 측정되는 시각적 경험의 경우와는 달리, 기억이나 의도 등 다른 형태의 복잡한 생각에 대한 모델은 다른 차원의 해법을 필요로 할 것이며, 자연스러운 상황에서의 적용은 아직 요원한 일이지만, 이러한 연구 성과들은 부분적으로나마 기술적 적용의 단계에 돌입했다. 뿐만 아니라 최근에는 여러 뇌 영상 기법들을 동시에 적용하여 더 완전한 정보를 추출하려는 일도 시도된다. 또한 뇌 영상 정보를 해석하는 시합도 생겨나고 있다.

마음 읽기 기술의 대표적인 예로는 뇌 영상과 뇌파를 이용한 거짓말 탐지와 기억 탐지 기술, 뇌 영상 실험을 통해 소비자들의 마음을 알아내려는 신경마케팅, 개개인의 뇌 활동 패턴을 이용하여 성격 특질이나 질병에 대한 취약성을 읽어내고자 하는 뇌 유형 분류(braintyping) 등이 개발되고 있다.

신경 측정 기술 적용의 대표적인 사례는 범죄 용의자 심문에 뇌 영상 기술을 이용하는 것이다. 그 방법에는 거짓말 탐지와 기억 탐지가 있다. 거짓말 탐지는 말 그대로 용의자가 거짓말을 하는지 여부를 밝히는 기술을 말하며, 기억 탐지는 용의자에게 범죄와 관련된 정보를 제시했을 때 친숙함 반응을 나타내는지를 살펴봄으로써 범죄와의 관련성을 추정하는 방법이다.

거짓말을 할 때와 진실을 말할 때 활성화되는 뇌의 부위와 활동 패턴이 다르다는 일련의 연구 결과들은 fMRI를 이용한 거짓말 탐지의 가능성을 시사해 왔다. 호흡과 맥박, 피부 전도율을 측정하는 전통적 거짓말 탐지기의 정확도가 60%에 불과한 것에 비하여 fMRI를 이용한 거짓말 탐지의 정확도는 80~90%에 이르는 것으로 알려져 있다. 이러한 사실에 근거하여 미국에서는 fMRI를 이용한 거짓말 탐지 상용 서비스업이 행해지고 있다. 거짓말을 할 때와 상대방을 속일 때 관여하는 뇌 영역과 뇌의 활동 패턴이 다르며, 거짓말이나 속임 여부를 적은 시행으로도 신뢰할 수 있을 정도로 추정할 수 있다는 MEG 연구 결과도 있다. 이렇게 fMRI와 MEG를 이용한 거짓말 탐지의 가능성이 제기되고 있기는 하지만 아직까지 법정에서 증거로 채택된 사례는 보고되지 않고 있다.

지금까지 신경윤리학 논쟁에서 가장 많은 관심을 끌고 있는 기술은 뇌파(EEG)를 이용한 기억탐지기술이다. 뇌파를 이용한 기억탐지기술은 1990년대 초반부터 GTK(Guilty Knowledge Test)라는 이름으로 연구되어 왔다. 그 기술에서는 중요하거나 의미 있는 대상을 보았을 때, 대상이 제시된 시점으로부터 300~1,000 ms 이후 나타나는 뇌전위인 P300을 이용하여 용의자가 범죄 현장에 있었는지를 밝혀내는 기법이다. 이 기법에서는 특이 자극 찾기 과제를 이용하여 피험자가 드물게 제시되는 특이 자극과 자주 제시되는 자극을 변별하는 과제를 수행하는 동안 뇌파를 측정한다. 이 때 범행에 사용된 흉기나 피해자의 옷과 같은 범죄와 관련된 정보를 범죄와 관련 없는 다른 정보와 섞어서 제시하게 된다. 목표 자극을 모르는 경우 목표 자극에 대한 반응이 특이 자극을 보았을 때와 유사하게 관찰되지만, 목표 자극을 알고 있는 경우 친숙한 자극을 보았을 때와 유사한 반응이 관찰된다. 기억이 지문처럼 남아 있어서 범죄자만이 알 수 있는 정보를 제시하였을 때 용의자가 친숙함 반응을 보이는지를 알아내면 기억의 흔적을 찾아낼 수 있다.

범죄 현장에서 지문이 남는 것과 유사하게 뇌파에 기억의 흔적이 남는다고 하여 미국에서는 뇌지문(brain fingerprinting)이라는 이름으로 상업적으로 제공되고 있으며, 실제 재판에서 증거로 채택되기도 했다. 2003년 미국 아이오와 대법원에서는 살인 혐의로 24년 간 복역하고 있었던 Harrington에 대한 유죄 판결을 뒤집고 무죄 판결을 내렸는데, 이 때 결정적으로 채택된 증거가 뇌지문 자료였다. Harrington의 경우 범죄 현장의 어떤 정보에 대해서도 P300 반응을 보이지 않았고, 이 증거를 제시하자 Harrington에게 불리한 진술을 했던 증인이 진술을 번복하였다. 뇌지문이 직접적으로 판결에 영향을 미치는 증거는 아니었지만, 법적 효력을 가지는 증거로 채택됨으로써 증인의 증언에 영향을 미쳤고 결과적으로 재심 판결 및 석방에 결정적인 역할을 하였던 것이다.

Harrington의 판례가 불러일으킨 논쟁은 최근까지 계속되고 있는데 그 쟁점은 뇌파를 이용한 기억탐지의 증거 능력과 기억탐지의 신뢰성 문제로 요약될 수 있다. 과학적 검사 결과가 재판에서 법적 효력을 가지는 증거로 채택되기 위해서는 기술이 검증된 것이어야 하고, 전문가 집단에 의해 검토되고 논문으로 출판된 적이 있어야 하며, 오진율이 낮아야 하고, 전문가 집단에서 일반적으로 받아들여지는 기술이어야 한다. 기억탐지 기술이 이 요건을 만족시키는가에 관해서는 아직까지 찬반이 팽팽하게 대립되고 있다.

기억탐지의 신뢰성은 부정오류율(false negative rate)과 긍정오류율(false positive rate)의 두 가지 측면에서 검토할 수 있다. 부정 오류는 용의자가 실제 범죄를 저질렀음에도 범죄 관련 정보에 친숙함 반응을 보이지 않는 경우를 말하고, 긍정 오류는 용의자가 무죄임에도 범죄 관련 정보에 친숙함 반응을 보이는 경우를 말한다. 무죄 추정의 원칙을 고려할 때, 긍정오류율이 높아서 무고한 사람을 범죄자로 지목하게 되는 경우가 부정오류보다 더 위험하다. P300을 이용한 기억탐지를 찬성하는 사람들은 이 기술의 부정오류율이 높은 편이나 긍정오류율이 아주 낮다는 점을 찬성 근거로 제시한다. 하지만 이 기술이 법적 효력을 가지는 증거로 채택되는 경우 배심원들에 마치 유전자나 지문과 같은 결정적 증거처럼 비춰질 수 있으므로 높은 부정오류율이 범죄자를 놓치게 만들 수 있으며, 실험 상황이 아닌 실제 용의자 취조 현장에서의 오류율이 충분히 검증되지 않았다는 비판을 받기도 한다.

우리나라에서는 아직까지 뇌파를 이용한 거짓말 탐지가 증거로 채택된 사례가 없지만 2004년부터 대검찰청에서 P300을 이용하는 뇌파거짓말탐지기를 도입하여 수사에 활용하고 있다. 배심원 제도가 시험적으로 운용되고 있는 상황에서 법정에 제출되는 증거가 그 효력을 인정받을 것인지 여부를 떠나 판결에 미치는 영향력은 더욱 커질 것으로 예상된다.

신경 측정을 활용한 거짓말 탐지 기술의 타당성 및 안전성에 관한 논란은 여전히 해소되지 않은 채로 남아 있다. 증거로서의 효력에 대한 충분한 과학적, 법적 검토가 선행되어야 한다.

마음 읽기 기술의 두 번째 사례로 신경마케팅을 들 수 있다. 마케팅의 중요성이 강조되어 왔지만 소비자로 하여금 구매 결정을 하게 하는 뇌 활성 과정에 대해서는 최근에 알려지기 시작했다. 예를 들어 상품을 보여주었을 때 단순히 그 제품을 선호하는 경우와 구매로 이어지는 경우 뇌 활성 패턴에 차이가 있다고 한다. 구매 관련 뇌 영역의 활성화 정도로 소비자가 그 상품을 구매할 것인지 아닌지를 자기 보고 방식과 유사하게 예측한 실험이 있었다. 동일한 음료에 대한 사람들의 선호가 브랜드에 의해 어떻게 달라지는지가 fMRI 연구를 통해 밝혀지기도 했다. 또한 포도주 가격이 미각 경험과 제품 선호에 미치는 최근 연구는 소비자들이 마케팅 전략에 얼마나 취약한지도 보여주고 있다. 소비자 행동과 관련된 이러한 뇌 영상 연구는 신경마케팅이라는 새로운 연구 분야를 형성하며 마케팅 전문가들의 관심을 끌고 있다. 미국에는 이미 신경마케팅을 이용한 컨설팅 업체들이 설립되었으며 우리나라에서도 2007년 신경마케팅 관련 업체가 설립되었다.

제품에 대한 소비자의 선호도가 반드시 구매로 이어지는 것은 아니며, 광고가 미적을 아름답다고 하여도 그것이 얼마나 효과적으로 구매 욕구를 자극하는가는 별개의 문제이다. 뇌 영상 연구는 사람에게 물어서 알 수 없는 정보를 제공하여 더 정확한 소비자 심리를 진단하고 예측할 수 있게 한다는 점에서 효율적인 마케팅 전략 수립에 활용될 수 있고, 합리적이지 않은 소비 행동에 대한 이해와 개선점을 제안할 수 있다는 점에서 긍정적이다. 그러나 의식하지 못하는 수준에서 비롯되는 비합리적 소비 심리를 자극하는 마케팅 전략에 악용되거나 원치 않는 소비자 개인 정보의 유출과 같은 문제를 일으킬 가능성도 배제할 수 없다.

fMRI를 이용한 또 다른 기술에는 '뇌 유형 분류'가 있다. 이것은 유전자 염기 서열 분석을 통해 성격 특질이나 질병과 관련된 정보를 찾아내는 유전자 유형 분류 기법을 일컫는 genotyping에 대응하는 의미로 붙여진 이름인데, 뇌 활동 패턴을 분석하여 개인의 성격, 지능, 정신 질환에 대한 취약성과 같은 정보를 얻는 기술을 말한다.

웃는 얼굴을 볼 때 긍정적인 반응을 나타내는 뇌 활성의 정도는 외향성과 관련되어 있는데, 이러한 사실에 근거해서 외향적인 사람들이 사회적 보상을 더 많이 추구한다는 기존의 연구 결과들을 지지하는 신경학적 증거가 확보되었다. 그 밖에도 외향성, 신경증, 비관주의와 같은 성격 특질이나 지능이 뇌의 기능적 활성 패턴과 관련되어 있음을 보여주는 연구들도 많이 제시되었다. fMRI를 이용하여 정신 질환에 대한 취약성을 예언할 가능성을 시사하는 연구에 의하면, 정신 분열증과 뇌실의 확장이 관련이 되어 있으며, 특정 유전자와 관련된 뇌신경 손상이 치매와 높은 상관을 보인다는 사실도 알려져 있다. 자폐아들은 영아기 때 두뇌 크기의 발달이 정상 아동보다 훨씬 빠르다고 한다. 최근 발표된 뇌 발달에 관한 종단 연구 결과는 특정 기간의 뇌 발달 양상으로부터 주의력 결핍 및 과잉 행동 장애, 정신 분열증과 같은 질환을 미리 예측할 수 있는 가능성을 보여 주었다. 이 밖에도 정신 분열증이나 강박 장애, 우울증, 싸이코패스 등의 정신 질환에서 특정하게 나타나는 기능적 뇌 활동 패턴들이 고위험군에서도 관찰되는 것으로 알려져 있으며, 잘 알려진 병리적 뇌 활동 패턴을 근거로 이러한 질환의 발병 가능성을 예측하는 기술로 발전될 것이다.

뇌 유형 분류는 그 동안 심리학에서 사용되어 왔던 지능이나 성격 검사 도구에서 알 수 없었던 정보를 제공해 줄 수 있을 것으로 기대된다. 특히 많은 정신 질환이 개입 시가가 이를수록 치료예후가 좋다는 점을 고려할 때 뇌의 구조나 기능적인 변화를 관찰함으로써 뇌신경질환이나 정신 질환을 조기에 진단할 수 있는 기술이 개발된다면 그 유용성은 지대할 것이다. 그러나 유전자 정보를 이용한 질병의 예측이 개인 정보 보호와 관련된 논쟁을 불러일으켰듯이, 뇌 유형 분류 역시 비슷한 윤리적 문제점을 안고 있다. 신경윤리학자들은 이 문제를 '뇌 정보 보호 문제'라고 부르고 있다.

뇌 정보 보호 문제를 생각할 때 내밀하고 사적인 정신 과정을 고스란히 읽어내는 기계를 우리는 먼저 떠올린다. 개인의 의지와 관계없이 생각의 내용이나 경험하고 있는 감정의 종류가 다른 사람에게 공개되는 것은 심각한 사생활 침해이다. 그러나 아직까지 이런 식의 독심술과 같은 마음 읽기 기술은 개발되지 않았으며, 실제로 개발될 가능성은 아주 낮다. 특정 신경 세포나 특정 시냅스가 하나의 정보에 대응되는 것이 아니기 때문이다. 각각의 신경 세포들은 여러 가지 정보의 표상에 관여하고 있으며, 하나의 정보는 여러 신경 세포들의 연합에 의해 표상된다. 따라서 아주 정교한 측정 방법이 개발되어서 최소 정보 표상 단위를 잴 수 있다 하더라도 그 내용이 무엇인지를 알아내는 것은 쉽지 않을 것이다. 기억 탐지 기술과 같은 현실화되어 있는 마음 읽기 기술들이 필요한 정보 이상의 그 무엇을 제공하는 것은 아니기 때문에 범죄 수사에서 사용되는 지문 대조나 유전자 검사, 혈액 검사와 같은 기법과 특별히 구분되는 새로운 윤리적 문제를 야기하는 것은 아닐 수 있다. 마음 읽기 기술 자체보다는 피검자가 검사에 동의하였는가, 자신이 받을 검사의 목적이 무엇이고 어떤 정보가 공개되는지 충분히 알고 있는가를 고려하는 '절차적 문제'가 더 중요한 것으로 고려된다.

이렇게 볼 때 마음 읽기 기술이 가져올 문제점은 크게 두 가지이다. 첫째는 자발적 동의를 근거로 하는 정보 수집 및 공개의 문제이고, 둘째는 마음 일기 기술에 대한 정확한 이해에 관한 것이다.

첫 번째 문제에서 중요한 것은 개인 정보가 동의 없이 수집되고 공개되어서는 안 될 권리이다. 뇌 영상 자료가 원하지 않는 수준까지 분석되고 공개되는 일은 그 누구도 원하지 않을 것이다. 예를 들어 뇌 영상 기술을 이용한 진단 도구가 개발되었는데, 우연히 다른 목적의 실험에 참가했다가 연구진이 부수적으로 분석한 결과를 통해 10년쯤 뒤에 치매 발병 확률이 60%라는 사실을 알았다고 가정해 보자. 나의 의지와 관계없이 그 사실을 알게 되는 것이 바람직한가? 내가 다니는 회사나 정부 기관, 보험사 등에서 이 정보를 조회하여 채용, 진급, 보험료 책정 등에 반영하는 것은 정당한 일일까?

개인의 뇌 영상 자료가 의료 기록처럼 프로파일의 형태로 저장되고 활용된다면 최근 문제가 되고 있는 신상 정보 유출과는 다른 차원의 개인 보호 문제가 대두될 것이다. 뇌 영상 자료는 다양한 수준의 분석이 가능하므로 자료 제공의 목적과 관계없는 정보도 얼마든지 추출될 수 있고, 실제로 정보 제공자가 알지 못하는 다른 사람들에게 연구 목적이라는 명목으로 동의 없이 정보가 공유되기도 한다. 게다가 법적으로 보호 장치가 마련된다고 하더라도, 얼마든지 사회적으로는 묵시적 압력이 가해질 수 있기 때문에 저보를 공개하지 않을 권리를 지키기란 쉽지가 않다. 뇌 형상 자료 수집 단계에서부터 보관 및 관리 단계에서 체계적인 윤리적 법적 지침이 마련되어야 한다.

한 번의 자료 제공으로 원하지 않는 수준까지 정보 추출이 가능하다는 점과 동의 없는 정보 유출의 파급 효과가 아주 크다는 점에서 뇌 정보 보호 문제는 유전자 정보의 보호 문제와 많은 해법을 공유할 것이다. 따라서 유전자 연구와 관련된 생명윤리학 전문가들과 뇌 정보 보호의 문제를 공유하는 것이 바람직하다.

두 번째 문제는 기능적 뇌 영상 정보의 해석과 적용 방법에 관한 것이다. 이것은 신경과학 전문가가 아닌 사람들에게 뇌 영상 연구 결과를 어떻게 전달할 것인가 하는 문제와도 연결된다. 여러 색으로 표시된 불 켜진 뇌 사진은 비전문가의 눈으로 보기에는 너무나 명확한 물리적 실체이며, 마치 자신의 뇌도 그렇게 번쩍일 것처럼 느껴진다. 게다가 과학기술이라는 이름이 부여하는 권위까지 가해져 뇌 영상 연구의 결과들은 아주 구체적이고 생생한 것으로 개인들은 느낀다. 이러한 특징 때문에 일반인들은 뇌 사진을 거짓말을 하지 않는다고 믿기도 하지만, 정확한 정보 해석 체계 내지 완전한 해석의 틀로 인정받고 있는 이론이 있는 것은 아니다.

설사 신경 세포들이 거짓말을 하지 않는다고 하더라도, 뇌 영상이 신경 세포 활동을 그대로 반영한 것은 아니라는 것이다. 뇌 영상 자료는 신호를 측정하는 과정에서부터 왜곡이 발생한다. 뇌파나 fMRI 등에서 측정하는 신호는 직접적인 세포 활동이 아니라 아직도 그 기원이 명확히 밝혀지지 않은 신호일 뿐이다. 이렇게 측정된 신호는 다시 수차례의 계산 과정을 거쳐 연구 목적에 적합한 임의의 값으로 변환된다. 대부분의 연구 결과는 복잡한 계산을 거쳐 얻어진 추상적인 값일 뿐만 아니라, 여러 가지 사람의 뇌 활동을 평균하여 나타내는 경우가 많다. 게다가 신경 세포들은 매우 복잡하게 얽혀 있으며 상황에 따라서 그 반응 정도가 민감하게 달라진다. 더 중요한 점은 연구자들은 어떤 뇌 활동 패턴이 개인의 어떤 특성을 나타내는가가 아니라 그 반대 방향의 인과에 주로 관심을 갖는다는 것이다. 특정 질환을 알고 있는 사람들은 평균적으로 특정한 기능적 뇌 영상 패턴을 보인다는 것이 대부분의 논문에서 발표되는 결과이다. 그러나 이것이 특정한 뇌 영상 패턴을 근거로 하는 특정 질환이 예측 가능성을 보증해 주는 것은 아니다. 적어도 현재까지의 연구 결과들만을 근거로 우울증에 빠지기 쉬운 뇌 구조를 가지고 있다는 이유로 회사의 특정 업무 지원 자격에서 배제한다거나, 싸이코패스와 유사한 기능적 뇌 영상 패턴을 보인다고 해서 경찰의 특별 감시 목록에 오른다거나, 정신 분열에 취약한 특성을 보인다고 하여 보험 가입이나 취업에 불이익을 받는 일은 있어서는 안 된다.

뇌 영상 연구 결과를 이용한 기술은 그 적용 대상이 일반인들인 경우가 대부분이고, 기술을 사용하는 주체도 법정, 정부 기관, 기업체와 같은 비전문가들일 수 있다. 이들에게 뇌 영상이 제공하는 정보의 속성과 한계, 비판적 해석의 필요성은 숙지되어 있어야 한다. fMRI 연구 결과를 미디어가 보도하는 양태를 분석한 연구에서 볼 때, 미디어가 연구 결과의 한계나 문제점은 제시하지 않은 채 낙관적인 어조로만 서술하는 경향이 드러났다. 인터넷 포털 사이트 네이버와 언론재단의 기사 검색 서비스를 통해서 검색되는 1998년에서 2008년 4월 사이의 fMRI 연구에 대한 기사 가운데 중복을 제외한 245건의 기사의 보도 태도를 조사한 결과, 2000년대 중반 이후 보도 건수에 있어 상당한 양적 증가가 있었는데, 보도 태도는 주로 성과와 전망에 관한 것이었으며 한계를 언급한 보도는 소수에 불과했다.

뇌과학에 영향을 끼치는 미디어의 보도 경향을 신경사실주의, 뇌-본질주의, 뇌과학 정책으로 분류해서 살펴볼 수 있다. 신경사실주의란 신경과학 연구 결과는 현실의 객관적인 반영이라는 신념을 가리키며, 뇌-본질주의는 신경과학의 연구 결과가 인간성에 대한 본질적 설명을 제공한다는 신념을 가리킨다. 뇌과학 정책과 관련된 문제는 신경사실주의와 뇌-본질주의적 신념를 전제로 신경과학의 연구 결과를 정책 결정에 필요한 논의의 근거로 이용하여 사회 문제들을 분석하려는 시도에서 비롯된다. fMRI 연구 결과에 대한 왜곡된 이해는 주로 미디어에 의한 전달 과정에서 위의 세 가지 경로를 통하여 발생하며 이를 방지하기 위해서는 미디어에만 의존할 것이 아니라 다양한 채널을 통하여 대중과 소통하려는 전문가 집단의 주체적인 노력이 필요하다. 이러한 노력은 fMRI 연구뿐만 아니라 다양한 신경과학적 지식들을 비전문가 집단과 공유할 수 있도록 하는 데 있어서도 타당하다. 전문가 집단과 일반 대중을 고르게 포함하는 지식 생산, 전달, 수용 주체들이 양방향의 상호 작용을 할 때 충분한 이해를 바탕으로 한 생산적인 논쟁이 가능할 것이다.

최근의 한 연구 발표에 따르면, 쥐의 뇌에서 기억을 선택적으로 지우는 것이 가능하다. 또 미국에서는 우울증 치료제로 사용되는 선택적 세로토닌 재흡수 억제제의 일종으로 알려진 프로작(Prozac)을 정상인들이 기분을 향상시키려는 목적으로 복용하는 사례가 증가하고 있어 사회 문제가 되고 있다. 뿐만 아니라 우울증 치료를 위하여 DBS(Deep Brain Stimulation, 뇌심부자극술)이라는 외과적 개입을 하기도 한다. 이렇게 뇌신경계의 작용에 직접 관여하여 사람들의 인지적-정서적 기능을 더 나은 상태로 만들어주기 위한 노력은 더 이상 문학적, 영화적 상상에 그치지 않으며, 특히 일부 기술은 이미 사람들의 삶 속에 깊숙이 관여되어 있다. 뇌 기능 향상을 위한 신경과학 기술은 크게 인지 능력 향상과 정서 상태 개선이라는 두 가지 목적에서 이용된다.

인지 기능을 향상시키기 위해서 주로 실행 기능이나 기억을 향상시키는 약물이 이용되는데, ADHD 치료제로 사용되는 메칠페니데이트와 암페타민, 기억력 향상에 효과가 있는 것으로 알려져 있는 암파킨(ampakine)이 있다.

미국에서는 수년 전부터 고등학생과 대학생의 메칠페니데이트 남용이 심각한 사회 문제로 제기되었으며, 2006년에 미국 FDA에서 메칠페니데이트가 돌연사나 심장 장애 등의 위험을 증가시킬 수 있다는 경고문을 첨부할 것을 권고하는 안을 발표하는 등 대책을 마련하고 있다. 메칠페니데이트는 공부 잘하는 약 논쟁으로 국내에도 잘 알려져 있다. 교육열이 높은 서울 강남권 지역의 개인 정신과 병원에서 ADHD 치료제를 ADHD 환자가 아닌 아이들에게 학습 효과 향상을 목적으로 처방하는 사례가 보도되었다. 건강보험심사평가원의 발표를 인용한 2007년 11월 1일자 메디컬한국의 기사에 따르면, ADHD 환자 수가 최근 4년간 3.3배 증가한 데 반하여, 치료제에 대한 보험 청구는 21배나 증가하였다. 이러한 사실은 우리나라도 ADHD 치료제가 남용되고 있을 가능성을 보여주는 것이다.

뇌의 혈액 흐름을 원활하게 하여 치매 환자들의 기억 감퇴를 늦추어주는 효과가 있다고 알려진 은행잎 추출물을 이용하여 노화로 인한 정상적인 기억 감퇴를 줄여주기 위한 목적의 유사한 약물도 개발 중에 있다. 그리고 암파킨이라는 약물은 LTP(logn term potentiation)를 강화시켜 기억을 향상시켜주는 것으로 알려져 있다. 그 밖에도 외상 후 스트레스 장애(PTSD) 환자들을 위한 선택적 기억 억제 약물을 개발하려는 노력은 정상인들도 원하지 않는 불쾌한 기억을 잊을 수 있도록 해주는 약의 생산으로 이어질 것이다.

또한 프로작이라고 알려져 있는 SSRI(Selective serotonin reuptake inhibitor)계 항우울제는 아직까지 큰 부작용이 없는 것으로 알려져 있어 광범위하게 사용되고 있으며, 미국에서는 우울증이 아닌 정상인들이 기분을 향상시키려는 목적으로 이 약물을 사용하는 경우가 있다. 정상인들이 향상 목적으로 사용할 경우의 부작용에 대해서는 거의 알려진 바 없지만, 1984년 Zion이라는 18세 소녀가 SSRI계 항우울제 두 종류를 함께 복용했다가 사망하면서 부작용에 대한 관심이 증대되었고, 이와 유사한 사례들을 바탕으로 세로토닌의 양이 일정 수준 이상으로 증가하면 세로토닌 신드롬이라는 부작용을 일으킬 수 있다는 연구도 발표되었다. 이 밖에도 여러 사람 앞에서 발표할 때의 긴장을 완화하거나 연주회를 앞둔 연주자들이 긴장으로 인한 손 떨림을 방지하기 위하여 프로프라놀롤(propranolol)을 복용하고, 기면증을 치료하는 데 효과적인 것을 알려져 있는 모다피닐(modafinil)은 각성 상태를 유지시키고 단기간에 집중력을 향상시키려는 목적으로 일반인들이 복용하기도 하는 등, 본래 치료 목적으로 개발된 약물들이 부작용에 대한 충분한 검증 없이 다른 목적으로 사용되는 사례가 증가하고 있다.

뇌 기능 향상에는 약물을 이용하지 않는 방법도 있다. TMS(Transcranial Magnetic Stimulation)나 심부뇌자극술을 이용하여 뇌 세포를 자극하거나 신경외과 수술을 통해 특정 뇌 영역을 선택적으로 절제하거나, 뇌와 기계 장치를 연결하는 BMI 기술을 사용하면 인지 기능이나 정서를 향상시킬 수 있을 것으로 전망하기도 한다.

TMS는 좁은 영역에 짧은 시간 강한 자기장을 일으키는 장치로 아무런 외과적 수술 조치 없이 두피에서 자기 자극을 가하는 것만으로 대뇌피질 정도의 깊이에 분포해 있는 신경 세포들의 활동에 영향을 미치는데, 주로 세포 활동을 일시적으로 억제하는 것으로 알려져 있다. 뇌의 특정 영역과 행동의 직접적인 인과 관계를 밝히는 연구에서 사용되는 기술이지만, 최근에는 우울증 치료 목적으로도 이용된다. 전전두엽에 적당한 강도의 TMS를 가하면 우울증이 개선되는 효과가 있는 것으로 보고되고 있다. 기분이나 창의력을 향상시키는 방식으로 TMS가 일반인들의 뇌 기능을 개선하는 데 이용될 수 있는 가능성도 검토되고 있다. 수술을 통해 뇌에 전극을 이식하고 미세 전류를 흘려주어 신경 세포들을 직접 자극하는 방법도 있다. DBS라고 알려진 이 기술은 파킨슨 병, 간질, 우울증, 강박 장애와 같이 신경 메커니즘이 비교적 잘 알려져 있는 질환의 치료에 이용된다. 신경 신호의 이상이 의심되는 영역에 전극을 이식하여 자극함으로써, 운동이나 인지 장애, 우울한 기분을 개선할 수 있다. 신경 약물과 마찬가지로 정상인들에게 적용하면 치료가 아닌 향상의 목적으로 DBS를 이용할 가능성도 생각해 볼 수 있다.

BMI 기술의 핵심은 뇌에서 얻어지는 신호를 기계가 이해할 수 있는 언어로 번역하거나, 외부에서 입력되는 신호를 뇌가 이해할 수 있는 신호로 번역할 수 있도록 신경계의 정보 처리 원리를 이해하는 것이다. 주로 손상된 신경 기능을 보완해 주기 위한 의학적 목적에서 개발되는 경우가 많고, 실제로 적용되고 있는 기술도 있다. 뇌에서 사용되는 전기 신호의 패턴을 이용한 BMI 기술 적용의 대표적인 사례로 인공 달팽이관을 들 수 있다. 이 장치는 환자에게 전달되는 소리가 외부 장치를 통해서 전기 신호로 바뀌고 이 전기 신호가 달팽이관의 청각 신경 세포들에 직접 전달되어 청각 신호가 뇌로 전달되게 한다. 인공 달팽이관을 성공적으로 이식받은 청각 장애인들은 정상에 근접하는 수준으로 청력을 회복하기도 한다. 시각 정보를 전기 신호로 바꾸어 망막이나 시가 피질에 신호를 보내주는 인공 시각 연구도 활발하게 이루어지고 있다. 뿐만 아니라, 팔이나 다리를 움직일 수 없는 마비 환자들이 생각만으로 컴퓨터나 로봇 팔을 움직이도록 하는 기술도 상당한 수준에 도달해 있다.

의학적 재활 목적 이외에도 최근에는 게임 산업에서 BMI가 관심을 끌고 있다. 뇌파를 이용한 집중력 훈련 게임이 학습 클리닉 등에서 사용되고 있으며, 조이스틱 대신에 헤드셋을 통해 뇌파를 측정하여 게임 속 캐릭터를 조작하거나 사용자의 정서 상태를 추정하여 게임 캐릭터에 반영하는 기술도 상용화되어 있다.

BMI 기술은 약물이나 신경외고 수술만으로는 회복이 불가능한 장애인들에게 희망적이지만, 일반인들에게 향상의 목적으로 사용될 경우를 생각해보면, 그 어떤 기술보다도 극적인 상황들을 예상할 수 있다. 인공지능 기술 등과 결합하여 생각으로 멀리 있는 기계를 원격으로 조종할 수 있게 되거나 그 반대로 기계를 이용해 사람의 마음을 조작할 수 있게 되거나 신체의 상당 부분의 장애나 부족한 부분을 BMI로 극복한 사이보그가 등장하게 된다면 우리는 새로운 ELSI 문제들에 직면하게 될 것이다. 특히 최근에는 이러한 기술의 군사적 활용에 관하여 논의와 우려가 표명되고 있다.

　신경윤리학자들은 신경약물학이나 신경외과적 개입의 순기능과 역기능을 논할 때, 지로한의 치료와 정상적 기능의 향상의 경계에 대한 의문을 먼저 제기한다. 대부분의 정신 질환에서 정상과 이상의 경계가 모호하듯이 치료적 개입과 향상을 목적으로 개입의 경계 역시 불투명하다. 문제는 치료 목적으로 사용될 때는 유용한 기술이 향상을 목적으로 사용될 때 전혀 다른 결과를 가져 올 수 있다는 것이다. 뇌 기능의 이상과 정상, 치료와 향상의 경계를 구분하는 문제는 신경윤리학의 가장 중요한 과제 중의 하나이다. 그리고 주된 윤리적 논쟁은 치료보다는 향상의 문제에 집중되어 있다. 정상과 비정상의 구분이 모호하듯 질병의 기준이 역시 모호하며 결국 치료와 향상의 구분은 도덕적 기준에 따를 수밖에 없다. 가령 입시 경쟁을 하고 있는 철이와 영이가 있는데, 영이는 내장 기능이 우수해서 영양분을 더 잘 흡수해서 철이보다 발달이 빨랐고 그 결과 지능이 높다고 하자. 철이는 질병을 가지고 있는 것인가? 철이의 지능이 정상 범위 내에 있다고 하더라도 철이의 내장 기능이 지금보다 나았다면 지능이 지금보다는 나았을 것이다. 이럴 경우 의학적인 처치는 치료인가 향상인가의 경계선에 있게 된다. 난독증은 문자 사회에서만 장애로 간주되며 음치도 마찬가지일 것이다. 치료와 향상의 구분을 사회적 기준에 따른다면 질병의 기준은 의미를 잃게 된다.

　정상인들이 신경 약물이나 신경외과 개입을 통하여 인지 기능이나 정서 상태를 개선하는 기술이 대중화될 때 고려해야 할 사항들은 다음과 같은 것들이다.

　첫째, 판단 기준의 문제이다. 기억 향상의 사례를 생각해 보면 이 문제는 좀 더 명확해진다. 좋은 기억은 향상시키고, 나쁜 기억은 제거하는 노력에서 좋고 나쁨의 기준은 무엇인가? 아무리 나쁜 기억이라도 개인의 생존에 필수적인 것일 수도 있고 개인의 성장에 도움이 되는 것일 수도 있다. 또한 개인에게는 지우고 싶은 기억이 사회 전체의 관점에서 볼 때는 꼭 필요한 것일 수도 있다. 예를 들어 전쟁이나 홀로코스트, 독재를 체험한 사람들이나 범죄 피해자들은 누구나 그와 관련된 기억을 잊고 싶겠지만, 사회적 입장에서 볼 때는 이들의 기억이 더 나은 사회를 위한 밑거름이 된다. 이런 경우, 단기적 이익과 장기적 이익, 개인의 이익과 공공의 이익과 같은 서로 상충하는 가치들 중 무엇을 우선시 할 것인가에 대한 적절하고 명확한 기준이 필요하다.

　둘째, 안전의 문제이다. 신경 약물이나 신경외과적 개입, BMI 기술의 부작용은 성형 수술의 부작용과 차원이 다른 문제를 야기한다. 뇌 신경계의 개입은 정신 작용에 직접 영향을 미친다. 따라서 그 어떤 개입보다도 보수적인 잣대로 위험성을 철저하게 검증할 필요가 있다. 게다가 신경과학 기술들은 주로 치료 목적에서 개발되어 향상의 목적으로 그 용도가 확장된다. 개발 단계에서는 주로 치료 목적으로 사용되었을 때의 부작용에 대한 검토가 다루어지며, 정상인에게 향상을 목적으로 사용되었을 때의 부작용에 대한 검토는 거의 다루어지지 않는다. 또한 메칠페니테이트와 SSRI의 남용 사례에서 보듯이, 이미 기술 개발이 완료되어 기술이 시장에 나온 시점에서 향상 목적의 적용이 있게 될 가능성이 높기 때문에 그 확산 속도가 훨씬 빠르다. 따라서 초기 개발 단계에서부터 치료 목적의 적용이 아닌 경우에 예상되는 문제들도 함께 파악하고 대비해야 한다.

셋째, 사회적 문제이다. 신경 기술에 대한 접근 기호의 불평등은 또한 사회적 불평들을 확대 재생산하는 경로로 작동될 수 있다. 만일 부작용이 거의 없는 집중력 향상 약물이 개발된다면 입시나 취업 시장에서 날개 돋친 듯 팔려나갈 것이다. 치료 목적이 아닌 다양한 신경 기술은 의료 보험 대상에서 제외될 것이므로 높은 가격에 거래될 가능성이 크고 낮은 사회경제적 지위에 있는 사람들은 자신들의 희망과 관계없이 불리한 경쟁을 하게 될 것이다. 대학 입학시험이나 취직 시험에서 신경과학기술의의 도움을 받은 사람들과 그렇지 않은 사람들 간에 수행에서 큰 차이가 나게 된다면, 경제적 불평등이 기호의 불평등을 거쳐서 자연히 교육과 취업의 기회 불균형으로 이어질 것이다. 이렇게 신경과학기술에 접근할 수 있는 기회가 사회경제적 지위에 따라 불균등하게 주어진다면 불평등을 심화시키는 새로운 경로가 될 여지가 있다.

자신의 의사와 관계없이 신경기술 사용을 강요받게 되는 상황도 생각해 볼 수 있다. 조직의 요구에 의해서거나 대수의 사람들이 약물이나 보조 장치의 도움을 적극적으로 받는다면, 동등한 입장에서 경쟁하기 위해서 신경 기술의 도움을 받고 싶지 않은 사람들도 어쩔 수 없이 이 기술을 사용하게 될 수도 있다. 어떤 회사가 직원들의 작업 효율을 높이고 삶의 질을 개선하는 프로젝트의 일환으로 집중력 향상 약물을 권장한다면, 어찌 쉽게 거부할 수 있겠는가? 학교나 부모가 학생들의 학업 성취를 높이기 위해 신경 약물을 사용하도록 요구할 수도 있다. 실제로 미국에서는 학교 측에서 학부모로 하여금 자녀들에게 ADHD 치료를 위한 약물을 복용시킬 것을 강제하여 물의를 일으켰던 일도 있다. 군대와 같이 조직의 요구를 거부하기 힘든 경우에는 이러한 문제가 더욱 심각한 것이 될 수도 있다. 신경 기술이 대중화되기 시작하면 혼자만 뒤쳐지거나 다른 사람에게 피해를 줄 지 모fms다는 불안감 또한 암묵적인 압력으로 작용할 수 있다. 모두가 이메일을 사용하는데, 혼자만 우편을 이용하기 어려운 것과 마찬가지로, 다수가 신경 기술을 이용하기 시작하면 개인이 혼자서 이러한 도움을 받지 않은 선택을 하기란 쉽지 않다. 이런 문제들을 미연에 방지하기 위해서는 신경 기술에 대한 평등한 접근 기회와 선택의 자유, 불이익을 받지 않을 권리를 보장하는 제도적 장치를 마련해야 할 것이다.

넷째, 철학적 문제이다. 경기에 출전한 운동선수가 매일 열심히 근력 운동을 하면서 효과를 증대시키기 위해 단백질 보충제를 먹는 것은 무방하지만, 경기력 향상을 위해 스테로이드를 복용하는 것은 비난받을 행동으로 금지되어 있다. 신경과학기술의 대중화는 이와 비슷한 종류의 성실성과 효율성이라는 두 가치의 대립을 초래할 것이다. 만일 평소에 아주 공부를 열심히 하지만 매번 시험 불안으로 시험을 망치는 학생이 불안 수준을 낮추어주는 약물을 복용한 뒤 시험에서 좋은 성적을 거두었다면 이것을 학생의 실력이라고 볼 수 있을까? 시험을 앞둔 학생들이 기억력을 향상시켜 주는 약을 복용하는 문제는 어떻게 보아야 하는가? 이 사례들은 운동선수가 단백질 제제를 복용하는 것과 같을까 아니면 스테로이드를 복용하는 것과 같을까?

신경 약물, TMS, DBS, BMI 등의 기술은 정체성에 대한 근본적인 물음도 제기한다. 기억을 온전히 가지고 있던 사람과 약물을 통해 특정 기억을 제거한 사람은 동일한 인격체라고 할 수 있는가? 밝고 따뜻한 성격을 가진 사람을 소개받아 사랑하게 되었는데 알고 보니 그 사람이 정서 상태를 개선해 주는 약물의 도움을 받았던 것이고 약물을 복용하지 않았을 때는 침울하고 차가운 사람이었다면 두 인격을 연속선상에 놓고 똑같이 사랑할 수 있을까? BMI 기술로 탄생된 사이보그는 아무런 기계도 장착하지 않은 사람과 동일한 인격체인가? 약물이나 기계의 작용으로 정신이 조절된다면, 정신 작용이 물리적 원리의 지배를 받는다는 것이 그토록 명백해진다면, 물질과 정신은 구별될 수 없는 것인가? 인간성은 어떻게 정의되어야 하는가? 이와 같은 새로운 철학적인 물음들은 인간의 자유 의지, 책임, 및 정체성에 관한 더 깊은 논의를 요구하게 된다.

영장류와 인간의 고등 인지 기능에 대한 신경과학기술적 연구 결과들은 인간 고유의 것이라고 믿어 왔던 정신 현상을 세포와 세포 사이의 전기 화학적 정보 전달 과정으로 설명한다. 신경과학기술의 발전은 인간의 정신도 약물이나 기계를 이용하여 변형 가능하다는 것을 보여 주었다. 우리는 여기서 철학적인 문제에 부딪히게 된다. 행동의 원인이 비물질적인 자아가 아니라 신경 전달 물질과 전기적 신호의 발생에 의한 것이라면 자유 의지에 의한 행동이라는 것은 무엇인가? 인간에게 자유 의지가 존재하는가? 정신 현상을 물리적 차원으로 환원하여 설명할 수 있다면 정신은 곧 물질에 지나지 않는 것인가? 신경과학기술의 새로운 연구 결과들이 제시하는 인간성에 대한 과학적인 사실들을 어떻게 이해하고 받아들여 전통적으로 철학이 정립해 온 개념들과 통합될 수 있을지에 관한 질문들도 신경윤리학의 중요한 논점 중에 하나이다.

자유 의지는 행위자가 자신의 행동과 결정을 스스로 통제할 수 있음을 의미한다. 우리 인간에게 자유 의지가 있을까? 이것은 간단히 대답할 수 있는 물음이 아니다. 자유 의지가 있음을 믿는 것은 행위의 모든 책임이 개인에게 있고 신은 인간 행위에 영향을 미칠 수 없으며 동일한 물리적 원인이 동일한 뇌와 마음의 반응을 일으킬 수 없음을 믿는 것이다.

사람들은 자신의 뇌에 명령을 내릴 수 있는 자유 의지가 있음을 믿어 의심하지 않는다. 어떤 행위를 하기 전에 그 행위를 하겠다는 의지를 먼저 가지게 되고, 그 이후 대뇌 신경 세포들이 활동을 시작하여 행동 명령을 내릴 것이라는 의지-뇌-행위의 인과는 아주 자연스러운 것으로 받아들여져 왔다. Libet(1991)은 이러한 의지-뇌-행위의 시간적인 인과를 위한 실험들을 수행하였다. 그는 실험 참가자들에게 화면에 제시되는 시계를 보면서 자신이 손가락을 움직여야겠다는 의지를 가지는 순간의 시간을 보고하도록 지시했다. 이와 동시에 EEG로 뇌의 반응을 측정하고, EMG로 손가락 움직임이 시작되는 시점을 측정하였다. 그 결과 EMG를 통해서 손가락이 움지이는 시점보다 200ms 앞서서, 손가락을 움직여야겠다는 의지가 발생한다고 시계를 통해 추정하였는데, 이 시점보다 300ms 앞서서 EEG에서 운동 준비 반응(rediness potential)이 관찰되었다. 운동 의지를 의시하기 약 300ms 이전에 이미 운동 명령을 내리는 무의식적인 뇌 활동이 관찰된다는 것이다. Libet은 그 밖에도 신경 세포의 활동이 행위 의지에 선행한다는 것을 밝히는 일련의 연구 결과들을 통하여 나의 영혼이 자유 의지를 가지고 어떤 행위를 하겠다고 마음먹은 다음에야 뇌를 포함한 물질적인 신체 기관을 움직여 행동하게 된다는 기존의 신념은 잘못된 것이라고 주장하였다. 이후 Dennet and Marcel(1992)은 의지에서 시계로 주의를 이동하는데 일정한 시간이 소요되어 의지가 경험된 시간과 시계 바늘을 지각한 시간 사이에 괴리가 있음을 보이기도 했지만, 다소의 수치 차이를 제외하면 Libet의 주된 결론은 유지되었다.

그러면 자유 의지는 존재하지 않는 것인가? Libet은 자신의 실험 결과를 해석함에 있어서 자유 의지를 다르게 정의함으로써 자유 의지를 완전히 부정하는 위험을 재치 있게 피해갔다. 손가락을 움직이는 신호가 500ms 동안 집적되고 있지만 마지막 순간에 의지가 개입하여 움직임을 중단할 수 있기 때문에 행위를 실행하고자 하는 무의식적인 과정을 의식적인 의지가 억압한다. 말하자면, 자유 의지는 어떤 행위를 하도록 만드는 지점에 있는 것이 아니라, 어떤 일을 안 하도록 하는 지점에 있다. 인간의 의지라는 것은 자유 의자가 아니라 자유 반의지(free won't)라는 것이라고 주장했다.

신경과학기술은 자유 의지가 어디서 발생하는가와 같은 질문에 대한 답을 찾는 실증적 방법을 제공하기도 하지만, 자유 의지의 존재에 대한 보다 형이상학적이고 철학적인 물음도 제기한다. 인간의 사고, 결단, 행위를 포함한 모든 사건들이 일련의 과거에 의해서 인과적으로 결정된다는 입장을 일반적으로 결정론(determinism)이라 하는데, 자유 의지는 생각이나 행위를 함에 있어서 이러한 인과의 사슬에서 벗어나는 자유를 전제하고 있다. 어떤 원인도 자발적으로 생겨나는 의자가 인간의 의식적 사고와 행동의 원인이 될 때, 우리는 자유 의지를 지녔다고 할 수 있다. 따라서 어떤 행위가 물리적 인과로 설명된다면, 자유 의지에 의한 행위라고 할 수 없게 된다. 신경과학기술은 인간의 행위를 신경 세포들 간의 신호 전다리라는 물리적 원인을 가지는 메커니즘으로 설명하는 결정론적 입장을 취함으로써 자유 의지에 대한 통념을 위협하고 있다.

인간이 자유 의지를 지닌 도덕적 행위자임을 전제로 하는 책임의 문제와도 관련이 있기 때문에 신경과학기술이 던지는 자유 의지에 대한 의문은 우리 사회에 근본적인 변화를 가져올 것이라는 우려도 있다. 그러나 이러한 우려는 문화에 따라 다를 수 있다. 가령 힌두교나 불교의 인과응보는 결정론적 생각을 표현한 것으로 이 개념을 개별 행위의 수준까지 확장할 수 있는 것이라면 자유 의지의 유무에 대한 충격은 그다지 크지 않을 수도 있다.

Roskies(2006a)은 다음과 같은 세 가지의 이유를 들어 신경과학기술의 결정론이 자유 의지와 책임에 관한 문제에 아무런 위협이 되지 않는다고 주장하였다. 첫째, 자유 의지가 과연 존재하는가는 신경과학기술과는 별도로 오래 전부터 있어 왔던 물음이라는 것이다. 그는 신의 의지가 신경 세포들의 작용으로 대체되는 것 이외에는 이러한 질문이 전혀 새로운 것은 아니며, 본래 존재하던 자유 의지에 대한 철학적 물음을 더 구체적이고 명확하게 드러내주고 일반인들이 좀 더 관심을 가지게 되는 계기가 되었을 뿐이라고 주장한다. 둘째로 그는 특정 수준에서의 결정론이 다른 수준에서의 결정론의 근거는 아니기 때문에 신경과학기술자들이 행동의 인과를 설명하는 것이 자유 의지 자체를 위협할 수 없다고 하였다. 세상이 무작위성에 바탕을 둔다고 해도 그 세상을 구성하는 요소들은 얼마든지 결정론적으로 설명된다. 반대로 뉴런에서 분자 수준의 구성 요소들이 무작위로 작동한다고 해도 그 결과물인 시스템 수준의 정보 전달은 바로 이전의 사건으로 다음 사건을 예측할 수 있는 인과 법칙을 따를 수 있을 것이며, 이것은 다시 행동 수준에서의 결정론을 증명하는 근거로 사용될 수 없다. 결정론은 생물학적 메커니즘을 통해 행동을 설명하기 위하여 취하는 입장 내지 가정이지 사실이 아니라는 것이다.

마지막으로, 그는 철학적 논증에서뿐만 아니라 실제 도덕적 책임을 판단하는 상황에서 일반인들의 지각에서도 결정론과 자유 의지, 도덕적 책임의 관련성이 희박하다고 하였다. 결정론적 세계관과 비결정론적 세계관을 제시하였을 때 사람들이 책임에 대한 판단이 어떻게 달라지는가를 살펴봄으로써 자유 의지와 책임, 결정론의 개념이 실제로 사람들 사이에 어떻게 형성되어 왔는지가 연구되었다. 그 연구에서 사람들에게 결정론적 세계관과 비결정론적 세계관에 관한 글을 읽게 한 뒤 강한 정서를 유발하는 조건과 약한 정서를 유발하는 조건에서 범죄 행위에 대한 도덕적 책임을 전적으로 행위자에게 물을 수 있는가를 판단하도록 했는데, 강한 정서 조건에서는 상습 강간범이 같은 범죄를 저지르는 상황이 제시되었고, 약한 정서 조건에서는 상습적으로 탈세를 해 온 사람이 다시 탈세를 하는 상황이 제시되었다. 만일 결정론이 자유 의지와 책임이 문제와 밀접하게 관련되어 있다면, 사람들은 정서의 강도에 관계없이 결정론에 관한 글을 읽었을 때 도덕적 책임을 부여할 수 없다고 대답할 것이다. 그러나 이 연구에서 비결정론적 세계관에 관한 글을 읽은 사람들은 두 조건에서 모두 책임을 물어야 한다고 응답한 반면, 결정론적 세계관에 관한 글을 읽은 사람들은 약한 정서 조건에서는 도덕적 책임을 전가할 수 있다고 응답하였지만 강한 정서 조건에서는 전적으로 도덕적 책임을 물어야 한다고 응답했다.

결정론은 의사 결정과 선택이 어떻게 이루어지는지에 대한 과학적 설명을 제공하여 이해에 영향을 미치는 것일 뿐이다. 도덕적 책임을 위협하는 것은 결정론이라기보다는 환원론이다. 인간의 행동에 대한 환원론적 설명을 도덕적 책임으로 확장하면 개개인의 책임을 면제해 주는 근거가 되기 때문이다. 범죄의 책임을 인격에 두지 아니하고 인격을 유전자로 환원시키는 입장을 갖게 되면 결국 유전자를 처벌해야 한다는 주장에 이르게 될 것이다. 약물 중독자의 뇌는 일반인의 뇌와 다르기 때문에 약물 중독은 뇌의 병리적 현상에 지나지 않으며, 그에게 책임을 물을 수 없다는 입장이나, 범죄자가 법정에 자신의 범죄 행위는 뉴런들의 전기 화학적 작용에 지나지 않으므로 자신은 책임이 없다고 주장하는 것은 환원론적 주장의 잘못된 확장의 예로 간주할 수 있다. 환원론과 도덕적 책임에 관한 문제도 신경윤리학의 중요한 논점 중 하나이며 특히 법적 책임의 문제에 있어서 중요하게 다루어지고 있다.

만일 어느 신경과학기술자가 우리의 정신은 뉴런들의 집합체와 완전히 동일하다고 주장한다면, 우리는 어떻게 그 주장을 어떻게 받아들여야 할까? 우리의 모든 정신 작용을 신경 신호로 환원하여 설명할 수 있을까? 특수 소재가 개발되어서 뉴런의 구조와 뉴런들 간의 네트워크를 그대로 모방하는 것이 가능해진다면, 그러한 인공 뉴런들의 집합체가 곧 정신이라고 할 수 있을까?

정신 현상과 같은 고등한 복잡한 현상을 경험적 관찰이 가능한 보다 하위의 물리적 단위로 환원하여 설명할 수 있다는 입장을 철학에서는 심신동일론(the identity theory of mind-body) 또는 유물론적 환원주의라고 한다. 환원주의 논쟁은 자유 의지와 책임의 문제에서도 중요하지만, 자아와 영혼의 존재 여부와 같은 형이상학적 물음도 제기한다. 일반 대중들은 대부분 정신은 물질과 구별되는 것이라고 믿고 있기 때문에, 정신 현상을 뉴런과 뉴런 사이의 화학 물리적 상호 작용으로 설명하는 신경과학의 환원론적 입장은 일반적인 신념과 배치된다. 특히 기도나 명상과 같은 영적인 경험을 다루는 연구나, 자아, 성격, 의식과 같은 정신 고유의 영역을 물리 규칙으로 설명하려는 연구는 일반적으로 창조론을 믿는 사람들이 진화 이론을 접하는 것만큼이나 낯설고 위협적인 것으로 받아들여질 수 있다. 그러나 영혼이 물리 규칙을 따르는 신체와 독립된 것임을 보여주는 가장 강력한 증거로 알려진 유체이탈의 경우도 뇌의 일정 부위를 전기 자극하면 비슷한 경험을 유발하는 것으로 밝혀지고 있어서, 결국 영혼 현상을 뇌 기능과 분리해서 생각할 수 없다.

어떤 신경윤리학자들은 환원론적 입장을 취하는 것은 과학적 이해가 용이해진다는 실용적인 이유 때문이며, 방법론적 환원주의와 존재론적 환원주의를 구별해야 한다고 주장한다. 방법론적 환원주의의 실용성이 존재론적 환원주의를 정당화하는 것은 아니다.

도덕적 추론 과제와 논리적 추론 과제를 수행할 때의 뇌 활동을 fMRI로 관찰한 최근의 연구 결과에 따르면 도덕적 추론과 논리적 추론에서 같은 뇌 영역이 활성화되고, 도덕적 행동을 하려는 동기는 판단 과정과 구별되는 신경 메커니즘을 가지고 있는 것으로 보인다. 이러한 발견들은 인간의 도덕성에 관한 오랜 논쟁거리였던 도덕 실재론과 내재주의에 새로운 해답을 제시할 것으로 기대된다.

도덕 실재론에서는 도덕적 판단과 논리적 판단이 근본적으로 다른 것으로 본다.

논리적 판단과는 달리 도덕적 판단은 매우 직각적이고 직관적으로 일어나서, 마치 존재하는 사물을 지각하는 것과 같이 실재하는 도덕을 인식하는 것으로 보기 때문이다. 도덕적 딜레마를 이용한 일련의 fMRI 연구에서 도덕적 판단의 신경 메커니즘을 밝히고 그 결과를 토대로 Greene(2003)은 도덕 실재론에 의문을 제기하였다.

Greene은 직접적이고 개인적인 딜레마 상황과 간접적이고 비개인적인 딜레마 상황에서 사람들이 도덕적인 판단을 할 때 신경 메커니즘의 차이를 살펴보았다. 이 때 사용되는 도덕적 딜레마는 대부분 한 사람을 희생시켜서 여러 사람을 살릴 수 있다면 어떻게 할 것인가를 묻는 형태로 제시된다. 수술실에 있는 한 사람을 죽여서 해체하면 다른 다섯 명의 환자를 살릴 수 있는 상황이나, 정원을 초과한 구명보트에서 한 사람을 물에 빠뜨리고 나머지 사람을 구할 것인가를 물어보는 상황과 같이, 한 사람을 희생시킬 때 직접적인 행동을 통해 위해를 가해야 하는 상황을 직접적 딜레마, 한 쪽을 희생해서 더 많은 사람을 살릴 수 있는 정책에 투표를 할 것인지를 판단하는 상황과 같이 직접적인 위해를 가하지 않는 상황을 간접적 딜레마라고 한다.

Greene이 사용한 딜레마의 예로 트롤리 딜레마(이것은 간접적 딜레마이다)와 육교 딜레마(이것은 직접적 딜레마이다)를 들 수 있다. 트롤리 딜레마에서는 두 갈래로 갈라진 철길 줄 한 속에는 한 사람이, 다른 속에는 다섯 사람이 서 있고 트롤리가 다섯 사람이 있는 선로로 달려오고 있는 상황을 가정한다. 이 때 기관사가 선로 변경 버튼을 눌러 한 사람이 서 있는 방향으로 트롤리의 진로를 바꾸면 나머지 다섯 사람을 살릴 수 있다. 육교 딜레마에서는 철로가 일직선이고, 다섯 사람이 그 위에 서 있다. 그리고 철로 위를 지나는 육교에 덩치가 큰 한 사람이 서 있다. 기차가 다섯 사람을 향해 달려오고 있는데, 육교에 서 있는 사람을 아래로 밀어서 떨어뜨리면 기차를 멈출 수 있다. 트롤리 딜레마와 육교 딜레마는 한 사람을 희생시켜서 다른 다섯 사람을 구한다는 점에서 동일한 논리적 구조로 되어 있지만, 사람들은 트롤리 딜레마에서 한 사람을 희생시키겠다는 판단을 많이 하고 육교 딜레마에서는 그렇지 않다.

Greene은 직접적 딜레마와 간접적 딜레마에서 도덕적 판단이 달라지는 것은 정서가 판단에 개입하는 정도의 차이 때문임을 fMRI 연구를 통해 밝혔다. 직접적 딜레마에서는 감정과 관련된 영역이 활성화되는 반면 인지적 판단과 관련된 영역의 활성 정도는 상대적으로 낮았다. 그러나 간접적 딜레마에서는 감정 영역의 활성화가 약하게 나타났다. 행동적으로는 직접적 딜레마에서 감정과 일치하는 판단(육교 딜레마에서 사람을 밀어서 죽이지 않기로 한 결정)을 내릴 경우에는 반응 시간이 간접적 딜레마에서와 비슷하게 아주 짧지만, 감정과 배치되는 판단(육교 딜레마에서 사람을 밀어서 죽이기로 한 결정)을 내리는 반응 시간은 간접적 딜레마에 비하여 아주 길었다. 감정과 이성의 갈등이 상대적으로 덜한 간접적 딜레마에 비하여 직접적 딜레마 상황에서는 강한 감정 반응과 거기에 뒤따르는 인지와 관련된 영역의 활동이 갈등을 일으키고, 그것이 해소되어 인지적 반응이 감정 반응을 억누르는 추가적인 과정이 필요한 것으로 보인다.

의사 결정 상황에서 감정 관련 영역과 인지 관련 영역의 활성화와 갈등, 두 영역 중 우세한 반응의 결과에 따르는 판단이라는 결과는 도덕적 판단 과정에만 국한된 것이 아니다. 경제적 의사 결정과 같은 다른 형태의 판단 과정도 동일한 신경 메커니즘을 공유한다. Greene은 도덕적 판단을 정서의 관여 정도에 따라 조절되는 일반적인 의사 결정의 일종이라고 간주하며, 도덕적 판단이 직관적인 것처럼 보이는 것은 실재하는 도덕을 인식해서가 아니라 단지 다른 판단보다 더 빠르게 일어나기 때문이라고 설명한다. 이것은 논리적 판단이 사회적 문제 해결을 위한 인지 능력 진화의 부산물이라고 보는 진화심리학의 입장에 부합하는 결과이기도 하다. Greene은 이러한 연구 결과를 근거로 도덕적 판단의 직관성이 도덕 실재론을 지지하는 근거가 될 수 없다고 본다.

내재주의는 도덕적 신념이나 판단은 내재적으로 동기를 유발한다는 생각이다. 내재주의에 따르면 도덕적 판단은 내적으로 도덕적 행위를 일으키는 내적 요인(동기, 욕구, 정서)을 포함하고 있기 때문에 도덕적 판단은 곧 도덕적 행위로 이어진다. 도덕적 행동이란 도덕적 판단에 내재되어 있는 일차적이고 직관적인 동기로부터 비롯되는 것이므로 도덕적 추론과 논리적 추론이 본질적으로 다르다는 것이다. Roskies(2006b)는 신경과학기술의 연구 결과를 근거로 내재주의를 반박하는 논증을 전개하였다.

Roskies에 따르면 내재주의는 다음과 같이 정의될 수 있다. 행위자가 자신이 X를 해야 한다고 생각하거나 판단하면 그에게는 X를 하려는 동기가 유발될 것이다. Roskies는 이 명제의 타당성을 검토하기 위해 대뇌 복내측 전전두피질에 손상을 입은 환자들(VM 환자들)에 대한 연구 결과를 이용하였다.

VM 환자들의 도덕적 판단은 대체로 정상인 것처럼 보이지만, 그들은 도덕적으로 행동하는 데 어려움을 겪는다. VM 환자들의 피부 전도 반응(skin conduction response, 줄여서 SCR)의 생리적 조건은 정상임에도 불구하고, 그들은 도덕 관련 상황에서 정상인과는 달리 SCR을 나타내지 않으며 자기 보고에서도 약한 정서 경험을 보고하거나 정서 경험을 거의 보고하지 않는다. 정상인은 본질적으로 동일한 상황이 더라도 직접적 딜레마 상황에서는 강한 SCR을 나타내고 강한 정서 반응을 보고하지만 간접적 딜레마 상황에서는 정서 반응이 비교적 덜한 반면, VM 환자들은 두 조건에서 모두 별다른 정서 반응을 보이지 않는다. 도덕적 판단 자체에서도 다른 경향을 보이는데, 정상인들은 직접적 딜레마 조건에서 모두 동일한 판단(한 사람을 희생시켜 나머지를 살린다)을 한다. Roskies는 분석의 편의를 위해 다른 면에서는 VM 환자와 동일하지만 모든 상황에 대하여 정상인과 동일한 도덕적 판단을 보이는 VM* 환자 집단을 가정한다. 실제로는 이렇게 깔끔하게 정상인과 구분되는 환자가 없기 때문이다. 가상의 VM* 환자들은 정상인과 동일한 도덕적 판단을 보이지만 도덕적으로 행동하는 데 문제를 보이고 도덕 관련 상황에서 정상인들이 보이는 동기적, 정서적, 반응이 적절하게 나타나지 않는다. 이것은 도덕적 판단과 행위가 구분되는 것이라는 증거가 되므로 도덕적 판단은 그 자체로 행위 동기를 유발한다는 내재주의에 대한 반례가 될 수 있다.

Roskies는 VM 환자에 대한 분석을 토대로 Greene과 유사한 관점을 제안하였다. 그는 도덕적 판단 자체가 내재적으로 동기를 유발하는 특수한 판단 과정이 아니라, 논리적 판단과 구별되지 않는 일반적인 판단의 한 종류라는 점에서 도덕적 내재주의를 비판하였다.

도덕적 판단과 행위에 관한 신경과학기술적 연구는 인간 본성에 대한 이해를 증진시켜 준다. 도덕성은 타고 나는 것인가, 비도덕적 행위를 어떻게 파악할 것인가 등의 물음들과 함께 도덕성의 문화 보편성에 대한 개념에 대해서도 신경과학기술적 연구가 영향을 미칠 것이며 장기적으로 신경윤리학적 문제들에 접근하는 방식에 중요한 시사점을 줄 것이다.

신경과학기술에서 밝혀내는 사실들이 인간의 자유 의지, 도덕성, 책임에 대한 기존의 개념과 신념에 새로운 의문을 제기함으로써 개인의 책임에 대한 기존 관념에 바탕을 둔 법과 제도도 영향을 받지 않을 수 없게 되었다. 인간의 정신 현상에 대한 신경과학기술의 환원론적 설명은 자유 의지를 가진 도덕적 행위자라는 인간상에 의문을 제기하는 동시에 이러한 인간상을 전제로 하는 법 체계에도 영향을 미친다. 인간의 자유 의지와 도덕성에 관한 신경윤리학적 문제는 책임에 대한 규정 및 법적 책임의 문제로 귀결된다.

1848년 Phineas Gage라는 사람은 공사장에서 일을 하던 도중에 두꺼운 철심이 뇌에 박히는 사고를 당했다. 천만다행으로 생명과 직결되는 부위를 다치지 않아서 살아남을 수 있었는데, 그는 사고 이후로 완전히 다른 사람이 되었다. 아주 도덕적이고 합리적이어서 다른 사람들로부터 존경을 받았던 사람이 사고 이후에 충동적인 성격으로 바뀌었고, 도덕적 판단과 행동을 잘 하지 못하게 되었다. 그러나 그 밖의 인지적 능력에는 별다른 손상이 없었다. 20세기 후반에 와서 Gage의 두개골로부터 손상을 입은 뇌 영역을 재구성해 본 결과, 전두엽의 상당 부분이 손상되었던 것으로 밝혀졌다. 만일 Gage가 21세기 사람이고, 사고를 당한 이후에 폭력 사고를 일으키고 법정에 갔다고 생각해 보자. 그는 분명히 사회 규범과 법을 이해하고 있다. 그러나 신경과학기술의 연구 결과를 근거로 제시하면서 자신이 한 일이 아니라 뇌가 그렇게 하도록 만든 것이므로 자신은 범죄에 대한 책임이 없고 법적 처벌을 받을 이유도 없다고 주장한다면, 이 논리가 타당할까?

Gage의 두개골과 진료 기록을 토대로 뇌 손상 영역을 복원한 연구와 뇌 종양 수술로 양쪽 전전두엽과 복내측 전두피질의 상당 부분을 제거하는 수술을 받은 어떤 환자의 사례를 근거로 판단해 보면, 도덕적, 사회적으로 적절한 행동을 하기 위해서는 사회적 맥락을 이해하는 능력과 도덕적 판단 상황에서 적절한 정서를 경험할 수 있는 능력이 필요하다. 도덕적 판단의 신경 메커니즘에 관한 연구와 타인에 대한 공감 능력의 신경 메커니즘에 관한 연구도 이러한 생각을 지지해 준다.

도덕적 판단에 관한 연구에 따르면, 뇌 기능과 도덕적 판단 능력은 밀접한 관련성이 있다. 복내측 전전두피질이 손상된 환자들은 정상인들과 동일한 도덕적 판단을 하지만, 도덕적 행동을 하지는 못한다. 또한 범죄자들 중에서 많이 발견되는 싸이코패스 환자들에게서는 전두엽의 구조 및 기능적 이상이 발견되는 것으로 알려져 있다. 역지사지의 사고 능력과 공감 능력의 신경 메커니즘도 여러 연구를 통해 밝혀졌는데, 전전두엽의 일부 영역과 변연계가 관여하는 것으로 보이며 관련 영역이 손상된 사람들은 도덕 규칙의 이해에 필요한 마음의 이론이나 범죄 행동을 억제하는 데 필요한 공감 능력이 결여되어 있는 것으로 나타났다. 그 밖에도 연령에 따른 뇌의 구조적 변화에 관한 최근의 연구에 따르면 기억과 관련이 있는 것으로 알려진 측두피질은 생애 초기의 밀도가 전생애에 걸쳐 완만한 감소를 보이는 반면, 전두피질의 회질은 청소년기에 급격히 가지치기가 일어나고 20대에 들어서서야 성인과 유사한 정도에 이르게 되며 노년기까지 유지되는 양상을 보인다. 주로 판단과 의사 결정 기능과 관련이 있는 것으로 알려져 있는 전전두엽이 20대 이전의 청소년과 성인에서 다르다는 사실은 청소년에게 성인과 동일한 판단 기준을 기대하는 것이 어렵다는 점을 보여주는 것이다.

만일 범죄를 저지르고 기소된 사람이 도덕적 판단이나 공감 능력과 관련된 뇌 영역에서 손상을 입은 사람이거나 뇌가 충분히 발달하지 않은 청소년이라면, 정상인이나 성인과 같은 기준으로 판단을 내릴 수 없을 것이다. 이러한 사람들에게 동일한 법적 책임의 기준을 적용하는 데에는 무리가 있다. 그러나 정상과 이상의 경계나 완전한 발달에 이르는 시점이 명확하지 않다는 것이 문제이다. 또한 도덕적 행동을 신경 세포들의 활동으로 설명 가능하다는 사실이 그 동안의 법적 책임에 관한 정의와 적용 범위를 바꿀 수 있는가에 관해서도 논란이 많다.

법학 전문가들은 신경과학기술의 연구 결과를 과실과 법적 책임의 규정에 반영하려는 시도를 하기도 한다. 미국 대법원은 2005년 청소년 범죄에 대한 법정 최고형인 사형 구형을 금지시켰다. 판결문에 구체적인 연구가 언급되지는 않았지만, 이 결정은 18세 이하 청소년들의 뇌 발달 상태가 성인과 같지 않다는 신경과학기술 연구 결과를 중요하게 반영하고 있는 것으로 알려져 있다. 그 판결의 취지는 도덕적 판단과 행동에 밀접하게 관련되어 있는 전전두엽의 발달이 성인의 평균 수준에 이르지 못했기 때문에 같은 정도의 과실을 물을 수 없다는 것이었다.

일반적으로 형법에서는 과실을 규정할 때 의식이 있는 상태에서 발생한 행위인지 무의식적 상태인지를 기준으로 하여 행위를 자의적 또는 비자의적 행위로 구분한다. 한국 형법에서도 비슷한 경우를 생각할 수 있다. 형법 10조 1항에 따르면, 형사 미성년자와 더불어 심신장애로 인하여 사물을 변별할 능력이 없거나 의사를 결정할 능력이 없는 자, 즉 심신상실자를 책임무능력자로 보아 그 책임을 묻지 않는다. 심신상실자의 조건을 만족시키기 위해서는 (1) 생물학적으로 장애가 있어야 하고, (2) 심리적으로 사물을 변별하거나 의사를 결정할 능력이 결여되어 있어야 한다. 뇌 손상을 입은 사람은 (1)의 조건은 만족시킨다고 볼 수 있지만 (2)의 영역에서는 논란이 있을 수 있다. (1)은 의식적-무의식적 상태의 구분 문제와 (2)는 자의성의 유무와 관련이 있다. 예를 들어 몽유병 환자가 잠을 자는 동안 저지른 범죄는 무의식적이고, 자의성도 없기 때문에 무죄로 판결한다.

신경과학기술의 연구를 근거로 행위 의지의 유무가 법정에서 정의하는 것처럼 명확하게 구분되지 않음을 인정하고 자유 의지에 기대지 않는 책임 규정이 가능할 수 있다. 자의적, 비자의적 행위에 더하여 반자의적 행위의 범주가 추가될 수도 있다. Gage와 같은 경우는 의식이 있는 상태에서의 범죄 행위이지만 의지가 결여되어 있다고 볼 수 있다. 미국의 판례 중에서는 그 반대의 경우도 있다. Weinstein이라는 60대 남자는 아내를 살해한 혐의로 기소된 뒤, 자신이 너무 화가 나서 의식을 잃어버린 채 저지른 일이므로 무죄라고 주장하였다. 이 경우 Weinstein은 무의식적 상태에서 살인을 저질렀다고 주장할 수는 있어도 의지가 결여되었다는 것을 증명하기는 힘들다. 이와 같은 종류의 사건들은 기존의 형법에서 규정하는 범주만을 근거로 판결을 내리기 힘든 것이며, 반자의적 행위라는 범주로 분류하여 법적 책임을 물을 수 있다. 적어도 법적 책임에 관한 논쟁에서는 예방과 교화, 시민 보호라는 실용적 목적이 고려될 필요가 있다.

뇌과학 연구 결과를 법에 반영하는 문제뿐만 아니라, 재판 현장에서 신경과학기술적 자료를 증거로 채택할 수 있는가 하는 것도 중요한 문제이다. 거짓말 탐지나 기억 탐지뿐만 아니라 뇌 영상 자료의 증거 효력에 관해서도 생각해 볼 필요가 있다. 뇌의 기능적 이해가 진전되면 다양한 행위에 상관된 뇌 부위가 규명될 것이다. 행위의 책임은 자유 의지를 가정하고 있으며 자유 의지는 행위의 통제 가능성에 기반하고 있다. 그러므로 배심원 제도가 시작된 우리나라에서 앞으로 행위의 통제 불가능성을 보여 주는 자료는 법정에서 중요한 의미를 가질 수 있다. 어떤 사람이 살인으로 형사 소추를 받고 있는데, 자신이 도저히 통제할 수 없는 폭력 충동으로 저지른 일이었다고 주장한다고 가정해 보자. PET 스캔으로 얻어진 뇌 영상 자료는 전두엽의 활동이 낮고 편도핵(amygdala) 활동이 높아서 통제 불가능한 충동에 대한 피고인 측의 주장을 지지해 준다고 가정해 보자. 형사피고인과 변호사가 자신의 행동을 스스로 통제 할 수 없는 상화에서, 즉 자유 의지가 없는 상황에서 저지른 행위에 책임을 지울 수가 없고 따라서 뇌 영상 자료에 입각해서 이 행위의 책임을 물을 수 없다고 주장할 때, 증거로서의 채택 여부와는 별도로 뇌 영상 자료의 해석은 배심원 평결에 중요한 의미를 줄 수 있게 될 수도 있을 것이다. 여기서 우리는 일반적인 상환 관계 해석의 문제를 고려하지 않을 수 없다. 상관관계는 아무런 인과 관계도 증명하지 못한다. A, B, C의 행위가 발생할 때, S라는 뇌 부위가 활성화되는 것으로 상관관계가 밝혀져 있다고 하여서, S에 해당하는 뇌 영상 자료가 A의 행위의 원인이 된다고 볼 수 없다.

대학을 졸업하고 회사 중역 일을 하고 있는 32세의 환자가 경미한 편집증으로 CT 스캔을 받았는데, 대뇌피질의 4분의 3 이상이 없는 것으로 밝혀졌다. 출생 때부터 뇌수종(hydrocephalus)으로 두개의 액체로 채워져 뇌가 발달하지 못했지만 신경계가 액체의 압력에 적응하여 정상적인 정신 기능을 발달시켰던 사례가 있다. 이 환자의 사례는 뇌 영상 자료의 인과적 해석의 위험성을 단적으로 보여준다. 이러한 상관의 문제 때문에 특정 부위의 이상을 보이는 뇌 영상 자료만으로는 스스로 행위를 통제할 수 없다는 증거가 되지 못한다.

　신경과학기술의 연구 결과를 철학적 논쟁의 근거로 삼는 것은 보다 생산적이고 발전적인 논의를 가능하게 할 것으로 기대된다. 철학적 사유의 대상으로만 여겨졌던 영역에 경험적 증거를 제시하여 공통의 전제로부터 논의를 출발할 수 있는 가능성을 열었기 때문이다. 또한 신경과학기술의 연구 결과는 새로운 관점을 제시함으로써 다면적이고 다층적으로 문제에 접근할 수 있는 길을 열어주고 있다. 그러나 신경과학기술이 자유 의지와 도덕성, 법적 책임과 같은 사회를 유지하는 근간이 되어 온 인간 본성에 대한 완전한 해답을 제공할 것이라고 기대할 수는 없으며, 법과 제도에 고스란히 반영되어야 한다고 생각할 수도 없다. 왜냐하면 과학기술적 이해와 도덕적 당위의 문제는 구별되는 것이며, 법과 제도는 도덕적 당위에 근거되어 있기 때문이다.

　약물 중독자들의 책임과 처벌에 대한 논쟁은 이러한 이해와 당위의 문제가 혼재되어 있는 좋은 예라고 할 수 있다. 생물학적 이해를 바탕으로 약물 중독을 뇌의 질환으로 보는 쪽에서는 약물 중독자에 대한 사회적 낙인이 찍히는 것을 막을 수 있고 그 결과 치료와 재활의 기회가 증가할 것이라고 주장한다. 하지만 당위적 관점을 중심으로 약물 중독을 도덕적 문제로 보는 사람들은 약물 중독이 최초에는 자의적인 계획에 의해 발생했다는 점을 강조하며, 질병 모델이 약물 중독을 운명적으로 피할 수 없는 상태인 것처럼 만들어서 오히려 치료와 재활을 방해한다고 주장한다.

　약물 중독의 생물학적 메커니즘에 대한 연구 결과는 애초에 약물에 손을 대고 쉽게 중독에 빠지는 것은 유전적인 소인이 있음을 보여주기 때문에 완전히 자의적인 것은 아니다. 또한 약물 중독자들이 약을 구하기 위해서 자의적이고 계획적인 행동을 하지만 그것이 결코 자유로운 선택인 것은 아니다. 약물 중독자들은 일반적인 사람들에 비하여 중독에 취약한 신경 구조를 타고 났기 때문에 상대적으로 쉽게 도파민 관련 중독 메커니즘이 작동하고, 이것이 통제력 상실을 초래하게 된다. 통제력이 상실된 상태의 행위는 아무리 의도가 분명하고 계획적이라 하더라도 자유 행위라 할 수 없으므로 도덕적 책임을 물을 수 없기 때문에, 우리는 약물 중독자들을 도덕적으로 비난하기보다는 재활과 사회 보호의 측면에서 다루어야 한다.

　신경과학기술의 연구 결과를 도덕성이나 법적 책임의 문제에 도입할 때에 이해와 당위의 문제를 구분할 필요가 있다. 신경과학기술의 연구 결과를 철학적 문제에 적용하는 것은 자연주의적 오류와 환원론적 입장에서 면밀히 검토되어야 하다. 자연주의적 오류는 자연스러운 것, 자연의 법칙을 따르는 것이 곧 옳은 것이라고 믿는 오류이다. 인간의 도덕적 판단이 정서의 개입 여부에 따라 달라지는 것이 과학적인 사실이므로 약한 정서 상황에서 내린 냉정한 결정은 옹호되어야 한다고 주장할 수는 없다. 신경과학기술이 인간 본성에 대한 완전한 설명을 제공할 것이라는 신념도 경계해야 한다. 설령 인간의 모든 행동이 생물학적 작용으로 환원될 수 있다고 하더라도 이것이 개인의 책임에 면죄부를 주는 것은 아니다. 이러한 오류를 피하기 위해서는 인간 본성에 대한 이해의 차원과 당위의 차원이 명확하게 구분되어야 한다. 청소년 사형 구형을 금지하는 법안의 사례에서 보았듯이 구체적 적용 기준을 정하는 일과 같은 실증적 자료가 필요한 부분에서 신경과학기술적 지식을 적절히 활용할 수는 있겠지만, 옳고 그름에 대한 판단은 여전히 철학과 윤리학의 영역인 것이다.

사회 경제적 계층의 양극화가 심화되어 가고 있을지라도 사회가 유지될 수 있는 이유 중 하나는 계층 간 유동성이라는 완충 장치가 존재한다는 것이다. 출신 배경보다는 개인의 능력이 계층을 결정하는 주요 요소라는 신념은 사회 구성원의 불만을 줄여줄 수 있다. 그러나 신경과학기술은 이러한 개인의 능력이라는 탈계층적 가치마저도 사회 경제적 배경에 따라 결정될 수 있음을 보여줌으로써 새로운 문제를 제기한다.

아무리 현대 사회가 기회의 균등을 전제로 하고 있다 하더라도 사회 경제적 계층이 대물림된다는 것은 공공연한 사실이다. 많은 학자들이 이 문제를 고민해 왔으며 그 원인과 해법을 대부분 교육에서 찾아왔다. 계층 고착화와 관련된 신경과학기술적 설명은 초기뇌 발달의 차이가 이후의 사회 경제적 지위에 영향을 미친다는 연구 결과에서 찾아볼 수 있다. 또한 사회 경제적 지위(socio-economic status, 줄여서 SES)가 뇌 발달의 차이를 가져와서 제도 교육의 영향이 미치지 못했던 초기 뇌 발달에서부터 이미 계층의 대물림이 시작될 수도 있다는 시각도 있다.

미국 가정의 SES와 자녀의 인지 능력 및 교육 수준의 상관관계에 관한 조사에 의하면, 낮은 SES의 아동들이 중산층보다 현저하게 낮은 지능지수(평균 81)을 보였으며 중산층에서는 가계 수입의 증가가 자녀의 진학률에 미치는 영향이 크지 않았으나 빈곤층에서는 1만불당 600%의 고등학교 진학률 증가를 보여주었다.

SES가 뇌 인지 발달에 미치는 영향을 물리적 환경과 심리적 환경의 측면에서 살펴본 기존 연구 결과에 의하면, 물리적 환경의 측면에서는 빈곤층 아이들의 경우 뇌 발달에 필요한 철분과 단백질 공급이 충분하지 않고, 빈곤층 부모가 약물 중독일 가능성이 높기 때문에 뇌 발달에 치명적인 납에 노출되는 경우가 많으며, 알코올, 담배 등에도 더 많이 노출되는 것으로 나타났다. 심리적 환경의 측면에서는 인지적 자극의 양과 스트레스 정도에서 차이가 있는 것으로 알려져 있다. 뇌 인지 발달을 위해서는 풍부한 자극에 노출되는 것이 중요한데, 빈곤층 아이들의 경우 부모가 장난감이나 책, 교구 등을 충분하게 제공하지 못하고 동물원이나 박물관에 데리고 갈 시간적, 경제적 여유도 없다. 그 밖에 뇌 인지 발달에 스트레스가 미치는 영향에 관한 연구에 따르면, 지나친 스트레스에 노출될 경우 내측두엽의 발달이 충분히 이루어지지 않아 기억 능력이 떨어지고 전전두엽도 영향을 받게 되며, 상습적으로 스트레스를 받은 어미쥐에서 태어난 새끼는 성장한 후에 해마 기능의 장애와 함께 학습과 기억 능력이 현저히 저하된다. 아동의 인지 발달을 뇌 발달의 측면에서 살펴보기 위하여 대뇌의 각 영역들을 인지 신경과학의 관점에서 전전두엽, 좌측 실비우스주변, 내측두엽, 두정엽, 후두엽으로 나누어 각 영역이 담당하고 있는 인지 기능(순서대로 실행 기능, 언어, 기억, 공간 인지, 시각 인지)를 측정한 연구에 따르면, 빈곤층 아이들의 점수가 중산층 아이들의 점수보다 전반적으로 낮았고, 특히 언어 능력과 실행 기능에서 큰 차이를 보이고 있다.

우리나라에서 2008년 3월 6일 실시된 중학교 전국 단위 학력 진단 평가 결과를 분석해 보면, 서울 강남 지역과 강북 지역, 도시와 농촌 지역 간 학력 차이에 대한 사회적 우려가 일었다. 미디어에서는 대체로 사교육 기회의 차이를 그 이유로 들고 있지만, 태아기의 환경과 영아기부터 취학전 아동기에 이르는 초기의 양육 환경 차이에서부터 문제가 비롯되는 것임을 인식할 필요가 있다. 뇌 인지 발달 차원에서 이 문제에 접근하는 것이 보다 근본적인 해결책을 마련하는 것이 될 것이다.

뇌 발달의 사회 경제적 격차를 줄이기 위한 정책은 자녀 양육을 부모와 가족의 몫으로 바라보거나 국가와 사회의 몫으로 보는 두 가지 관점을 고려할 수 있다. 부모와 가족을 양육의 주체로 볼 때 낮은 사회 경제적 지위가 아동의 뇌 발달에 좋은 않은 영향을 끼친다는 사실을 알리고 적절한 교육 프로그램을 마련하여 개인적 노력을 독려하기 위한 직간접적인 지원을 보장하는 방법을 생각해 볼 수 있다. 하지만 신경과학기술적 지식에 기반을 둔 양육 방식을 교육받고 금전적 지원을 받는다고 해도 낮은 사회 경제적 계층에서는 양육보다 우선순위가 앞서는 문제들이 훨씬 많이 있기 때문에 효과를 기대하기 어렵다. 국가와 사회를 양육의 주체로 생각하는 정책으로 저소득층 가정들에 한해서 일정한 범위 내에서 양육의 문제를 사회가 부담하는 방안이 있다. 초등학교 취학 이전의 영유아기부터 특별 프로그램을 통해 풍부한 인지 자극과 사회적/정서적 보살핌을 전문 보육자가 제공하도록 하고 국가가 보육자 양성 및 지원을 정책적으로 보장하면 사회 경제적 지위의 격차로 인한 초기 뇌 발달의 차이를 줄일 수 있다. 2010년도에 실시한 교육감 선거의 공약 중 초중고 무상급식의 문제도 이와 관련된 정책인데, 우리나라에서 뜨거운 논쟁거리 중 하나가 되었다.

일반적인 생명 기술과 마찬가지로 신경 기술도 새로운 계층 고착화의 원인이 될 수 있는데, 그 과정을 둘로 나누어 살펴보자. 첫째는 기술 분배의 불균형이다. 이것은 신경 기술에만 국한된 문제는 아닌데, 고비용의 최첨단 기술이 공유는 특성으로, 높은 비용 때문에 혜택이 상류층에 집중되는 현상이다. 신경 기술은 계층 간 유동성을 보장해 주는 개인의 능력에 직접적으로 작용한다는 점에서 혜택의 불균등한 분배가 가져올 계층 고착의 문제는 더욱 심각하다. 둘째는 광범위한 응용 가능성이다. 신경 기술은 의료 목적 이외의 다양한 응용이 가능하다. 신경 약물이나 마음 읽기 기술의 정보가 한 계층에 독점되어 이용될 경우 계층의 고착화 문제를 초래할 수도 있다. 그 밖에도 신경과학기술의 이름으로 화려하게 포장된 광고들은 사람들이 의료 전문가의 제대로 된 진료 없이 불완전하거나 효과가 입증되지 않은 기술을 접하는 경로가 될 것이며, 저소득층은 의료비 지출에 부담을 느끼고 정보가 부족하기 때문에 오히려 피해를 더 크게 입을 가능성이 있다.

신경 기술과 관련된 정책은 발전과 분배라는 정책 결정자들의 보편적인 고민과 맞닿아 있다. 치료 목적이 아닌 향상을 목적으로 하는 기술은 그 혜택만큼이나 남용과 계층의 고착화 등의 부작용을 안고 있기 때문에 자유로운 연구를 촉진하되 기술 적용에 있어서는 규제와 관리가 요구된다. 기본적 삶의 조건과 직접적으로 연관된 신경과학기술에 대해서는 의료 보험을 적용하여 계층 간 기회 불균형을 해소하는 방법을 고려할 수 있다. 또한 신경과학기술에 대한 정보가 사람들에게 투명하게 공개될 수 있도록 정책적으로 관리해야 한다. 공공 차원에서 신경공학 데이터베이스를 구축하고 일반인들에게 서비스를 제공하는 것도 좋은 방법이 될 것이다.

3. 나노과학기술과 ELSI

나노 기술은 물질을 나노 크기의 수준으로 조작분서거하고 이를 제어할 수 있는 과학기술이다. 나노 기술의 주요 특징으로는 (1) 나노 구조물의 분석, 제어, 합성 등 전 과정을 나노 수준(100nm 이하)에서 제어하는 높은 기술 집적, (2) 기존의 기술 분야를 횡적으로 연결하여 학문간 경계를 뛰어넘는 학제간 연구, (3) 재료, 전자, 광학, 에너지, 우주항공, 의학 등 거의 모든 산업 분야에 영향을 미치는 폭넓은 파급성, 및 (4) 에너지 효율을 극대화하고 오염 방지와 제거에 기여하는 친환경기술 등이다.

나노 기술은 과학기술의 획기적인 개선을 통하여 새로운 의료 기술의 등장, 유비쿼터스 사회의 완전한 실현, 고효율의 자원 활용 시스템 및 친환경 기술 등과 같이 사회 전반에 긍정적인 영향을 미칠 것으로 예상되며 국가에서 IT, BT와 더불어 상당한 지원을 하고 있다.

긍정적인 영향의 대표적인 측면은 나노 기술의 경제적 파급 효과이다. 나노 기술 관련 세계 시장은 향후 급격하게 성장할 것이기 때문이다. 미국의 관련 기관들은 나노 관련 산업의 세계 시장 규모가 수조 달러로 급성장할 것으로 보고 있다. 우리나라에서도 나노 기술은 이미 산업에서 활용되고 있으며 2005년 약 35조원 규모에서, 2010년 104조원, 2020년 593조원에 이르는 등 비약적으로 발전하여 전체 산업에서 차지하는 비중도 증가할 것으로 전망된다.

나노 기술 개발에 대한 이러한 희망적인 기대에도 불구하고 나노 기술 개발에 따른 사회적 영향 문제가 국내외에서 논의되고 있다. 이것은 기술 개발에 따른 나노 격차(nano divide), 노동 구조의 변화, 개인 프라이버시 침해, 시민 사회의 저항, 윤리적 문제 등 사회적으로 부정적인 영향이 예견되기 때문이다.

최근 나노물질의 환경 및 인체 유해성에 대한 연구 결과가 제시되며 안전성 문제가 현안으로 부각되고 있다. 나노 소재의 독성이 시급한 사안으로 대두된 것은 화장품 등의 소비자 제품에 이미 나노 입자가 사용되고 있기 때문이다. 2006년에 발표된 미국의 우드로 윌슨 국제학술센터의 나노 기술 소비자 제품 조사에 따르면 약 300여개 이상의 나노 제품이 상용화되고 있다. 반면 인공으로 제조된 나노물질인 풀러렌이 큰입민물농어의 뇌에 산화 스트레스를 유발하며, 화장품 표백 입자로 많이 사용되는 이산화티탄 나노 입자가 세포를 자극하여 활성 산소의 생산을 유발하는 것으로 보고되고 있다. 활성 산소는 파킨슨 병, 알츠하이머 병의 근본 원인으로 여겨지는 뇌의 산화 스트레스를 유발시키기에 나노 입장의 유해성 논쟁을 불러일으킨다.

이러한 나노 소재의 환경, 보건, 안전성에 관한 문제는 최근 미국, 영국 등에서는 정치적 이슈로 부각되는 양상을 보이고 있다. 지난 2006년 9월 21일 미국 하원은 주목할 만한 청문회를 개최했다. "나노 기술의 환경 및 사회 영향에 관한 청문회, 정부는 무엇을 하고 있는가" 라는 제목을 내세운 청문회의 요지는 현체제로서는 나노 기술의 환경보건안전 분야에 대한 부처간 연구우선분야의 선정 및 조정 기능이 극히 미비하다는 평가이다. 이러한 미국의 나노 기술 안전성 문제에 대한 정치권의 관심과 압력은 미국의 정책 변화를 예고하는 것으로 보이기에, 당장 세계적인 반향을 불러일으킬 것이다. 실례로, 미국의 환경보호청(EPA)은 세탁기에 대한 살충제법 적용을 고려하지 않았지만, 은나노 세탁기에 대해서는 규제를 시행하고 있다.

나노 기술의 사회적 영향에 대처하는 각국 정부의 정책은 각국의 처한 환경에 따라 조금씩 다를 수 있지만, 대략 다음과 같은 분류될 수 있는 연구 주제를 가지고 있다. () 나노 기술 개발이 환경, 보건, 안전에 미치는 영향 및 이러한 영향에 따른 위험성에 관한 연구, (2) 윤리, 법, 사회적 측면에서의 나노 기술의 영향 문제 연구, 및 (3) 초중고 및 대학 학부교육 과정, 기술 교육, 일반인 교육 활동 및 교육자료 개발 등도 넓은 의미에서 나노 기술의 사회적 영향 부문으로 설정하여 관련된 대응책 마련.

미국, 일본 등 선진 산업국이 나노 기술에 관심과 투자를 하고 있는 것처럼, 우리나라도 2001년 "나노기술종합발전계획"을 수립하여 범정부차원에서 본격적으로 추진되어, 2006년부터 현재까지 제2기 나노기술종합발전계획이 진행중에 있다. 제2기 나노기술종합발전계획에서 나노 기술의 사회적 영향에 대한 정부차원의 전략을 마련하였으며, 관련법률 제정을 통한 법적 근거가 마련되는 등 나노 기술의 사회적 영향을 분석하는 연구가 진행되고 있다.

나노기술개발촉진법(19조)과 나노기술개발촉진법시행령(17조)에는 나노기술 영향평가를 명시화하여 나노 기술의 사회적 영향에 대한 평가를 법률적으로 보장하고 있다. 또한 제2기 나노기술종합발전계획에는 나노 기술의 사회적 영향에 대한 문제가 4대 목표 중 하나로 선정되어 있다. 나노 기술 개발의 4대 목표 중 나머지는 (1) 비교 우위를 갖는 최소 30개 이상의 초고수준 실용화 기술 확보, (2) 인력 양성을 위한 교육 및 공용 연구지원을 위한 시설 등 인프라구축, (3) 신기술의 상품화 촉진을 통한 산업경쟁력 강화이며, 여기에 나노 기술의 영향 등 사회적 요구에 대응하는 기술 개발이 또 하나의 목표인 것이다.

우리나라는 나노 기술 영향평가 센터 지정을 통하여 나노 기술의 사회 경제적 영향평가를 실시하며, 나노 기술의 건강·안전·환경·생태 등에 대한 연구를 추진하고 관련 자료의 DB를 구축하고 정보제공기능을 수행하게 된다. 나노 기술의 독성/환경 검사 평가 및 기준을 마련하기 위하여 식품의약품안전청, 기술표준원, 표준연구원 등과 협력연계체제를 구축하며, 관련법규 및 제도 정비가 추진될 예정이다. 관련 부처별 역할조정을 통하여 나노기술영향평가센터의 주관기관은 교육과학기술부, 나노 기술의 독성/환경 검사평가기준 마련의 주관기관은 보건복지부의 식품의약품안전청과 환경부가 맡고 있다.

2006년까지 3회에 걸쳐 시행된 기술영향평가는 과학기술부와 과학기술기획평가원을 통하여 추진되었다. 지난 2003년에 실시한 "2003년도 기술영향평가"에서는 나노기술, 바이오기술, 정보기술이 상호 유기적으로 융합하여 전혀 새로운 형태와 가능성으로 발현되는 기술인 NBIT 융합기술을 대상기술로 설정하였다. 산업경제, 사회문화, 환경, 법적 규율, 및 윤리 문제 등의 네 가지 분야에 대한 정책제언이 제시되었다. NBIT 인력양성사업 도입, 다양한 차원의 윤리적 논의, 윤리적 소양을 교육하는 강좌 개설, 환경, 및 인체 위해성 평가를 위한 연구개발 확충 및 예산 쿼터제 도입, 일반국민을 대상으로 하는 토론의 확산 등이 구체적인 정책으로 포함되어 있다.

나노 기술에 집중된 기술영향평가사업은 2005년부터 본격적으로 실시되었다. 과학기술기획평가원이 총괄하는 나노기술영향평가사업은 산업경제전문분과와 사회문화분과로 추진체계를 구성하여 나노 기술의 산업적 측면과 사회적 측면을 조사하였다. 사업 결과로 과학혁신본부내에 나노 기술을 체계적으로 총괄 조정할 수 있는 나노심의관 제도의 설치, 나노기술연구개발 투자규모의 증대, 장기투자 시스템의 강화, 국방연구비 중 나노 기술에 대한 투자비용 증액을 제안하였다. 최종적인 정책제언으로는 나노 관련 국가연구개발비 중 일정비율을 나노 기술의 안전성 연구, 나노의 사회문화적 연구, 나노 기술의 대중이해 연구 등 나노과학기술을 위한 기반연구 수행, 대국민 교육 및 커뮤니케이션 채널 확보, 나노과학기술의 오용방지를 위한 제도적 장치 마련에 사용할 것을 촉구하였다.

우리나라 나노 기술의 사회 영향 연구는 미국, 유럽과 같은 구체적인 나노 소재의 환경, 인체 및 안전에 대한 연구와 ELSI의 연구와는 다르게 포괄적인 나노 기술의 일반론 연구에 치중되어 있지만, 2007년부터는 나노과학기술의 ELSI에 대해서도 구체적으로 연구 사업이 전개되고 있다.

식품의약품안전청 산하 국립독성연구원에서는 2007년부터 "나노물질 독성기반연구" 사업을 추진하고 있다. 그 기관은 2011년까지 총 55억원이 투자되어, 나노물질의 평가체계 구축 및 관련 지침 제정, 나노물질의 독성평가기술 개발, 및 독성저감화 등을 구체적인 사업 목표로 설정하여 연구하고 있다.

나노물질에 의한 독성영향의 원인을 밝히기 위해서는 생물환경 안밖에서의 물질의 특성에 대한 자세한 이해가 필요하다. 그러나 생물환경 외부에서의 입자의 크기,

모양, 표면적에 대해서는 여러 가지 연구 수단이 있지만 생물환경 내에서의 이러한 특성에 대한 측정은 생물환경을 동요시키지 않고는 유사한 결과를 산출하기 어렵다. 생물환경 내에서의 나노입자의 특성 분석은 생물의 능동적인 제어, 변역방어 등에 의해 아주 복잡하기 때문이다. 독성학자들이 나노물질을 체계적으로 연구하기 시작했지만, 나노입자의 기본적인 특성화를 위한 일련의 지침이나 권고가 필요한데, 이런 권고는 나노입자의 특성에 대한 전문가적인 자연과학자와 독성학에서 전문가적인 생물학자가 협력해서 작성되어야 한다. 나노물질에 대한 전문가들은 나노입자의 기본적인 특성화 기법을 개발하고 나노입자의 측정과 나노입자의 특성과 생물계와의 상호작용이 지닌 의미를 명료히 하며, 나노 특성화를 위해 생물학적인 반응점에 가까운 적절한 시료 채취, 측정 기법, 및 학제간 연구에 초점을 맞추어 연구한다.

반면 나노물질에 의한 소비자 노출에 집중하여 연구하는 학자들도 있다. 이들은 섬유, 스포츠 장비, 화장품, 전자기기, 청소기 등에서 나노물질의 상업적 사용이 증가함에 따라 나노물질의 유해성에 대한 관심이 사회적으로 점점 커지고 있다고 보며, 기존 물질에 대한 나노물질의 성능, 편리성, 저렴성에도 불구하고 소비자의 노출에 의한 나노물질의 위해성은 잘 알려져 있지 않아, 제한된 데이터를 가지고서나마 나노물질에 대한 위해성을 검토하며 규제 기관에서의 적절한 대응을 요구한다.

화장품에서는 선 스크린으로 나노물질이 그 효율성 때문에 소규모로 사용되고 있다. 영국에서는 nanosome, 미국에서는 encapsulated라는 이름으로 판매되고 있다. 몇몇 생명과학회사들이 피부 경로를 이용한 약물전달과 조절된 유출, 화장품 성분의 안전성을 위해 나노물질을 이용한 시스템을 개발하고 있다. 피부 경로상에서 나노물질의 잠재적인 영향은 피부 깊이 침투함에 따른 활성의 증가, 공기와 빛에 불안정한 비타민 E나 레티놀과 같은 물질이 나노가 됨으로써 쉽게 사용될 수 있다는 점, 경구투여 약보다 시간조절에 따른 약물의 유출이 가능하여 경피 전달 약물의 효용성의 증가와 관련되어 있다.

스포츠 용품에서의 나노물질 이용은 테니스 라켓이나 골프, 야구 배트에 사용되는데, 강도와 안전성이 증가된다. 스포츠 용품에서는 나노물질이 고체로 고착되어 있기 때문에 건강에 영향을 주는 것은 미미하다고 생각되지만, 이런 용품의 사용과 소모에 따른 LCA(life cycle assessment, 전생애 평가) 연구가 필요하다.

섬유제품에서는 나노물질을 가장 많이 사용하고 있으며, 때 제거, 물 이용 효율 증대, 주름방지용 등에 나노기술이 대량 생산용으로 이용되고 있다. 전기방사에 의해 생산되는 나노 섬유나 나노 위스커 같은 100nm 이하 물질이 천연섬유나 인공섬유에 부착되는데, 이런 물질이 독특한 유용성을 보여준다. 나노 섬유에 의한 항균작용을 가진 섬유도 개발 중에 있지만 아직 실용화지는 않았으며, 방염제에서도 나노기술을 적용하는 시도도 있다. 나노 섬유의 시간 경과에 따른 잠재적 위해성에 대해서도 연구가 더 진행될 것으로 보인다.

소비자의 노출에 대한 문제는 (1) 어떤 형태의 접촉이 노출을 유발하며 노출의 정도는 얼마나 되는가, (2) 사용이나 폐기 중 나노물질로부터 유출되는 오염원, (3) 비의도적인 사용에 의한 잠재적 노출, (4) 나노입자의 노출에 민감한 사람들의 부류, 및 (5) 이런 물질이 피부를 침투하여 혈관을 타고 장기에 이동/축적되는 것 등이 앞으로 발생한 문제들로서 연구되어야 할 것이다.

제조 유통되는 나노입자에 의한 건강 영향은 제조, 사용, 폐기, 회수, 비의도적인 유출에 의해 발생될 수 있거나 화장품이나 다른 의학적인 용도에서도 발생할 수 있다. 제조된 나노물질의 노출에 의한 침착, 거동 특정 민감성에 대한 자료는 아직 조사되어 있지 않다. 조직병리학적 또는 기능적인 독성 종말점에 대한 표준적인 독성학적인 시험 방법이 있지만 독특한 물리화학적 성질을 가지고 있는 나노물질에 대한 적용이 성공적이었다는 보고는 아직까지 나와 있지 않다.

나노물질의 독성은 기존의 독성 자료에서의 외삽이 어렵다. 이런 연구 결과가 사람의 생리학적인 관련성과의 문제가 있지만 이런 연구 결과에서 밝혀진 유해성에 대해서는 많은 연구가 필요하다. 나노물질의 독성 영향에 관해서는 특성화가 되거나 알려진 것은 별로 없지만 벌크 상의 같은 물질과는 물리화학적 성질이 다르다는 것은 알려져 있다. 연구 결과를 적절히 평가하고 비교하기 위해서 체계적인 나노입자를 시험하고 특성화하는 방법이 절실히 필요하다.

나노입자들은 크기가 작아서 세포막을 통과하거나 세포의 수송 메커니즘에 의해 곧바로 세포에 침투할 수 있으며, 피를 침투하여 몸 전체에 분포될 수 있다. 적절하게 처리되지 않은 다층벽탄소나노튜브가 피부를 침투하여 피부각질세포에 위치하여 염증 반응을 일으킨다는 보고도 있다. 또한 흡입, 섭취, 경피 외에도 심혈관 기관이나 신경계 같은 표적 장기에 대한 몸 전체에 대한 영향도 우려된다. 인간의 건강 영향의 연구에는 최근의 나노물질 시험방법의 적절성 검토와 나노물질의 특성 중 가장 독성을 잘 예측할 수 있는 특성 확인, 상업적으로 많이 사용되고 있는 나노물질 중에서 독성 시험을 위한 우선 순위를 정하는 것, 그리고 나노물질의 직간접적 노출에 의한 잠재적 건강 영향을 평가하는 것이 포함된다.

자외선 차단제에 사용되는 이산화티타늄(TiO_2)과 산화아연(ZnO) 나노입자가 피부

세포에서 유해 산소를 발생시키며 DNA에 손상을 준다는 발표도 있었고, 입자가 작을수록 독성이 심해질 수 있으며, 나노입자는 여러 경로를 통해 체내에 침투하며 뇌혈관장벽을 건너갈 수 있다는 경고도 있었다. 버키볼(buckyball)이 토양을 쉽게 이동할 수 있으며, 나노입자는 쉽게 지렁이에게 흡수될 수 있으며 먹이사슬을 따라 사람에게 도달할 수 있다는 가능성도 제시되었다. 나노입자가 후각신경을 따라 뇌에 이동할 수 있다는 보고도 있었다. 나노물질 제조자들은 국제적인 위해성 평가 지침에 의해 관련 독성시험결과를 제출할 의무가 있으며 나노물질에 대한 새로운 독성시험법이 필요하다는 주장도 제기되었다. 금나노입자가 모체에서 태반을 통해 태아에게 이동한다는 보고도 있었다. 나노입자는 몸에서 분해되어 잠재적으로 카드뮴 중독을 일으킬 수 있으며, 버키볼이 어린 물고기의 뇌 손상을 가져오며 유전자의 기능을 변화시킬 수 있으므로 나노기술이 더 확대되기 전에 손익 분석이 필요하다는 주장도 제기되었다. 이런 일련의 결과들은 나노입자가 뇌 혈관장벽을 건너 뇌에 침투할 수 있으며, 태반장벽을 건너 태아에게 노출될 수도 있으며, 세포의 대사과정에 영향을 줄 수 있다는 가능성도 보여준다.

그러나 나노입자는 최근에 사용된 것이 아니라 오래 전부터 존재해 왔으며, 이런 물질의 노출에 의한 독성 영향은 나타나지 않았다. 그러나 미세입자 및 섬유에 대한 폐 독성에 관해서는 알려져 있다. 석영은 표면적과 표면활성, 결정체 구조가 독성에 있어 중요하고, 석면의 경우 섬유의 길이와 직경의 비, 표면반응과 지속성이 중요하며, 공해물질은 독성이 낮지만 나노 크기로 많은 양이 노출되었을 때 독성을 보인다.

따라서 독성의 정도는 기존의 경우에서는 양과 성분 모양이 중요하지만 나노입자의 경우에서는 크기, 모양, 표면적, 표면활성, 구조가 중요하게 여겨지고 있다. 나노입자가 기존의 입자와 다른 점은 같은 양에 비해 표면적이 넓으며, 화학적 활성이 높으며, 상대적으로 적은 크기로 세포나 기관에 흡수되기 쉬우며, 집적하는 성질과 지속성이 높아 생분해성이 적다는 점이다.

나노기술에 대한 우려는 안전, 환경의 영향, 나노 제조 시 작업 환경에서의 근로자 안전 보건과 소비자의 안전 보건에 관한 것이다. 이런 점 때문에 나노기술의 안전성이 문제가 되는 것이며, 최근까지 위험 물질로 인한 손실은 상대적으로 관리할 수 있는 규모였지만 나노기술이 환경에 손상을 입히는 최악의 경우는 관리 불가할 수도 있을 것이다.

나노물질의 위해성 변수에는 유해성, 노출, 용량 등이 있는데 물리적인 위험성은 에너지로 전기적, 화학적 반응, 인화성, 폭발성이 있으며 건강 유해성으로 표현될 수 있다. 나노입자의 환경 노출의 문제로는 나노입자가 공기 중에 비산되면 표면에 쉽게 부착되며 검출이 힘들고 나노입자의 내재적인 특성인 지속성, 생물 축적성, 독성으로 인하여 위해성을 증가시킬 수 있다.

다른 문제로는 환경에서 나노입자는 먹이사슬에 침투할 수 있으며, 생물관에 영향을 주며, 수계에서 구조적인 변화에 영향을 주며, 재 회수나 연소에 의해 물리화학적 변화를 할 수 있다. 따라서 나노 제조는 새로운 종류의 화학 폐기물을 생산하는 것이 될 수 있으며, 과거에는 예측하지 못했던 유해성이 대두될 수 있다.

나노물질의 위해성을 관리하기 위해서는 나노기술의 전문가들이 잠재적인 유해성을 인식하고 유해성이 적은 물질로 대체하여 유해성을 저감시키거나, 근로자의 노출을 저감시키기 위한 공학적 관리나 행정적 관리를 실시하고, 환경 배출을 저감하거나 수용체에 도달하는 경로를 줄여 노출 가능성을 저감시키는 것이 요구된다.

나노기술의 연구 현장에서의 위험 요인은 나노 조작 연구 시설에서의 연구인원이 용제, 산화제, 부식제, 독성 가스, 반응조, 용광로 등에 노출될 가능성이 있으며, 실험실 기자재 및 유지관리인원이 실험실내 화악물질, 상용 화학물질, 기기잔류물질, 에너지 공급원에 노출될 가능성이 있고, 도크와 지원인력이 화학물질용기를 취급할 때나 지게차를 조작할 때 가능하며, 시설지원인력이 부식제, 오일, 윤활유 등에 접힐 때이다.

식품 산업에서 나노기술이 응용되는 분야로는 농사에 쓰이는 살충제나 비료용 방출 시스템, 식품가공 기계로 표면을 항균력 있게 만들거나 세정하기 쉽게 만드는 것, 소금, 분말 및 커피 크림의 뭉침방지제 같은 식품첨가물, 맥주용 소포제, 레모네이드용 색소, 건강보조식품용 캡슐용 비타민, 저지방 식품용 micelle 시스템 등이 있다. 나노기술을 이용한 식품의 세계 시장은 2010년 204억 달러로 성장할 것으로 예상되고 있다. 세계 인구의 50% 이상이 살고 있는 중국 및 기타 아시아 시장은 이 분양에서 성장 잠재력이 가장 큰 것으로 여겨지고 있다. 또한 화장품류에는 자외선 차단제뿐만 아니라 오래 가는 메이크업, 비타민이나 효소의 흡수율이 높은 노화방지 크림, 치약, 모발 관리/염색 제품 등에 나노기술은 응용되고 있다.

식품 및 화장품에 이용되는 나노기술의 중요성과 소비자들의 노출 증대에 대한 예상은 나노물질의 위험성에 관한 우려를 낳고 있지만, 나노물질의 특성 및 안전성을 다룬 과학적 연구 발표 자료가 부족하였기에, 그것은 나노물질에 대한 임시 금지의 요구의 이유가 되고 있다. 2006년 호주와 미국의 〈Friends of the Earth〉는 가공된 나노물질이 함유된 자외선차단제, 화장품 및 생활용품의 추가 발매에 대한 임시 금지 조치를 요구했다. 2007년에는 국제식품노동조합이 식품 및 농업에 나노기술을 이용하는 것에 대한 주의를 요청하는 탄원을 했고, 이후 다른 43개 단체와 연대해 ≪Principles for the Oversight of Nanotechnologies and Nanomaterials"≫를 발행했다. 첫 번째 원칙은 "예방적 접근 방식에 근거한 규정"을 요구하고 있다. 2008년부터는 식품 및 화장품에 나노기술을 사용하는 것에 대해 여러 단체들이 확고한 입장을 취하기 시작했다. 영국 토양협회는 2008년 1월 보도자료에서 "2008년 1월 현재, 토양협회가 인증하는 모든 유기제품에 인공 나노물질 사용을 금지했다. ... 우리는 일반 대중을 보호하기 위해 나노입자 사용에 대한 규제 조치를 취하는 세계 최초의 기구이다"라고 발표했다.

또한 <Friends of the Earth>는 2008년 3월 "나노기술만을 다루는 법규가 제정되어 일반 대중, 노동자 및 환경을 그 위험으로부터 보호하고 일반 대중이 의사 결정에 관여할 때까지 제조 나노물질이 함유된 식품, 식품 포장, 식품 접촉 물질 및 농약의 추가 발매를 임시 금지하는 조치"를 요구했다.

하지만 정보 접근성은 꾸준히 개선되고 있다. 시민 토론에 참여해 적극적으로 정보를 교류할 의향을 보이는 기업들도 있다. 그러나 나노기술에 대한, 그리고 식품 및 화장품에 구체적으로 어떻게 응용되고 있는지에 대한 정밀하고 적절하며 국제적으로 조율된 정의 없이는 진전이 어려울 것이다. 나노기술과 나노물질이 무엇을 의미하는지, 특히 식품과 화장품에서 무엇을 의미하는지의 문제는 공공기관, 업계, 학자, 소비자, 환경단체 및 언론 간의 논쟁에서 주요 이슈 중 하나로 남아 있다. 무엇이 나노물질이냐에 관한 논쟁은 문제 구성, 위험 평가, 위험/이점 평가 및 위험 관리 옵션 제안 등 위험통제 사이클 전반에 대해 중요한 영향을 미친다.

나노물질의 문제에 있어서 자연 발생 나노물질과 산업적으로 제조되는 인공 나노물질의 구별이 가능하다. 자연에도 존재하는 나노 구조를 합성하는 것도 가능하고 식품 및 화장품에는 최근에서야 발견된 자연 발생 나노물질이 함유되어 있기도 하다. 따라서 제조 나노물질과 자연 발생 나노물지르의 정의, 그리고 새로운 성질이 의미하는 것을 명백히 하는 것이 논의에 도움이 될 것이다.

예컨대, 자연 발생 나노물질은 식품 및 식품가공 산업에서 중요한 역할을 한다. 식품과학기술연구소는 나노물질이 식재료를 제어, 측정, 조작하는 강력한 도구로 사용될 수 있고 식품가공의 중요 부분이 될 수 있음을 보여주었다. 자연 발생 나노물질의 예로는 크기 10~100nm 사이인 자연 발생 단백질, 역시 나노 크기로 존재할 수 있는 다당류(탄수화물) 및 지질 분자, 유화물이 기름과 물로 분리되는 것을 막고 2차원/3차원 나노 구조를 이루는 젤리, 전분 다당류 등이 있다. 이것들은 끓이고 식히는 과정에서 3차원 결정 나노구조의 재결정화를 통해 겔의 두께를 규정한다. 현재 전문가들은 이 자연 발생 시스템의 나노 크기에서는 아무런 중대한 위험성을 발견하지 못하고 있다.

이미 식품업계는 그러한 자연 발생 나노물질로 이루어진 여러 나노물질을 나노에멀전용 미세 지방 방울 및 자가 조립 봉입 시스템으로 이용하고 있다. 식품 및 화장품에 사용되는 나노에멀전은 오래 사용되어 왔기 때문에 대다수의 위험 평가자들은 새로운 가공 물질로 보지 않는다. 이 논의는 잘 알려진 화학적/생물학적 나노 구조와 새로운 가공 나노물질이나 나노시스템을 구별하는 것의 어려움을 예시하는 것이다. 새로운 물질 및 시스템을 찾는 것은 새로운 성질 때문인데, 여기에는 알 수 없는 위험이 내포될 수 있다.

유럽연합 집행위원회의 SCENIHR(Scientific Committed on Emerging and Newly-Identified Health Risks)는 나노과학 및 나노기술 제품과 관련된 기존 정의와 제안된 정의의 과학적 측면에 대한 과학적 의견을 2007년 11월 발행했다(SCENIHR(2007)). SCENIHR는 나노입자의 구체적 성질을 융합(coalescence), 응집(agglomeration), 결집(aggregation), 분해 및 가용화(solubilisation) 같은 나노기술과 연관된 몇 가지 과정을 구분하여 다음과 같은 물음에 관심을 갖고 연구할 것을 권고했다. "나노입자 제품의 위험성 평가를 용이하게 하려면, 환경의 다양한 부분에 있는 나노입자 자체의 거동을 고려해야 하고, 이를 위해 특정 측면이 중요하다. 이는 입자들이 매질에서 어떤 식으로 확산되는가, 서로 어떻게 상호작용하는가, 어디에서 입자 집단으로 결합될 수 있는가, 그리고 가용화나 분해되기 쉬운 정도와 관계가 있다"(SCENIHR(2007): 14).

식품 및 화장품 측면에서 나노물질에 대한 받아들일 만한 정의가 없는 것은 이 문제에 대한 과학적/대중적 논쟁에 오랜 동안 영향을 미쳐왔다. 제품 표시에 있는 '나노크기' 물질이라는 강조 표시는 때로 뒷받침하는 과학적 증거가 거의 없다. 농업 및 식품 부문과 화장품 부문의 예는 나노물질 함유 제품이 아마 시장에 많이 나와 있을 것임을 시사하지만, 아무도 그 수를 정확히 확인하지 못하고 있다. 이 격차는 나노물질의 특성에 대한 지식이 부족하고 발표된 위험성 평가가 결여되어 있기 때문이다. 과학적 테스트 및 그런 테스트에 대한 보고의 부족으로 인해 공공기관과 NGO를 포함 이해관계자들 사이에서 우려가 점점 확대되었다.

식품과학기술연구소는 산업 은용에 다음과 같은 중점을 둔 <Information Statement o Nanotechnology 2006>을 발표했다. "주요 식품회사 대부분이 식품에 이용되는 나노과학의 잠재적 이점을 모니터링하거나 연구하고 있다는 것은 거의 확실해 보인다. 자사 연구 중 이 측면을 타사보다 자진해 논의하려는 기업들도 있지만, 이 주제에 대한 관심 수준을 정밀하게 평가하기는 어렵다. 크래프트 푸드는 첫 나노기술 연구소를 1999년 출범했고 전세계 15개 대학교 및 국립 연구소들과 '나노텍(Nanot다)' 컨소시엄을 2000년 결성했다. 뉴욕 럿거스대학교 식품학과는 최초로 여겨지는 식품 나노기술 교수를 임명했다. 유니레버와 네슬레 양사는 식품에 나노기술을 사용하는 것과 관련된 연구 주제를 두고 있다"(IFST(2006): 3).

제조 나노물질이 함유된 식품 및 화장품에 대한 사실적 지식은 아직도 매우 제한적이다. 이 주제에 대한 집중적인 연구가 10년 이상 진행되어 왔다는 사실을 감안하면 그렇다. 한편 자사 제품에 나노물질을 사용한다는 것을 적극적으로 알리는 기업의 수는 해마다 늘고 있다. 우드로윌슨국제연구센터는 제조업체들이 확인한 나노기술 제품의 온라인 목록을 만들었다. 이 목록에 따르면, 나노기술을 이용한 소비재 수는 2008년 초 500개를 넘어섰으며, 이 중 95개는 화장품 분야이고 추가 29개 사례는 자외선차단제이다. 68개 식음료 분야가 언급되어 있는데, 그 대부분은 건강보조식품 분야이거나 냉장고나 포장의 표면처리 분야이다. 진정한 식재료로서 등재된 것은 세 분야뿐이다. 그러나 이 평가의 타당성조차도 논쟁의 대상이 되고 있다. 대부분의 기업이 자사 원료의 과학적 특성에 대한 자료를 아주 조금만 제공하기 때문이다.

몇몇 보고서는 농업을 나노기술을 응용할 수 있는 주요 분야로 밝히고 있다. nanoforum.org에 따르면, "나노기술은 질병의 분자적 치료, 신속한 질병 탐지, 식물의 영양소 흡수력 향상 등을 위한 새로운 수단으로 농업 및 식품산업을 변혁시킬 잠재력이 있다. 지능형 센서 및 지능형 전달 시스템은 농업계가 바이러스 등 작물 병원균과 싸우는 데 도움이 될 것이다. 살충제 및 제초제의 효율을 높여 사용량을 줄일 수 있게 해주는 나노구조촉매가 머지않아 나올 것이다"(Nanoforum.org(2006): 12).

이 Nanoforum 보고서는 100~200nm 이내의 나노입자를 함유한 효율적으로 녹는 제제 그리고 200~400nm 범위의 나노입자 현탁액(나노에멀전)을 언급하고 있다. 여기서 정의의 문제가 다시 제기된다. <Friends of the Earth>가 적절한 정의의 문제(이것은 나노인가?)를 제기한 논리의 근거가 되는 이 문제는 적절한 테스트의 문제(이것은 위험한가?)로 이어지면 이 문제를 명백히 믿을 만한 정보가 없는 상황에서는 이것들의 임시금지조처 요구에 힘이 실리게 된다.

식품 가공의 경우, 나노기술이나 새로운 성질을 지닌 나노 구조 물질의 범위는 정의하기 어렵다. 식품 가공의 경우 나노기술을 통해 맥주, 소스, 크림, 요거트, 버터 및 마가린용 거품 및 유화물의 질을 관리하는 방법을 더 잘 이해할 수 있다. 여기에는 저지방 마요네즈에 확장된 미셀(micelle)을 사용하는 것, 라이코펜이나 베타카로틴, 루테인, 피토스테롤, CoQ10이 하유된 건강기능식품, Cnnola Activa oil 등이 관련될 수 있다. 또 다른 용도로는 식품가공용 기계의 코팅이다. 항균 코팅이나 청소하기 쉬운 코팅이 식품 생산용 기계, 용기, 및 운반 시스템에 사용될 것으로 예상된다.

나노물질 및 나노기술을 포장에 응용하는 경우에는, 식품 속 화학물질이나 병원체, 독소의 감지 및 진단에 중점을 둔다. 이른 바 "지능형 포장"은 식품의 질을 개선하거나 소비자들에게 자신이 산 물건의 안전성이나 신선함에 대해 알려줄 수 있을 것이다. Nanoforum 보고서에 실린 예로는 자외선 차단, 보다 가볍고 강한 고분자막, 부패 방지, 플라스틱 맥주병이나 물병, 살모넬라 및 대장균 생물발광 탐지 스프레이 등이 있다.

화장품에 이용되는 나노기술은 인체(표피, 털, 손발톱, 입술 및 외부 생식기)나 치아에 닿도록 만들어지는 모든 나노 제품들은 민감한 것으로 간주되었다. 유럽연합 SCCP(Scientific Committee on Consumer Products)는 의견수렴 절차를 2006년 12월에 끝냈다. 이 협의에서는 화장품에 이용되는 나노기술에 대합 합의 이외에도, 동료 검토를 거친 연구 논문 및 리뷰를 수집하는 것, 안전성에 관한 자료를 평가하는 것, 믿을 만한 과학적 정보를 처리하는 것 같은 학술적 목표도 다루었다.

<Friends of the Earth>는 더 많은 정보가 필요하다는 것을 인정하여 2006년 5월 "나노물질, 자외선차단제 및 화장품: 작은 재료-큰 위험" 이라는 보고서를 발행했다. 이 보고서에는 "이 데이터베이스에 올라 있는 제품으로는 방취제, 비누, 치약, 샴푸, 린스, 자외선차단제, 주름방지 크림, 보습제, 파운데이션, 페이스파우더, 립스틱, 불러셔, 아이섀도우, 매니큐어, 향수, 애프터쉐이브 로션 등이 있다. 제조업체로는 로레알, 에스터로더, P&G, 시세이도, 샤넬, Beyond Skin Science LLC, 레블론, 닥터브랜트, 스킨수티컬즈, Dermazone Solutions 등이 있다. ... 이 데이터베이스에 올라 있는 나노크기 재료로는 이산화티타늄, 산화아연, 알루미나, 은, 이산화규소, 불화칼슘 및 구리의 나노입자, 그리고 나노좀, 나노에멀전 및 나노캡슐형 전

달 시스템 등이 있다"(Friends of the Earth(2006): 14).

　NGO 대부분의 성명서의 정보원이 된 우드로윌슨센터 목록은 식품보다 화장품에 훨씬 많은 나노물질이 실제 함유되어 있음을 시사한다. 포함된 물질로는 다양한 금속산화물과 나노 크기 방울이 있는 다양한 형태의 지질 제제 등이 있다. 이 물질은 크림을 더 매끄럽게 하며 노화방지 제품이나 헤어트리트먼트의 성질을 개선해 준다. 하지만 역시 이 나노물질의 크기나 성질에 대한, 그리고 그 위험성 평가의 결과에 대한 공개된 자료는 부족하다. 나노라는 용어를 사용할지 여부를 결정하는 것은 업계의 재량이다. 따라서 이 목록은 현 나노기술 응용 분야 전반에 대한 믿을 만한 추정에 필요한 정보를 담고 있지 않다.

　합의된 정보가 없고 천연 나노물질과 가공된 나노물질의 구분이 모호하다는 것은 그 사용 및 그로 인해 생길 수 있는 위험에 대한 충분한 정보를 제공하는 것이 쉬운 일이 아님을 의미한다. 이로 인해 식품업계는 가공된 나노물질을 사용하지 않는다는 공식 입장을 취했다.

　화장품 업계는 가공된 나노물질을 사용한다는 사실을 알리는 데에 덜 주력해 온 편이지만, 역시 이 미해결 정의 문제가 관련되어 있다. 식품과 그보다는 덜하지만 화장품 업계가 가공된 나노물질을 사용 중임을 부인할지 여부에 대한 업계의 결정은 대중 홍보 프로그램의 주요 이슈가 되어 왔다.

　나노물질 사용, 특히 식품에서의 사용에 대해 더 많은 정보를 제공해 달라고 공공기관이나 매체에서 요청하면 대개 그런 물질이 사용되지 않는다는 답변을 받게 된다. NGO들의 주장에 따르면 식품 속 나노물질을 연구 중이라는 네슬레, 크래프트, 유니레버 같은 주요 기업이나 바이어스도르프 같은 자외선차단제 생산업체들의 홈페이지에는 자사 기존 제품에 나노물질을 사용하고 있음을 시사하는 아무런 증거도 제시되어 있지 않다. 하지만 헤어 제품이나 캡슐형 시스템에서와 같은 나노에멀전은 나노물질 이용으로 인한 유의한 새로운 성질을 보인다는 주장도 있다.

　이러한 특정 응용 분야에서 나노기술이 무엇을 의미하는지의 딜레마는 아래 인용한 유니레버 식품안전과학팀장인 O'gan의 발표 내용을 잘 엿볼 수 있다. 2007년 브뤼셀에서 열린 유럽연합 집행위원회의 "Safety for Success Dialogue"에서 O'Hagan은 유럽연합의 식음료산업연합을 대표한 연설에서 몇몇 인조 나노입자들은 유화물 및 분말 등의 식품에 안전하게 사용되어 왔다고, 식품용 나노기술에 대한 특허는 공개된 것도 있고 출원 중인 것도 있다고, 그러나 CIAA(Commission for the Investigation of Abuse of Authority)가 아는 한 현재 유럽에서 식음료 제조에 나노기술을 사용하는 일은 거의 없다고 말했다.

2007년 10월 같은 컨퍼런스에서 유럽연합 집행위원회의 '보건 및 소비자 보호 총국'의 총국장인 Madelin은 개방적 정보 교류를 통한 신뢰 구축의 필요성을 설파했다. 연구자, 생산자, 소비자들의 지켜보자는 태도는 변명이 되지 않는 것이므로, 혁신적이고 선제적인 이해관계자 소통 방식과 정보의 공표를 요구하였다. 개방적인 정보 절차를 수립하고 업계, 규제기관 및 시민사회 대표 간의 이해관계자 대화를 시작하려는 노력과 더불어, 유럽연합 집행위원회는 유럽식품안전청(EFSA)에 식품 및 사료에 이용되는 나노과학기술이 인체 건강, 안전 및 환경의 질에 미치는 위험성에 대한 과학적 판단을 해달라는 요청을 했고, EFSA는 2007년 11월 식품 및 사료 분야에서의 실제 응용 및 예측되는 응용과 관련된 위험성의 성격을 파악하고 위험성 평가에 필요한 데이터에 관한 일반 지침을 제공하겠다는 목표를 설정하고 작업에 착수했다.

EFSA는 업계에 다음과 같은 정보를 요청했다(EFSA(2008)).
- 식품 및 사료에 사용되는 나노물질의 안전성에 관한 데이터
- 나노물질이 들어가거나 나노물질로 이루어지거나 나노기술을 이용해 생산되는 식품/사료 분야 및 제품
- 식품 및 사료 속 나노물질을 분석하는 데에 사용되는 방법, 절차, 및 성능 기준
- 인체와 호나경에 대한 시용 패턴 및 노출
- 식품 및 사료에 사용되는 나노물질에 대한 독성 데이터
- 식품 및 사료에 사용되는 나노기술 및 나노물질에 대한 환경 연구
- 식품 및 사료에 사용되는 나노기술 및 나노물질의 위험성 평가를 위한 기타 관련 자료.

OECD는 정보 흐름을 개선하려는 노력에 적극 관여하고 있다. OECD 제조 나노물질 실무단이 발족한 프로젝트 중 하나는 "제조 나노물질의 안전에 대한 연구의 데이터베이스"를 개발하는 목표를 갖고 있다. OECD의 나노기술실무단은 OECD 회원국들로부터 소통 활동에 대한 정보를 수집하고 모범적인 소통 및 대중 참여를 장려하고 지원하기 위한 프로젝트를 시작했다. 이 실무단은 또 다른 별도 프로그램에서 OECD 회원국 및 비회원국 대표 및 여러 주요 이해관계자드리 참여하는 정책대화를 장려하게 될 것이다.

업계 쪽에서는, 유럽 식음료업계를 대표하는 CIAA가 이해관계자 대화를 수행, 참여하겠다는 의향을 표명했으며 나노기술태스크포스를 만들었다. CIAA는 <Strategic

Research Agenda for the European Technology Platform "Food for Life">에서 나노기술에 대한 접근 방식을 포함 연구 전략을 다음과 같이 개괄했다.

다음을 이해하고 예측한다. (a) 식품 내 생리활성물질 및 유익 미생물이 인체 건강에 미치는 영향, (b) 식품 조성(구조, 성분)이 생리활성물질 및 유익 미생물의 활동, 전달 및 이동에 미치는 영향.

CIAA는 생분해성, 기능성 및 지능형 포장에 대한 연구의 중요성과 위험성 평가의 약학적 문제와 식품 관련 문제 간의 접점의 중요성도 강조하고 있다(CIAA(2007): 30&59).

이와 같은 최근의 프로젝트에도 불구하고, 오랜 동안 참여하지 못하게 한 업계의 행동으로 인해 여러 NGO의 불신이 커졌고, 특히 나노기술 및 식품에 대한 불신이 커졌다. IKW(German Cosmetic, Toiletry, Perfumery and Detergent Association)와 Consumer Conference Germany 2007 등의 대화 프로그램, 그리고 프랑스 로레알 같은 선두 업체들에 의한 이해관계자 프로젝트는 유럽의 화장품 업계가 식품업계보다 대중의 요청에 더 귀를 기울였고 규제기관, NGO 및 언론에 보다 흔쾌히 정보를 제공했음을 보여준다.

미국에서는 식품의약국에 제출된 한 시민 청원이 "FDA가 일반적으로 가공된 나노입자로 이루어진 제품과 구체적으로 가공된 나노입자로 이루어진 자외선차단 약품에 대한 규정을 수정하라"고 요청했고 미국 화장품 부문에서 나노물질에 대한 논쟁을 가열시켰다. <Beneath the Skin: Hidden Liablilities, Market Risk and Drivers of Change in the Cosmetics and Personal Care Products Industry>라는 보고서가 발행되면서 FDA는 훨씬 더 많은 압력을 받았다. IEHN(Investor Environmental Health Network)의 보고서에는 "미국 식품의약국의 규제 조치가 일반적으로 회사 자체의 신고에 의해서만 유발되는 자체 규찰 업계의 시한폭탄 시나리오."(Little et al.(2007))가 들어 있는데, 그것은 식품업계의 정보 지체 전략에 대한 경고이다. 투명성 결여 및 소통 전략의 모호함은 2008년 3월 <Friends of the Earth>에 의해 "나노기술만을 다루는 안전 법이 제정되고 일반 대중이 의사 결정에 관여할 때까지 제조 나노물질이 함유된 식품, 식품 포장, 식품 접촉 물질 및 농약의 추가 발매를 임시 금지하는 조처"로 강력한 요구가 제시되었다(Friends of the Earth(2008): 3).

<Friends of the Earth>는 신물질로서의 나노물질에 대한 집중 규제, 확대된 정의(최고 300nm), 안전성 평가 및 표시에서의 투명성, 대중 참여, 지속 가능한 식품

및 농업에 대한 지원을 요청했다. 식품에 나노물질을 사용하는 것과 관련된 더 폭넓은 사회적, 경제적, 윤리적 문제도 제기했다. "중요한 식품 및 농업 분야에서 이 신기술을 민주적으로 제어할 수 있으려면, 나노기술 의사 결저에 일반 대중이 참여하는 것이 필수적이다"(Friends of the Earth(2008): 37).

유럽연합 집행위원회의 7차 FP(Framework Programme for Research)에서, FRAMINGNano라는 공동 지원 활동이 2008년 5월 시작되었다. 이 프로젝트의 계획은 기존 절차나 진행 중인 규제 절차의 목록을 만들고, 이 이슈에 대한 전문가 델파이 연구를 수행하며, EU에 이 분야에 대한 운영 계획을 제공하는 것이다. 이 프로젝트의 중요한 요소는 관련 정보를 많은 일반 대중에게 보급하는 것이다. 또한 두 번째 프로젝트인 ObservatoryNano(2008)는 나노기술 연구, 위험성 평가, 위험 관리 및 우려 평가의 최근 추이를 모니터링하고 있다. 또한 웹사이트가 2008년 10월에 개설되었고, 나노기술 개발의 보고 및 분석을 실어 더 폭넓게 일반 대중과 이 논쟁에 관계된 다양한 이해관계자에 정보를 제공해 주고 있다.

나노기술에 대한 일반 대중의 관심은 관련 NGO를 통해서 대표된다. NGO는 규제기관과 해당 업계에 압력을 가한다. 매체와 일반 대중이 식품 및 화장품 속 나노물질 문제에 어떻게 반응하는지를 파악하는 것은 중요한 일이다. 소비자의 반응 여부에 따라 제품의 수명도 결정되기 때문에, 업계는 소비자의 반응을 예의 주시하지 않을 수 없다.

위험 인식이란 신체적 징후 및 해로울 수 있는 일이나 활동에 대한 정보 처리, 그리고 그 심각성, 가능성 및 용인에 대한 판단 형성과 관련해서 일반적으로 사용된다. 기술적 위험에 대한 대중적 인식은 두 유형의 변수에 좌우된다. 첫 번째 유형에는 인식한 위험, 친숙함, 개인 통제 가능성 및 긍정적인 유익유해 비율 같은 잘 알려진 심리적 요인들이 포함된다. 두 번째 유형에는 정치적 요인과 문화적 요인이 포함된다. 여기에는 인식한 정의와 평등, 그 분야의 향후 추이에 대한 비전, 개인의 관심 및 가치에 대한 영향 등이 있다. 첫 번째 유형은 그 기술의 특성과 어떻게 도입되었는지를 토대로 어느 정도 예측할 수 있다. 두 번째 유형은 예측하기가 아주 어렵다.

나노기술에 대한 대중적 인식에 관해 정량적 연구와 정성적 비교 연구가 수행되어 왔다. 더 폭넓은 과학/기술/사회적 시각에서 이 이슈에 접근하는 분석도 있어 왔다. 이것들은 나노기술에 대한 사회적 우려 및 응용 가능한 분야의 사회적 영향에 대해 연구들이다. 북미와 유럽에서 지금까지 행해진 실증 연구 결과를 보면, 이 두

지역 소비자들은 파악한 이점 및 위험성을 일반적인 말로 이야기할 때 나노기술 응용에 대해 대체로 비슷한 인식을 가지고 있음을 알 수 있다. 하지만 식품에 관해서는 이 두 대륙 사이에 뚜렷한 위험 인식에는 차이가 있었다. 아시아 소비자의 인식에 대한 데이터는 아직 발표된 바 없다.

GMO(genetically modified organism, 유전전 변형 식품) 논쟁에서 보여주듯, 유럽인들은 식품이라고 하면 자연 그대로의 것을 연상하고 있어서 나노기술에 의한 식품이 모든 변화는 자연에 손을 대는 것으로 인식되는 것으로 보인다. 한편 미국 소비자들은 나노기술이 사람들에게 해롭게 오용되어 기존 사회적 불평등 및 갈등을 악화시킬 수 있다는 점을 더 우려하는 것으로 보인다. 나노기술 전반에 관한 대중적인 인식은 일반 설문 조사나, 시민 컨퍼런스나 대중 참여 그룹의 의견으로 형성된 내용이 많다.

Kahan et al.(2007)에는 대중의 인지도와 나노기술에 대한 태도의 결과가 제시되었다. 그 설문 조사에서는 전반적으로 81%는 '전혀 모른다' 나 '그냥 조금'이라는 답변이 나왔고, 19%는 '다소' 나 '많이' 안다고 답했다. 53%가 위험성보다 이점이 클 것이라고 추정했고 11%만 '잘 모르겠다' 고 답했다. 총 36%가 '이점보다는 위험성이 클 것'으로 봤다. 이 여론 조사는 나노기술에 관한 부정적인 태도의 증가를 보이지만 인지도와 지식 간에 부적 상관관계도 정적 상관관계도 관찰되지 않았다. 이것은 정보가 일반 대중의 나노기술에 대한 태동에 영향을 미치지 않음을 보여준 것이다.

나노기술에 대한 가변적 태도에 영향을 미치는 변수로는 개인의 지식수준, 매체 노출 및 주요 관계자에 대한 신뢰 등이다. Kahan et al.(2007)의 연구는 이 주제에 대한 지식이 거의 없는 사람들은 일반적 인식이나 고정 관념과 상당히 관련된 정서적 반응에 이끌리는 경향이 있음을 보여주었다. 나노기술을 알고 있고 관심이 많은 사람들은 이 주제에 대해 별로 관심이 없는 사람들보다 나노기술에 대해 긍정적인 생각을 갖고 있었다.

여론 조사와 같은 정량적 조사 결과 이외에도 식품 및 식품 포장 속 나노물질 문제는 포커스 그룹이나 시민 패널, 소비자 컨퍼런스 방법을 이용하는 몇몇 정성적 연구의 주요 주제가 되어 왔다. 이 주제에 대한 몇몇 포커스 그룹 및 시민 패널이 유럽 전역에서 운용되었다. 그 예로는 영국의 Nano Jury와 Natechnology Engagement Group, 네덜란드 포커스 그룹, 독일 소비자 컨퍼런스 및 TA Swiss Publifocus가 있다. 또한 식품에 이용되는 나노기술은 프랑스와 덴마크에서 이루어진 폭넓은 연구에도 포함되어 있다. 미국의 Madison Area Citizen Conference에서도 비슷한 결과가 나왔다.

대부분의 연구에서 참가자들은 나노기술을 정의할 필요성과 대중에게 더 많은 정보를 제공할 필요성을 강조했다. 소비자들은 나노기술이 제공하는 기회, 즉 질병과 싸우고 환경을 깨끗이 하며 경쟁력 있는 친환경 제품을 개발할 기회에 대해 긍정적이었다. 이 참여 과정 참가자들은 공적 규제, 감독 및 관리의 효과에 대한 회의를 자주 표명했다. 또 환경 및 사회 전반에 미칠 장기적 영향이 충분히 고려되지 않을 수 있다는 점도 우려했다. 시민 패널에서도 참가자들은 더 많은 심의 및 이해관계자 대화에 대한 지지 의사를 표명했다. 유럽의 몇몇 포커스 그룹에서는 식품 및 화장품을 구체적으로 다루었다. 이 응용 분야를 언급한 참가자들은 식품과 그보다는 덜 하지만 화장품이 다음과 같은 이유로 사람들의 우려에 몹시 민감하다는 결론을 내렸다.

· 피부를 통해 그리고 섭취를 통해 몸과 직접 접촉
· 나노입자가 자연적인 장벽(세포, 혈뇌장벽, 태반장벽)을 통과해 뜻밖의 돌이킬 수 없는 영향을 초래할 수 있으므로 건강해 해로울 것이라는 우려
· 업계나 학계에서 제공하는 식품 속 나노물질의 잠재적 위험성에 대한 정보가 부족하고, 화장품 응용 분야에 대한 정보는 제한적이다. 두 응용 분야 모두 투명성이 부족하고 비밀로 하다는 인식이 있다.
· 공공기관에 대한 신뢰 및 인식된 역량의 부족과 활동에 대한 낮은 인식
· 나노기술과 광우병 같은 최근의 사건 및 유전자 변형 작물에 대한 논쟁 경험 간의 밀접한 연관

정성적 분석에서는 모든 참가자들이 의료 분야, 환경 보호 및 저렴한 에너지 공급에 대한 나노기술 및 나노물질의 잠재적 이점에 동의했다. 참가자들은 여러 이점도 파악했다. 가장 자주 지명되는 이점 열 개 중에는 '더 안전한 식품'(지능형 포장), '더 영양가 있는 식품', 및 '세계를 먹여 살릴' 수 있음이 있었다. 하지만 동시에 상위 우려 세 가지도 식품 및 식품 포장과 관련되었다. 최고의 우려는 의도치 않은 용도로 사용할 때의 알 수 없는 위험성 및 결과에 대한 것이었다. 두 번째 우려는 규제에 대한 신뢰 부족이었고, 세 번째는 원 물질의 인공적 조작으로 인한 알 수 없는 인체 유해성이었다. 언급된 부정적 연상으로는 '나노 시품의 장기적 섭취', '위화(adulterated) 농작물', '자연적 농사 및 동물'에 대한 부정적 영향, '대사되어 건강을 악화시키는 식품', '잘못된 사람 손에 들어간 바이오 의

약', '산 사람을 FDA 승인을 받아 실험에 이용하는 것' 등이 있었다. 이 모든 우려 및 미국 연방 규제 시스템에 대한 낮은 신뢰도에 비추어 시민 그룹이 권고한 사항은 다음과 같다.
- 제품이 출시되기 전에 더 많이 테스트할 것
- 식품 내 나노물질의 위험성 및 이점에 대해 더 많은 정보를 일반 대중에게 제공할 것
- 연구 및 제품 개발의 초기 단계에서 사회적 윤리적 염려를 고려할 것

4. 생명공학과 ELSI

4.1 생명공학기술과 소비자 안전 문제

생명공학기술은 21세기를 바이오테크의 시대로 할 정도로 식량, 자원, 에너지, 보건 의료 분야의 인류 난제를 해결하는 핵심 기술로 자리매김 되어 국가적으로 상당한 투자가 이루어져 오고 있다. 그러나 다른 측면에서 생명공학기술은 자연에 대한 조작과 통제를 생물로 확장시키는 과정에서 유전자변형 생물체 등에 내재되어 있는 위험 또는 위해로 인해 생명윤리는 물론 안전성의 문제까지 일으키게 된다.

생명공학기술로 새롭게 등장하고 있는 바이오제품 및 서비스는 긍정적인 측면과 더불어 소비자의 안전을 위협할 우려가 있어 생명공학기술의 안전성 확보는 중요한 정책적 과제로 등장했다. 이미 우리나라도 생명공학기술의 안전성 확보에 대해 관심을 기울여 유전자변형생물체의 국가간 이동 등에 관한 법률, 생명공학육성법, 생명윤리 및 안전에 관한 법률 등 다양한 법제와 정책을 운용하고 있다. 하지만 생산자의 관점에서만 접근하여 생명공학기술의 안전성 문제를 종합적이고 체계적으로 접근할 필요성이 대두된다.

오늘날 과학기술이 현대 소비자의 삶에 미치는 영향력은 나날이 증대되고 있다. 현대 과학기술이 제공하는 혜택뿐만 아니라 그 위험성도 관심의 대상이 되고 있다. 과학기술과 위험, 그리고 위험사회에 대한 논의에서 21세기를 바이오테크의 시대라 할 정도로 생명공학기술은 중요한 지위를 차지하고 있다. 생명공학기술은 고부가가치, 두뇌기술집약, 탈공해, 자원에너지절약기술로 보건 의료, 식량, 환경, 에너지

등 21세기의 인류난제해결의 핵심 기술이다.

그러나 생명공학기술이 자연에 대한 조작과 통제를 생물로 확장시키는 과정에서 강화된 통제에 대한 환상과 생명과학의 복합체의 형성 과정에서 새롭게 등장한 위험요소는 생명윤리만이 아니라 안전성의 문제도 발생시키고 있다.

기술 위험은 기술적 위해가 인간의 건강과 안전(사망, 질병, 상해), 그리고 환경에 미칠 수 있는 나쁜 영향(인간 이외에 생물종, 생태계, 생물권 전체에 대한 위협)이다.

생명공학기술로 새롭게 등장하고 있는 바이오제품 및 서비스와 소비생활의 바이오화는 긍정적인 측면과 더불어 위험 또는 위해라는 부정적인 측면을 내포하고 있어 소비자의 안전을 위협할 우려가 있다. 특히 생명공학기술의 산물이 유전자변형생물체는 특정 생물체가 가지고 있는 유용한 성질의 유전자를 다른 생물체의 유전자에 도입해서, 유용한 성질을 갖도록 변형된 생물체로소 위험을 내포하고 있어 이에 대한 안전성 확보는 세계적인 논의의 대상이 되었다. 우리나라의 경우 정부가 생명공학기술의 안전성에 대해 관심을 기울여 다양한 정책과 법제를 운용하고 있다.

유전자변형생물체의 국가간 이동 등에 관한 법률, 생명공학육성법, 식품위생법, 농산물품질관리법, 수산물품질관리법, 야생물·식품보호법, 생명윤리 및 안전에 관한 법률 등의 법률 및 하부 법령을 통해 생명공학기술의 안전성 확보를 크게 강화하고 있다.

그런데 이들 생명공학기술의 안전성 정책이나 법제는 과학기술 정책, 환경 정책, 식품 정책, 생명윤리 정책 등 주로 생산자의 관점에서 접근한 것이고 생명공학기술에 따른 안전성 문제를 소비자 보호라는 관점에서 종합적이고 체계적으로 접근한 것은 아니다. 일부 소비자기본법, 표시·광고의 공정화에 관한 법률 등에서도 부분적으로 유전자변형생물체에 관한 소비자안전규정을 두고 있을 뿐이다.

이미 선진국의 경우 생명공학기술의 안전성 문제에 대한 다양한 정책과 법제를 시행하고 있다. 2000년 1월 29일 유엔환경계획 생물다양성협약하에 '바이오안전성에 대한 카르타헤타의정서'가 채택된 이래, EU를 비롯한 일본, 독일, 노르웨이, 스위스 등 주요국에서 관련 법률을 제정·운영하면서 생명공학기술 또는 유전자변형생물체와 관련한 소비자 안전 확보를 고려하고 있다. 특히 CI(Consumers International, 국제소비자기구)는 유전자변형생물체의 안전성 확보를 소비자 안전의 관점에서 논의하고 있다.

이에 생명공학기술 자체는 물론 생명공학기술의 결과물인 유전자변형생물체 또는 유전자변형생물체를 이용한 바이오제품 및 서비스의 안전성 문제를 소비자 안전의 차원에서도 다룰 시점이 되었다. 생명공학기술로 인한 소비자 안전 문제의 특성을 반영한 소비자 안전성 확보 방안이 필요하다. 이를 위한 생명공학기술의 전반적인 내용을 살펴보자.

생명공학기술이란 전통적인 발효·육종기술뿐만 아니라 유전자재조합기술, 세포융합기술, 유전체, 프로테오믹스, 바이오인포메틱스 등에 이르기까지 생물체를 대상으로 적용하는 기술의 개념으로 DNA구조규명과 유전자재조합기술의 개발과 더불어 획기적인 발전이 이루어지고 있다.

생명공학기술의 급속한 발전을 이룩하는데 기반이 되었던 기술이 유전공학이다. 특히 다른 생물체로부터 유용한 유전자를 취하여 특정 생물체에 삽입함으로써 새로운 기능을 첨가하고 보다 나은 형질을 만드는 것이 유전자변형기술이다.

바이오산업은 생명공학기술을 바탕으로 생물체의 기능과 정보를 활용하여 인류의 건강증진, 질병예방·진단·치료에 필요한 유용한 물질과 서비스를 상업적으로 생산하는 산업을 말한다.

바이오산업은 의약, 화학, 환경, 농업, 에너지, 식품, 해양 등 다양한 기존 산업 부문에서 생명공학기술의 접목을 통해 창출되는 혁신산업이다. 생명공학기술이 적용되는 산업인 바이오산업은 농업 및 해양, 의약, 바이오식품, 화학, 환경, 바이오에너지 및 자원, 생물공정 및 엔지니어링, 생물학적 점검 및 측정 시스템 등 다양한 분야와 범위가 포함된다.

생명공학기술의 결과물인 유전자변형생물체는 식물, 동물, 미생물 등 다양한 분야에 걸쳐 있다. 유전자변형식물의 분야에서는 해충저항성 작물, 신기능성 유전자변형 작물의 개발(숙성이 지연되는 과일이나 신기능성 발현), 환경정화용 식품, 환경내성 식품 등이 있다. 유전자변형동물의 분야에서는 유전자변형기술에 의한 가축의 개량, 인체질환모델로서의 유전자변형동물, 인공장기 생산용 유전자변형동물 등이 있다. 유전자변형미생물의 분야에서는 재조합생성백신, 유기물질 분해 미생물, 생물제초제, 사료 첨가제 등이 있다.

생명공학기술은 생물체의 기능을 이용하여 제품을 만들거나 유전적인 구조를 변형하여 어떠한 특성을 나타내게 하는 복합적인 기술을 의미한다. 생명공학기술은 새롭게 출현하는 사회적 복합체로서 환경을 구성하는 다른 확립된 제도(경제, 법률, 정치 등)와 함께 진화하고, 대중적 논쟁과 갈등 상황을 거치며, 자연에 대한 조작과 통제를 생물로 확장시키는 과정에서 강화된 통제에 대한 환상과 생명과학 복합체의 형성 과정에서 위험 요소가 새로이 발생한다.

생명공학기술에 내재된 위험 요소는 통제의 환상, 과학연구의 성격 변화, 규범 구조의 붕괴와 신뢰의 위기, 위험의 내부화 등이 있다(한국생명공학연구원(2006): 288).

첫째, 생명공학기술은 인간을 포함한 생명 자체에 대한 통제라는 측면에서 이미 그 출발에서부터 위험을 내재하고 있다. 가장 근본적인 위험은 생명공학이 조작력의 증대가 낳은 구조적 문제로 진단하고 있는 불확실성과 예측 불가능성이라는 기반 위에서 그 토대에 대한 성찰을 결여한 채 진행되었다는 점이다. 특히 그 조작의 대상이 인간 자체이며 유전자에 대한 조작이 미칠 영향이 후손과 생태계 전체에까지 '복원 불가능한' 결과를 낳을 수도 있다.

둘째, 생명공학은 자연물에 대한 조작의 정도와 범위를 확장하고 대량생산 공정을 적용해서 양산하는 공학적 갈망으로서 국가나 자본과 같은 거대 집단이 연구의 목적과 방향을 결정하게 되면서 인간 유전체 프로젝트로의 경향성이 노골화되고 공식화되었다. 특히 특정 분야의 비대화로 연구의 다양성이 확보되지 못하여 현재의 접근 방식이 문제를 야기하거나 그로 인해 위험이 발생했을 때 대응할 수 있는 수단이 극히 제한되어 있다. 또한 생명공학기술로 인해 예측할 수 없는 위험 상황이 직면했을 때 위험을 회피할 수 있는 능력이나 복원력은 현저히 떨어질 수밖에 없다.

셋째, 생명공학이라는 복합적 연결망이 끊임없이 요동을 일으키는 중요한 요소는 생명공학에 대한 상업성의 전면화와 공익성의 후퇴이다. 특히 생명공학의 상업성은 안전과 윤리에 대한 충분한 고려를 거치지 않은 채 유전자 조작과 복제 기술로 실행에 옮기면서 많은 위험을 내포하고 있고, 생명공학에 대한 '신뢰의 위기'로 생명공학을 둘러싼 위해성 논란에서 전문가 집단은 물론 정부의 과학적 조언까지 불신의 대상이 되고 있다.

넷째, 생명공학은 본격적인 출발부터 위험을 예상하고, 연구 결과가 미칠 수 있는 사회적 영향을 미리 고려해, 그로 인해 발생할 수 있는 문제를 대비하였지만, 생명공학 프로젝트를 중심에 놓고 그 진행 과정에서 나타날 수 있는 부작용이나 갈등을 해소하기 위한 처방적 관점에 머물 위험을 내포하고 있다. 생명공학이 야기할 수 있는 위험에 대한 ELSI의 다양한 관점을 허용하기보다는 연구 방향과 주제 설정에 제한을 가하여 생명공학의 위험에 대한 논의를 사회적 수용성을 높이기 위한 방안으로 축소시킬 수 있다.

1980년대 이후 생명공학기술을 이용한 유전자변형생물체의 연구와 개발로 제초저항성, 해충저항성, 특정 아미노산 함유 콩, 옥수수, 면화, 유체 등과 그러한 농산물을 이용한 콩가루, 시리얼, 소시지, 식용유, 요거트, 마가린, 두부, 콩나물, 간장, 튀김가루, 이유식 등 유전자변형농산물과 식품이 생산되고 있다. 이러한 유전자변형 농산물 및 식품은 경제적·기술적 측면에서 인류에게 많은 잠재적 이익을 제공할 것으로 기대되는데 반해, 현재까지 인류가 소비하던 농산물과 식품과는 다른 것이므로 잠재적 위험 발생 요인이 동시에 존재하고 있다고 환경 생태계와 인체에 미치는 영향에 대한 논란이 꾸준히 이어지고 있다. 유전자변형생물체가 인위적이라는 측면과 실제 자연 환경에 노출되었을 때 생태계를 위협할 수 있다는 염려, 사람들이 섭취할 때의 안전성 문제 등의 논란이 계속되고 있다.

유전자변형생물체의 안전성 논란은 환경 위해성과 인체 위해성에 대한 논란으로 구분된다. 환경 위해성 논란은 비교적 생물체에 대한 영향, 유전자 이동, 다면 현상, 및 에피스타시스(epistasis), 생물 다양성의 파괴 등이고, 현재 유전자변형생물체가 인체 건강에 끼치는 영향에 대한 논점은 새롭게 도입된 DNA 안전성, 도입되는 유전자의 전이 가능성, 새로 발현된 성분의 안정성, 특정 영양소의 targeting은 다른 변화를 초래할 가능성 등이 제기되고 있다(생명공학연구원(2004): 45).

소비자 안전과 직접적으로 관련되는 것은 인체 위해성 논란이다. 인체 위해성에 대한 주장은 일치하지 않지만, 유전자변형 식품의 경우 그간의 경험도 없고, 지금까지 식품 자체의 안전성 평가를 실시한 적도 없다면 식품 안전성을 위협할 수 있다는 소비자의 불안감은 당연한 것이다.

유전자변형생물체를 둘러싼 인체 위해성 논란 사례는 주로 유전자변형 작물, 유전자변형 식품 등에서 나타나고 있다. 그러나 이들 사례는 과학적 학술지 등에 발표된 내용이 아니어서 과학적인 검증이 용이하지 않다. 지금까지 알려진 사례들을 살펴보자.

(1) 항상제저항 유전자의 인체 항생제내성 사례

1999년 영국에서 유전자변형 농작물을 개발하는 과정에서 인위적으로 유전자를 도입한 식물체를 찾아내기 위하여 카나마이신과 같은 항생제 저항성 유전자를 이용하였는데, 이 항생제 유전자가 들어 있는 식품을 먹었을 때 인간의 소화장기에 서식하는 대장균 등의 미생물로 옮겨 들어가서 항생제 저항성을 보이는 수퍼미생물을 만들거나 우리 몸의 면역체계에 변화를 초래할 수 있다.

(2) 유전자변형미생물을 이용한 식품첨가물에 의한 식중독 사망 사례

1989년 일본의 쇼와덴코(昭和電工)사가 유전자변형미생물을 이용하여 생산 판매한 트립토판(Tryptopan)으로 만든 영양보조식품 L-트립토판을 장기간 복용한 후 EMS(호산구증다근육통증후군)라는 신경장애가 발생하여 미국내에서 38명이 사망하고 1만명이 장애를 당했다. EMS는 백혈구중의 호산구라는 성분이 많아져 근육에 통증이 생기는 병으로 많은 피해자들이 완치되지 않고 있다. 초기 증상으로는 근육통이나 관절통, 피로, 호흡장애, 기침, 두통, 발열, 지각장애 등을 볼 수 있고, 중증 예로는 신경마비, 심장이나 폐 합병증이 와 결국 환자가 죽게 된다.

유럽이나 일본에서도 수건의 피해가 발생하였다. 제소된 쇼와덴코는 자사의 제품이 원인이 아니라고 주장하며 약 10년에 걸쳐 소송이 진행되었지만 결국 소송에서 제시된 피해 대부분에 대해서 화해를 했는데, 화해 금액은 1천2백억엔이었다.

(3) 유전자변형 식품의 알레르기 사례

1996년 브라질 너트 유전자를 삽입한 콩을 먹은 사람들에게서 알레르기가 유발되어 미국 파이오니아 하이브리드사가 제품 개발을 중단했다. 영양가가 높은 대두를 개발하기 위하여 브라질 너트의 유전자를 삽입했더니 브라질 너트의 알레르겐도 대두로 전이되었다.

아미노산 화합물의 2S 알부민을 만드는 브라질 너트를 삽입한 대두, 보통의 대두, 브라질 너트의 각각에서 추출한 액을 브라질 너트의 알레르기를 가진 환자 3명의 피부에 바르는 실험을 했다. 그 결과 3명 모두 브라질 너트 유전자를 삽입했던 대두에도 알레르기 반응을 보였다. 상품화되기 전에 인간에게 알레르기 반응이 나온다는 것을 알았기 때문에 큰 문제는 되지 않고 끝났다.

(4) BT 사례

1999년 BT(Bacillus thuringiensis)라는 살충독소의 유전자를 삽입한 결과, 표적한 해충이 아닌 나비의 유충도 죽인다는 것을 알게 되었다. BT 옥수수의 꽃가루를 친 도와다를 제주왕나비의 유충에 먹였더니 나흘 동안 44%가 죽고 살아남은 유충도 몸체가 작아지고 약해져 있었다. 그후 반년이 지나 BT 옥수수의 뿌리에서 BT 독소가 스며 나와 뿌리 근처의 토양에 잔류하여 200일 이상이나 살충력을 유지했다. 또한 BT 독소를 포함한 BT 살충제에 쬐이는 시간이 많은 농장 노동자일수록 알레르기가 많다는 결과가 발표되었다.

(5) 유전자변형 감자와 실험용 쥐의 면역 체계 파괴 사례

1998년 영국에서 유전자변형 감자를 먹인 쥐 실험에서 쥐의 면역 체계와 질병 저항력이 크게 떨어지고 실험용 쥐의 간, 비장, 및 흉선 등 면역 형성에 관여하는 장기가 심하게 손상되었다는 주장이 있었다.

(6) 유전자변형 유채의 유전자와 꿀벌 창자의 세균 속으로의 전이 사례

2000년 영국에서 유전자조작 유채밭의 꿀벌 배설물 속에 있는 박테리아에서 유전자변형 유채의 유전자를 발견함으로써 유전자변형 농작물의 유전자가 식물에서 미생물 또는 동물로 전이될 수 있는 가능성이 제기되어 유전자조작 식품을 먹는 사람에게 전이될 가능성이 있음이 주장되었다.

(7) 유전자변형 옥수수 사료와 닭의 죽음

1996년 영국 정부가 유전자조작 옥수수를 승인하면서 유전자조작 옥수수를 먹은 닭들이 그렇지 않은 닭들에 비하여 2배나 많이 죽은 사실을 은폐하였다. 이 옥수수는 1996년 영국에서 개발하여 승인을 받았고 1998년에 프랑스를 비롯한 유럽전역에서 승인된 제초제 저항성 옥수수이다. 제초제 저항성 옥수수를 사료로 먹인 집단에서는 10마리가 죽었는데 반해, 보통 옥수수를 사료로 먹인 집단에서는 5마리가 죽었다.

(8) 스타링크 옥수수 사건

우리나라에서도 식용이 금지된 유전자변형 오구수인 스타링크를 식품에 사용한 5개 대형 식품제조업체가 적발된 사례가 있다. 소화장애와 알레르기를 유발할 가능성이 있어 식품으로서의 사용이 금지된 스타링크 옥수수를 공업용 제조용으로 용도 전환시켜 수입해 식품제조시설에서 가공하거나 일부를 식품용인 전분과 식용유원료인 옥수수 배아를 제조해서 시중에 유통시켰다. 2000년 12월에 해당 옥수수 전량을 리콜하였으며, 2001년 6월에는 이를 식품으로 악용한 국내 5개 식품업체를 적발하여 법적 조치를 취했다. 2001년 7월 27일 미국 정부는 유전자변형 옥수수인 스타링크를 소량이라도 식품에 사용하는 것을 허용하지 않는다고 발표하였다.

(9) 유전자변형 콩을 먹은 쥐의 새끼의 높은 사망률 사례

2006년 1월 영국에서 유전자변형 콩을 섞어 먹인 쥐와 그렇지 않은 쥐를 임신전부터 관찰한 결과, 유전자변형 콩을 먹은 쥐의 새끼의 55.6%가 생후 3주 안에 죽었다. 이 수치는 자연산 콩을 먹은 쥐의 새끼 사망률 9%에 비해 6배나 높은 것이다. 유전자변형 콩을 먹은 쥐의 새끼의 36%는 심각한 저체중 상태를 보였다.

생명공학기술이 응용된 유전자변형생물체의 인체 위해 가능성은 조금씩이나 미디어를 통해 알려지고 있으므로 소비자인 대중이 이에 대한 경각심을 높여가고 있다. 2005년 생명공학기술에 대한 우리나라 소비자의 인식 조사에 의하면 생명공학기술에 대해 들어보았거나 읽어 본 적이 있는가에 대해서는 75.2%가 들어본 것으로 나타난 것에 반해, 생명공학·유전공학·유전자변형에 대해 얼마나 알고 있다고 생각하는가에 대해서는 긍정적으로 응답한 비율이 49.6%로 절반에 미치지 않았다(한국생명공학연구원(2006): 188).

특히 유전자변형생물체에 대한 인체 위해성, 환경 위해성, 인류에 대한 혜택, 사회적 수용 정도, 구매의사, 표지제도 필요성 등에 대한 질문에서 소비자들은 유전자변형생물체가 인체(70.4%)나 환경(64.9%)에 해로운 영향을 미칠 수는 이TW1만, 인류에게 손실보다는 혜택을 많이 제공할 것이며(68.0%), 사회적인 수용 정도인 구매의사는 불투명한 것으로 나타났고(45.2%), 응답자 대부분이 제품원료의 유전자변형생물체 포함 여부를 반드시 표시해야 한다(95.0%)고 생각하고 있는 것으로 나타났다(같은책: 192).

2003년도와 2004년도의 조사와 비교해 보면 '유전자변형생물체가 인체에 해로운 영향을 미칠 것이다' 라는 질문을 제외하고는 모든 질문에서 유전자변형생물체에 대한 인식이 일부 긍정적으로 변화하고 있다고 한다(같은책: 193). 이에 반해 2005년 유럽연합 25개 회원국의 소비자 54%는 식품이 인체에 위해하다고 생각하고 있고(같은책: 202), 미국의 경우 유전자변형 식품이 안전하다고 생각하는가에 대한 질문에서는 응답자의 31%가 안전하다고 대답했으며 불안하다고 응답한 소비자는 30%였다(같은책: 205). 일본의 경우 유전자변형 식품에 대해 위험하다고 불안을 느낀 응답자는 96%였다(같은책: 208).

한국바이오안전성정보센터가 2005년도에 기업체의 생명공학기술 인식도에 관한 설문 조사를 했는데, 그 결과에 의하면 유전자변형 제품에 대한 정부의 안전성 규제가 엄격할 것이라는 질문에 대한 응답은 평균 2.55로 나타났고, '유전자 변형 제품에 대한 사회구성원들의 수용도가 높다고 생각한다' 는 질문에 대한 대답은 평균

2.46으로 나타났다(한국생명공학연구원(2006): 195). 특히 바이오안전성 의정서와 유전자변형생물체의 국가간 이동 등에 관한 법률을 들어 본 적이 있는지 없는지에 대한 질문에 대해 전자는 25.3%, 후자는 23.6%가 그렇다고 응답하여 전반적으로 기업과 산업체의 바이오안전성 관련 법률 인지 수준은 아주 낮은 것으로 나타났다(같은책: 200). 그리고 관련 법률의 내용을 숙지하고 있는지에 대해서는 21.4%만이 내용을 알고 있다고 응답했으며, 전사적인 차원에서의 대응방안에 대해서는 1개 기업만이 바이오안전성 확보방안을 마련하고 있는 것으로 나타났다(같은책: 201).

오늘날 생명공학기술은 의약, 농업, 식품, 화학, 환경, 에너지 등 모든 산업 분야에 파급 효과를 크게 미치면서 급속히 성장하고 있다. 또한 생명공학기술은 난치병, 식량 문제 등 인류에게 닥친 여러 가지 문제들을 해결할 수 있는 훌륭한 대안으로서 각광을 받으며 발전하고 있다. 하지만 바이오시대의 발전은 생명공학기술이 가져올 수 있는 여러 가지 혜택과 더불어 인류와 생태계에 미칠 수 있는 잠재적 위험성에 대한 우려가 큰 것도 사실이다. 특히 유전자변형생물체는 현대 생명공학기술을 이용해 어떤 생물체에서 취득한 유전 물질을 다른 생물체에 투입하여 인간이 목적한 기능과 성질을 지니게 하는 생물체로서 제삼의 녹색혁명이라는 찬사 속에서 생명공학의 긍정적인 측면이 부각되는 것과는 반대로 새로운 유전자가 삽입된 유전자변형생물체 내에 미지의 알레르기 유발 물질 또는 독성 물질의 함유 가능성, 항생제 내성 등 유전자변형생물체가 생태계와 인간에게 끼칠 잠재적 위험에 대한 우려와 경고의 목소리가 높아지고 있다. 특히 유전자변형생물체를 둘러싼 소비자 안전 문제는 세계적으로 확대되고 있다.

그러나 생명공학기술 또는 유전자변형생물체에 대한 무조건적 허용이나 일방적 규제를 주장하는 것은 각기 타당성이 있으므로 어느 한 쪽이 우세하다고 쉽사리 말할 수 있는 것은 아니며, 현재의 기술로는 생명공학기술 또는 유전자변형생물체가 환경 및 인체에 위험한지 아닌지를 한마디로 명확히 판단하기도 쉽지 않다. 따라서 유전자변형생물체로 대표되는 생명공학기술의 이점을 최대화하고 예상되는 문제점을 통제하고 방지하는 것이 각 국가와 국제 사회의 공통 과제이다. 생명공학기술에 의해 개발되는 유전자변형생물체가 기능, 품질 등의 면에서 우수할지라도 소비자의 입장에서는 최우선적으로 인체 및 환경에 대한 안전성이 확보되어야 한다.

그러므로 21세기 핵심 산업인 바이오산업이 건전하게 발전해 나가기 위해서는 바이오산업의 육성 시책과 더불어 생명공학기술 또는 유전자변형생물체의 안전성 확보 시책도 균형있게 추진하는 것이 요구된다.

생명공학기술의 안전성에 대한 우려는 미국을 비롯한 영국, 일본, 독일 등 선진국으로 하여금 유전자변형생물체와 관련된 법제를 제정하게 함과 동시에 국제 기구에서도 논의가 이루어져 왔다. 2000년 1월 29일 유전자변형생물체로 인한 인간의 건강 및 환경 보전에 미칠 위해를 사전에 방지하기 위한 국제 협약으로 '바이오안전성의정서(The Cartagena Protocol on Biosafety)'가 채택되었다. 바이오안전성의정서는 향후 유전자변형생물체의 인체 및 환경 유해성을 확보하는 데 있어 근본적인 방향과 이정표를 제공하고 있다. 여기에는 실질적 동등성, 추적 가능성, 친숙성, 사전예방원칙 등이 반영되어 있다.

유전자변형생물체로 인한 국민의 건강 및 환경 보전과 동시에 바이오산업의 건전한 발전을 도모하기 위해서는 바이오안전성 확보가 필수적인데, 다음과 같은 조건을 갖춤으로써 성취될 수 있다.

첫째, 안전성 심사 및 평가 능력의 형성이다. 현재 국내의 유전자변형생물체에 대한 인체 위해성 평가심사 기술은 외국에 비해 열악하다. 유전자변형생물체의 위해성 평가심사는 관련 법률에 따른 의무 규정이다. 이와 동시에 유전자변형생물체의 연구개발·생산·수출입 등에 대한 국가차원의 유전자변형생물체의 안전관리 및 안전성 확보를 위한 정책결정이 필수적이다. 그러므로 안전성 심사평가 능력의 향상은 국가차원에서의 유전자변형생물체의 안전성을 확보하기 위한 중요한 조건이 된다. 따라서 실제적인 안전성 확보가 가능할 수 있도록 기술 개발 및 확보 등을 통한 안전성 심사평가 수행 능력이 형성되어야 한다.

둘째, 바이오안전성정보체계의 구축이다. 관련 법률에 의하면 유전자변형생물체의 위해성 평가심사관리에 필요한 정보가 수집되고 종합적으로 관리되어야 한다. 유전자변형생물체에 대한 정보의 체계적인 관리와 바이오안전성 관련 정보로의 효율적인 접근을 통해 관련 산업의 육성이 이루어진다. 또한 바이오안전성을 확보하기 위해서는 유전자변형생물체 수출입 정보 및 생산 정보, 위해성 평가 및 관리 정보를 수집·관리·분석하는 능력 형성이 국가차원에서 갖추어져야 한다.

셋째, 유전자변형생물체의 효율적 관리체계 구축이다. 유전자변형생물체에 대한 바이오안전성 확보는 효율적인 관리 체계의 정립을 통해 이루어진다. 따라서 바이오안전성의 확보를 위해서는 수출입되는 유전자변형생물체에 대한 현황을 파악할 수 있는 시스템이 구축되어야 한다.

넷째, 인체 및 환경 영향에 대한 모니터링 체계 구축이다. 유전자변형생물체는 잠재적 유용성을 제공할 것으로 기대되는데 반해, 인체 및 환경에 대해 잠재적으로 부정적인 영향을 미칠 수 있다는 우려가 있다. 따라서 인체 및 환경 영향에 대한 체계적인 모니터링 및 파악을 통한 체계 정립을 통해 문제를 최소화해야 한다.

생명공학기술은 인간의 건강과 복지에 중요한 혜택을 약속하는데 반해 임상실험 사고의 불안이나 유전자변형생물체에 대한 반발도 크게 일어나고 있다. 이에 국내적으로나 국제적으로 생명공학기술의 개발과 사용을 규제하고 있다.

오늘날 생명공학기술 규제에 관한 논의는 다음과 같이 다양하다(송정화역, 후쿠야마(2003): 275). 첫 번째 입장은 극단적 자유방임주의적 태도이다. 이것은 생명공학기술의 개발을 제한해서는 안 되며, 제한할 수 없다는 주장이다. 과학의 한계를 확장하려는 연구자와 과학자, 통제받지 않은 기술 발전으로부터 수익을 올리려는 생명공학산업이 이러한 입장을 취하고 있다. 특히 미국과 영국에서 중요한 집단을 형성하고 있다. 자유 시장과 규제 완화, 기술에 대한 정부의 최소 개입은 이들의 정치적 신념이다.

두 번째 입장은 광범위한 금지를 주장하는 접근으로 생명공학에 대한 도덕적 우려를 표명하는 입장이다. 종교계, 환경보호주의자, 신기술반대자, 우생학을 우려하는 좌파 인사 등이 이에 속한다. 행동주의자 리프킨으로부터 카톨릭교회에 이르기까지 다양한 이 그룹은 시험관수정과 줄기세포 연구, 형질전환 작물, 인간복제를 포함해 신기술에 대한 폭넓은 금지를 제안하고 있다.

그러나 어떤 형태의 규제나 비효율성은 있기 마련이다. 위의 두 접근 방법은 현실적이지 않으므로 보다 탄력적인 규제를 적용하는 것이 타당하다. 예를 들면 누가 새로운 생명공학기술을 규제해야 할 것인지, 그러한 권한은 어디에서 오는가 등이 결정되어야 한다. 이 때 생명공학기술에 대한 통제가 합법적이라고 인정된 경우에도 이러한 통제가 가능한가라는 또 다른 문제에 직면하게 된다. 따라서 현대 사회에서 생명공학기술의 확산을 규제하는 유일한 방법은 글로벌 차원의 기술 통제 규칙을 확립하는 일이다.

그러면 생명공학기술 규제에 대한 국제적 합의가 도출될 가능성은 어느 정도인가? 생명공학기술의 규제에 대한 국제적 합의는 저절로 이루어지는 것은 아니다. EU 회원국들은 유럽 차원에서 이미 이러한 통일을 이루어나가고 있지만 미국은 자유주의적 전통으로 인해 국가 규제에 대해 회의적이다.

유전자변형생물체의 특성상 과학적으로 완전한 위험 판단이 어렵고 보기 때문에 각국의 규제 정책은 각국의 정치와 문화에 따라 차이가 있다. 특히 유전자변형생물체를 어떻게 법적으로 규율할 것인가에 대해서는 비용편익분석과 사전예방원리가 대립하고 있다(백소현(2004)). 현재 유전자변형생물체에 대한 규제 체계에서 미국과 EU가 대립하고 있는 배경도 이러한 관점의 차이 때문이다.

(1) 비용편익분석 방식

비용편익분석이란 위험 평가를 기초로 위험을 관리하는 것으로 과학적으로 위험을 평가하고 현 상태에 대한 위험을 측정한 후에 어느 정도까지가 사회적으로 용인될 수 있는 수준인지를 정하고 이를 규율해 나가는 방식이다. 이것은 미국이 유전자변형생물체에 대해 취하고 있는 규제 방식이다.

비용편익분석은 유전자변형생물체 규제에 대한 영향을 분석함에 있어서 규제의 시행에 따라 부담해야 할 비용과 편익을 비교분석하는 경제학적 관점을 기초로 한다. 이 때 최선의 규제책은 주어진 자원을 가지고 다양한 위험이 같은 정도의 수준으로 유지하도록 자원을 배분하는 것이 되어야 한다는 것에 기초하고 있다.

비용편익분석에 의하면 유전자변형생물체의 위험성이 과학적으로 판명나지 않은 현재의 상태에서 엄격한 규제를 행하는 것은 합리적이지 않은 방안이다. 따라서 유전자변형생물체에 대한 미국의 입장은 유전자변형생물체와 그 생산물이 과학적으로 위해성이 입증되기 전까지는 일단 안전하다고 추정하는 것이다. 그리고 유전자변형 제품임을 구별하기 위한 표시제에서도 유전자변형 제품이라는 것이나 유전자변형 성분이 포함되어 있다는 정보를 꼭 보여줄 필요는 없다고 한다. 결론적으로 비용편익분석은 유전자변형생물체의 불확실한 위험을 감수하고 위험에 대한 대가를 넘어서는 편익을 추구하는 것이다.

(2) 사전예방원리 방식

사전예방원리는 정부가 인간 건강과 환경에 잠재적으로 위험을 야기할 수도 있는 행위들을 방지하거나 제한하기 위해 그 위험의 심각성과 심지어는 그 존재 가능성에 대해서 과학적인 증거가 완전하지 않을 때에도 규제할 수 있다는 것이다. 다시 말해 어떤 활동이나 건강에 심각한 손상의 위험이 가할 경우 비록 원인과 결과의 관계가 일부분 밝혀져 있지 않아도 사전예방적 조치들을 취해야 한다는 것이다.

EU는 유전자변형생물체에 대하여 유전자변형생물체와 그 생산물은 기존의 것과 다르고 위험 요소가 존재하기 때문에 사전예방 차원의 규제가 가능하다는 입장을 취하고 있다.

생명공학기술과 관련하여 소비자 안전을 확보하기 위해서는 생명공학기술로 인한 위해에 대한 정보를 사전에 알 수 있도록 하는 사전적 장치와 위해가 확산되거나 피해에 대한 충분한 배상을 받을 수 있는 사후적 장치로 구분하여 살펴보자.

(1) 사전적 장치
사전적 장치로는 위해정보공표제와 표시제가 있다.

(가) 위해정보공표제
위해정보공표제란 생명공학기술 또는 유전자변형생물체의 위해정보를 사업자가 행정기관에 보고하고, 행정기관은 수집된 위해정보를 소비자에게 공표하는 것을 말한다.

위해정보공표제가 잘 정비된 법률은 소비자기본법이다. 소비자기본법은 위해정보의 수집 및 처리와 결함정보보고의무를 규정하고 있다.

첫째, 한국소비자원에 설치된 소비자안전센터는 물품 등으로 인하여 소비자의 생명신체 또는 재산에 위해가 발생하였거나 발생할 우려가 있는 사항에 대한 정보(위해정보)를 수집할 수 있고, 소비자안전센터 소장은 수집한 위해정보를 분석하여 그 결과를 한국소비자원 원장에게 보고하여야 하고, 원장은 우해정보의 분석결과에 따라 필요한 경우 위해방지 및 사고예방을 위한 소비자안전경보의 발령, 물품 등의 안전성에 관한 사실의 공표, 위해 물품 등을 제공하는 사업자에 대한 시정 권고, 국가 또는 지방자치단체에의 시정조치·제도 개선 건의, 그 밖에 소비자안전을 확보하기 위하여 필요한 조치로서 대통령령이 정하는 사항의 조치를 할 수 있다(동법 제52조 제1항 및 제2항). 이에 근거하여 소비자안전센터 소장 또는 한국소비자원 원장은 생명공학기술 또는 유전자변형생물체 등에 대한 위해정보를 수집하고, 위해정보의 분석결과에 따라 소비자안전경보의 발령 등의 조치를 취할 수 있다.

둘째, 사업자는 소비자에게 제공한 물품 등에 소비자의 생명·신체 또는 재산에 위해를 끼치거나 끼칠 우려가 있는 제조·설계 또는 표시 등에서 중대한 결함이 있다는 사실을 알게 된 때에는 그 결함의 내용을 소관 중앙행정기관의 장에게 보고하여야 한다(동법 제47조제1항).

(나) 표시제
표시제란 생명공학기술 또는 유전자변형생물체를 이용한 물품이나 서비스가 시장에 유통되는 경우 소비자가 관련 물품이나 서비스에 생명공학기술 또는 유전자변형생물체를 이용한 사실을 표시하도록 하여 구매시 알 권리와 선택할 권리를 보장하는 것이다.

유전자변형생물체에 관한 표시제는 유전자변형생물체의 국가간 이동 등에 관한 법률, 농산물품질관리법, 수산물품질관리법, 식품위생법 등에 자세하게 규정되어 있다. 특히 유전자변형생물체의 국가간 이동 등에 관한 법률에 따르면 유전자변형생물체를 개발·생산 또는 수입하는 자는 당해 유전자변형생물체 또는 그 유전자변형생물체의 용기나 포장에 유전자변형생물체의 종류 등 대통령령이 정하는 사항을 표시하여야 한다(동법 제24조제1항). 유전자변형생물체의 용기나 포장에 표시하여야 하는 사항은 유전자변형생물체의 명칭·종류·용도 및 특성, 유전자변형생물체의 안전한 취급을 위한 주의사항, 유전자변형생물체의 개발자 또는 생산자, 수출자 및 수입자의 성명·주소 및 전화번호, 유전자변형생물체에 해당하는 사실, 환경 방출로 사용되는 유전자변형생물체 해당 여부 등이다(동법시행령 제24조).

(2) 사후적 장치

사후적 장치로는 위해확산방지조치로서 리콜제와 생명공학기술 또는 유전자변형생물체나 유전자치료로 인한 피해에 대한 특별배상책임제가 있다.

(가) 리콜제

리콜제란 생명공학기술 또는 유전자변형생물체나 유전자치료로 인한 위해가 발생한 때 관련 사업자가 자발적으로 리콜하거나 행정기관이 강제적으로 리콜을 명령함으로써 위해가 확산되지 않도록 하는 것이다.

리콜제가 잘 정리되어 있는 법은 소비자기본법이다. 소비자기본법은 물품 등의 자진수거, 수거·파기 등의 권고, 수거·파기 등의 명령을 규정하고 있다.

첫째, 사업자는 소비자에게 제공한 물품 등의 결함으로 인하여 소비자의 생명·신체 또는 재산에 위해를 끼치거나 끼칠 우려가 있는 경우에는 대통령령이 정하는 바에 따라 당해 물품 등의 수거·파기·수리·교환·환급 또는 제조·수입·판매·제공의 금지 그 밖의 필요한 조치를 취해야 한다(동법 제48조).

둘째, 중앙행정기관의 장은 사업자가 제공한 물품 등의 결함으로 인하여 소비자의 생명·신체 또는 재산에 위해를 끼치거나 끼칠 우려가 있다고 인정되는 경우에는 대통령령이 정하는 절차에 따라 그 물품 등의 수거·파기·교환·환급을 명하거나 제조·수입·판매 또는 제공의 금지를 명할 수 있고, 그 물품 등과 관련된 시설의 개수 그 밖의 필요한 조치를 명할 수 있다(동법 제50조제1항).

(나) 특별배상책임제
특별배상책임제란 생명공학기술 또는 유전자변형생물체나 유전자치료로 인한 피해가 발생할 때, 생산업자, 수입업자 등이 피해자에게 엄격하게 책임을 부담하는 것이다. 예를 들면 생산업자 등에게 무과실책임을 부과하거나 입증책임을 전환하는 것이다.

손해배상책임에 관한 특별규정을 둔 법률로는 표시·광고의 공정화에 관한 법률 등이 있다. 사업자 등은 부당한 표시·광고 행위를 함으로써 피해를 입은 자가 있는 경우에는 당해 피해자에 대하여 손해배상의 책임을 지는데, 손해해방의 책임을 지는 사업자 등은 그 피해자에 대하여 고의 또는 과실이 없음을 들어 그 책임을 면할 수 없다(동법 제10조).

생명공학기술과 소비자안전규정에 관한 관련 법규를 생명공학과 관련된 기본 법률, 유전자변형생물체, 소비자보호 관련법, 및 기타 법제로 나누어 내용을 정리하자.

4.2 생명공학기술과 소비자 안전을 위한 관련 법률

<생명공학과 관련된 기본 법률>

1. 생명공학육성법
생명공학육성법은 생명공학 연구기반을 조성하여 생명공학을 보다 효율적으로 육성·발전시키고 그 개발기술의 산업화를 촉진하여 국민경제의 건전한 발전에 기여함을 목적으로 한다(동법 제1조). 생명공학육성법의 주요 내용은 생명공학육성에 초점을 맞추고 있어서, 생명공학육성기본 계획의 수립(동법 제4조), 생명공학의 산업적 응용촉진에 대한 지원(동법 제11조), 생명공학육성시책강구(동법 제13조) 등이 들어있다. 그러나 생명공학육성법은 생명공학이 개념은 물론 생명공학관련 제품의 안전성확보에 관해서도 부분적으로 규정하고 있다.

1) 생명공학의 개념
생명공학육성법은 생명공학의 개념을 제한적으로 규정하고 있다. 생명공학이란 산업적으로 유용한 생산물을 만들거나 생산공정을 개선할 목적으로 생물학적 시스템, 생체, 유전체 또는 그들로부터 유래되는 물질을 연구·활용하는 학문과 기술과 생명현상의 기전(起傳), 질병의 원인 또는 발병과정에 대한 연구를 통하여 생명공학의 원천지식을 제공하는 생리학·병리학·약리학 등의 학문을 말한다(동법 제2조).

2) 임상시험 및 점검에 관한 지침

농림식품부장관·교육과학기술부장관·보건복지부장관·환경부장관·농림수산식품부장관은 생명공학 관련제품에 대한 임상 및 검정체제의 확립을 위하여 그 임상시험 및 검정에 관한 지침을 심의회의를 거쳐 작성·시행하여야 한다(동법 제14조제1항 및 동법 시행령 제14조제1항).

임상시험 및 검정에 관한 지침에는 생명공학적 변이생물체에 의하여 생산·제조되는 제품의 동물시험, 생명공학적 변이생물체에 의하여 생산·제조되는 제품의 성분순도 및 활성도 등의 분석에 관한 사항, 기타 생명공학관련제품에 대한 임상시험 및 검정에 관하여 필요한 사항 등이 포함되어야 한다(동법 시행령 제14조제2항).

3) 실험지침 및 안전기준

정부는 생명공학연구 및 산업화의 촉진을 위한 실험지침을 작성·시행하여야 하는데, 이 때 실험지침에는 생명공학의 연구와 이의 산업화 과정에서 예견될 수 있는 생물학적 위험성, 환경에 미치는 악영향 및 윤리적 문제발생의 사전방지에 필요한 조치가 강구되어야 하며, 유전적으로 변형된 생물체의 이전·취급·사용에 대한 안전기준이 마련되어야 한다(동법 제15조). 특히 생명공학적 변이생물체의 전파·확산을 방지하기 위한 봉쇄방법 등 생물학적위험발생의 사전방지에 필요한 사항과 사람을 대상으로 하는 유전자재조합 등 인간의 존엄성을 해치는 결과를 가져올 수 있는 실험의 금지 등 윤리적 문제발생의 사전방지에 필요한 사항도 포함되어야 한다(동법 시행령 제15조제2항).

4) 사후승인통관절차

생명공학연구활동에 필요한 관련 자재·기기 또는 시약 중 국내에서 생산되지 아니하는 품목 중 변질 기타로 인하여 시기적으로 그 안전성의 확보가 어려운 시약 등에 대해서는 별도의 사후 승인의 통관절차로 대신할 수 있다(동법 제19조제2항). 사후 승인의 통관절차로 대신할 수 있는 시약 등은 생화학시약, 방사성물질시약, 미생물균주 및 동식물세포주, 유전자물질, 효소제품, 이에 준하는 생명공학관련품목 등으로서 교육과학기술부장관이 정하는 것으로 한다(동법 시행령 제23조제1항).

그리고 사후승인통관절차에 의하여 대상품목을 수입하고자 하는 당해 품목의 품명 및 수량과 사후승인통관이 필요한 사유 등을 기재한 서류를 교육과학기술부장관에게 제출하고, 교육과학기술부장관은 관련서류를 제출받은 때에는 그 내용을 심사하고, 사후승인통관의 필요성이 있다고 인정할 때에는 관할세관장에게 당해 품목에 대하여 관세법 제252조의 규정에 의한 수입신고수리전 반출절차에 의하여 사후승인통관을 하여 줄 것을 요청할 수 있다(동법 시행령 제23조제2항 및 제3항).

5) 유전자재조합실험지침

유전자재조합실험지침(보건복지부고시 제1997-22호, 1997년 4월 22일)은 생명공학육성법 제15조 및 같은법 시행령 제15조의 규정에 의하여 유전자재조합실험과 이에 준하는 실험의 안전을 확보할 수 있는 실험절차를 정함으로써 생명공학적 변이생물체의 전파확산에 따른 생물학적 위험발생을 예방하고 생명공학 연구를 촉지시킴을 목적으로 한다(동지침 제1조).

이 지침에 의하면 유전자재조합실험이란 유전자재조합분자를 세포에 이식하여 이종의 DNA를 복제하는 실험과 유전자재조합분자가 이식된 세포를 이용하여 실시하는 실험을 말하고(동지침 제2조제2호), 재조합체란 유전자재조합실험 및 이에 준하는 실험의 결과 유전자를 일부 교환하거나 새로운 유전자를 삽입시킨 세포나 생물을 말한다(동지침 동조제4호).

우선 실험의 종류를 안전확보에 필요한 절차에 따라 기준외 실험과 기준내 실험으로 규정하고 있다(동지침 제4조). 기준외 실험이란 이 지침에서 정하는 밀폐방법의 기준에 속하지 아니하는 실험으로 실험계획에 대해 시험연구기관장의 승인을 받아야 하며, 해당 부처·청의 장의 지도 아래 실시하여야 하는 실험이다. 기준내 실험은 기관승인실험과 기관신고실험으로 나누고, 전자는 이 지침에서 정하는 밀폐방법의 기준에 속하는 실험으로 실험계획에 대해 시험연구기관장의 승인을 받아야 하고, 후자는 이 지침에서 정하는 밀폐방법의 기준에 속하는 실험으로 시험연구기관장에게 실험계획을 사전에 신고하여야 한다.

그리고 실험의 안전확보에 대해서도 규정이 있는데, 실험상의 안전확보를 위하여 일반 미생물 실험실에서 이용하는 실험방법을 기본으로 하여 실험의 안전도평가에 따라 물리적 밀폐와 생물학적 밀폐 등 2종류의 밀폐방법을 적절히 조합하여 계획하고 실험을 실시하여야 한다(동지침 제5조제1항).
　한편 윤리적 문제발생의 사전방지에 대해서도 규정이 있다. 해당 부처·청의 장과 시험연구기관의 장은 사람을 대상으로 하는 유전자재조합 등 인간의 존엄성을 해치는 결과를 가져올 수 있는 실험의 금지 등 윤리적 문제발생의 사전방지에 필요한 조치를 강구하여야 한다(동지침 제23조).

2. 생명윤리및안전에관한법률

　생명윤리및안전에관한법률은 생명과학기술에 있어서의 생명윤리 및 안전을 확보하여 인간의 존엄과 가치를 침해하거나 인체에 위해를 주는 것을 방지하고, 생명공학기술이 인간의 질병 예방 및 치료 등을 위하여 개발·이용될 수 있는 여건을 조성함으로써 국민의 건강과 삶의 질 향상에 이바지함을 목적으로 한다(동법 제1조). 생명윤리및안전에관한법률은 생명공학기술 등의 개념은 물론 유전자검사 및 유전자치료와 관련한 안전규제를 규정하고 있다.

1) 생명공학기술 등의 개념
　생명윤리및안전에관한법률에서 생명공학기술이란 인간의 배아·세포·유전자 등을 대상으로 생명현상을 규명·활용하는 과학과 기술을 말한다(동법 제2조 제1항). 그리고 유전자검사란 개인의 식별, 특정한 질병 또는 소인의 검사 등의 목적으로 혈액·모발·타액 등의 검사대상물로부터 염색체·유전자 등을 분석하는 행위를 말하고(동법 제2조제6항), 유전자치료란 질병의 예방 또는 치료를 목적으로 유전적 변이를 일으키는 일련의 행위를 말한다(동법 제2조제9호).

2) 국가 등의 책무
　국가 또는 지방자치단체는 생명공학기술의 개발·이용과정에서 일어날 수 있는 생명윤리 및 안전에 관한 문제에 효율적으로 대처할 수 있도록 필요한 시책을 마련하여야 하고, 생명공학기술을 연구·개발 및 이용하고자 하는 자는 생명공학기술이 인간의 존엄과 가치를 침해하지 아니하고 생명윤리 및 안전에 적합하도록 노력하여야 한다(동법 제4조).

3) 인간복제, 이종간의 착상 등의 금지
　누구든지 체세포복제배아를 자궁에 착상시켜서는 아니되며, 착상된 상태를 유지하거나 출산하여서는 아니되며, 누구든지 이런 행위를 유인 또는 알선하여서는 아니된다(동법 제11조).

누구든지 인간의 배아를 동물의 자궁에 착상시키거나 동물의 배아를 인간의 자궁에 착상시키는 행위를 하여서는 아니된다(동법 제12조제1항).

누구든지 인간의 난자를 동물의 정자로 수정시키거나 동물의 난자를 인간의 정자로 수정시키는 행위(의학적으로 인간의 정자의 활동성 시험을 위한 경우를 제외), 핵이 제거된 인간의 난자에 동물의 체세포 핵을 이식하는 행위, 인간의 배아와 동물의 배아를 융합하는 행위, 다른 유전정보를 가진 인간의 배아를 융합하는 행위 등을 하여서는 아니되며, 이런 행위로부터 생성된 것을 인간 또는 동물의 자궁에 착상시키는 행위를 하여서는 아니된다(동법 제12조제2항 및 제3항).

4) 인공수정배아와 체세포복제배아의 규제

누군든지 임신외의 목적으로 배아를 생성하여서는 아니되며, 임신을 목적으로 배아를 생성함에 있어서 특정의 성을 선택할 목적으로 난자를 선별하여 수정시키는 행위, 사망한 자의 정자 또는 난자로 수정시키는 행위, 미성년자의 정자 또는 난자로 수정시키는 행위(혼인한 미성년자가 그 자녀를 얻기 위한 경우를 제외) 등을 하여서는 아니된다(동법 제13조제1항 및 제2항). 그리고 누구든지 금전 또는 재산상의 이익 그 밖에 반대급부를 조건으로 정자 또는 난자를 제공 또는 이용하거나 이를 유인 또는 알선하여서는 아니된다(동법 제13조제3항).

한편 누구든지 근이영양증(筋異營養症, muscular dystrophy) 그 밖에 대통령령이 정하는 희귀·난치병의 치료를 위한 연구(동법 제17조제2항) 목적외에는 체세포핵 이식행위를 하여서는 아니된다(동법 제22조제1항).

5) 유전자검사의 신고 및 제한 등

유전자검사를 하고자 하는 자 도는 직접 검사대상물을 채취하여 유전자에 관한 연구를 하고자 하는 자는 유전자검사시설 또는 연구시설의 소재지, 기관장, 유전자검사 또는 연구항목 등의 사상에 대하여 보건복지부령이 정하는 바에 따라 보건복지부장관에게 신고하여야 한다(동법 제24조 제1항).

그러나 유전자검사의 제한에 대하여 다음과 같은 상세한 규정이 있다.

첫째, 유전자검사기관은 과학적 검증이 불확실하여 검사대상자를 오도할 우려가 있는 신체외관이나 성격에 관한 유전자검사 그 밖에 심의위원회의 심의를 거쳐 대통령령이 정하는 유전자검사를 하여서는 아니된다(동법 제25조제1항).

둘째, 유전자검사기관은 근이영양증 그 밖에 대통령령이 정하는 유전질환을 진단하기 위한 목적외에는 배아 또는 태아를 대상으로 유전자검사를 하여서는 아니된다(동법 동조제2항).

셋째, 의료기관이 아닌 유전자검사기관에서는 질병의 진단과 관련한 유전자검사를 할 수 없다. 다만, 의료기관의 의뢰를 받아 유전자검사를 하는 경우에는 그렇지 아니하다(동법 동조제3항).

그리고 유전자검사기관 또는 유전자에 관한 연구를 하는 자가 유전자검사 또는 유전자연구에 쓰일 검사대상물을 직접 채취하거나 채취를 의뢰하는 때에는 검사대상물을 채취하기 전에 검사대상자로부터 유전자검사 또는 유전자연구의 목적, 앞의 목적 외로 검사대상물을 사용하거나 타인에게 제공하는 것에 대한 동의여부 및 그 범위에 관한 사항, 앞의 경우 검사대상물을 타인에게 제공하는 경우에 개인정보를 포함시킬 것인지의 여부, 검사대상물의 보존기간 및 권리에 관한 사항, 동의의 철회, 검사대상자의 권리 및 정보보호, 그 밖에 유전자검사기관의 휴‧폐업시 검사대상물의 폐기 또는 이관에 관한 사항, 유전자검사 결과기록의 보존기간 및 관리에 관한 사항 등이 포함된 서면동의를 얻어야 한다(동법 제26조제1항 및 동법 시행령 제17조제1항). 이 때 서면동의를 얻고자 하는 자는 미리 검사대상자 또는 법정대리인에게 유전자검사의 목적과 방법, 예측되는 유전자검사의 결과와 의미 등에 대하여 충분히 설명하여야 한다(동법 동조제5항).

그러나 시체 또는 의식불명의 자에 대하여 개인식별을 하여야 할 긴급한 필요가 있거나 특별한 사유가 있는 경우와 다른 법률에 특별한 규정이 있는 경우에는 서면동의없이 유전자검사를 할 수 있다(동법 동조제4항).

한편 유전자검사기관 등은 서면동의의 내용, 유전정보의 보호, 그 밖에 생명윤리 및 안전의 확보를 위하여 보건복지부령이 정하는 사항 등을 준수하여야 하고, 유전자검사기관 등은 유전자검사에 관하여 허위표시 또는 과대광고를 하여서는 아니된다(동법 제30조제1항 및 제2항). 이 때 허위표시 또는 과대광고에 해당하는 표시 또는 광고는 유전자검사가 과학적으로 완전하게 입증되었다는 표시‧광고(다만, 개인의 식별을 위한 유전자검사의 경우를 제외), 유전자검사평가기관으로부터 유전자검사의 정확도 평가를 받지 아니한 자가 평가를 받았다고 하거나 받은 것으로 암시하는 표시‧광고, 의료기관이 아닌 유전자검사기관이 의료기관의 의뢰없이 질병의 진단과 관련한 검사를 직접 할 수 있는 있는 것으로 암시하는 표시‧광고, 법 제15조 제1항의 규정에 따라 금지된 유전자검사항목을 검사할 수 있는 것으로 암시하는 표시·광고 등을 말한다(동법 시행령 제21조).

　6) 유전정보 등의 보호
　누구든지 유전정보를 이유로 하여 교육·고용·승진·보험 등 사회활동에 있어서 다른 사람을 차별하여서는 아니되고, 다른 법률에 특별한 규정이 있는 경우를 제외하고는 누구든지 타인에게 유전자검사를 받도록 강요하거나 유전자검사의 결과를 제출하도록 강요하여서는 아니된다(동법 제31조).
　그리고 유전자은행의 장 또는 그 종사자는 직무상 얻거나 알게 된 유전정보 등을 정당한 사유없이 타인에게 제공하거나 부당한 목적으로 사용하여서는 아니되며, 의료기관은 의료법 제20조제1항 단서의 규정에 따라 환자 외의 자에게 제공하는 의무기록 및 진료기록 등에 유전정보를 포함시켜서는 아니된다(동법 제35조).

　7) 유전자치료
　누구든지 유전자치료는 유전질환·암·후천성면역결핍증 그 밖에 생명을 위협하거나 심각한 장애를 초래하는 질병의 치료, 현재 이용 가능한 치료법이 없거나 유전자치료의 이용 가능한 다른 치료법과 비교하여 현저히 우수할 것으로 예측되는 치료, 그 밖에 심의위원회의 심의를 거쳐 보건복지부장관이 정하는 질병의 예방이나 치료를 위하여 필요하다고 인정하는 경우 등 외에는 하여서는 아니된다(동법 제36조제1항). 또한 예외없이 정자·난자·배아 또는 태아에 대하여 유전자치료를 하여서는 아니된다(동법 동조제2항).
　그러나 유전자 치료를 하고자 하는 의료기관은 보건복지부장간에게 신고하여야 한다(동법 제37조제1항).
　유전자치료기관은 유전자치료를 하고자 하는 환자에 대하여 치료의 목적, 예측되는 치료결과 및 그 부작용, 그 밖에 환자의 안전을 확보하기 위하여 조치하는 사항, 환자의 개인정보를 보호하기 위하여 조치하는 사항 등에 관하여 미리 설명한 후 서면동의를 얻어야 한다(동법 제37조제2항 및 동법 시행령 제28조제1항). 법 제36조제1항 또는 제2항의 규정을 위반하여 유전자치료를 한 자는 2년 이하의 징역 또는 3천만원 이하의 벌금에 처한다(동법 제52조제8호).

　<u>〈유전자변형생물체에 관련된 법률〉</u>

1. 유전자변형생물체의국가간이동에관한법률

유전자변형생물체의국가간이동에관한법률은 바이오안전성에 관한 카르타헤나의정서의 시행과 유전자변형생물체의 개발·생산·수입·수출·유통 등에 관한 안전성의 확보를 위하여 필요한 사항을 정함으로써 유전자변형생물체로 인한 국민의 건강과 생물다양성의 보전 및 지속적인 이용에 미치는 위해를 사전에 방지하고 국민생활의 향상 및 국제협력을 증진함으로 목적으로 한다(동법 제1조).

유전자변형생물체의국가간이동에관한법률은 유전자변형생물체의 개념은 물론 이에 대한 규제내용을 자세하게 규정하고 있다. 이 법은 유전자변형생물체를 시설·장치 그 밖의 구조물을 밀폐하지 아니하고 의도적으로 자연환경에 노출되게 하는 환경방출에 초점을 두고 있지만, 이것은 소비자안전을 위해서 적용되는 것으로 이해될 수 있다.

1) 유전자변형생물체의 개념

유전자변형생물체란 현대생명공학기술을 이용하여 얻어진 새롭게 조합된 유전물질을 포함하고 있는 생물체를 말하는데, 이 때 현대 생명공학기술의 범위는 인위적으로 유전자를 재조합하거나 유전자를 구성하는 핵산을 세포 또는 세포내 소기관으로 직접 주입하는 기술과 분류학에 의한 과(課)의 범위를 넘는 세포융합으로서 자연상태의 생리적 증식이나 재조합이 아니고 전통적인 교배나 선발에서 사용되지 아니하는 기술이라고 한다(동법 제2조제1호).

2) 국가 및 지방자치단체 등의 책무

국가와 지방자치단체는 유전자변형생물체로 인한 국민의 건강과 생물다양성의 보존 및 지속적인 이용에 대한 위해를 방지하기 위하여 필요한 시책을 강구하여야 한다고 국가 등의 책무를 규정하고 있다(동법 제5조).

관계중앙행정기관의 장은 소관별로 유전자변형생물체안전관리계획을 수립·시행하여야 한다(동법 제6조제1항). 이 때 유전자변형생물체의 수출입 등에 따른 안전관리의 기본방침에 관한 사항, 유전자변형생물체를 취급하는 시설 및 작업종사자의 안전에 관한 사항, 유전자변형생물체에 관한 기술개발 및 지원에 관한 사항, 그 밖에 유전자변형생물체의 안전관리와 관련한 중요사항 등이 포함되어야 한다(동법 제6조제2항).

3) 유전자변형생물체 등의 수입 및 생산의 승인 등

유전자변형생물체를 수입(휴대하여 수입하는 것을 포함)하고자 하는 자는 대통령령이 정하는 바에 따라 관계중앙행정기관의 장의 승인을 얻어야 한다(동법 제8조제1항). 관계중앙행정기관의 장은 승인신청을 받은 경우에는 당해 유전자변형생물체의 위해성을 심사하고 당해 유전자변형생물체가 국내 생물다양성의 가치에 미칠 사회·경제적 영향을 고려하여 그 승인여부를 결정하여야 한다(동법 제8조제5항).

시험·연구용으로 사용하거나 박람회 또는 전시회에 출품하기 위하여 유전자변형생물체를 수입하고자 하는 자는 대통령령이 정하는 바에 따라 관계중앙행정기관의 장의 승인을 얻거나 관계중앙행정기관의 장에게 신고하여야 한다(동법 제9조제1항).

이외에도 우편물로 수입되는 유전자변형생물체의 수입검사(동법 제10조), 수입항구 등의 지정(동법 제11조) 등을 규정하고 있다.

그리고 유전자변형생물체를 생산하고자 하는 자는 대통령령이 정하는 바에 따라 관계중앙행정기관의 장의 승인을 얻어야 한다(동법 제12조제1항).

관계중앙행정기관의 장은 수입승인 또는 생산승인과 관련하여 유전자변형생물체의 위해성 심사를 하는 경우에는 당해 유전자변형생물체가 인체에 미치는 영향에 대하여는 보건복지부장관과, 환경방출되거나 환경방출될 우려가 있는 유전자변형생물체의 경우에는 당해 유전자변형생물체가 자연생태계에 미치는 영향에 대하여는 농림수산식품부장관과, 해양생태계에 미치는 영향에 대하여는 농림수산식품부장관 등과 미리 협의하여야 한다.

관계중앙행정기관의 장은 유전자변형생물체의 수입 또는 생산승인을 함에 있어서는 미리 당해 유전자변형생물체에 관한 정보를 국민에게 알리고 의견을 수렴하여야 한다(동법 제13조제4항).

4) 유전자변형생물체 등의 수입 또는 생산 금지 및 제한 등

관계중앙행정기관의 장은 국민의 건강과 생물다양성의 보전 및 지속적인 이용에 위해를 미치거나 미칠 우려가 있다고 인정되는 유전자변형생물체 및 이에 해당하는 유전자변형생물체와 교배하여 생산된 생물체, 국내 생물다양성의 가치와 관련하여 사회·경제적으로 부정적인 영향을 미치거나 미칠 우려가 있다고 인정되는 유전자변형생물체 등의 수입 또는 생산을 금지하거나 제한할 수 있다(동법 제14조제1항).

국가책임기관의 장은 수입 또는 생산을 금지하거나 제한하는 생물체의 품목 등에

관하여 필요한 사항을 공고하여야 하고(동법 제14조제3항), 국민의 건강과 생물다양성의 보전과 지속적인 이용에 위해가 발생할 우려가 없는 유전자변형생물체에 대하여 그 품목 등을 고시하여야 한다(동법 제15조제1항).

5) 승인의 취소
관계중앙행정기관의 장은 수입승인 또는 생산승인을 얻은 유전자변형생물체가 국민의 건강과 생물다양성의 보전 및 지속적인 이용에 위해를 미치거나 미칠 우려가 있다는 사실이 밝혀진 경우와 속임수 그 밖의 부정한 방법으로 승인을 얻은 경우에는 유전자변형생물체의 수입승인 또는 생산승인을 취소하여야 하고, 수입승인 또는 생산승인을 얻은 유전자변형생물체를 승인을 얻은 용도와 다르게 사용하는 경우, 이 법 또는 이 법에 의한 명령이나 처분을 위반하는 경우, 그 밖에 안전관리에 필요한 전문인력 및 설비 등이 승인을 얻을 당시보다 현저하게 미달한 경우, 유전자변형생물체의 수입승인 또는 생산승인을 증명하는 서류를 다른 사람에게 양도하거나 대여하는 경우 등에는 유전자변형생물체의 수입승인 또는 생산승인을 취소할 수 있다(동법 제17조제1항 및 동법 시행령 제18조제1항).

6) 폐기처분 등
관계중앙행정기관의 장은 법 제8조·제9조 또는 제12조의 규정에 의한 관계중앙행정기관의 장의 승인 또는 변경승인을 얻지 아니하거나 관계중앙행정기관의 장에게 신고를 하지 아니한 유전자변형생물체, 법 제14조의 규정에 의하여 수입 또는 생산이 금지되거나 제한된 유전자변형생물체, 법 제17조의 규정에 의하여 수입승인 또는 생산승인이 취소된 유전자변형생물체 등의 소유자에 대하여 30일 이내에 당해 유전자변형생물체의 폐기·반송 등을 명할 수 있다(동법 제18조제1항 및 동법 시행령 제20조제3항).
관계중앙행정기관의 장은 유전자변형생물체의 소유자가 폐기·반송 등의 명령에 따르지 아니한 경우에는 대통령령이 정하는 바에 따라 당해 유전자변형생물체의 소유자의 부담으로 소속 공무원으로 하여금 이를 직접 폐기·반송 등을 하게 할 수 있다(동법 제18조제2항).

7) 연구시설의 설치·운영허가 등
유전자변형생물체를 개발하거나 이를 이용하는 실험을 실시하는 시설을 설치·운영하고자 하는 자는 대통령령이 정하는 바에 따라 연구시설의 안전관리 등급별로 관계중앙행정기관의 장의 허가를 받거나 관계중앙행정기관의 장에게 신고를 하여야 한다(동법 제22조제1항).

8) 표시
유전자변형생물체를 개발·생산 또는 수입하는 자는 당해 유전자변형생물체 또는 그 유전자변형생물체의 용기나 포장에 유전자변형생물체의 종류 등 대통령령이 정하는 사항을 표시하여야 한다(동법 제24조제1항).
유전자변형생물체의 용기나 포장에 표시하여야 하는 사항은 유전자변형생물체의 명칭·종류·용도 및 특성, 유전자변형생물체의 안전한 취급을 위한 주의사항, 유전자변형생물체의 개발자 또는 생산자, 수출자 및 수입자의 성명·주소 및 전화번호, 유전자변형생물체에 해당하는 사실, 환경방출로 사용되는 유전자변형생물체 해당여부 등이다(동법 시행령 제24조). 이 때 누구든지 표시르 허위로 하거나 이를 임의로 변경하거나 삭제하여서는 아니된다(동법 제24조제2항). 이를 위반하여 유전자변형생물체의 종류 등의 표시를 하지 아니하거나 이를 허위로 표시한 자 또는 표시를 임의로 변경하거나 삭제한 자는 1년이하의 징역 도는 2천만원이하의 벌금에 처한다(동법 제42조제1항).

9) 취급관리
유전자변형생물체의 수출입 등을 하는 자는 유전자변형생물체를 취급 또는 관리함에 있어서 밀폐운송 등 취급관리기준을 준수하여야 한다(동법 제25조제1항). 취급관리기준은 이동시에는 시험·연구용 유전자변형생물체 등 관계중앙행정기관의 장이 정하는 유전자변형생물체를 밀폐하여 운송하도록 할 것, 유전자변형생물체의 취급·관리를 위한 설비가 본래의 성능이 발휘될 수 있도록 적정하게 유지·관리할 것, 유전자변형생물체의 취급시 주의사항 및 위해방지를 위한 비상조치방법을 알고 있을 것 등이다(동법 시행령 제25조제1항). 취급관리기준을 준수하지 아니한 자는 1년 이하의 징역 또는 2천만원이하의 벌금에 처한다(동법 제42조제2호).

10) 관리·운영기록의 보존
유전자변형생물체의 수출입 등을 하는 자 및 연구시설을 설치·운영하는 자는 교육과학기술부령이 정하는 바에 따라 유전자변형생물체의 수출입 및 연구시설의 관리·

운영에 관한 기록을 작성하여 보관하여야 한다(동법 제26조).

11) 위해방지를 위한 비상조치
 국가책임기관의 장은 유전자변형생물체로 인한 국민의 건강과 생물다양성의 보존 및 지속적인 이용에 중대한 부정적인 영향이 발생하거나 발생할 우려가 있다고 인정되는 때에는 지체없이 안전관리자를 확보하고 배치할 것, 원인제거 및 피해방지에 관한 조치를 시행할 것, 유전자변형생물체를 취급하는 자 등에 대한 안전교육 등 안전조치를 시행할 것, 국제바이오안전성정보센터에 비상조치와 관련된 정보를 신속하게 제공할 것 등의 필요한 조치를 하여야 하고, 유전자변형생물체의 수출입 등을 하는 자가 유전자변형생물체의 부정적인 영향을 알게 된 때에는 관계중앙행정기관의 장 또는 국가책임기관의 장에게 지체없이 그 내용을 통보하여야 한다(동법 제27조 및 동법 시행령 제26조).

12) 보고 및 검사
 관계중앙행정기관의 장 또는 국가책임기관의 장은 유전자변형생물체의 안전관리를 위하여 수입 또는 생산승인을 얻거나 수입신고를 한 자, 위해성평가기관, 위해성심사대행기관, 연구시설의 설치·운영허가를 받거나 신고를 한 자, 취급 또는 관리를 하는 자 등에게 보고를 하게 하거나 자료 또는 시료의 제출을 요구할 수 있으며, 소속 공무원으로 하여금 당해 사무소·연구시설·사업장·보관장소 등에 출입하여 관계 서류나 시설·장비 및 보관상태 들을 검사하게 할 수 있다(동법 제26조제1항).

13) 바이오안전성위원회와 바이오안전성정보센터의 설치
 유전자변형생물체의 수출입 등에 관한 의정서의 이행에 관한 사항, 안전관리계획의 수립·시행, 위해성이 없는 유전자변형생물체의 품목 등의 고시, 재심사, 유전자변형생물체의 수출입 등과 안전관리에 관련된 법령·고시 등에 관한 사항, 유전자변형생물체로 인한 피해예방 및 대책에 관한 사항, 그 밖에 위원장 또는 국가책임기관의 장이 심의를 요청하는 사항 등을 심의하기 위하여 국무총리 소속하에 바이오안전성위원회를 둔다(동법 제31조제1항).
 그리고 국가책임기관의 장은 유전자변형생물체의 정보관리 및 정보교환에 관한 사항 등을 전문적으로 수행하는 바이오안전성정보센터를 지정할 수 있고, 바이오안전성센터는 유전자변형생물체의 안전성에 관한 정보를 국민에게 공개하여야 한다(동법 제32조).

14) 기타
유전자변형생물체의 정보보호에 대해서도 규정되어 있다(동법 제3장).

2. 농산물품질관리법

농산물품질관리법은 농산물의 적정한 품질관리를 통하여 농산물의 상품성을 높이고 공정한 거래를 유동함으로써 농업인의 소득증대와 소비자보호에 이바지함을 목적으로 한다(동법 제1조). 농산물품질관리법은 유전자변형농산물의 개념 및 이에 대한 표시 등에 대해 규정하고 있다.

1) 유전자변형농산물의 개념
유전자변형농산물이란 인공적으로 유전자를 분리 또는 재조합하여 의도한 특성을 갖도록 한 농산물을 말한다(동법 제2조제7호). 여기서 농산물이란 가공되지 아니한 상태의 농산물·임산물(석재 및 골재를 제외한다) 및 축산물과 기타 사육하는 야생동물의 고기·알 기타 부산물을 말한다(동법 제2조제1호 및 동법 시행령 제2조).

2) 표시
i) 표시관련 주체
이 법은 농산물의 품질관리에 관한 사항을 심의하는 농산물품질관리심의회에서는 유전자변형농산물 표시에 관한 사항을 심의하도록 하고 있다(동법 제3조제2항제8호).
농림수산식품부장관은 소비자에게 올바른 구매정보를 제공하기 위하여 필요하다고 대통령이 정한 경우에는 유전자변형농산물을 판매하는 자에 대하여 유전자변형농산물임을 표시하게 하여야 한다(동법 제16조제1항).
유전자변형농산물임을 표시하도록 한 농산물을 판매하는 자는 당해 농산물에 대하여 유전자변형농산물의 표시를 하여야 한다(동법 제16조제2항).

ii) 표시대상품목
유전자변형농산물의 표시대상품목은 기존의 농산물과 구성성분, 영양가, 용도 또는 알레르기 반응 등의 특성이 다르다고 판명된 품목, 인간의 유전자를 식물 또는 동물에 도입한 농산물 등 윤리적으로 문제가 제기되는 품목, 기타 농림식품부장관이 소비자에게 올바른 구매정보 제공을 위하여 필요하다고 고시하는 품목으로 한다(동법 시행령 제26조제1항). 이런 표시대상 품목 이외의 유전자변형농산물에 대하여는 유전자변형농산물임을 자율적으로 표시할 수 있다(동법 시행령 제26조제2항).

iii) 표시기준

유전자변형농산물의 표시기준은 다음과 같다(동법 시행령 제27조제1항본문).

① 유전자변형농산물: "유전자변형농산물(임산물 또는 축산물)"로 표시
② 유전자변형농산물이 포함되어 잇는 농산물: "유전자변형농산물(임산물 또는 축산물) 포함"으로 표시
③ 유전자변형농산물이 포함되어 있을 가능성이 있는 농산물: "유전자변형농산물(임산물 또는 축산물) 포함 가능성 있음"으로 표시

이 경우 시행령 제26조제1항제1호 또는 제2호에 해당하는 품목에 대하여는 당해 품목이 기존의 농산물 등과 다른 특성 또는 윤리적으로 제기되는 사항을 함께 표시하여야 한다(동법 시행령 제27조제1항단서).

iv) 표시방법

유전자변형농산물의 표시방법은 당해 농산물의 포장·용기의 표면 또는 판매장소 등에 다음 각호의 방법에 따라 그 사실을 표시한다(동법 시행령 제27조제2항).

① 최종 구매자가 용이하게 판독할 수 있는 활자체로 표시할 것
② 식별하기 용이한 위치에 표시할 것
③ 표시가 쉽게 지워지거나 떨어지지 아니하는 방법으로 표시할 것

v) 허위표시 등의 금지

유전자변형농산물의 표시를 하도록 한 농산물을 판매하는 자는 유전자변형농산물의 표시를 허위로 하거나 이를 혼동하게 할 우려가 있는 표시를 하는 행위, 유전자변형농산물의 표시를 혼동하게 할 목적으로 그 표시를 손상·변경하는 행위, 유전자변형농산물의 표시를 한 농산물에 다른 농산물을 혼합하여 판매하거나 판매할 목적으로 보관 또는 진열하는 행위 등을 하여서는 아니된다(동법 제17조).

vi) 수거 또는 조사

농림식품부장관은 제16조의 규정에 의한 유전자변형농산물의 표시여부·표시사항 및 표시방법 등의 적정성을 확인하기 위하여 대통령령이 정하는 바에 따라 정기적으로 관계공무원으로 하여금 유전자변형표시대상 농산물을 수거 또는 조사하게 하여야 한다. 다만, 농산물의 유통량이 현저하게 증가하는 시기 등 필요한 때에는 수시로 수거 또는 조사하게 할 수 있다(동법 제18조제2항). 수거 또는 조사를 하는 때에는

원산지의 표시대상농산물이나 그 가공품을 판매하거나 가공하는 자 또는 유전자변형농산물을 판매하는 자는 정당한 사유없이 이를 거부·방해 또는 기피하여서는 아니된다(동법 제18조제3항).

vii) 시정명령 등

농림식품부장관 또는 시·도지사는 제16조와 제17조의 규정을 위반한 자에 대하여 표시의 이행·변경·삭제 등 시정명령과 위반 농산물 또는 가공품의 판매 등 거래행위 금지 중 어느 하나의 처분을 할 수 있다(동법 제18조의2제1항). 그리고 농림수산식품부장관 또는 시·도지사는 법 제17조의 규정을 위반한 자에 대하여 위의 처분을 한 경우에는 처분을 받은 자에게 해당 처분을 받았다는 사실을 공표할 것을 명할 수 있다(동법 제18조의2제2항).

이 때 공표명령의 대상은 법 제18조의2제1항의 규정에 의하여 처분을 받은 경우로서 표시위반물량(100톤 이상), 표시위반물량의 판매가격 환산금액(10억원 이상(가공품의 경우 20억원 이상)), 적발일 이전 최근 1년 동안에 처분을 받은 횟수(2회 이상) 중 어느 하나에 해당하는 경우이다(동법 시행령 제27조의3제1항). 그리고 공표명령을 받은 자는 지체없이 업체명·업주명 및 주소, 위반농산물명, 위반내용, 처분내용 등의 사항이 포함된 공표문을 [신문등의자유와기능보장에관한법률] 제12조제1항의 규정에 의하여 등록한 전국을 보급지역으로 하는 1개 이상의 일반일간신문에 게재하여야 한다(동법 시행령 동조제2항).

3) 유전자변형농산물표시요령

유전자변형농산물표시요령(최종개정 농림부고시 제2005-60호, 2005.8.11)은 농산물품질관리법시행령 제26조 및 제27조의 규정에 의하여 유전자변형농산물의 표시대상품목과 세부적인 표시기준 및 표시방법 등을 규정함으로 목적으로 한다(동요령 제1조).

i) 용어의 정의

이 요령은 유전자변형농산물, 유전자재조합DNA 등의 용어를 정의하고 있다(동요령 제2조).

유전자변형농산물이란 유전자재조합 기술로 도입된 외래 DNA에 의하여 유전물질이 변형된 생물체로부터 생산된 농산물을 말하고, 유전자재조합DNA란 기내(器內)에서 인위적으로 조작된 DNA를 말하고 유전자재조합기술이란 효소 등을 이용하여 유전자재조합DNA를 제작하거나 공여 DNA를 숙주 내에서 증식할 목적으로 유전자재조합

DNA를 숙주로 도입하는 기술 들을 말한다. 여기서 농산물은 분쇄, 절단, 압착, 가열 등의 가공을 하지 않은 원형을 유지한 상태의 농산물을 말하고, 다만 콩나물의 경우에는 절단한 경우를 포함한다.

ⅱ) 표시대상품목

유전자변형농산물의 표시대상품목은 콩, 옥수수, 콩나물, 감자 등이다.(동요령 제3조).

ⅲ) 표시기준

유전자변형농산물의 세부 표시기준은 다음과 같다(동요령 제4조제1항).

첫째, 유전자변형농산물의 경우에는 유전자변형(농산물명)으로 표시한다. 다만 유전자변형 콩으로 재배한 콩나물의 경우에는 유전자변형(콩으로 재배한 콩나물)으로 표시한다.

둘째, 유전자변형농산물이 포함된 경우에는 유전자변형(농산물명) 포함으로 표시한다. 다만 유전자변형 콩이 포함된 콩으로 재배한 콩나물의 경우에는 유전자변형(콩으로 재배한 콩나물) 포함으로 표시한다.

셋째, 유전자변형농산물의 포함 가능성이 있는 경우에는 유전자변형(농산물명) 포함가능성 있음으로 표시한다.

그러나 유전자변형이 아닌 농산물을 구분하여 생산유통한 경우에도 비의도적으로 유전자변형농산물이 혼입될 수 있는 점을 고려하여 유전자변형농산물이 3%이하로 포함된 경우에는 제1항제2호 및 제3호의 규정에 의한 표시를 하지 아니할 수 있다(동요령 제4조제2항). 다만 이 경우 유전자변형이 아닌 농산물을 구분관리하였다는 증명서류 또는 정부증명서를 갖추어야 한다.

v) 표시방법

유전자변형농산물의 세부 표시방법은 당해 농산물의 포장이나 판매장소 등에 다음 각호의 방법에 따라 표시한다(동요령 제5조).

첫째, 포장하여 판매하는 경우 포장재에 직접 표시를 원칙으로 하며, 최종구매자가 용이하게 판독할 수 있는 활자체로, 식별하기 용이한 위치에, 표시가 쉽게 지워지거나 떨어지지 아니하는 방법으로 표시하고, 글자크기는 구매자가 쉽게 알아볼 수 있는 크기로 한다.

둘째, 포장하지 아니하고 판매하는 경우 푯말·안내표시판 등으로 판매장소에 표시하되, 구매자가 용이하게 판독할 수 있는 활자체로, 식별하기 용이한 위치에 표시한다. 다만 최종소비자에게 판매되지 않는 경우로써 판매장소에 표시하기 어려운 때에는 송장(送狀)에 표시할 수 있고, 글자크기는 구매자가 알아볼 수 있는 크기로 한다.

3. 수산물품질관리법

수산물품질관리법은 수산물에 대한 적정한 품질관리를 통하여 수산물의 상품성과 안전성을 높이고 수산물가공산업을 육성함으로써 어업인의 소득증대와 소비자보호에 이바지함을 목적으로 한다(동법 제1조).

수산물품질관리법은 유전자변형수산물의 개념 및 이에 대한 표시 등에 대해 규율하고 있다.

1) "유전자변형수산물" 이란 인공적으로 유전자를 분리 또는 재조합하여 의도한 특성을 갖도록 한 수산물 및 이식용수산물을 말한다(동법 제2조제3호). 여기서 수산물이이란 이식용수산물을 제외한 수산동식물을 말하여, 이식용수산물이란 수산업법 제79조제1항제5호의 규정에 의하여 이식승인을 받은 수산동식물을 말한다(동법 제2조제1호 및 제2호).

2) 표시
ⅰ) 표시관련 주체

수산물 및 수산가공품의 품질관리 등에 관한 사항을 심의하기 위하여 농림수산식품부장관 소속하에 둔 수산물품질관리심의회는 유전자변형수산물 표시에 관한 사항을 심의한다(동법 제2조제2항).

유전자변형수산물을 생산하여 출하하거나 판매 또는 판매할 목적으로 보관·진열하는 자는 수산물에 유전자변형수산물임을 표시하여야 한다(동법 제11조제1항).

ⅱ) 표시대상품목

유전자변형수산물의 표시대상 품목은 다음 각 호의 어느 하나에 해당하는 수산물 중 심의회의 심의를 거쳐 농림수산식품부장관이 정하여 고시한다(동법 시행령 제19조제1항).

① 기존의 수산물과 구성성부·영양가 또는 알레르기 반응 등의 특성이 다르다고 판명된 품목

② 그 밖에 유전자변형수산물에 대한 유해성 등의 문제가 제기되어 농림수산식품부장관이 유전자변형수산물의 표시가 필요하다고 인정하는 품목

표시대상 품목 외의 유전자변형수산물에 대하여는 유전자변형수산물임을 자율적으로 표시할 수 있으며, 표시대상 품목중 유전자변형수산물이 아닌 수산물에 대하여

는 유전자변형수산물이 아님을 자율적으로 표시할 수 있다(동법 시행령 제19조제2항).

　iii) 표시기준

　유전자변형수산물의 표시기준은 다음과 같다(동법 시행령 제20조제1항).

　① 유전자변형수산물: "유전자변형수산물"로 표시

　② 유전자변형수산물이 포함되어 있는 수산물: "유전자변형수산물 포함"으로 표시

　③ 유전자변형수산물이 포함되어 있을 가능성이 있는 수산물: "유전자변형수산물 포함 가능성 있음"으로 표시

　iv) 표시방법

　유전자변형수산물의 표시방법은 당해 수산물의 포장·용기의 표면 또는 판매장소 등에 다음 각호의 방법에 따라 표시한다(동법 시행령 제20조제2항).

　① 최종 구매자가 쉽게 판독할 수 있도록 표시할 것

　② 식별하기 쉬운 위치에 표시할 것

　③ 표시가 잘 지워지거나 떨어지지 아니하는 방법으로 표시할 것

　v) 시정명령 등

　농림수산식품부장관은 법 제11조의 규정에 의한 유전자변형수산물의 표시의 방법을 위반한 자에게 시정을 명할 수 있다(동법 제13조제1항). 그리고 제11조제1항의 규정을 위반하여 유전자변형표시를 하지 아니하고 수산물을 생산하여 출하하거나 판매 또는 판매할 목적으로 보관·진열한 자는 1천만원 이하의 과태료에 처한다(동법 제56조제1항제2호).

　vi) 금지행위

　제11조의 규정에 의하여 유전자변형수산물의 표시를 하여야 하는 수산물을 생산하여 출하하거나 판매 또는 판매할 목적으로 보관·진열하는 자는 다음 각호의 1의 행위를 하여서는 아니된다(동법 제14조제2항).

　① 유전자변형수산물의 표시를 허위로 하거나 이를 혼동하게 할 우려가 있는 표시를 하는 행위

　② 유전자변형수산물의 표시를 혼동하게 할 목적으로 그 표시를 손상·변경하는 행위

　③ 유전자변형수산물의 표시를 한 수산물에 다른 수산물을 혼합하는 행위

　vii) 조사 등

농림수산식품부장관은 유전자변형수산물의 표시여부, 표시사항 및 표시방법의 적정성 확인을 위하여 필요한 때에는 유전저변형수산물의 표시여부, 표시사항, 및 표시방법의 적정성 확인을 위하여 필요한 때에는 관계공무원으로 하여금 해당 영업장소·사무소·창고·항공기·선박·해양시설·양식시설 그 밖의 유사한 장소에 출입하여 수산물·수산가공품·자재·시설·오염물질 및 동물용의약품 등에 대하여 확인·조사·점검·검사·재검사·검역 또는 재검역하게 하거나 필요한 최소량의 시료를 무상으로 채취·수거하게 할 수 있으며 영업관계의 장부 또는 서류의 열람을 하게 할 수 있다(동법 제46조제1항). 관계공무원이 출입 등을 할 때에는 수산물·수산가공품·자재·시설·오염물질 및 동물용의약품 등의 생산자·가공자·점유자·판매자 또는 관리인 등은 정당한 사유없이 이를 거부·방해 또는 기피하여서는 아니된다(동법 제46조제2항).

농림수산식품부장관은 법 제11조의 규정에 의한 유전자변형의 표시가 된 수산물의 공정한 유통질서확립을 위하여 소비자보호법 제2조제3호의 규정에 의한 소비자단체 도는 생산자단체의 회원·직원, 농수산물유통 및 가격안정에 관한 법률의 규정에 의한 각 시장 및 자생적인 수산물 판매시장의 임·직원 및 자원봉사자를 수산물명예감시원으로 위촉하여 유통수산물에 관한 지도·홍보·계몽 및 위반사항의 신고를 할 수 있다(동법 제47조제1항). 이 때 수산물명예감시원의 구체적인 임무는 유전자변형수산물표시제도에 관한 지도·홍보 또는 위반사항의 감시·신고이다(동법 시행규칙 제73조제2항제1호).

3) 유전자변형수산물의 표시대상품목 및 표시요령

유전자변형수산물의 표시대상품목 및 표시요령(해양수산부고시 제2002-113호, 2002년 12월 31일)은 수산물품질관리법시행령 제19조 및 제20조의 규정에 의하여 유전자변형수산물의 표시대상 품목과 표시기준 및 표시방법 등을 규정하므로써 소비자에게 유전자변형수산물에 대한 올바른 정보를 제공함을 목적으로 한다(동요령 제1조).

ⅰ) 표시대항품목

유전자변형수산물의 표시대상 품목은 무지개송어, 대서양연어, 미꾸라지 등이다(동요령 제2조).

ⅱ) 표시기준

유전자변형수산물의 표시기준은 다음과 같다(동요령 제3조제1항).

첫째, 유전자변형수산물의 경우에는 "유전자변형(수산물명)"으로 표시한다.

둘째, 유전자변형수산물이 일부 포함된 경우에는 "유전자변형(수산물명) 포함"으로 표시한다.

그러나 유전자변형수산물 중 시행령제19조제1호의 규정에 의한 품목에 대하여는 제1항제1호 및 제2호의 표시사항과 유전자변형수산물이 유전자를 변형하지 아니한 수산물과의 다른 특성을 함께 표시하여야 한다.

iii) 표시방법

유전자변형수산물의 표시는 당해 수산물의 포장·용기·보관시설 또는 판매장소 등에 다음의 방법에 따라 표시한다(동요령 제4조).

첫째, 포장하여 판매하는 경우에는 포장재에 직접 인쇄하거나 스티커 또는 라벨지 등으로 부착한다. 다만 그물망 또는 무포장으로 엮거나 묶은 상태의 경우에는 표찰 또는 꼬리표 등에 의하여 표시할 수 있다.

둘째, 낱개 또는 산물(散物)의 형태로 판매하는 경우에는 푯말 또는 안내 표시판 등으로 표시한다.

셋째, 살아 있는 수산물의 경우에는 보관시설(수족관 등)에 유전자를 변형하지 아니한 수산물과 섞이지 않도록 구획하여 푯말 또는 안내표지판 등으로 표시한다. 다만 최종소비자에게 판매되지 않는 경우로서 컨테이너 또는 수조차량에 표시하기 어려운 때에는 송장 등 거래증명서에 표시할 수 있다.

넷째, 표시는 최종구매자가 쉽게 판독할 수 있는 글자크기와 포장의 바탕색과 다른 색깔로 식별하기 쉬운 위치에 표시사항이 지워지거나 떨어지지 아니하는 방법으로 표시하여야 한다.

4. 식품위생법

식품위생법은 식품으로 인한 위생상의 위해를 방지하고 식품영향의 질적 향상을 도모함으로써 국민보건의 증진에 이바지함을 목적으로 한다(동법 제1조).

식품위생법은 유전자재조합식품 또는 식품첨가물에 대해 표시기준과 안전성평가에 관한 기준을 두고 있다.

1) 유전자재조합식품의 정의

유전자재조합식품이란 유전자재조합기술을 활용하여 재배·육성된 농축수산물 등으로서 안전성 평가를 받은 식품 또는 이를 원료로 하여 제조·가공한 식품을 말한다(동법 시행규칙 제11조제1항제7호).

2) 표시

생물의 유전자중 유용한 유전자만을 취하여 다른 생물체의 유전자와 결합시키는 등의 유전자재조합기술을 활용하여 재배·육성된 농·축·수산물 등을 원료로 하여 제조가공한 식품 또는 식품첨가물의 경우에는 그 표시에 관하여 필요한 기준을 정하여 이를 고시한다(동법 제10조제1항단서).

이 표시에 관한 기준에 정하여진 식품 등은 그 기준에 맞는 표시가 없으면 이를 판매하거나 판매의 목적으로 수입·진열 또는 운반하거나 영업상 사용하지 못한다(동법 제10조제2항).

3) 안전성평가

식품의약품안전청장은 국민보건상 필요하다고 인정하여 대통령령이 정하는 경우에는 생물의 유전자중 유용한 유전자만을 취하여 다른 생물체의 유전자와 결합시키는 등의 유전자재조합기술을 활용하여 재배·육성된 농·축·수산물 들을 목적으로 수입·개발·생산하는 자에 대하여 안전성 평가를 받게 할 수 있다(동법 제15조제1항).

여기서 대통령령이 정하는 경우란 다음과 같다(동법 시행령 제3조).
① 최초로 유전자재조합식품을 수입하거나 개발 또는 생산하는 경우
② 안전성 평가를 받은 후 10년이 경과한 유전자재조합식품으로서 시중에 유통되어 판매되고 있는 경우
③ 그 밖에 안전성 평가를 받은 후 10년이 경과하지 아니한 유전자재조합식품으로서 식품의약품안전청장이 새로운 위해요인이 발견되었다는 등의 사유로 인체의 건강을 해할 우려가 있다고 인정하여 심의위원회의 심의를 거쳐 고시하는 경우

이하 식품위생법의 내용은 생략한다.

5. 약사법

약사법은 약사에 관한 사항을 규정하고 그 적정을 기하여 국민보건 향상에 기여함을 목적으로 한다(동법 제1조). 유전자재조합의약품도 약사법이 적용된다. 유전자재조합의약품은 생물학적 제제 등의 하나이며, 생물학적 제제는 의약품의 하나이다. 유전자재조합의약품의 제조관리 및 판매과정에 대해서는 약사법 제30조제1항·제31조제1항 및 제38조와 동법 시행규칙 제39조·제40조·제46조 및 제57조에서 정하지 아니한 준수사항에 대해서는 생물학적 제제 등의 제조판매관리규칙이 적용된다.

1) 용어의 정의

이 법에서 의약품이란 대한약전에 수재된 물품으로서 의약외품이 아닌 것, 사람 또는 동물의 질병의 진단·치료·경감·처치 또는 예방의 목적으로 사용되는 물품으로서 기구·기계 또는 장치가 아닌 것, 사람 또는 동물의 구조기능에 약리학적 영향을 주기 위한 목적으로 사용되는 물품으로서 기구·기계 또는 장치가 아닌 것에 해당하는 물품을 말한다(동법 제2조제4항).

2) 제조관리자 등의 준수사항
 의약품 등의 제조업무를 관리하는 자(제조관리자)는 의약품 등의 제조업무에 종사하는 종업원의 지도·감독, 품질관리 및 제조시설의 관리와 기타 그 제조관리에 관하여 보건복지부령으로 정하는 사항을 준수하여야 한다(동법 제30조제1항).
 의약품 등의 제조관리자가 준수하여야 할 사항은 다음과 같다(동법 시행규칙 제39조제1항). 대표적으로 첫째, 작업소에는 위해가 발생할 염려가 있는 물건을 두어서는 아니되며, 작업소에서 국민보건에 유해한 물질이 유출되거나 방출되지 아니하도록 할 것, 둘째, 제조과정중 유기용매 등을 사용하는 경우에는 그 유기용매의 종류와 규격, 사용 목적, 사용량, 잔류량 등에 대한 기준을 설정하여 철저히 관리할 것 등이다.
 의약품 등의 제조업자는 의약품 등의 제조 및 품질관리(자가시험을 포함)와 기타 그 생산관리에 관하여 보건복지부령으로 정하는 사항을 준수하여야 한다(동법 제31조제1항). 의약품 등의 제조업자가 준수하여야 할 사항은 시행규칙 제39조제1항각호의 사항과 다음 각호의 사항으로 한다(동법 시행규칙 제40조제1항). 대표적으로 첫째, 출고된 의약품 등이 안전성·유효성의 문제가 있거나 품질이 불량할 때에는 지체없이 소재지 관할 지방청장에게 자진수거 사유와 계획을 통보한 후 유통중인 제품을 회수하고 그 결과를 소재지 관할 지방청장에게 회수완료일부터 1월 이내에 서면으로 보고하여야 하며, 그 회수에 관한 기록을 회수일로부터 2년이상 보관할 것, 둘째, 허가를 받거나 신고한 품목의 안전성·유효성과 관련된 새로운 자료를 입수하거나 정보사항 등(의약품 등의 사용에 의한 부작용 발생사례를 포함함)을 알게 된 때에는 식품의약품안전청장이 정하는 바에 따라 보고하고 안전대책을 강구할 것, 셋째, 의약품 등의 안전성·유효성과 관련하여 필요한 자료제출 및 조사, 제조 및 품질관리, 표시기재사항 등에 관하여 식품의약품안전청장이 지시한 사항을 준수할 것 등이다.
 약국개설자·의약품제조업자·수입자 및 의약품판매업자 기타 이 법의 규정에 의하여 의약품을 판매할 수 있는 자는 보건복지부령이 정하는 바에 의하여 의약품 등의 유통체계확립 및 판매질서유지에 다음과 같은 필요한 사항을 준수하여야 한다(동법 제38조와 동법 시행규칙 제57조제1항). 대표적으로 첫째, 의약품도매상 또는 약국 등의 개설자는 현상품사은품 등 경품류를 제공하거나 소비자환자 등을 유치하기 위하여 호객행위를 하는 등의 부당한 방법이나 실제로 구입한 가격(사후 할인이나 의약품의 일부를 무상으로 제공받는 등의 방법을 통하여 구입한 경우에는 이를 반영하여 환산한 가격을 말함)미만으로 의약품을 판매하여 의약품 시장질서를 어지럽히거나 소비자를 유인하지 아니할 것, 둘째 변질·변패·오염·손상되었거나 식품의약품안전청장 또는 지방청장이 수거 또는 폐기할 것을 명한 의약품 및 유효기간 또는 사용기한이 경과된 의약품을 판매하거나 판매의 목적으로 저장·진열하지 아니하여여 하며, 의약품의 요기나 포장을 훼손하거나 변조하지 아니할 것 등이다.

수입자 또는 수입관리자에 대하여는 동법 시행규칙 제39조, 제40조제1항 및 제41조의 규정을 준용한다(동법 시행규칙 제46조제1항).

3) 자진회수 등

2006년 약사법이 개정되면 위해위약품에 대한 리콜제도가 도입되었다. 약사법이 개정이유는 안전성이 유효성이 확보되지 아니한 의약품은 병을 고치는 약이 필요한 사람에게 병을 주는 약이 되어 국민건강에 심각한 악영향을 끼칠 수 있다. 이를 방지하기 위해서는 의약품의 안전성과 유효성이 의심될 경우 국민에게 알리고 해당 의약품을 회수하여 폐기하는 절차를 구비하는 것이 필수적이나 현행법에는 이에 대한 근거가 부족하므로 회수절차 등 관련 규정을 마련하고 의약품의 위해가능성을 알았을 경우 자진하여 회수하도록 하는 자진회수 규정을 명문화하려는 것이었다.

개정된 내용은 다음과 같다.

첫째, 의약품 등의 제조업자·수입자·판매업자·약국개설자·의료기관의 개설자 또는 그 밖에 보건복지부령이 정하는 자는 위해의약품 등을 알게 된 때에는 지체없이 유통중인 해당 의약품 등을 회수하거나 회수에 필요한 조치를 하도록 한다(동법 제31조의2 신설).

둘째, 식품의약품안전청장, 시·도지사 또는 시장·군수·구청장은 의약품 등으로 인한 공중위생상의 위해가 발생하였거나 발생할 우려가 있다고 인정되는 때에는 의약품 등의 제조업자 등에게 유통중인 해당 의약품 등을 회수·폐기하게 하거나 그 밖의 필요한 조치를 할 것을 명할 수 있도록 한다(동법 제65조제3항).

셋째, 식품의약품안전청장은 위해의약품 등의 회수계획을 보고받은 때에는 해당

의약품 등의 제조업자 또는 수입자에 대하여 그 사실의 공표를 명할 수 있도록 한다(동법 제65조의2 신설).

4) 생물학적 제제 등의 제조·판매관리규칙

생물학적 제제 등의 제조·판매관리규칙은 약사법 제30조제1항·제31조제1항 및 제38조의 규정에 의하여 의약품중 생물학적 제제 등의 제조관리 및 판매과정에 있어서 동법 시행규칙 제39조·제40조·제46조 및 제57조에서 정하지 아니한 준수사항을 규정함을 목적으로 한다(동규칙 제1조). 이 규칙은 생물학적 제제의 일종으로 유전자재조합의약품에 대해서도 적용된다.

ⅰ) 용어의 정의

이 규칙에서 생물학적 제제 등이란 물리적·화학적 시험만으로는 그 역가와 안전성을 평가할 수 없는 생물체, 생물체에서 유래한 물질 또는 그 유사합성에 의한 물질을 함유한 의약품으로서 약사법 제44조제1항의 규정에 의하여 보건복지부장관이 그 제법·성상·성능·품질 및 저장방법과 기타 필요한 기준을 정하는 백신·혈청 및 항도소 등 생물학적 제제와 이와 유사한 제제를 말하며, 이와 유사한 제제란 유전자재조합의약품 및 세포배양의약품을 말한다(동규칙 제2조제1호 및 제2호).

ⅱ) 제조관리자의 준수사항

제조관리자가 생물학적 제제 등의 제조를 관리하고자 할 때에는 다음 각호의 사항을 준수하여야 한다(동규칙 제3조제1항).

① 제조소 안에는 해당 생물학적 제제 등의 제조업무에 종사하는 자외의 자의 출입을 금지하며, 제조과정에 있는 생물학적 제제 등이 오염되지 아니하도록 할 것
② 폴리오병원체·유아포병원체 또는 결핵균을 취급하는 기구·기재는 해당 생물학적 제제 등을 위하여서만 사용되도록 하여야 하며, 표지를 붙여 다른 용도에 사용되지 아니하도록 할 것
③ 생물학적 제제 등의 제조작업을 하기 전에 필요한 기구·기재 등을 소독 또는 멸균할 것
④ 전염성 질환에 감염되었거나 감염의 의심이 있는 자는 생물학적 제제 등의 제조작업 종사하지 못하도록 할 것
⑤ 생물학적 제제 등의 제조 또는 시험에 사용한 물품, 오물 또는 동물의 사체중 병원미생물에 오염되었거나 오염의 의심이 되는 것은 해당 제제소 안에서 소

각 처분한다. 다만 소독을 하는 경우 보건위생상 위해가 없는 물품은 그러하지 아니함
⑥ 생물학적 제제 등의 제조 또는 시험에 사용되는 동물에 대하여 함상 건강상태를 세밀하게 관찰하여 사육하고, 전염성 질환에 감염되었거나 감염의 의심이 있는 동물은 생물학적 제제 등의 제조 또는 시험에 사용되지 못하도록 할 것
⑦ 법 제44조제1항의 규정에 의하여 보건복지부장관이 정하는 기준을 지킬 것

제조관리자는 유전자조작기술을 이용하여 제조되는 생물학적 제제 등의 제조 및 품질관리에 따른 안전확보를 위하여 보건복지부장관이 정하여 고시하는 사항을 준수하여야 한다(동규칙 제3조제4항).

생물학적 제제 등을 충전 또는 포장하는 경우에는 그에 직접 접촉되는 용기 또는 포장재료를 미리 냉장시설에 의하여 생물학적 제제 등과 동일한 온도로 냉각시킨 후 충전 또는 포장하여야 한다(동규칙 제3조제5항).

iii) 제조업자의 준수사항

의약품 등의 제조업자가 생물학적 제제 등을 제조하고자 할 때에는 규칙 제3조 각항의 사항을 준수하여야 한다(동규칙 제4조제1항).

iv) 판매자의 준수사항

판매자는 자동온도측정장치가 부착된 생물학적 제제 등의 전용냉장고 또는 냉동고를 이용하여 법 제44조제1항의 규정에 의하여 보건복지부장관이 정하는 저장온도(이하 "저장온도"라 한다)가 항상 유지되도록 생물학적 제제 등을 보관하여야 한다(동규칙 제5조제1항).

① 저장시설의 문이 개방상태로 방치되지 아니하도록 할 것
② 생물학적 제제 등(동결하여 보관하여야 하는 제제를 제외한다)이 동결되지 아니하도록 할 것
③ 수송된 생물학적 제제 등은 즉시 저장시설에 입고시켜 보관할 것

판매자가 생물학적 제제 등을 수송함에 있어서 준수할 사항은 다음 각호와 같다(동규칙 제6조제2항).

① 생물학적 제제 등의 저장온도를 유지할 것
② 수송하는 자(이하 "수송자"라 한다)로 하여금 수령하는 자(이하 "수령자"라고 한다)와 긴밀한 연락을 취하도록 하여 생물학적 제제 등이 동결되거나 그 저장온도가 상승되지 아니하도록 할 것

③ 생물학적 제제 등을 여름에 수송할 때에는 야간을 이용하되 부득이 주간에 수송할 필요가 있다고 인정되는 경우에는 햇빛을 받지 아니하도록 필요한 조치를 취할 것
④ 판매자는 생물학적 제제 등의 수송에 있어서 유통경로와 그 책임한계를 명확히 하기 위하여 수송자로 하여금 별지 서식에 의한 출하증명서를 지니고 생물학적 제제 등을 수송하도록 할 것
⑤ 생물학적 제제 등의 수령자로 하여금 제4호의 출하증명서를 받아 2년간 보존하게 하도록 할 것

그리고 판매자는 생물학적 제제 등의 수송용기에는 제품명 침 수량, 유지온도 및 시간, 수송목적지 및 수송시간, 수송자 및 수령자의 성명, 수송자 및 수령자가 소속되어 있는 업소의 상호 및 주소 등의 사항을 기재하여야 한다(동규칙 제6조제3항).

판매자는 제5조제1항의 규정에 의한 보관시설을 갖추지 아니하고 생물학적 제제 등을 판매하거나 판매의 목적으로 저장 또는 진열하여서는 아니되며, 판매자는 생물학적 제제 등을 다른 판매자 또는 의료기관외의 일반인에게 판매하여서는 아니된다(동규칙 제7조).

〈소비자 관련 법률〉

1. 소비자기본법

소비자기본법은 소비자의 권익을 보호하기 위하여 소비자의 권리와 책무, 국가 지방자치단체 및 사업자의 책무, 소비자단체의 역할 및 자유시장경제에서 소비자와 사업자 사이의 관례를 규정함과 아울러 소비자정책의 종합적 추진을 위한 기본적인 사항을 규정함으로써 소비생활의 향상과 국민경제의 발전에 이바지함으로 목적으로 한다(동법 제1조).

소비자기본법은 소비자의 권리, 위해의 방지, 물품 및 용역의 자진수거 등 관련 규정을 통해 생명공학기술 또는 유전자변형생물체 등에 관한 소비자 안전을 확보할 수 있다.

1) 소비자의 권리

소비자기본법상 소비자의 기본적 권리(동법 제4조)도 생명공학기술의 소비자안전

확보에 적용된다.

첫째, 물품 또는 용역으로 인한 생명·신체 또는 재산에 대한 위해로부터 보호받을 권리는 생명공학기술 또는 그것의 산물인 유전자변형생물체로 인한 위해에도 적용된다.

둘째, 물품 등을 선택함에 있어서 필요한 지식 및 정보를 제공받을 권리는 유전자변형생물체의 표시를 규제하는 법적 기초가 된다.

셋째, 물품 등의 사용으로 인하여 입은 피해에 대하여 신속공정한 절차에 따라 적절한 보상을 받을 권리는 생명공학기술 또는 유전자변형생물체 등으로 인한 피해에 대한 보상에도 적용된다.

2) 위해의 방지

국가는 사업자가 소비자에게 제공하는 물품 등으로 소비자의 생명·신체 또는 재산에 대한 위해를 방지하기 위하여 물품 등의 성분·함량·구조 등 안전에 관한 중요한 사항, 물품 등을 사용할 때의 지시사항이나 경고 등 표시할 내용과 방법, 그 밖에 위해방지를 위하여 필요하다고 인정되는 사항 등 사업자가 지켜야 할 기준을 정하여야 한다(동법 제8조제1항). 이에 근거하여 국가는 생명공학기술 또는 유전자변형생물체 등에 관한 위해방지기준을 정할 수 있다.

3) 표시의 기준

국가는 소비자가 사업자와의 거래에 있어서 표시나 포장 등으로 인하여 물품 등을 잘못 선택하거나 사용하지 아니하도록 물품 등에 대하여 물품의 원산지, 사용방법, 사용·보관할 때의 주의사항 및 경고사항, 유효기간 등의 사항에 관한 표시기준을 정하여야 한다(동법 제10조). 이에 근거하여 국가는 생명공학기술 또는 유전자변형생물체 등에 관한 표시기준을 정할 수 있다.

4) 광고의 기준

국가는 물품 등의 잘못된 소비 또는 과다한 소비로 인하여 발생할 수 있는 소비자의 생명·신체 또는 재산에 대한 위해를 방지하기 위하여 용도·성분·성능·규격 또는 원산지 등을 광고하는 때에 허가 또는 공인된 내용으로만 광고를 제한할 필요가 있거나 특정내용을 소비자에게 반드시 알릴 필요가 있는 경우, 소비자가 오해할 우려가 있는 특정용어 또는 특정표현의 사용을 제한할 필요가 있는 경우, 광고의 매체 또는 시간대에 대하여 제한이 필요한 경우 등에는 광고의 내용 및 방법에 관한 기준을 정하여야 한다(동법 제11조). 이에 근거하여 국가는 생명공학기술 또는 유전자변형생물체 등에 대하여 알리거나 제한할 필요가 있는 경우에는 광고의 내용 및 방법에 관한 기준을 정할 수 있다.

5) 소비자에의 정보제공

국가 및 지방자치단체는 소비자가 물품 등을 합리적으로 선택할 수 있도록 하기 위하여 물품 등의 거래조건·거래방법·품질·안전성 및 환경성 등에 관련되는 사업자의 정보가 소비자에게 제공될 수 있도록 필요한 시책을 강구하여야 한다(동법 제13조제2항). 이에 근거하여 국가 및 지방자치단체는 생명공학기술 또는 유전자변형생물체 등의 안전성 및 환경성에 관련되는 사업자의 정보가 소비자에게 제공될 수 있도록 필요한 시책을 강구할 수 있다.

6) 기획재정부장관의 시정요청

기획재정부장관은 사업자가 제공한 물품 등으로 인하여 소비자에게 위해발생이 우려되는 경우에는 관계 중앙행정기관의 장에게 법령의 규정에 따른 조치, 수거·파기 등의 권고, 수거·파기 등의 명령, 과태료처분 등의 조치를 요청할 수 있다(동법 제46조). 이에 근거하여 기획재정부장관은 생명공학기술 또는 유전자변형생물체 등으로 인하여 소비자에게 위해발생이 우려되는 경우에는 관계 중앙행정기관의 장에게 관련조치를 요청할 수 있다.

7) 소비자안전조치

소비자기본법은 결함정보의 보고의무(동법 제47조), 물품 등의 자진수거 등(동법 제48조), 수거·파기 등의 권고(동법 제49조), 수거·파기 등의 명령 등(동법 제50조) 소비자안전조치에 관한 규정은 생명공학기술 또는 유전자변형생물체 관련 법률에서 이에 관한 규정을 두고 있지 않다면 생명공학기술 또는 유전자변형생물체 등의 결함에도 적용된다.

8) 위해정보의 수집 및 처리

한구소비자원에 설치되어 있는 소비자안전센터는 물품 등으로 인하여 소비자의 생명·신체 또는 재산에 위해가 발생하였거나 발생할 우려가 있는 사항에 대한 정보를 수집할 수 있고, 소비자안전센터 소장은 수집한 위해정보를 분석하여 그 결과를 한국소비자원 원장에게 보고하여야 하고, 원장은 위해정보의 분석결과에 따라 필요한 경우 위해방지 및 사고예방을 위한 소비자안전경보의 발령, 물품 등의 안전성에 관한 사실의 공표, 위해 물품 등을 제공하는 사업자에 대한 시정 권고, 국가 또는 지방자치단체에게의 시정조치·제도개선 건의, 그 밖에 소비자안전을 확보가하기 위하여 필요한 조치로서 대통령령이 정하는 사항의 조치를 할 수 있다(동법 제52조제1항 및 제2항). 이에 근거하여 소비자안전센터 소장 또는 한국소비자원 원장은 생명공학기술 또는 유전자변형생물체 등에 대한 위해정보를 수집하고, 위해정보의 분석결과에 따라 소비자안전정보의 발령 등의 조치를 취할 수 있다.

9) 소비자단체소송

소비자기본법에 따라 자격을 갖춘 단계(적격단체)는 사업자가 제20조의 규정을 위반하여 소비자의 생명·신체 또는 재산에 대한 권익을 직접적으로 침해하고 그 침해가 계속되는 경우 법원에 소비자권익침해행위의 금지·중지를 구하는 소송을 제기할 수 있다(동법 제70조).

소비자기본법 제20조는 소비자의 권익증진 관련 기준의 준수에 관한 것을 다음과 같다.

첫째, 사업자는 법 제8조 (위해의 방지) 제1항의 규정에 따라 국가가 정한 기준에 위반되는 물품 등을 제조·수입·판매하거나 제공하여서는 아니된다.

둘째, 사업자는 제10조(표시의 기준)의 규정에 따라 국가가 정한 표시기준을 위반하여서는 아니된다.

셋째, 사업자는 제11조(광고의 기준)의 규정에 따라 국가가 정한 광고기준을 위반하여서는 아니된다.

넷째, 사업자는 제12조(거래의 적정화) 제2항의 규정에 따라 국가가 지정·고시한 행위를 하여서는 아니된다.

다섯째, 사업자는 제15조(개인정보의 보호) 제2항의 규정에 따라 국가가 정한 개인정보의 보호기준을 위반하여서는 아니된다.

이에 적격단체는 생명공학기술 또는 유전자변형생물체 등과 관련하여 사업자가 법 제20조의 규정을 위반하여 소비자의 생명·신체 또는 재산에 대한 권익을 직접적으로 침해하고 그 침해가 계속되는 경우 법원에 소비자권익침해행위의 금지·중지를 구하는 소송을 제기할 수 있다.

2. 표시·광고의공정화에관한법률

표시·광고의공정화에관한법률은 상품 또는 용역에 관한 표시·광고에 있어서 소비자를 속이거나 소비자로 하여금 잘못 알게 하는 부당한 표시·광고를 방지하고 소비자에게 바르고 유용한 정보의 제공을 촉진함으로써 공정한 거래질서를 확립하고 소비자를 보호함을 목적으로 한다(동법 제1조).

표시·광고의공정화에관한법률은 생명공학기술 또는 유전자변형생물체 등과 관련하여 중요정보의 고시(동법 제4조), 표시·광고의 내용의 실증 등(동법 제5조) 등의 규정이 적용된다.

1) 부당한 표시·광고행위의 금지

사업자 등은 소비자를 속이거나 소비자로 하여금 잘못 알게 할 우려가 있는 표시·광고행위로서 공정한 거래질서를 저해할 우려가 있는 허위·과장의 표시·광고, 기만적인 표시·광고, 부당하게 비교하는 표시·광고, 비방적인 표시·광고 등의 행위를 하거나 다른 사업자 등으로 하여금 이를 행하게 하여서는 아니된다(동법 제3조제1항). 따라서 사업자 등은 생명공학기술 또는 유전자변형생물체 등과 관련하여 부당한 표시·광고행위를 하거나 다른 사업자 등으로 하여금 이를 행하게 하여서는 아니된다.

이를 위반하는 경우 공정거래위원회는 시정조치(동법 제7조), 임시중지명령(동법 제8조), 과징금(동법 제9조) 등을 부과할 수 있고, 제3조제1항의 규정에 위반하여 부당한 표시·광고행위를 하거나 또는 다른 사업자 등으로 하여금 이를 행하게 한 사업자 등은 2년이하의 징역 또는 1억5천만원이하의 벌금에 처한다(동법 제17조제1호).

2) 중요정보의 고시

공정거래위원회는 상품 등이나 거래분야의 성질에 비추어 소비자의 보호 또는 공정한 거래질서의 유지를 위하여 필요한 사항으로서 다음 각호의 어느 하나에 해당하는 사항인 경우에는 사업자 등이 표시·광고에 포함하여야 하는 사항(중요정보)과 표시·광고의 방법을 고시(인터넷 게재를 포함)할 수 있다.

① 표시·광고를 하지 아니하여 소비자의 피해가 자주 발생하고 있는 사항
② 표시·광고를 하지 아니할 경우에는 다음 각 목의 어느 하나에 해당하는 사정이 생길 우려가 있는 사항

㉮ 소비자가 상품 등의 중대한 결함 또는 기능상의 한계 등을 정확히 알지 못하여 소비자의 구매선택에 결정적인 영향을 미치게 되는 경우
㉯ 소비자의 생명·신체상의 위해가 발생할 가능성이 있는 경우
㉰ 그 밖에 소비자의 합리적인 선택을 현저히 그르칠 가능성이 있거나 공정한 거래질서를 현저히 저해하는 경우

현재 공정거래위원회가 고시한 '중요한 표시·광고사항 고시(개정 2005. 12.1 공정거래위원회 고시 제2005-18호)'는 유전자변형물질분야의 중요정보를 다음과 같이 규정하고 있다.

1-1 적용범위

유전자를 재조합하거나 변형하는 등의 방법으로 식품이나 농수산물을 제조·생산판매하는 사업자 중 다음 각 목의 업종에 속하는 사업자에 대해 적용한다.

가. 식품 제조·판매업

유전자재조합식품등의표시기준(식품의약품안전청고시) 제2조의 규정에 의한 유전자재조합 식품 또는 식품첨가물(이하 "유전자재조합식품 등"이라 한다)을 제조·vksaok는 사업자에 대해 적용한다.

나. 농수산물 생산판매업

(1) 농산물품질관리법 제2조제7호의 규정에 의한 유전자변형농산물과 수산물품질관리법 제2조제3호의 규정에 의한 유전자변형수산물을 생산판매하는 사업자에 대해 적용한다.

(2) (1)의 규정에 불구하고 사업자가 유전자변형이 아닌 농수산물을 구분하여 생산·유통한 경우 비의도적으로 유전자변형 농수산물이 혼입될 수 있는 점을 고려하여 유전자변형 농수산물이 3%이하로 포함된 경우에는 적용하지 아니한다.

1-1 중요정보 항목

가. 식품 제조·판매업의 중요정보 항목

(1) 법 제2조제1호에서 규정하고 있는 표시행위를 할 경우 포함해야 하는 중요정보 항목(이하 "표시대상 중요정보 항목"이라 한다): 해당사항 없음[식품위생법이 적용됨]

(2) 법 제2조제2호에서 규정하고 있는 광고행위를 할 경우 포함해야 하는 중요정보 항목(이하 "광고대상 중요정보 항목"이라 한다)

(2-1) 유전자변형물질 포함 사실(유전자변형물질이 포함되어 있을 경우에

한한다)
[광고 예시]
- 당해 식품에 "유전자변형물질이 포함되어 있다는 사실"을 구체적으로 명시·유전자재조합(농축수산물명) 포함 식품(포함여부가 확실한 경우), 유전자재조합(농축수산물명) 포함가능성 있음[포함여부가 불확실하나 포함가능성이 큰 경우]

나. 농수산물 생산판매업의 중요정보 항목
(1) 표시대상 중요정보 항목: 해당사항 없음[농사물품질관리법 및 수산물품질관리법이 적용됨]
(2) 광고대상 중요정보 항목
(2-1) 유전자변형물질 포함 사실(유전자변형물질이 포함되어 있을 경우에 한한다)
[광고 예시]
- 당해 농수산물에 "유전자변형물질이 포함되어 있다는 사실"을 구체적으로 명시·유전자변형(농수산물명) 포함[포함여부가 확실한 경우], 유전전변형(농수산물명) 포함가능성 있음[포함여부가 불확실하나 포함가능성이 큰 경우]

사업자 등은 표시·광고행위를 하는 경우에는 고시된 중요정보를 표시·광고하여야 한다. 만일 사업자 등이 고시된 중요정보를 표시·광고하지 아니한 경우에는 1억원이하의 과태료에 처하고, 법인 또는 사업자단체의 임원 또는 종업원 기타 이해관계인이 고시된 중요정보를 표시·광고하지 아니한 경우에는 1천만원이하의 과태료에 처한다(동법 제20조제1항제1호).

3) 표시·광고 내용의 실증 등

사업자 등은 자기가 행한 표시·광고 중 사실과 관련한 사항에 대하여는 이를 실증할 수 있어야 한다(동법 제5조제1항). 예를 들면 사업자가 생명공학기술 또는 유전자변형생물체 등과 관련하여 자기가 행한 표시·광고 중 사실과 관련된 사항에 대하여는 실증할 수 있어야 한다.

공정거래위원회는 사업자 등이 법 제3조제1항의 규정에 위반할 우려가 있어 실증이 필요하다고 인정되는 경우에는 그 내용을 구체적으로 명시하여 당해 사업자 등에게 관련자료의 제출을 요청할 수 있다(동법 동조제2항). 실증자료의 제출을 요청받은 사업자 등은 요청받은 날부터 15일 이내에 그 실증자료를 공정거래위원회에 제출하여야 한다(동법 동조제3항).

공정거래위원회는 사업자 등이 실증자료의 제출을 요구받고도 제출기간 내에 이를 제출하지 아니한 채 계속하여 표시·광고를 하는 때에는 실증자료를 제출할 때까지 그 표시·광고행위의 중지를 명할 수 있다.

그러나 사업자 등이 법 제5조제3항의 규정에 위반하여 실증자료를 제출하지 아니한 경우에는 1억원이하의 과태료에 처하고, 법인 또는 사업자단체의 임원 또는 종업원 기타 이해관계인이 실증자료를 제출하지 아니한 경우에는 1천만원이하의 과태료에 처한다(동법 제20조제1항제2호).

4) 소비자안전에 관한 표시·광고심사지침

소비자안전에 관한 표시·광고심사지침(제정 2005.9.21, 공정거래위원회 예규 제29호)은 표시·광고의공정화에 관한 법률 제3조(부당한 표시·광고행위의 금지) 및 동법 시행령 제3조(부당한 표시·광고의 내용)의 규정에 의한 부당한 표시·광고를 심사함에 있어서, 특히 소비자 안전과 관련된 부당한 표시·광고에 관한 구체적 심사기준을 제시하는데 목적이 있다(동지침 제1조).

여기서 "안전"이라 함은 소비자가 상품 등을 사용·이용하는 것과 관련하여 소비자에게 생명 및 신체상의 위해가 없는 상태를 말하고, "위해"라 함은 소비자가 상품 등으로 인하여 소비자에게 생명 등의 위험 또는 상해가 실현되거나 발생한 경우를 말한다. 따라서 생명공학기술 또는 유전자변형생물체 등의 안전 및 위해와 관련해서도 적용된다.

공통지침 중에서 상품 등의 안전관련 특성과 관련한 부당한 표시·광고에 대해서는 인체에 유해한 성분(원자재)이 포함된 상품을 표시·광고하는 경우에 그 사항이 소비자 안전에 있어서 중요한 정보임에도 평균적인 소비자가 이해하기 어려운 용어로 표시·광고하거나 은폐·축소 등의 행위를 하여 소비자를 오인시킬 우려가 있는 표시·광고 행위는 부당한 표시·광고가 된다.

안전관련 사항의 표시방법과 관련한 부당한 표시중에는 상품 등의 안전에 관한 사항이 소비자 안전에 있어서 중요한 정보임에도 해당 사항을 소비자가 인식하기 어려운 작은 글씨, 바탕색과 구별되지 않는 색 또는 눈에 쉽게 띄지 않는 위치에 표시하거나 은폐·축소 등의 행위를 하여 소비자를 오인시킬 우려가 있는 표시행위는 부당한 표시가 된다.

3. 제조물책임법

제조물책임법은 제조물의 결함으로 인하여 발생한 손해에 대한 제조업자 등의 손해배상책임을 규정함으로써 피해자의 보호를 도모하고 국민생활의 안전향상과 국민경제의 건전한 발전에 기여함으로 목적으로 한다(동법 제2조).

제조물책임법은 생명공학기술 또는 유전자변형생물체 등의 결함에 대한 손해배상을 청구하는 경우 직접적으로 적용되는 법률이다. 그러나 유전자변형생물체의 결함으로 인한 피해에 대해 제조물책임법을 적용하는 데에는 많은 문제점이 있다.

1) 피해자의 범위

제조물책임법의 목적은 피해자의 보호이다. 그러나 제조물책임법은 피해자의 범위에 대해서는 구체적으로 정하지 않고 있다. 제조물의 결함에 의하여 손해를 입어 손해배상을 받아야 하는 피해자는 우선 결함제조물을 직접 사용한 소비자를 들 수 있다. 제조물책임법에서는 소비자 개념을 사용하고 있지 않으므로 소비자에 해당하지 아니하는 제3의 피해자도 있다. 따라서 사업자, 근로자, 보행자 등도 포함된다. 예를 들어 유전자변형생물체를 이용한 제품을 생산하는 과정에서 유전자변형생물체의 결함으로 질병에 걸린 근로자도 피해자이다.

또한 제조물책임법 제3조제1항은 '제조업자는 제조품의 결함으로 인하여 생명·신체 또는 재산에 손해를 입은 자에게 그 손해를 배상하여야 한다'고 규정하여, 제조물책임의 대상이 되는 물적 손해를 개인적인 손해로 한정하고 있지 않다. 따라서 피해자에는 개인사업자와 법인도 포함된다. 예를 들면 법인이 경영하는 공장에서 유전자변형생물체의 결함 때문에 다른 제품이나 원료에 피해를 준 경우 유전자변형생물체 제조업자는 법인에게 제조물책임법에 의한 손해배상책임을 진다.

2) 제조물의 정의

제조물책임법은 그 적용대상인 제조물을 다른 동산이나 부동산의 일부를 구성하는 경우를 포함한 '제조 또는 가공된 동산'으로 제조물에 해당한다. 여기서 제조는 일반적으로 원재료에 인공을 가해 새로운 제조물을 만드는 것이고, 가공은 원재료나 다른 제조물에 그 본질을 유지하면서 새로운 속성을 부가하거나 그 가치를 더하는 것을 의미한다. 그러나 유전자변형생물체는 가공에 가깝다고 할 수 있다. 제조물책임법에 의하면 야생의 식품·동물을 채취·포획한 경우와 이와 동일시할 수 있는 경우는 제조 또는 가공으로 볼 수 없으므로 제조물에 해당하지 않는다. 미가공 농수산물은 제조물에 해당되지 않으며, 이에 따라 미가공 농수산물의 섭취로 인하여 부작용이 발생하여도 제조물책임법이 적용되지 않는다. 유전자변형생물체는 미가공 농수산물에 해당하지 않고 가공된 동산이므로 제조물책임법상 제조물에 해당한다.

그리고 동산의 의미는 민법 규정에 따른다. 민법 제98조는 물건을 "유체물 및 전기 기타 관리할 수 있는 자연력"으로 정의하고 있다. 그리고 동법 제99조는 물건을 부동산과 동산으로 구분하여 부동산을 "토지 및 그 정착물"로 정의하고, 동산을 "부동산 이외의 물건"으로 정의하고 있다. 따라서 동산은 물건 중 토지 및 그 정착물 이외의 일체의 유체물 및 관리할 수 있는 자연력을 의미한다.

유체물은 공간의 일부를 차지하는 유형적 존재, 즉 분자가 존재하는 물질로 액체, 기체, 고체를 불문한다. 그리고 분자로 존재하지 않는 전기, 열, 빛 등의 무체도 관리·지배가 가능하면 동산에 포함된다. 유전자변형생물체는 식물, 동물로서 동산에 해당된다.

이 때 피해자가 최종적으로 사용하는 제조물이 유전자변형생물체를 부품·원재료로 사용하여 제조·가공하는 경우 원재료 자체는 피해를 상대로 제조·판매된 것이 아니므로, 완성품 사용자에게 인도될 당시에 독립한 동산으로서의 성격도 상실하게 된다. 따라서 완성품 사용자인 피해자가 최종 제조물의 제조업자가 아닌 그 부품·원재료 제조업자를 상대로 제조물책임을 물을 수 있을까 하는 의문이 생길 수 있다.

제조물책임법 제2조제1호는 '제조물을 다른 동산이나 부동산의 일부를 구성하는 경우를 포함한 동산을 말한다'라고 하여 부품 및 원재료에 대해서도 제조물책임의 적용대상이 된다는 것을 명백히 규정하고 있다. 따라서 최종 제조물의 결함이 부품·원재료의 결함에 기인하고 있는 경우에는 최종 제조물의 제조업자와 함께 부품·원재료 제조업자도 연대하여 제조물책임을 부담한다(동법 제5조).

그러나 부품·원재료 제조업자는 부품·원재료의 결함이 해당 부품·원재료를 사용하여 만들어진 제조물 제조업자의 설계 또는 제작에 관한 지시로 인하여 발생한 경우에는 면책사유에 해당되어 제조물책임을 지지 않게 된다(동법 제4조제4호). 한편 유전자변형생물체나 이를 부품·원재료로 하여 생산된 제조물이 중고품 또는 폐기물이 된 경우에도 제조물책임이 적용되는가의 문제가 있다. 중고품이라도 제조물인 이상 신품을 구입한 경우와 동일하게 제조업자에게 제조물책임을 물을 수 있다. 다만 결함이 이전 사용자의 잘못된 사용이나 중고품 판매자의 수리·개조 등에 의하여 발생한 경우 제조업자는 책임이 없다.

그리고 폐기물의 경우에도 제조 또는 가공된 동산인 이상 폐기물도 제조물이며 원칙적으로 제조물책임의 적용대상이 된다. 다만 결함의 유무를 판단함에 있어서 폐기물이라는 사정이 고려되어야 할 것이다. 그러나 제조업자가 유통을 시키지 않고 직접 폐기하였으나 그 폐기물을 타인이 주워서 유통 또는 사용한 경우에는 제조업자는 해당 제조물을 공급하지 아니한 것이므로 면책사유에 해당되어 제조물책임을 부담하지 않을 수 있다(동법 제4조제1항제1호).

한편 제조물은 소비자용품에 한정되지 않는다. 공장이나 사무실 등에서 사용하는 업무용 제품도 제조물에 포함된다. 예를 들면 공장에서 사용하는 유전자변형생물체의 결함에 의하여 종업원이 건강을 침해당한 경우에는 유전자변형생물체의 제조업자는 제조물책임을 부담한다. 다만 결함을 판단함에는 해당 제조물이 사업용·영업용인 것, 사용자가 전문가로 예정되고 있다는 등의 사정이 고려되어야 할 것이다.

우리나라 유전자변형생물체의 종류에는 유전자변형 작물로 벼, 감자, 고추, 콩, 옥수수, 밀 등이 있고, 유전자변형 동물로 인공장기생산용 형질전환 동물 등이 있으며, 유전자변형 미생물로 유전자변형 미생물에 의해 생산되는 단백질 제품(의약품), 원료의약품, 식품 및 사료 등이 있으며, 유전자변형 식품으로는 곡물, 일반 식물, 화훼 식물, 밭작물, 채소, 과일 등이 있다.

유전자변형생물체가 식품인 경우 식품은 원료 그 자체 또는 다양한 가공공정을 통해 소비자가 소비한다. 예를 들면 옥수수의 경우 옥수수 자체의 섭취뿐만 아니라 옥수수에서 추출한 전분은 빵, 과자, 소시지 등의 식품에 이용되고 있다. 또한 옥수수에서 분리·정제한 기름(옥배유)은 식품의 튀김공정에 이용되거나 다른 식품의 원료로 쓰이기도 한다.

3) 결함

제조물책임법은 제조업자의 고의 또는 과실 유무와 관계없이 제조물의 결함만 존재하면 제조업자는 손해배상책임을 부담하게 된다. 따라서 결함은 제조물책임의 핵심적인 개념이다.

제조물책임법은 결함을 제조물의 제조설계 또는 표시상의 결함이나 기타 통상적으로 기대할 수 있는 안전성이 결여되어 있는 것으로 정의하고 있다. 여기서 안전성은 인간의 신체나 생명에 영향을 주는 위험이 없는 것을 말하지만, 재산을 훼손, 소실되는 등의 위험이 없는 것도 포함한다. 따라서 결함은 생명, 신체, 및 재산상의 위험을 발생시키는 것을 의미한다.

ⅰ) 결함의 종류

제조물책임법은 결함의 유형을 구체적으로 규정하고 있다.

(ⅰ) 제조상의 결함

제조물책임법은 '제조상의 결함을 제조업자의 제조물에 대한 제조·가공상의 주의의무의 이행여부에 불구하고 제조물이 원래 의도한 설계와 다르게 제조·가공됨으로써 안전하지 못하게 된 경우'라고 규정하고 있다. 예를 들면 제조상의 결함은 유전자변형생물체가 설계서대로 제조되지 않아 안전성을 결여한 경우로, 제조과정에서 조악한 재료가 사용되거나 부정확한 혼합 등으로 안전성을 결여한 경우가 해당한다.

(ⅱ) 설계상의 결함

제조물책임법은 설계상의 결함을 '제조업자가 합리적 대체설계를 채용하더라도 피해나 위험을 줄이거나 피할 수 있었음에도 대체설계를 채용하지 아니하여 당해 제조물이 안전하지 못하게 된 경우'라고 규정하고 있다. 설계상의 결함은 보다 안전한 합리적 대체설계를 채택할 수 있었음에도 불구하고 제조업자가 이것보다 열등한 설계를 채택한 경우를 의미한다. 유전자변형생물체의 결함 문제는 대부분 설계상의 결함에 해당할 것이다. 설계상의 결함은 제조물의 설계 단계에서 안전성에 대한 배려가 결여되어 있기 때문에 발생하는 것이다.

(ⅲ) 표시상의 결함

제조물책임법은 표시상의 결함은 '제조업자가 합리적인 설명·지시·경고 기타의 표시를 하였더라면 당해 제조물에 의하여 발생될 수 있는 피해나 위험을 줄이거나 피할 수 있었음에도 이를 하지 아니할' 경우를 말한다. 표시상의 결함은 제조업자가 제조물을 사용·소비할 대 올바르게 사용할 수 있도록 설명·지시하고, 잘못 사용하면 발생할 수 있는 위험을 예방·회피할 수 있도록 경고를 충분하게 하지 않은 경우로서 지시·경고상의 결함이라고도 한다.

설계상의 결함이나 제조상의 결함이 제조이전 제조물의 형성 단계나 제조과정에서의 결함인데 반해, 표시상의 결함은 제조후 유통 단계에서 발생하는 문제이므로 유통상의 결함이라고 한다.

표시상의 결함이 문제될 수 있는 경우는 경고해야 할 위험이나 설명해야 할 지시가 표시되지 않은 경우, 표시된 경고 내지 지시의 내용이 불충분하거나 불분명한 경우, 부착방법이나 기재방법 등이 부적절한 경우 등이다.

이러한 표시는 소비자를 위한 정보로서 아주 중요하다. 사용설명서나 경고표시는 소비자의 사용정보로서 반드시 표시하여야 한다. 표시의 범위에는 광고까지 포함되므로 지나치게 과장하거나 잘못된 광고는 지시·경고상의 결함으로 인한 제조물책임을 부담하게 된다.

(iv) 기타 통상적으로 기대할 수 있는 안전성의 결여

제조물책임법은 위의 종류와 일반적으로 결함을 통상적으로 기대할 수 있는 안전성을 결한 것이라고 정의하고 있다. 이것은 반드시 제조물의 절대적인 안전성을 요구하는 것이 아니라, 현대의 과학기술 수준과 경제성에 비추어 기대 가능한 범위내의 안전성과 내구성을 갖추도록 요구하는 것이다.

이에 대한 판단은 사회의 보편적인 가치 기준에 의하여 결정하여야 하는데, 이것은 절대적인 개념이 아니라 상대적인 개념이다. 즉 우리 사회가 유전자변형생물체에 어느 정도의 안전성을 요구하는가 또는 국제적인 안전 수준은 어떠한가가 하나의 기준이 될 수 있다. 소비자가 유전자변형생물체의 안전성에 대해 인식이 낮아 우리 사회가 안전성을 보다 중시해야 한다고 보면, 결함의 판단에 안전성 기준은 더 강화될 것이다.

미국에서는 결함판단의 근거로 표준일탈기준, 소비자기대수준, 위험효용기준 등을 활용하고 있는데, 우리나라의 경우 국회심사보고서에는 소비자의 결함판단기준이 핵심 근거로 되어 있으며, 판례에서는 위험효율기준이 적용되어 있다.

ii) 결함판단의 시점

제조물책임법은 결함판단이 기준이 되는 시저에 대하여 규정하지 않고 있다. 일반적으로 결함판단의 기준시점은 제조물이 제조·가공된 시점, 제조물이 공급된 시점, 제조업자의 지배를 벗어난 시점, 제조물이 사용되어 사고가 발생한 시점 등으로 나누어볼 수 있는데, 가장 일반적인 기준은 공급된 시점을 기준으로 판단하는 것이다.

유전자변형생물체의 경우 결함의 판단시점은 유전자변형생물체의 제조·가공시로 하면, 제조·가공후 공급을 개시하기까지의 사이에 결함이 발생하였음이 밝혀진 경우 그것을 고려할 수 없으므로 적당하지 않다.

그리고 유전자변형생물체를 사용하여 사고가 발생한 시점에서 결함을 판단하면, 유전자변형생물체를 공급한 시점의 안전기술수준으로는 결함이 없는 것으로 된 유전자변형생물체도 그 후 기술의 발전에 의하여 보다 안전한 유전자변형생물체가 나타나면 결함이 있는 것으로 판단되어 제조업자에게 무거운 부담을 부과하고, 나아가 보다 안전한 유전자변형생물체를 개발하고자 하는 제조업자의 노력을 방해할 것이다. 따라서 결함판단의 기준이 되는 시점은 제조물을 공급한 시점으로 하는 것이 타당하다. 여기서 공급이란 소비자에게 인도하는 것을 의미하는 것이 아니라, 제조업

자가 자신의 의사에 기하여 최초로 자신의 지배에 있지 않는 타인에게 인도하거나 이용에 제공하는 것을 의미한다.

공급을 하는 이상 유상·무상을 불문하고 견본이나 시제품으로 공급된 유전자변형생물체에 대해서도 제조물책임을 부담한다. 그러나 자신의 의사에 의하여 점유를 인정하는 것이 필요하므로, 창고에서 도난방한 유전자변형생물체나 제조업자가 폐기한 유전자변형생물체를 타인이 주워서 사용한 경우에는 제조물책임을 지지 않는다(동법 제4조제1항제1호 참조).

4) 책임의 주체

제조물책임법은 그 책임주체의 범위에 대해 제조·가공 또는 수입을 업으로 하는 자뿐만 아니라 제조물에 일정한 표시를 한 자를 포함하고 있다. 그리고 공급업자도 예외적으로 책임을 지도록 하고 있다.

ⅰ) 완성품 제조업자·가공업자

제조물책임을 지는 자는 먼저 손해의 원인이 된 결함제조물을 직접 제조·가공한 자, 다시 말해 해당 유전자변형생물체를 업으로서 제조·가공한 제조업자·가공업자가 해당된다. 여기서 '업으로'란 동종의 행위를 반복, 계속하는 것을 의미한다. 그리고 일정한 기간 동안 계속할 의사를 가지고 있으면 최초의 1회의 행위도 업으로 행한 것으로 해석되어야 한다. 또한 유상·무상을 불문하므로 무상배포를 목적으로 제조된 유전자변형생물체 샘플도 결함이 있으면 제조물책임을 부담한다. 문제는 비영리적 활동에 의하여 계속적으로 유전자변형생물체를 제조·가공하여 사회복지시설에 기증하는 경우인데, 이 경우에도 제조물책임법이 적용된다고 본다.

ⅱ) 부품 또는 원재료 제조업자·가공업자

제조물책임은 유전자변형생물체가 완성품인지 부품·원재료인지를 불문한다. 그러므로 완성품의 결함이 부품·원재료의 결함에 기인한 경우에는 완성품의 제조업자·가공업자와 부품·원재료의 제조업자·가공업자가 연대하여 책임을 져야 한다.

그러나 부품 또는 원재료 제조업자·가공업자에 대해서는 고유의 면책사유가 존재한다. 유전자변형생물체가 부품·원재료인 경우 부품·원재료 제조업자는 부품·원재료의 설계 또는 제작에 관한 지시로 인하여 발생한 경우에는 제조물책임을 면제한다(동법 제4조제1항제4호).

ⅲ) 수입업자

수입품에 결함이 있는 경우, 외국의 제조업자가 당연히 제조물책임을 부담한다.

그리고 수입업자는 유통업자이지만 제조물책임법에서 특별히 제조업자로 취급하여 책임의 주체가 된다.

수입품이 유전자변형생물체의 경우에는 제조업자가 현실적으로 국내에 있지 아니하여 소송절차에 의하여 책임의 추궁이 어렵고 설사 제조업자에 대한 판결을 받는다고 하더라도 그 집행절차가 용이하지 아니하므로 일반 피해자로서는 외국의 제조업자를 상대로 하여 제조물책임을 추궁하는 것이 사실상 어렵다는 현실적인 이유가 있다. 수입업자는 자기의 의사로 결함 유전자변형생물체를 국내 시장에 처음으로 유통시킨 원천공급자인 점, 수입할 때에 외국의 제조업자 내지 판매업자에 대한 구상권을 확보하고 있으면 최종적으로 수입업자 자신이 손해배상의 부담자가 되지 않는다는 점 등을 이유로 수입업자가 제조물책임을 부담한다.

iv) 표시상의 제조업자

표시상의 제조업자란 제조가공에 관여하지 않고, 타인이 제조가공한 결함 유전자변형생물체에 제조업자수입업자로서 성명, 상호, 상표 등을 표시한 자를 의미한다. 확실히 제조업자로서 표시한 자뿐만 아니라, 피해자의 입장에서 보아 제조업자로 간주될 수 있는 표시를 부착한 자는 모든 표시상의 제조업자에 포함된다. 예를 들면 제조원 OOO, 수입원 OOO 등을 기재하여 자기 이름 등을 제조물에 표시한 경우이다.

OEM(Orignal equipment manufacturing) 상품이나 PB(private brand) 상품의 발주자가 이에 해당된다. 결국 제조업자로서의 외관을 부여한 자는 실제 제조업자와 동일한 제조물책임을 부담하게 될 것이다.

v) 공급업자

원칙적으로 공급업자는 스스로 제조물의 설계·제조에 관여하고 있지 않으므로 피해자에게 채무불이행책임 또는 보증책임 등 계약상의 책임이나 불법행위책임만을 부담한다. 그러나 제조물책임법은 일정한 경우에 공급업자가 제조물책임을 부담할 수 있다고 규정하고 있다. 피해자가 결함 유전자변형생물체의 제조업자를 알 수 없는 경우에는 자신에게 결함 유전자변형생물체를 공급한 자를 상대로 손해배상을 청구할 수 있다. 다만 공급업자는 제조업자와 달리 유전자변형생물체를 영리목적으로 판매·대여 등의 방법으로 공급한 경우에 한하여 제조물책임을 부담한다. 그리고 공급업자는 피해자로부터 손해배상청구를 받은 날로부터 상당한 기간내에 제조업자 또는 당해 결함 유전자변형생물체를 자신에게 공급한 자를 피해자 측에 통지한 경우에는 제조물책임을 면한다.

5) 면책사유

　제조물책임이 무과실책임이라 하더라도 제조물의 결함에 의한 손해가 있다고 하여 언제나 제조업자가 그에 대한 손해배상책임을 지는 것은 아니다. 피해자가 제조물책임법에 정한 요건사실을 주장·입증하는데 실패하거나, 제조업자 등이 먼저 제조물에 결함이 없다거나 손해의 원인이 제조물의 결함이 아니라는 등의 요건사실이 존재하지 않음을 주장·입증하는데 성공하면, 해당 제조업자 등은 제조물책임을 부담하지 않는다.

　더 나아가 제조물책임법은 제조물의 결함에 의한 손해가 발생하였음이 인정되더라도 정책적 관점에서 일정한 면책사유가 있는 경우 제조업자 등이 이를 적극적으로 입증하면 자신의 제조물책임에서 면책될 수 있음을 규정하고 있다(동법 제4조제1항).

ⅰ) 면책사유의 내용

(ⅰ) 제조업자가 당해 제조물을 공급하지 않는 사실

　제조업자의 의사에 반하여 도난 등에 의하여 사후에 제조물로 인한 사고가 발생한 경우 등에는 면책된다. 이는 제조업자의 의사에 의하지 않은 유통인 경우로서 제조물책임을 면할 기회를 부여함이 타당하므로, 제조업자가 적극적으로 유통에 관여하지 않은 사실을 입증한 경우 면책되게 하려는데 그 실익이 있다.

　이 면책사유가 유전자변형생물체에 적용될 수 있는 사례로는 제조업자의 의사에 반하여 창고에서 도난당한 제조물에 대해서는 제조물책임을 지지 않는다. 또한 판매를 위하여 생산되었으나 아직 유통되지 않은 유전자변형생물체의 결함에 의하여 제조업자의 고용인이 피해를 입은 경우를 생각해 볼 수 있다. 그러나 유전자변형생물체의 결함이 부품이나 원재료의 결함으로 인한 것이고 부품이나 원재료가 유통되어 제조물의 일부가 되었다면, 완제품의 제조업자의 고용인은 부품이나 원재료의 제조업자에게 제조물책임을 물을 수 있다.

(ⅱ) 제조업자가 당해 제조물을 공급한 때의 과학적·기술적 수준으로는 결함의 존재를 발견할 수 없었다는 사실

　이는 소위 '개발위험(development risk)의 항변'에 관한 규정이다. 개발위험이란 제조물을 유통시킨 시점의 과학기술 지식의 수준에 의하여서는 제조물에 내재하는 결함을 예견 또는 발견하는 것이 불가능한 위험을 말한다. 제조업자가 개발위험에 대해서까지 책임을 부담시키면 기술개발이 저해되거나 소비자의 실질적인 이익이 저해되는 것이 아닌가 하는 점에서 해당 결함이 개발위험에 상당하는 것임을 제조업

자가 입증하는 경우에는 제조업자의 책임을 면한다. 여기서 과학기술수준이란 결함 유무를 판단함에 있어 영향을 받을 수 있을 정도로 확립된 모든 과학기술로서, 특정인이 가지고 있는 것이 아니라 객관적으로 사회에 존재하는 과학기술의 총체를 의미한다.

유전자변형생물체의 결함이 개발위험의 항변에 해당하는가의 여부는 판단하기 어려운 문제이다. 유전자변형생물체의 경우 과학적으로 인식되었으나 기술적으로 발견불가능한 위험에 대해서도 항변을 허용할 것인가의 여부는 입법정책에 따르게 될 것이다.

개발위험의 항변으로 면책받기 위해서는 해당 유전자변형생물체의 결함 유무 판단에 필요한 입수 가능한 최고 수준의 생명과학·생명공학기술에 비추어 결함이라고 인식하기가 불가능한 것을 증명하는 것이 필요하다.

(iii) 제조물의 결함이 제조업자가 당해 제조물을 공급할 당시의 법령이 정하는
  기준을 준수함으로써 발생한 사실

여기서 법령에서 정하는 기준이란 국가가 제조업자에 대하여 법률이나 명령 등으로 일정한 제조방법을 강제하고 있는 기준이다. 이 경우 제조업자로서는 그 기준을 따르지 않을 수 없다. 국가가 정한 기준이 안전성에 합치하지 않음으로 필연적으로 결함 제조물이 나올 수밖에 없게 된 경우라면 면책은 당연하다.

현재 유전자변형생물체와 관련된 법령은 유진자변형생물체의국가간이동등에관한법률, 생명공학육성법, 유전자재조합식품등의 표시기준, 유전자재조합식품검사지침, 유전자재조합식품의안전성평가심사등에관한규정, 식품위생법, 유전자재합실험지침, 농산물품질관리법, 수산물품질관리법, 유전자변형수산물의표시대상품목및표시요령, 야생동식물보호법 등이다. 이 법령들이 면책의 대상이 되는 법령인가의 여부를 평가하는 것은 개별적인 심사가 요구된다.

단순히 공정기준에 적합하다는 것만으로 유전자변형생물체에 결함이 없다고는 말할 수 없다. 면책사유의 판단기준이 되는 법령이 정하는 기준은 강제성이 있는 것에 제한되어야 한다. 다시 말해 법령이 정하는 기준이 이미 유전자변형생물체의 안전성에 대한 기대에 부합할 뿐만 아니라 그 기준의 준수가 행정처분이나 형벌 등에 의하여 강제되는 경우에만 제조업자는 그 면책사유를 들어 면책을 주장할 수 있다.

그러나 법령이 정하는 기준이 유전자변형생물체의 안전성을 확보하기 위한 최소한만을 정하고 있는 경우, 해당 제조업자가 법령이 정하는 기준보다 강화된 기준에 따라 결함이 없는 유전자변형생물체를 제조할 수 있음에도 불구하고, 법령이 정하는

기준에 해당하는 조치만을 취하여 제조물의 결함이 발생한 경우에는 면책을 주장할 수 없다.

(ⅳ) 원재료 또는 부품의 경우에는 당해 원재료 또는 부품을 사용한 제조물 제조업자의 설계 또는 제작에 관한 지시로 인하여 결함이 발생하였다는 사실

제조물책임이 해당 제조물에 결함이 있다는 점에서 손해배상책임을 인정하게 되는 이상, 부품원재료에 결함의 원인이 있는 경우에는 그 제조업자도 완성품 제조업자와 함께 손해배상책임을 부담한다. 그러나 그 결함이 완성품의 제조업자가 설계·제작에 관한 지시에 따라 발생한 경우에는 면책을 요구하는 부품원재료 제조업자는 항변할 수 있다.

ⅱ) 면책의 상실

제조업자에게 면책사유가 인정된다고 하더라도 제조업자가 제조물을 공급한 후에 해당 제조물에 결함이 존재한다는 사실을 알거나 알 수 있었음에도 그 결함에 의한 손해배상을 방지하기 위한 적절한 조치를 취하지 아니한 때에는 앞의 사유로 인한 면책을 주장할 수 없다. 따라서 제조업자는 사후에 유전자변형생물체를 깊게 관찰하고 만일 결함이 확인되면 즉시 리콜 등의 개선조치를 취하거나 설계의 변경 등 안전조치를 취하지 않으면 면책을 주장할 수 없다.

6) 면책특약의 제한

제조물책임법에 의한 손해배상책임을 배제하거나 제한하는 특약은 무효가 된다(동법 제6조본문). 만일 제조업자 등의 면책특약을 허용한다면 제조업자 등은 우월한 지위를 이용하여 소비자 등에게 면책특약을 강제함으로써 제조물책임법의 적용을 회피할 것이 분명하다. 따라서 제조물책임법은 제조물책임에 대한 면책특약을 일률적으로 무효로 한 것이다. 여기서 면책특약은 특약의 형태나 거래 당사자간의 관계를 묻지 않고 모두 무효가 되므로, 약관이든 개별약정이든 상관없다.

그러나 제조물책임법은 제6조단서에서 '다만 자신의 영업에 이용하기 위하여 제조물을 공급받은 자가 자신의 영업용 재산에 대하여 발생한 손해에 관하여 그와 같은 특약을 체결한 경우에는 그러하지 아니하다'라고 규정하여, 예외적으로 면책사유의 효력을 인정하고 있다. 이는 제조물의 결함으로 인한 손해가 사업자의 영업용 재산에 생긴 경우에는 일반적으로 제조업자 등과 피해자 사이에 힘의 대등성이 유지되고 있으며 손해의 규모가 너무 커질 수 있으므로, 피해자뿐만 아니라 제조업자 등도 보호의 필요성을 인정한 것이다.

따라서 유전자변형생물체의 제조업자가 자신의 영업에 이용하기 위하여 제조물을 공급받은 자와 자신의 영업용 재산에 대하여 발생한 손해에 관하여 면책특약을 체결한 경우 제조물책임이 배제되거나 제한될 수 있다.

7) 책임기간

제조물책임법은 권리관계를 무한정 불확정의 상태로 두는 것이 피해자와 제조물책임자 모두에게 바람직하지 않으므로 일정한 기간이 경과하면 제조업자 등의 제조물책임이 소멸하거나 피해자가 제조업자 등을 상대로 제조물책임소송을 제기할 수 없다고 책임기간을 제한하고 있다(동법 제7조).

먼저 소멸시효에 관하여 '이 법에 의한 손해배상의 청구권은 피해자 또는 그 법정대리인이 손해 및 제3조의 규정에 의하여 손해배상책임을 지는 날을 안 날로부터 3년간 행사하지 아니하면 시효로 인하여 소멸한다.'라고 규정하고 있다.

다음으로 제척기간에 관하여 '이 법에 의한 손해배상의 청구권은 제조업자가 손해를 발생시킨 제조물을 공급한 날부터 10년 이내에 이를 행사하여야 한다'라고 규정하고 있다. 그러나 신체에 누적되어 사람의 건강을 해하는 물질에 의하여 발생한 손해에 대해서는 그 손해가 발생한 날부터 기산한다고 규정하고 있다. 여기에서 누적성을 가진 제조물은 화학물질이나 금속 등 중에서 인체에 흡입된 후 간장이나 골수, 신경중추 등의 신체에 침착하여 아주 서서히 배출되는 성질을 가진 원인물질로서 납, 수은, 카드뮴, 석면 등이 이에 해당된다. 그리고 잠복성을 가진 제조물로는 세균, 바이러스, 원충 등의 미생물도 있다. 이에 유전자변형생물체는 누적성과 잠복성을 가진 제조물로서 제척기간의 기산점이 손해발생시로 된다.

8) 입증책임

제조물책임법은 제조물책임의 성립에서 입증책임에 관한 명문의 규정을 두고 있지 않다. 따라서 이 문제는 입증책임의 일반원칙에 따라 해결할 수밖에 없다. 민법상 불법행위책임의 입증책임원칙에 따라 피해자가 결함의 존재, 손해의 발생, 그리고 결함과 손해 사이의 인과관계 등 모든 요건사실을 입증하여야 한다. 그러나 정보력이라는 관점에서 소비자가 제조업자에 비하여 상대적으로 열등한 위치에 있으므로 입증책임을 전환하지 않는 한 무과실책임으로서 제조물책임법의 의의는 반감된다. 이에 제조물책임법의 입법과정에서 입증책임을 전환하는 추정규정을 둘 것인지에 관하여 논란이 있었지만, 결국 도입되지 않았다.

그런데 대법원판례는 제조물책임법 제정이전 텔레비전 폭발사건에서 제조물책임과 관련하여 결함과 인과관계에 관해 사실상의 추정을 활용하여 피해자의 입증책임을 완화시키고 있다. 즉 "고도의 기술이 집약되어 대량으로 생산되는 제품의 경우 그 생산과정은 대개의 경우 소비자가 알 수 있는 부분이 거의 없고 전문가인 제조업자만이 알 수 있을 뿐이며, 그 수리 또한 제조업자나 그의 위임을 받은 수리업자에게 맡겨져 있기 때문에, 이러한 제품에 어떠한 결함이 존재하였는지, 나아가 그 결함으로 인하여 손해가 발생한 것인지 여부는 전문가인 제조업자가 아닌 보통인으로서는 도저히 밝혀낼 수 없는 특수성이 있어서 소비자측이 제품의 결함 및 그 결함과 손해의 발생과의 사이에 인과관계를 과학적·기술적으로 완벽하게 입증하는 것은 지극히 어렵다"고 하며, 텔레비전이 정상적으로 수신하는 상태에서 발화폭발하는 경우에 있어서는 소비자측에서 그 사고가 제조업자의 배타적 지배하에 있는 영역에서 발생한 것임을 입증하고, 그러한 사고가 어떤 자의 과실없이는 통상 발생하지 않는다고 하는 사정을 입증하면 제조업자측에서 그 사고가 제품의 결함이 아닌 다른 원인으로 말미암아 발생한 것임을 입증하지 못하는 이상, 위와 같은 제품은 이를 유통에 둔 단계에서 이미 그 이용시의 제품의 성상이 사회통념상 당연히 구비하리라고 기대되는 합리적 안전성을 갖추지 못한 결함이 있었고, 이러한 결함으로 말미암아 사고가 발생하였다고 추정하여 손해배상책임을 지울 수 있도록 입증책임을 완화하는 것이 손해의 공평·타당한 부담을 그 지도원리로 하는 손해배상의 이상에 맞는다고 판시했다(대판 2000L2.25, 98다15934).

따라서 유전자변형생물체의 결함에 대한 제조물책임소송시에도 피해자가 입증책임을 부담하기보다는 판례에 따라서 제조업자 등이 결함이나 인과관계의 부존재를 입증하여야 책임을 면할 수 있게 될 것이다.

<기타 법제>

1. 야생동·식물보호법

야생동·식물보호법은 야생동식물과 그 서식환경을 체계적으로 보호·관리함으로써 야생동·식물의 멸종을 예방하고, 생물의 다양성을 증진시켜 생태계의 균형을 유지함과 아울러 사람과 야생동·식물이 공존하는 건전한 자연환경을 확보함을 목적으로 한다(동법 제1조).

야생동·식물보호법은 유전자변형생물체를 생태계교란 야생동·식물의 하나로 적용하고 있다.

1) 생태계교란야생동·식물의 정의

생태계교란야생동·식물이란 외국으로부터 인위적으로 또는 자연적으로 유입되어 생태계의 교란을 가져오거나 가져올 우려가 있는 야생동·식물과 유전자의 변형을 통하여 생산된 유전자변형생물체중 생태계의 균형에 교란을 가져오거나 가져올 우려가 있는 야생동·식물로서 환경부령이 정하는 것을 말한다.

법 제2조제4호의 규정에 의한 생태계교란야생동·식물은 아래의 표와 같다.

구 분	종 명
양서류·파충류	1. 황소개구리 2. 붉은귀거북속 전종
어 류	1. 파랑볼우럭(블루길) 2. 큰입배스
식 물	1. 돼지풀 2. 단풍잎돼지풀 3. 서양등골나물 4. 털물참새피 5. 물참새피 6. 도깨비가지

2) 조사

환경부장관은 생태계교란야생동·식물 등 특별히 보호 또는 관리가 필요한 야생동·식물에 대하여 그 서식실태를 정밀하게 조사하여야 한다(동법 제6조제1항).

3) 수입 등의 허가

누구든지 생태계교란야생동·식물을 자연환경에 풀어놓거나 식재하여서는 아니되며(동법 제25조제1항), 생태계교란야생동·식물을 수입 또는 반입하고자 하는 자는 환경부령이 정하는 바에 따라 환경부장관의 허가를 받아야 한다(동법 제25조제2항). 다만 생태계교란야생동·식물중 유전자변형생물체의국가간이동등에관한법률 제2조의 규정에 의한 유전자변형생물체는 그 법이 정하는 바에 따른다.

법 제25조제1항의 규정을 위반하여 생태계교란 야생동·식물을 자연환경에 풀어놓거나 식재한 자와 법 제25조제2항의 규정을 위반하여 허가없이 생태계교란 야생동식물을 수입 또는 반입한 자에 대하여는 2년이하의 징역 또는 1천만원 이하의 벌금에 처한다(동법 제69조제8호 및 제9호).

한편 환경부장관은 필요하다고 인정하는 때에는 생태계교란야생동·식물의 수입 또는 반입허가를 받은 자에 대하여 대통령령이 정하는 바에 따라 필요한 보고를 명하거나 자료를 제출하게 할 수 있으며, 관계공무원으로 하여금 당해 사업자의 사무실·사업장 등에 출입하여 장부서류 그 밖의 물건을 검사하거나 관계인에게 질문하게 할 수 있다(동법 제56조제1항).

4) 영향 조사평가 및 조치 등

환경부장관은 생태계교란 야생동식물이 생태계에 미치는 영향에 대하여 지속적으로 조사평가하고, 생태계교란 야생동식물로 인한 생태계의 교란을 줄이기 위하여 필요한 조치를 하여야 한다(동법 제25조제4항).

환경부장관 또는 지방자치단체의 장은 생태계교란 야생동·식물을 자연환경에 풀어놓거나 식재한 자 또는 생태계교란 야생동식물을 수입 또는 반입한 자를 환경행정관서 또는 수사기관에 발각되기 전에 당해 기관에 신고 또는 고발하거나 그 위반현장에서 직접 체포한 자와 불법 포획한 야생동물 등을 신고하는 자에게 대통령령이 정하는 바에 따라 포상금을 지급할 수 있다(동법 제57조제8호).

2. 학교급식법

학교급식법은 학교급식 등에 관한 사항을 규정함으로써 학교급식의 질을 향상시키고 학생의 건전한 심신의 발달과 국민 식생활 개선에 기여함으로 목적으로 한다(동법 제1조).

학교급식법은 품질 및 안전을 위한 준수사항 중에서 유전자변형농산물과 유전자변형수산물의 표시에 대해 규정을 두고 있다.

학교의 장과 그 학교의 학교급식 관련 업무를 담당하는 관계공무원교직원 및 학교급식공급업자는 학교급식의 품질 및 안전을 위하여 농산물품질관리법 제16조의 규정에 따른 유전자변형농산물이 표시를 거짓으로 기재한 식자재와 수산물품질관리법 제11조의 규정에 따른 유전자변형수산물의 표시를 거짓으로 기재한 식재료를 사용하여서는 안 된다(동법 제16조제1항제1호 및 제2호).

법 제16조 제1항제1호의 규정을 위반한 학교급식공급업자는 7년이하의 징역 또는 1억원이하의 벌금에 처하고, 제16조제1학제2호의 규정을 위반한 학교급식공급업자는

5년이하의 징역 도는 5천만원이하의 벌금에 처한다(동법 제23조제1항 및 제2항).

3. 종자산업법

종자산업법은 식물이 신품종에 대한 육성자의 권리보호, 주요작물의 품종성능의 관리, 종자의 생산보증 및 유통 등에 관한 사항을 규정함으로써 종자산업의 발전을 도모하고 농업·임업 및 수산업생산의 안정에 이바지함으로 목적으로 한다(동법 제1조).

종자산업법은 유전자변형생물체에 대해 규정하고 있고, 동법 시행규칙은 유통종자의 품질표시에 관련하여 규율하고 있다.

유전자변형조자란 인공적으로 유전자를 분리 또는 재조합하여 의도한 특성을 갖도록 한 종자를 말한다(동법 시행규칙 제1조의2).

유통종자의 품질표시와 관련하여 국가보증 또는 자체보증의 대상이 아닌 종자를 판매 또는 보급하고자 하는 자는 종자의 생산년도 또는 포장년월, 종장의 발아보증시한 그 밖에 농림수산식품부령이 정하는 사항을 종자의 용기 또는 포장에 표시하여야 한다(동법 제143조). 이 때 농림수산식품부령이 정하는 사항중에 유전자변형조자 표시(유전자변형종자의 경우에 한함)가 포함되어 있다(동법 시행규칙 제121조제1항 제13호).

법 제143조이 규정에 위반하여 유통종자에 대한 품질표시를 하지 아니하고 종자를 판매 또는 보급한 자는 500만원이하의 과태료에 처한다(동법 제176조제1항제9호).

4. 양곡관리법

양곡관리법은 양곡의 효율적인 수급관리를 통하여 식량을 안정적으로 확보함으로써 국민경제에 이바지함을 목적으로 한다(동법 제1조). 이 법은 양곡에 대하여 유전자변형생물체의 표시의무를 위반하는 등에 대해서는 매입자격을 제한할 수 있도록 규정하고 있다(동법 제9조의2).

농림수산식품부장관은 법 제9조제1항의 규정에 의하여 판매한 정부관리양곡을 매입한 자가 당해 양곡에 대하여 농산물품질관리법 제15조제2항의 규정에 의한 원산지의 표시의무 또는 동법 제16조제2항의 규정에 의한 유전자변형농산물의 표시의무를 위반하거나 동법 제17조 각호의 어느 하나에 해당한 경우에는 농림수산식품부령이 정하는 바에 따라 1년이내의 기간을 정하여 정부관리양곡의 매입자격을 제한할 수 있다(동법 제9조의2).

<현행 규정의 문제점>

우리나라의 생명공학기술관련 안전행정은 지식경제부(유전자변형생물체의국가간이동등에관한법률), 교육과학기술부(생명공학육성법), 농림수산식품부(농산물품질관리법, 수산물품질관리법), 보건복지부(식품위생법), 환경부(야생동식물보호법), 공정거래위원회(표시·광고의 공정화에 관한법률), 기획재정부(소비자기본법, 제조물책임법) 등 행정부처별로 직·간접적으로 관련되어 있다. 그리고 개별 법률 주무 소관 부처는 정부조직의 개편에 따라 변동되고 있다. 이러한 법령들에 생명공학기술 또는 유전자변형생물체나 유전자치료 등과 관련하여 안전규정이 들어 있다.

이 법령들에 들어 있는 안전규정의 현황을 보면 생명공학기술 또는 유전자변형생물체나 유전자치료 등의 위험이나 위해로부터 안전을 확보하기 위한 제도로는 수출입의 승인, 생산의 승인, 위해성평가, 위해정보수집 및 공표, 표시제, 리콜 등의 다양한 장치가 설정되어 있다.

그러나 소비자가 왕이라는 소비자주권시대에 소비자 안전 보장과 관련해서는 불충분한 점이 있다. 현행법제상 안전규정들은 소비자안전이라는 관점에서 접근하지 않고, 생명공학기술 또는 유전자변형생물체나 유전자치료 등의 위험에 따른 윤리·환경의 이념이나 산업육성이라는 산업적 측면을 강하게 드러내고 있다. 특히 생명공학기술법제는 산업육성과 생명윤리적 측면이 강하며 안전측면이 소홀하다. 유전자변형생물체법제는 환경보호적·산업육성적 측면에서 위해성평가, 수입 및 제조의 승인 등 유통관리에 치중되어 있다. 이에 반해 소비자법제는 생명공학기술 또는 유전자변형생물체나 유전자치료 등의 소비자안전에 대해서는 간접적으로 적용되고 있다.

소비자안전확보에 필수적인 위해정보공표, 표시, 손해배상책임, 리콜이라는 관점에서 생명공학육성법, 유전자변형생물체의국가가간이동등에관한법률, 생명윤리및안전에관한법률 등에 다음과 같은 관점에 보완이 필요하다.

첫째, 생명공학기술 또는 유전자변형생물체나 유전자치료의 위해방지를 위한 조치로서 위해정보공표와 관련하여 규정을 두고 있는 법률로는 유전자변형생물체의국가가간이동등에관한법률이 있다. 이 법률은 유전자변형생물체의 수출입 등을 하는 자가 유전자변형생물체의 부정적 영향을 알게 된 때에는 중앙행정기관의 장 또는 국가책임기관의 장에게 지체없이 그 내용을 통보하여야 한다고 규정하고 있다. 통보의

무자는 유전자변형생물체의 개발·생산·수입·수출·판매·운반·보관 등을 하는 자로서 폭넓게 규정되어 있지만, 통보의무의 대상으로서 유전자변형생물체의 부정적인 영향이라고 하여 소비자기본법상 결함정보의무의 대상인 중대한 결함과 비교하여 어떤 때에 어느 기관에 통보를 해야 할 것인지 혼란스러울 수 있다. 물론 법령에 따르면 의무사항이므로 교육과학기술부와 소비자원에 신고해야 할 것이다. 법령에 통일성이 유지되어 신고의무자가 지정된 한 곳으로만 신고하고 정부관계부처에 상호전파되어 대책이 수립되는 것이 더 효율성이 높을 것이다.

유전자변형생물체의 정보관리 및 정보교환에 관한 사항 등을 전문적으로 수행하는 바이오안전성정보센터는 유전자변형생물체의 안전성에 관한 정보를 국민에게 공개하여야 하는데, 소비자기본법상 위해정보의 수집 및 처리와 같이 유전자변형생물체로 인하여 국민의 생명·신체 또는 재산에 위해가 발생하거나 발생할 우려가 있는 사항에 대한 정보를 수집하거나 분석하여 필요한 조치를 취해야 하는 규정은 없다. 바이오안전성정보센터는 유전자변형생물체의 안전성에 관한 정보수집과 공개에만 국한하지 말고 위험 발생의 예방이나 처리에 대해 적극적인 업무가 부과되어야 할 것이다.

생명공학육성법과 생명윤리 및 안전에 관한 법률에는 위해정보보고 의무는 물론 위해정보의 수집처리에 관한 규정이 없으므로 보완이 필요하다.

둘째, 유전자변형생물체에 관한 안전한 권리와 선택할 권리를 실현하기 위한 장치로서 표시제는 유전자변형생물체의국가간이동등에관한법률, 농산물품질관리법, 수산물품질관리법, 식품위생법, 표시·광고의 공정화에 관한 법률 등이 있다.

유전자변형생물체의국가간이동등에관한법률이 제정되기 이전이나 이후에도 농산물품질관리법, 수산물품질관리법, 식품위생법이 개별적으로 유전자변형생물체에 대한 표시제도를 운영하여 용어, 표시대상품목, 표시기준, 표시방법 등이 다르다. 소비자 입자에서 보면 유전자변형생물체가 포함되어 있는 제품마다 달리 표시되어 혼동을 초래할 수 있으므로 일관성 있게 규정되어 실행될 수 있게 하여야 한다.

또한 표시대상품목도 제한적으로 규정되고 있어 대상품목외의 제품에 대해서는 자율적으로 표시하지 않는 한 유전자변형생물체 포함 여부를 알 수 없는 문제도 들어 있다. 유전자재조합으로 법률로 금지하고 있는 새로운 종의 출현이 있을 수도 있다. 생명공학자들은 다양한 종에서 유전자조합을 실험하고 있으므로 대상품목을 한정하여 놓는 것보다는 포괄적으로 규정하고 대상품목을 예시로 제시하는 것이 바람직하다.

셋째, 유전자변형생물체로 인한 위해사고나 위해우려에 대한 조치 내용 등이 다르게 규정되어 있다. 유전자변형생물체의 국가간이동등에 관한 법률은 국가책임기관의 장이 유전자변형생물체로 인한 국민의 건강과 생물다양성의 보존 및 지속적인 이용에 중대한 부정적인 영향이 발생하거나 발생할 우려가 있다고 인정되는 때에는 원인제거 및 피해방지에 관한 조치를 시행할 것 등 필요한 조치를 하도록 규정하고 있다. 여기에 위해방지를 위한 비상조치의 주체는 국가책임기관의 장에 한정되어 있고, 유전자변형생물체의 개발·생산·수입·수출·판매·운반·보관 등을 하는 자에게는 자발적 리콜이나 강제리콜을 명령할 수 있는 규정이 없고, 단순히 통보의무만을 규정하고 있다. 또한 생명공학육성법과 생명윤리 및 안전에 관한 법률에도 위해방지를 위한 관련자의 자발적 리콜 또는 강제리콜명령에 관한 규정이 없다.

넷째, 생명공학기술법제와 유전자변형생물체법제에는 생명공학기술이나 유전자변형생물체로 인한 손해의 배상책임에 대한 특별 규정을 두고 있지 않아 민법을 준용하도록 되어 있다. 민법상 불법행위책임의 경우 과실 등 구성요건상 소비자에게 부리하고 제조물책임법의 경우 적용범위 및 면책사유로 손해배상을 청구할 수 없어 소비자에게 불리하다. 이러한 규정들이 소비자의 권익을 위해서 개정될 필요가 있다.

4.3 생명윤리의 한 사례: 대리모

생명공학의 문제에 속하는 대리모와 관련된 개인 행위의 정의 문제를 이창신역, Sandel(2010)에 나와 있는 자료를 통해서 살펴보자.

윌리엄 스턴과 엘리자베스 스턴은 뉴저지 테너플라이에 사는 부부로, 남편은 생화학자이고 아내는 소아과 의사이다. 두 사람은 아이를 갖고 싶었지만, 아내 엘리자베스가 다발성경화증을 앓고 있어 아이를 가지려면 위험을 감수해야 했다. 이들은 불임센터를 찾아갔고, 그것에서 '대리' 출산을 알선해주었다. 센터는 '대리모'를 찾는다는 광고를 냈다. 대리모란 돈을 받고 다른 사람의 아이를 임신해주는 여자로, 한국문화에서 지금은 사라진 씨받이와 같은 역할을 한다.

메리 베스 화이트헤드는 이 광고에 응한 여성 가운데 한 사람이었다. 두 아이의 어머니이고 환경미화원의 아내로 당시 스물아홉 살이었다. 1985년 2월, 윌리엄 스턴과 메리 베스 화이트헤드가 계약서에 서명했다. 메리 베스는 윌리엄의 정자로 인공수정을 거쳐 임신한 뒤에 출산과 동시에 아이를 윌리엄에게 넘겨주기로 약속했다. 아울러 어머니의 친권을 포기하고, 엘리자베스 스턴이 아이를 입양하게 하겠다고도 약속했다. 윌리엄은 메리 베스에게 1만 달러(아이를 넘겨받는 순간 지불)와 함께 의료비를 지급하기로 약속했다(불임 센터에도 거래 알선비용으로 7500달러를 지불했다).

메리 베스는 몇 차례 인공수정 끝에 임신을 했고, 1986년 3월에 여자아이를 출산했다. 스턴 부부는 곧 입양할 딸을 생각하며, 아이에게 '멜리사'라는 이름을 지어주었다. 그런데 막상 출산을 하고 보니 아이와 떨어질 수 없었던 메리 베스 화이트헤드는 결국 아이를 주지 않기로 결심했다. 그녀는 아이를 데리고 플로리다로 도망쳤고, 스턴 부부는 메리 베스가 아이를 넘겨주어야 한다는 법원 명령을 얻어냈다. 플로리다 경찰은 메리 베스를 찾아냈고, 아이는 스턴 부부에게 넘겨졌으며, 양육권 다툼은 뉴저지 법원으로 넘어갔다.

1심 법원은 애초에 계약을 이행하도록 명령할지 결정해야 했다. 어떤 결정을 내려야 옳겠는가? 문제를 단순화하기 위해, 일단 법보다 도덕적인 문제에 초점을 맞추어보자. 당시 뉴저지에는 대리 출산 계약을 허가하거나 금지하는 법이 없었다. 윌리엄 스턴과 메리 베스 화이트는 서로 계약을 맺었다. 도덕적으로 그 계약은 지켜져야 하지 않겠는가?

계약을 지지하는 사람들이 내세우는 가장 강력한 주장은 거래는 거래라는 점이다. 성인 두 사람이 합의하여 서로에게 이익이 되는 계약을 자발적으로 맺지 않았는가? 윌리엄 스턴은 친자식을 가질 것이고, 메리 베스 화이트헤드는 9개월 동안의 노고에 대한 대가로 1만 달러를 받을 것이다.

물론 흔한 상업 거래는 아니다. 그러다 보니 다음 두 가지 이유로 그 계약을 강제 집행하기 어렵다. 첫째, 여자가 임신해 돈을 받고 아이를 넘겨주겠다고 약속할 때 관련 정보를 충분히 갖고 있었는가? 막상 아이를 넘겨줄 때 어떤 느낌이 들지 충분히 예상할 수 있었는가? 그렇지 않았다면, 애초에 동의했더라도 돈이 궁해서였고 아이와 떨어질 때 어떤 느낌인지 잘 알지 못했다면, 계약의 의미가 퇴색된다고 주장할 수 있을 것이다. 둘째, 양쪽이 자유롭게 동의했더라도 아이를 사고팔거나 여성의 출산 능력을 빌려주는 행위 자체에 거부감을 느끼는 사람도 있었을 것이다. 그런 행위는 아이를 상품으로 전락시키고, 임신과 출산을 돈벌이로 만들어 여성을 착취한다고 주장할 수도 있다.

이 '아기 M' 사건의 재판을 맡은 하비 소코우 판사는 이 두 가지 반론에 흔들리지 않았던 모양이다. 그는 애초의 합의에 손을 들어주면서, 계약의 신성함을 강조했다. 계약은 계약이니, 생모에게는 단지 마음이 바뀌었다는 이유로 계약을 파기할 권리가 없다.

판사는 두 반론에 모두 답했다. 첫째 메리 베스의 동의가 전적으로 자발인 건 아니니 합의에 문제가 있다는 생각은 옳지 않다. 양자 중 어느 쪽도 거래에서 우월한 위치에 놓이지 않았다. 양자는 상대가 원하는 것을 갖고 있었다. 각자 수행할 서비스에 대한 대가를 정했고 계약을 체결했다. 양자 중 어느 쪽도 상대방을 불리한 위치에 놓이게 할 만큼의 전문성을 갖고 있지 않았다. 또한 어느 쪽도 거래에서 우월하거나 열등한 처지가 아니었다.

둘째, 대리 출산이 아이를 파는 행위나 마찬가지라는 생각은 옳지 않다. 생부인 윌리엄 스턴은 메리 베스 화이트헤드에게서 아이를 산 것이 아니다. 윌리엄은 자신의 아이를 임신하는 대가로 돈을 지불했다. "아이 출생 시, 아버지는 아이를 사지 않는다. 아이는 아버지와 유전적으로 연결된 친자식이다. 아버지는 이미 자기소유인 것을 살 수 없다." 아이는 윌리엄의 정자로 생겼으니 처음부터 그의 아이였다. 따라서 아이를 판매할 여지가 없다. 1만 달러는 서비스(임신)에 대해 지급한 것이지, 생산물(아이)에 대해 지급한 것이 아니다.

소코우 판사는 그러한 서비스 제공은 여성을 착취한다는 주장을 반박했다. 그는 돈을 받고 임신하는 행위를 돈을 받고 정자를 제공하는 행위에 비유했다. 남자는 자신의 정자를 팔 수 있으므로, 여자도 자신의 생산 능력을 팔 수 있어야 한다. 남성이 생산수단을 제공한다면, 여성도 마찬가지로 그러한 행위를 할 수 있어야 한다. 그렇지 않다고 주장한다면, 여성도 동등하게 법의 보호를 받아야 한다는 사실을 부정하는 것이라고 그는 말한다.

메리 베스 화이트는 이 사건을 뉴저지 대법원에 상고했다. 법원은 만장일치로 소코우 판사의 판결을 뒤집어 대리 출산 계약이 무효라고 판결했다. 법원은 아기 M의 양육권을 윌리엄 스턴에게 주면서, 그것이 아이에게 최선이라는 이유를 들었다. 계약은 어찌되었든, 법원은 스턴 부부가 멜리사를 더 잘 키우리라고 생각했다. 메리 베스 화이트헤드에게는 아이 어머니라는 지위를 돌려주었고, 하급 법원에 방문권 부여 결정을 요청했다.

대법원장 로버트 윌렌츠는 판결문에서, 대리 출산 계약에 반대한다는 견해를 내놓았다. 그 계약이 전적으로 자발적이지 않았으며, 거기에는 아이를 파는 행위가 포함되어 있었다고 주장했다.

우선 그 계약에는 문제가 있다. 임신해서 아이를 낳으면 바로 넘겨주겠다는 메리 베스의 약속은 관련 정보가 충분히 제공되지 않았다는 점에서 전적으로 자발적이지 않다. 그 계약에 따르면, 친어머니는 자신과 아이의 강한 유대감을 알기도 전에 되돌릴 수 없는 약속을 한다. 그는 전적으로 자발적이고 충분한 정보를 갖춘 상태에서 결정을 내린 것이 아니다. 아이를 출산하기 전에는 어떤 결정을 내리더라도, 그것이 가장 중요한 의미에서 충분한 정보에 근거할 수 없다는 점은 아주 분명하다.

일단 아이가 태어나면, 어머니는 분명한 정보를 갖고 선택할 수 있다. 그러나 그 전에 내리는 결단은 소송 위협에, 그리고 1만 달러의 유혹에 어쩔 수 없이 내리는 결정이라서 전적으로 자발적일 수 없는 결단이다. 더군다나 돈이 궁하다 보면 가난한 여성이 부자를 위해 대리모가 되기로 선택할 확률이 높다. 윌렌츠 판사는 이 점 역시 이 계약의 자발성에 의문을 품게 하는 대목이라고 말한다. 저소득층 불임 부부가 부유층 대리모를 찾는 일은 없을 것이다.

그렇다면 그 계약을 무효로 하는 한 가지 근거는 합의에 문제가 있다는 점이다. 그러나 윌렌츠는 더 근본적인 두 번째 근거를 제시했다. 그 여성이 얼마나 돈이 필요했든 간에, 그리고 계약의 결과를 이해하는 것이 그에게 얼마나 중요했든 간에, 우리는 그의 합의가 적절하지 않다고 생각한다. 문명화된 사회에는 돈으로 살 수 없는 것이 있게 마련이다.

윌렌츠의 주장에 따르면, 상업적 대리 출산은 아기를 판매하는 행위와 마찬가지이며, 아기를 판매하는 행위는 아무리 자발적이라도 옳지 않다. 그는 아이가 아닌 대리 출산 서비스에 돈을 지불한 것이라는 주장도 반박했다 ㄱ 계약에 따르면, 1만 달러는 메리 베스가 양육권을 넘기고 친권을 포기함과 동시에 지불된다. 이는 아이를 판매하는 행위이거나 적어도 아이에 대한 어머니의 권리를 판매하는 행위이며, 그나마 참작할 만한 점은 구매자 중 한 사람이 아버지라는 사실이다. 중개인은 이익을 추구하느라 판매를 부추긴다. 당사자들이 어떤 이상을 품고 일을 추진했든 간에, 이 거래에 끼어들어 영향을 미치고 궁극적으로 거래를 지배한 것은 이익 추구다.

그렇다면 '아기 M' 사건에서 누가 옳았을까? 계약을 인정한 1심 법원인가, 계약을 무효로 만든 상급 법원인가? 이 문제에 답하려면, 먼저 계약의 도덕적 효력과 대리 출산 계약에 대한 두 가지 반박을 따져보아야 한다.

대리 출산 계약을 지지하는 주장은 정의의 두 가지 이론, 즉 자유지상주의(libertarianism)과 공리주의(utilitarianism)에서 출발한다. 자유지상주의는 이 계약이 선택의 자유를 반영한다는 근거를 내세운다. 성인들이 합의하여 맺은 계약을 지키는 것은 자유를 존중하는 일이다. 반면에 공리주의는 전체 행복이 커진다는 논리를 내세운다. 양 당사자가 계약에 합의했다면, 둘 다 이익이나 행복을 얻을 것이다. 그렇지 않다면 합의할 이유가 없다. 따라서 그 거래로 다른 사람의 공리가 줄어들지 않는다면(또는 줄더라도 당사자들에게 돌아가는 이익이 더 크다면) 대리 출산 계약을 비롯해 서로에게 이로운 교환은 장려되어야 한다. 그렇다면 이에 대한 반박은 어떨까? 얼마나 설득이 있을까?

반박 1: 문제가 있는 합의

메리 베스 화이트헤드의 동의가 전적으로 자발적이었는가에 관한 첫 번째 반박은 사람들이 선택을 할 때 놓이는 상황을 주목해 보아야 한다. 이 반박은 우리는 가령 돈이 필요한 상황과 같은 상황세서 부당한 압력을 받지 않을 때라야, 그리고 대안에 관한 정보를 충분히 제공받을 때라야 자유로운 선택을 할 수 있다고 주장한다. 그러나 이 주장의 핵심은 소위 자발적 동의의 진정성을 가르는 기준이다.

이 경우에서 한 걸음 물러나, 의미 있는 합의의 조건에 관한 논쟁을 살펴보자. 이는 사실 우리가 정의를 이해하는 방식에는 세 가지가 있다. 그것은 행복 극대화, 자유 존중, 및 미덕 추구이다. 그 방식 중 하나인 정의란 자유를 존중하는 것이라는 생각을 둘러싼 공방과 같은 부류임을 눈여겨볼 필요가 있다. 자유지상주의는 자유 존중의 방식에 속한다. 자유지상주의는 사람들이 어떤 선택을 하든, 다른 사람의 권리를 침해하지 않는 한, 그 선택을 존중해야 정의를 달성할 수 있다고 본다. 정의를 자유 존중으로 보는 다른 이론들은 선택의 조건에 약간의 제한을 둔다. 이들은 윌렌츠 판사가 '아이 M' 사건에서 그랬듯이, 압력을 받는 상황에서의 선택이나 정보가 부족한 상태에서의 합의는 진정한 자발적 선택이 아니라고 말한다. 이 논쟁을 좀 더 정확히 평가하기 위해 존 롤스의 정치철학에 눈을 돌리는 것도 좋다. 존 롤스는 자유진영에 서 있는 사람으로, 정의에 관한 자유지상주의의 설명을 거부한다.

반박 2: 비하와 고귀한 재화

아기나 여성의 출산 능력처럼 세상에는 돈으로 살 수 없는 것도 있다는 두 번째 반박은 어떠한가? 그런 것들을 사고파는 행위는 정확히 무엇이 문제인가? 가장 설득력 있는 답은, 아기나 임신을 상품으로 취급하는 행위는 그 가치를 제대로 평가하지 않고 비하하는 행위라는 것이다.

이 대답의 바탕에는 재화나 사회적 행위의 가치는 단지 우리가 부여하기 나름만은 아니라는 인식이 깔려 있다. 가치 부여 방식은 재화나 행위의 종류에 따라 달라진다. 자동차나 토스터 같은 상품의 가치를 제대로 인정하는 방법은 그것을 사용하거나 팔아서 이익을 남기는 것이다. 그러나 모든 것을 상품으로 취급해서는 곤란하다. 예를 들어 인간을 단순히 사고파는 상품으로 취급하는 것은 옳지 않다. 인간은 존중받아야 하는 존재이지, 사용하는 물건이 아니기 때문이다. 존중과 사용은 가치를 부여하는 두 가지 서로 다른 방식이다.

현대의 도덕철학자인 엘리자베스 앤더슨은 이 논리를 대리 출산 논쟁에 적용했다. 그는 대리 출산 계약이 여성의 노동과 아이를 상품화함으로써 그것을 비하한다고 주장한다. 앤더슨이 말하는 비하는 어떤 대상을 그것에 합당한 가치보다 낮은 가치를 부여하여 취급한다는 뜻이다. 우리는 어떤 대상에 가치를 실제보다 많이 또는 적게 부여할 뿐 아니라 질적으로 더 높거나 낮게 부여하기도 한다. 누군가를 사랑하거나 존중한다는 것은 그 사람의 가치를 단순히 그를 이용했을 때보다 더 높이 평가하는 것이다. 상업적 대리 출산은 아이를 마치 상품인 양 비하한다. 그리고 아이를 사랑하고 보살펴야 할 인간으로 소중히 여기기보다 이익의 수단으로 이용한다.

더불어 상업적 대리 출산은 여성의 몸을 물건을 찍어내는 공장 취급으로 취급하고, 여성에게 돈을 주어 임신한 아이와 관계를 끊도록 함으로써 여성을 비하한다는 게 앤더슨의 주장이다. 그 거래는 아이를 갖는 행위를 지배하게 마련인 부모의 본분이라는 준거를 일반적 생산을 지배하는 경제적 준거로 대체한다. 대리모에게 아이에 대한 부모의 애정을 무조건 억누르라고 강요하는 대리 출산 계약은 여성의 노동을 소외된 노동으로 전락시킨다. 대리 출산 계약에서 어머니는 아이와 부모 자식 관계를 형성하지도, 형성하려 애쓰지도 않겠다고 약속하는 셈이다. 임신이라는 사회적 행위가 마땅히 지향해야 하는 목적인 아이와의 감성적 유대를 억지로 끊어야 한다는 점에서 어머니의 노동은 소외된다.

앤더슨 주장의 핵심은 재화라고 해서 다 같은 재화가 아니라는 점이다. 따라서 모든 재화의 가치를 이익의 수단이나 물건의 효용만을 따져 평가해서는 안 된다. 만일 이 주장이 옳다면, 세상에는 왜 돈으로 살 수 없는 것이 존재하는가도 설명할 수 있다.

이 주장은 공리주의에 대립된다. 정의가 단지 쾌락을 극대화하여 고통의 양을 넘어서게 하는 것이라면, 우리는 모든 재화를, 그로 인한 쾌락이나 고통을, 단 하나의 통일된 방법으로 무게를 달아 가치를 평가하면 그만이다. 벤담은 바로 이 목적을 위해 공리라는 개념을 만들어냈다. 그러나 앤더슨은 모든 것을 공리로 또는 돈으로 평가한다면 아이, 임신, 부모 노릇처럼 더 높은 기준으로 평가해야 마땅한 사회적 행위와 재화를 비하하는 것이 될 것이라고 주장한다.

그런데 그 높은 기준이란 대체 무엇이며, 각 재화와 사회적 행위에 걸맞은 평가 방법을 어떻게 알 수 있을까? 한 가지 답은 자유에 대한 생각에서 출발한다. 인간은 자유를 누릴 자격이 있으니, 물건 취급을 받아서는 안 되며, 존엄성을 가진 존재로 존중받아야 한다. 이런 시각은 존중받아야 하는 인간과 언제나 사용될 수 있는 물건의 차이를 강조하면서, 이를 도덕성의 근본 차이로 인식한다. 이런 시각을 가장 강력하게 옹호한 사람은 칸트였다.

높은 기준을 이해하는 또 하나의 시각은 재화와 사회적 행위를 올바르게 평가하려면 그것이 추구하는 바를 따져보아야 한다는 생각에서 출발한다. 앤더슨이 대리 출산에 반대하면서, 임신이라는 사회적 행위가 마땅히 지향해야 하는 특정한 목적, 즉 어머니와 아이의 정서적 유대를 강조했다는 점을 생각해 보자. 어머니에게 그러한 유대를 맺지 말라고 요구하는 계약은 임신의 본래 목적에서 벗어나기에 굴욕적이다. 그것은 부모의 본분이라는 준거를 상업적 생산이라는 준거로 대체한다. 어떤 사회적 행위의 준거를 찾으려 할 때, 그 행위의 주요 목적부터 파악해야 한다는 생각은 정의에 관한 아리스토텔레스 이론의 핵심이다. 도덕과 정의에 관한 이 이론들을 살펴보지 않고서는 어떤 재화와 사회적 행위가 시장의 원리에 따라야 하는가를 올바로 판단할 수 없다.

한 때 '아기 M'으로 알려진 멜리사 스턴은 조지 워싱턴 대학에서 종교를 전공하고 얼마 전 졸업했다. 뉴저지에서 그의 양육권을 놓고 유명한 싸움이 벌어진 지 20년도 더 지났지만, 대리모 논란은 여전히 진행 중이다. 유럽의 많은 국가가 상업적 대리 출산을 금지한다. 미국에서는 10여개 주가 이를 합법화했고, 10d8개 주가 금지했으며, 다른 주는 법적 상황이 애매하다.

새로운 불임 치료술이 개발되면서 대리 출산 경제학에 변화가 생기고, 윤리적으로 더욱 골치 아픈 문제들이 생겨났다. 메리 베스 화이트헤드가 돈을 받고 임신하기로 약속했을 때, 그녀는 난자와 자궁을 제공한 셈이다. 따라서 그녀는 태어나는 아기의 생물학적 어머니다. 그러나 체외수정으로 한 여성이 난세포를 제공하고 다른 여성이 그것을 키울 수 있게 되었다. 하버드 경영대학원 교수인 데버러 스파는 새로운 대리 출산의 상업적 이익을 분석했다. 이제까지 대리 출산 계약을 맺은 사람은 대개 난자와 자궁을 한 묶음으로 구매해야 했다. 그러나 이제는 친어머니가 될 곳에서 난자를, 다른 한 곳에서 자궁을 얻을 수 있게 되었다.

스파는 이런 식의 개별 공급이 대리 출산 시장을 키웠다고 설명한다. 난자, 자궁, 어머니가 하나로 연결되는 기존 방식에서 탈피한 새로운 대리 출산으로, 기존의 법적·감정적 문제가 줄고 시장도 새롭게 활성화되었다. 난자와 자궁을 한 묶으므로 구매하는 압박감에서 벗어나게 되자, 대리 출산 중개자들은 이제 "난자는 특정한 유전적 특성을 가진 사람에게서, 자궁은 특정한 성격을 가진 사람에게서"라는 식으로 더욱 차별화된 선택을 하게 되었다. 부모가 될 사람은 자기 아이를 임신할 여성의 유전적 특성을 걱정할 필요가 없게 되었다. 그건 다른 곳에서 가져올 수 있기 때문이다. 이들은 그 여성이 어떻게 생겼는지 걱정하지 않는다. 그녀가 출산 뒤에 아이의 소유권을 주장하거나 법정에서 유리한 판결을 받지 않을까 하는 걱정도 줄었다. 이들에게 정말 필요한 것은 임신을 대신해주고, 임신 기간에 술·담배·마약을 하지 않는다는 행동 규범을 준수할 건강한 여성이다.

이처럼 대리 출산 양상이 바뀌면서 수요뿐만 아니라 공급도 늘어났다. 대리모는 현재 임신 한 건당 2만~2만5천 달러를 받는다. 그리고 의료비와 법적 비용을 포함한 총비용은 보통 7만5천~8만 달러가 된다.

가격이 이 정도까지 치솟다 보니, 값싼 대안을 찾기 시작하는 것도 무리가 아니다. 오늘날 같은 세계경제체제에서 돈을 지불하는 임신의 수요자도 다른 상품이나 서비스처럼 좀 더 값싼 공급자를 찾아 밖으로 눈을 돌리게 되었다. 2002년, 인도는 외국인 고객을 유치할 목적으로 사업적 대리 출산을 합법화했다.

인도의 방갈로르가 콜센터로 유명하듯이, 인도 서부의 도시 아난드는 이제 곧 유급 임신으로 유명해질 것이다. 2008년에는 이 두 시 여성 50여 명이 미국, 타이완, 영국 등에 사는 부부를 위해 대신 임신을 해주었다. 아난드의 어느 병원은 가정부, 요리사, 의사를 갖춘 단체 주거 시설을 마련해놓고, 대리모 열다섯 명을 수용해 전 세계에서 고객을 맞고 있다. 이 여성들이 벌어들이는 4,500~7,500 달러는 이들이 보통 15년 이상 일해야 벌 수 있는 금액으로, 이 돈으로 집도 사고 자녀 학비까지 댈 수 있다. 한편 아난드를 찾는 미래의 부모에게는 이 액수가 거저나 마찬가지다. 2만 5천 달러에 이르는 총비용은 미국의 3분의 1 수준이다.

사람들은 오늘날의 상업적 대리 출산이 '아기 M' 사례보다 도덕적으로 문제가 적다고 생각한다. 대리모가 난자가 아닌 자궁과 임신이라는 노동만을 제공하기 때문에, 아이는 유전적으로 대리모의 자식이 아니라고 주장하기도 한다. 이 견해에 따르면, 아이는 거래되지 않으며, 대리모가 아이의 소유권을 주장할 가능성도 적다.

그러나 이런 대리 출산으로도 도덕 문제가 다 해결되는 것은 아니다. 자궁 대리모는 난자까지 제공하는 대리모보다 아이에 대한 집착이 분명히 적을 수도 있다. 그러나 어머니의 역할을 둘이 아닌 셋으로(양부모, 난자 공여자, 자궁만 제공하는 대리모) 나눈다고 해서, 아이에 대한 소유권에서 누가 우위를 차지하는가의 문제가 새로 생기는 것이다.

체외수정 외주 임신에서 새로 생겨난 문제는 도덕 문제를 더욱 부각시키는 결과를 낳았다. 부모가 될 사람들의 상당한 경비 절감과 인도 대리모가 얻을, 인도의 통상 임금에 비하면 엄청나게 큰 경제적 이익을 생각할 때, 상업적 대리 출산이 전체 행복을 늘린다는 사실은 부인할 수 없다. 따라서 공리주의 견해로 보자면, 유급 임신이 세계적인 사업으로 떠오른다고 해서 문제가 제기되지 않을 것이다.

그러나 세계적인 외주 임신도 도덕 문제를 부각시키기는 마찬가지다. 영국 부부를 위해 자궁 대리모가 된 스물여섯 살의 인도 여성 수만 도디아는 예전에 가정부로 일할 때는 한 달에 25 달러를 벌었다. 그런 그녀에게 아홉 달의 노동으로 4,500 달러를 벌 수 있다는 사실은 거부하기 힘든 유혹이었다. 자신의 아이 셋을 모두 집에서 낳고 한 번도 의사를 찾아간 적이 없던 도디아의 과거는 대리모 역할에 씁쓸함을 더했다. 돈을 받고 임신한 도디아는 자기 아이를 임신했을 때보다 더 조심하고 있다고 말했다. 대리 임신을 결정한 이 여성은 분명히 경제적 이익을 얻겠지만, 그것을 자유로운 선택이라고 말할 수 있을지는 분명하지 않다. 게다가 대리 임신 산업이 전 세계로 확대되면서, 그리고 가난한 나라에서 의도적으로 그러한 정책을 장려하면서, 대리 출산은 여성의 몸과 출산 능력을 도구로 전락시켜 여성을 비하한다고 생각하는 사람들이 많아지고 있다.

아이를 출산하는 행위와 전쟁을 수행하는 행위만큼이나 서로 이질적으로 보이는 행위도 없을 것이다. 그러나 인도의 대리 출산과 앤드루 카네기가 남북전쟁에서 자기 대신 싸울 군인을 고용한 사례에는 뭔가 공통점이 있다. 이 상황에서 무엇이 옳고 무엇이 그른가를 생각해 보면, 정의의 개념을 서로 다르게 규정하게 하는 두 가지 질문에 직면한다. 자유시장에서 우리의 선택은 얼마나 자유로운가? 세상에는 시장이 존중하지 않는, 그리고 돈으로 살 수 없는 미덕과 고귀한 재화가 과연 존재할까?

제 6 장 과학기술 정책

1. 과학기술정책의 연구 의의

　과학기술자 개인이 과학적 발견을 했다거나 발명품을 만든게 되면 그의 명성은 높아지며 그에 상응하는 금전적 이득이 생긴다. 과학기술 지식은 현대 지식경제사회에서 재정적 후원으로 연결된다. 특히 고부가가치를 낳은 기술에 대해서는 정부나 기업체의 지원은 말할 것도 없고, 개발된 상품 자체의 판매는 소비자로부터 강력한 지원을 받는 것이 된다.
　현대 사회는 한 국가 안에서도 제도화된 과학기술 공동체에서 연구개발 작업을 하며 다수의 과학기술 공동체는 상호 경쟁을 한다. 경쟁의 결과는 사실상 냉혹하다. 승자에게는 모든 것을 취할 기회가 되지만 패자에게는 회복 불능의 상태에 빠지게 될 수도 있다. 더구나 전세계적으로는 과학기술이 자국의 발전과 국제적 영향력 발휘에서 핵심적인 역할을 하고 있음을 부인할 수 없다.
　현대 과학기술발전의 가속화와 연속적인 기술혁신으로 인간은 무한대한 우주개발에 도전하고 있고, 물질구조의 극미한 소립자의 세계와 생명현상의 근원적인 DNA(핵산)구조의 해명에 이르기까지 극한 상황에 도전하고 있다. 선진국이나 개발도상국가를 막론하고 과학기술개발을 국가의 최우선 정책과제로 추진하고 있을 정도로 과학기술은 한 나라의 국력의 척도이다.
　과학기술정책은 학문적 차원에서 경제개발과 기술개발에 관한 상관관계를 연구하는 과학정책연구(science policy studies)가 대학 등에서 중요한 학문영역으로 정착되어가고 있으며, 기술개발과 기술진보가 경제성장에 미치는 영향 등을 생산함수를 활용하여 정략적으로 분석하고 있으며, 이러한 학문적 연구결과는 국가의 경제 및 과학기술정책에 중요한 정책지표로 활용되고 있다.

21세기에는 특히 컴퓨터와 정보통신혁명을 주축으로 한 정보산업혁명, 이른바 '제3의 물결'이라는 새로운 문명의 태동을 예고하고 있다. 근대 과학기술이 출범한 16·17세기의 과학혁명(scientific revolution) 이후 과학기술이 인류의 생존과 운명까지도 좌우하는 지식·정보화의 새로운 문명이 출현하고 있다. 오늘날 과학기술은 무한경쟁의 국제화시대에 접어들었고 국제정치와 경제문제의 핵심문제로 등장하고 있으며, UN과 같은 국제기구는 물론 서방7개국정상회담 등에서도 가장 중요한 정책과제가 되고 있다.

미국·유럽연합(EU)·일본 등의 기술선진국들은 과거의 군사력과 경제력에 의한 세계 정치와 경제에서 군림하려는 시대에서 기술력의 우위성을 지킴으로써 세계적 지도국이 되려는 경향이 심화되고 있다. 선진국간에도 첨단기술을 중심으로 상호간 시장확보와 우위를 점하기 위한 기술경쟁이 치열한 한편, 신흥공업국가는 자국과 경쟁상대가 되는 것을 우려하여 기술보호장벽을 높이 쌓아 가고 있다.

이러한 국제 여건하에서 한국 등 선진국 진입을 앞둔 국가는 선진국으로부터의 견제가 심한 한편 중국·동남아 신흥공업국가들로부터 추월당해서는 안 되는 위치에서 기술개발의 시급성이 더욱 절실해져 국가의 경제사회발전계획 중에서 과학기술개발계획과 정책이 차지하는 비중이 더욱 커지고, 정부·산업계·연구기관·대학이 상호 협조하여 국가의 과학기술발전에 진력할 것이 더욱 요청되고 있다.

국제경제질서가 '관세 및 무역에 관한 일반협정(GATT)' 체제에서 수출입개방체제인 세계무역기구체제로 개편됨에 따라 세계는 무한경쟁의 냉엄한 현실에 직면하게 되었다. 또한 국가간 또는 각 대륙에서의 역내간 FTA(Free Trade Agreement, 자유무역협정)이 활발하게 추진되고 있는 21세기는 종래 무역수지·생산성·GNP 등에 의해 국가경쟁력이 결정되는 산업사회에서 특허권 등 지적재산권의 보유량과 첨단핵심기술의 보유여부 및 정보통신산업의 발전정도에 의해 경쟁력이 결정되는 정보화사회·기술경쟁시대에 진입하게 되었다.

그리하여 선진 각국은 기술보호주의와 지적재산권의 보호를 강화함으로써 그들의 기술우위를 확보하고 후발국의 추격을 원천 봉쇄하려 하고 있다. 그리고 국가 초고속정보기반 구축이 21세기에 세계의 주도권을 확보하는 첩경이라는 인식 아래 초고속정보망의 구축에 국가적인 노력을 기울이고 있다. 미국은 초고속정보기반의 조기 구축, 정부 주도의 기술개발전략 추구, 기초과학·수학 및 공학에서 세계의 주도권

유지를 목표로 과학기술개발에 박차를 가하고 있다.

일본은 종전의 기술추종국에서 기술선진국으로의 진입과 지도국가로서의 국제적 역할을 담당할 목표로 고도정보화사회에 대비한 신사회간접자본확충계획, 과학기술 투자의 획기적 확대, 모방교육에서 창의성 위주의 교육혁신 등을 지향하고 있다. EU는 유럽의 거대 시장을 하나로 묶는 경제적 대통합을 위한 정보합중국(情報合衆國)의 건설, 현장적응력이 있는 교육개혁, 유럽정보기술연구개발 등 대규모 공동연구개발을 추진하고 있다.

마오쩌둥[毛澤東] 사후 중국은 기술흥국(技術興國)의 기치 아래 4대 근대화 노선의 하나로 과학기술개발을 채택하고 1980년대부터 863고도기술개발계획, 화지계획(Torch Program), 성화계획(Spark Program), 공관계획(Trouble Shooting Plan) 등을 추진하는 한편, 전국 38개 도시에 신기술산업개발단지를 조성하고 있다.

글로벌 경제체제로 돌입되어 있는 21세기에 각 국가간, 각 기업체간 경쟁은 총칼이라는 무기를 들고 있지 않는 형태의 새로운 전쟁을 치루고 있다. 이름하여 치열한 경제전쟁을 과학기술의 지원을 받아 치루고 있는 것이다. 여기서는 과학기술을 이용한 제품의 상용화와 관련해서 승자독식 현상을 먼저 살펴보고 과학기술 정책의 문제를 다루어가도록 하겠다.

기업들의 전략 보고서에 자주 등장하는 용어 중 하나로 'Critical Mass'라는 말이 있다. 이것은 어떤 제품이나 서비스가 폭발적으로 성장하기 위해 반드시 도달해야 하는 임계치(고객이나 시장 크기의 임계치)를 의미한다. 하이테크 마케팅 측면에서 보자면 이 용어는 수확 체증의 경제 논리 즉 시장 점유율이 큰 기업이 유리한 고지를 점령하여 일정한 수준 이상의 격차를 벌여놓게 되면 어느 순간부터는 급속하게 차이가 벌어지는 상태를 뜻한다. 이것은 승자독식(Winner takes all) 논리와 일맥상통한다. 일정 수준까지 시장이나 고객의 로열티를 얻게 되면 그때부터는 승자가 주도권을 쥐고 흔들 수 있다는 의미이다.

승자독식을 유지하기 위한 1위 기업이나 이를 따라잡으려는 후발 기업들에는 임계치를 넘어 폭발적 힘을 발휘하는 Critical Mass를 확보하는 것은 아주 중요한 일이다. 무엇보다 Critical Mass를 도달하기 시작하면 업계의 순위가 뒤바뀔 수 있는 기회가 얻어지기 때문이다. 그러나 이러한 변화가 쉽지는 않다. 무엇보다 그 업계의 1위 주자는 핵심적인 경쟁력을 안정적으로 취하고 있기 때문에 경쟁 요소를 쉽게 찾기 어렵다. 특히 이미 그 제품에 익숙해져 있는 고객의 마음을 바꾸는 것은 그리 쉽지 않다.

IT 비즈니스에서 순위 탈환을 위해 후발 회사들이 취하는 전략의 핵심은 바로 혁신(innovation)이다. 기업들은 신개발품의 기능, 광고 전략 등의 각종 수단을 동원하여 시장의 판도를 바꾸기 위한 혁신의 마술을 부린다. 2010년에 IT업계에서의 대표적인 사례는 아이폰이다. 애플의 아이폰이 스마트폰의 마켓 쉐어로만 본다면 전세계 1위 제품이 아니지만 단일 제품으로 이만큼 고객의 마인드 쉐어를 움직이는 제품은 없다.

이번 아이폰 OS 4.0 발표는 Critical Mass를 넘어 1위 기업을 넘보는 후발 기업의 자신감 넘치는 전술로 볼 수 있다. 2010년 상반기의 IT 이슈가 한바탕 정리가 끝난 시점 즉, 마이크로소프트, 삼성 등이 윈도우모바일7이나 바다OS 등 아이폰OS에 대항하는 전략이 발표되고 아이폰 OS에 대한 업그레이드 요구가 고객들로부터 쏟아져 나오기 시작한 시기에 적절히 발표되었다.

마이크로소프트가 월드모바일콩그레스에 윈도우모바일7을 발표하는 모습은 누군가를 꼭 이기기 위한 경쟁 전략 측면에서 다소 수세에 몰린 형국이었다. 부랴부랴 발표한 윈도우모바일7은 2010년 가을이 넘어서야 실제 고객에게 전달될 수 있으니 최근의 변화 속도에도 부응하지 못하는 모습이다. 그러나 애플은 경쟁이나 고객의 변화에 아랑곳하지 않고 자신들만의 로드맵에 의해 주도적으로 그 힘을 행사하고 있다.

이것은 Critical Mass가 확보되어 시장의 흐름을 쥐락펴락하는 승자독식 기업의 형국이다. 미국 스마트폰 OS의 64%, 5천만대 아이폰 판매 등을 숫자로 열거하는 그날의 발표는 자신감의 표현이다. 이전에 포스팅한 바 있는 네트워크 효과(Network Effect)를 절묘하게 활용하는 모습이기도 하다.

아이패드가 출시됨으로써 애플의 생태계는 이용자 네트워크의 촘촘한 사슬을 묶어두기 시작했고 이용자 스스로 제품의 가치를 홍보함으로써 타인의 소비행동에 영향을 미치는 네트워크 외부성(network externality)이 폭발적으로 발현되고 있다. 수백종의 모바일을 생산하는 노키아, 삼성전자 보다 단 한 개의 제품 라인업으로 만들어내는 애플의 '승자독식' 경제 논리는 이미 무서운 속도가 붙었다.

IT 업계 종사자들의 일부는 애플의 주도는 오래 가지 않을 것이며 결국 승자는 마켓쉐어의 1인자의 것이라는 관점에서 비판적인 입장을 가지고 있다. 또한 애플의 혁신은 서서히 속도가 느려질 것이라고 지적한다. 하지만 그렇게 되지 않을 수도 있다. 과거의 경험치를 바탕으로 그들이 계속 흥할지 곧 망할지 예측하는 것보다 현재 그들이 승자독식 전략을 어떻게 펼쳐가고 있는지를 분석하는 것이 더 필요한 일이다. 소비자를 추종하는 것이 아니라 소비자를 이끌어내는 푸시 마켓팅의 적극적인 비즈니스 전략은 경제 교과서의 새로운 페이지를 장식할 정도이다.

이번 4.0 발표에는 2가지 의미 있는 내용이 있다. 아이폰4.0이 광고 상품을 틀어쥐기 위한 플랫폼을 장악하려는 시도와 기업 시장에도 눈독을 들임으로써 통신회사들과의 새로운 경쟁이나 제휴 관계가 형성될 수 있다는 점이다. 개인 시장에서 기업 시장에까지 파이를 키우는 전략 또한 승자독식 전략의 제2막이다.

후발기업이나 추종 기업들은 또 다른 혁신을 준비해야 한다. 스마트폰으로 열린 새로운 시장이라면 N-Screen이나 어플리케이션 개발, 솔루션, 게임 등 콘텐츠 시장에서 고객들의 니즈를 찾아 파고들어야 할 것이다. 그리고 애플의 아이폰, 아이패드로 인해 시장의 영역이 점점 글로벌로 커지고 있다. 이 점은 우리나라의 통신 기업이나 개인들에게도 대단히 큰 중요한 의미가 있다.

아이폰 4.0 에서 밝히고 있는 모바일광고, 소셜게임, 기업 시장 솔루션 등은 확실히 커질 것으로 예상되는 분야임에 틀림없다. 애플은 글로벌 시장을 향한 새로운 먹거리가 창출하고 있다. 고객의 마인드쉐어를 장악하고 판 자체를 쥐락펴락하는 애플의 승자독식 전략은 여러 가지 면에서 좋은 분석 대상이다. 기술, 디자인 등 하드웨어와 소프트웨어 분야에서 먹거리를 창출하는 개인이나 기업들은 애플이 만들고 있는 생태계에 적기에 대응하기 위해 노력한다. 생태계의 외곽에서 기업의 전략을 분석하고 예측하는 언론이나 블로거 기업의 전략 기획 부서들은 애플이 펼치는 경제논리를 여러 가지 각도에서 분석할 필요가 있다. 우리나라의 기업들도 글로벌 IT의 변방에서 중심으로 이동하여 새로운 승자독식을 준비하기 위한 한발 앞선 대응이 요구되는 때이다.

승자독식은 사회가 급변하는 한국만의 이슈가 아니다. 영국 BBC 방송 다큐멘터리 '승자독식의 사회'에서는 최상위 부유층 1%가 영국을 지배하고 있다는 내용을 방영했다. 마가렛 대처가 집권한 1979년, 최상위 엘리트 1%의 소득은 국민소득의 6%에 못 미쳤다. 그러나 1980년대 말엔 9%로 올라서더니 토니 블레어의 노동당 정부에서는 13%로 뛰어 올랐다. 미국도 예외는 아니다. 20년 전 미국 최고 경영자의 수입은 노동자의 40배에 불과했으나 현재는 300배에 달하고 있다.

지식기반 경제 하에서는 수확체증의 법칙(Increasing Returns of Scale)을 이해할 필요가 있다. 수확체증의 법칙은 투입된 생산요소가 늘어나면 늘어날수록 산출량이 기하급수적으로 증가하는 현상을 말한다. 예를 들어 구글과 같은 경우 검색서비스를 개발해 놓으면 이후 사용자가 증가함에 따라 개발비용은 지속적으로 희석된다.

이는 지금까지의 전통산업경제에 적용되던 수확체감의 법칙(Diminishing returns of scale)과 상반된 현상이다.

수확체감의 법칙은 자본과 노동 등 생산요소가 한 단위 추가될 때 이로 인해 늘어나는 한계생산량은 점차 줄어든다는 것을 의미한다. 즉 생산요소를 추가적으로 계속 투입해 나갈 때 어느 시점이 지나면 새롭게 투입하는 요소로 인해 발생하는 수확의 증가량은 감소한다.

지식기반 산업의 핵심인 정보산업, 소프트웨어산업, 문화산업, 서비스산업에서는 생산량이 증가하더라도 추가비용이 거의 들지 않는 전형적인 수확체증 특성이 나타난다. 런칭 초기에는 우열을 가리기 힘든 시장 점유율을 보이지만, 시간이 지나고 일정 수준을 넘게 되면 갑작스럽게 시장 점유율이 갈라지게 되며, 우위를 차지한 기업이 독식하는 현상이 나타난다. 이러한 지점을 티핑 포인트(Tipping Point; Malcolm Gladwall(2002))라 부른다.

특히 하이테크 마케팅에서는 수확체증 법칙의 시장지배적 사업자를 '고릴라'라고 칭하는데, 이러한 고릴라형 기업들은 수익과 더불어 독점적 시장점유율을 통해 많은 혜택을 누리게 된다. 일단 1등에 올라서면 2등과 극명하게 차이를 보이며 확보된 네트워크와 규모의 경제 등으로 1등 기업의 이익은 더욱 증가한다. 2002년 세계 통신기기 업체들이 147억 달러의 대형 적자를 냈음에도 1등 기업 노키아는 32억 달러의 흑자를 기록했고 삼성전자 또한 43억 달러의 적자를 보인 종합전자 분야에서 60억 달러 흑자라는 경이적인 성과를 달성했다. 이처럼 1등의 위력은 불황기에도 경쟁력을 발휘한다.

올해 요미우리에서 개인 타이틀은 따지 못했지만 선수들 중에서 압도적인 성적 1위를 낸 이승엽은 연봉에서도 대박을 터뜨렸다. 4년 총액 30억엔이라는 거액은 현재 요미우리내 최고의 타자, 투수들의 평균연봉 2배에 달하는 액수이다.

미국 시카고대의 서원 로젠 교수는 이처럼 1등은 엄청난 보상을 받는 반면 차점자는 훨씬 작은 보상을 받는 승자독식 현상을 분석해 슈퍼스타 경제학이라고 이름 붙였다. 스포츠나 연예계에만 슈퍼스타가 있는 것은 아니다. TV와 정보기술(IT)의 발달에 따라 종교인, 학원 강사, 전문 경영인, 의사, 변호사 등의 영역에서도 비슷한 현상이 감지되고 있다. 일본의 경제평론가 오마에 겐이치는 다양화 시대에 선택항이 많아질수록 선택이 힘들어져 팔리는 상품만 팔린다며 나이키 신발, 윈도2000, 포켓몬스터 등을 예로 들었다.

이건희 회장은 신년사에서 초일류 기업 달성을 강조했고, 구본무 회장은 '1등

경영을 통한 1등 LG'를 역설했다. 또한 정몽구 회장도 세계 초일류를 3대 핵심과제로 선정했다. 승자독식의 사회에 당면한 기업과 개인에게 1등은 더는 전략적 목표가 아니다. 1등은 기업과 개인에게 모두 생존의 문제로 직결된다. 그들의 한마디는 캐치프레이성 구호에 그치지 않는다. 1등 경험만이 이 치열한 경쟁사회에서 나를 지키는 길이다. 개인도 이 절박함을 깨달아야 한다.

박애 자본주의와는 대립되는 승자독식이라는 트렌드는 역설적으로 약육강식을 더욱 강조하고 있다. 아프리카의 사자가 하나의 영역을 지배하기 위해 다른 숫사자와의 경쟁에서 승리하면 모든 암사자를 거머쥐듯이 약자와의 공생에 대한 인식이 깨지고 있다. 사회복지제도가 튼실해져 가는 것도 결국은 승자독식에서 밀려난 패자들에 대한 완충망제도인 셈이다. 부익부빈익빈 현상이 완화될 조짐은 어디에도 없다. 승자가 될 것인가, 패자가 될 것인가는 준비하는 자의 몫일 것이다.

개인이나 기업뿐만이 아니라 국가도 성공에 따른 부를 창출해야 국민을 행복하게 만들 수 있다. 이를 위해 고부가가치를 창출하는 과학기술 정책을 수립하지 않으면 안 된다. 2009년 미국의 서브프라임 모기지 부실(실은 월가의 파생상품의 부실이 그 원인이라는 지적도 있다)로부터 촉발된 글로벌 경제위기는 전세계적인 경기침체를 가져와 2차 세계대전 이후 처음으로 미국, 일본 등 주요 선진국들조차도 마이너스 성장을 하게 되었고 일자리 감소를 유발하였다.

세계 각국은 경제위기의 빠른 극복을 위해 재정투자를 대폭 확대하고 유동성을 증대시키는 정책을 펴왔다. 미래 성장잠재력 확충을 위한 연구개발에 대한 투자 확대도 재정지원의 일환으로 추진되고 있다. 특히 주요국들은 향후 신산업 창출과 안정적인 미래를 담보하기 위한 녹색기술산업에 대한 투자를 대폭 확대하고 있다.

정부의 연구개발투자 확대는 고용을 통해 경제활성화에 기여할 뿐 아니라 혁신을 촉진하여 장기적 경제성장에 기여한다. 각국은 기존의 정부 R&D 지원 사업을 확대하고 연구기반 시설에 대해 지원하는 등의 정부의 직접적 재정지원을 늘리고, 경제위기로 인해 위축된 민간의 투자 확대를 유도하기 위한 재정·세제 지원 및 규제 완화 등을 추진하고 있다. 추경예산을 통한 정부의 R&D 추가 지원은 고용을 유지하고 창출하는 데에 도움을 주어 한시적일지라도 고용 안정이라는 관점에서 단기적 경제 회복에 기여할 수 있다.

2. 우리나라와 세계의 과학기술정책

우리나라를 포함하여 각국 정부의 과학기술 정책에 대해 개괄적으로 살펴보면, 우리나라를 포함한 세계 각국 정부는 녹색기술개발, 탄소배출량감축 등 친환경정책을 적극적으로 추진하여 유망 녹색기술산업의 주도권을 놓고 각축을 벌이고 있다. 특히 최근에는 녹색성장에 대한 투자확대를 통한 성장 잠재력 확충을 위해 노력하고 있으며, 추경예산의 상당부분을 그린뉴딜(Green New Deal) 사업에 투자하고 있다.

우리나라 정부는 경제위기 조기 극복을 최우선으로 하면서 위기 이후의 기회도 준비하는 것을 추경예산의 기본으로 설정하였다. 추경예산의 5대 중점분야 중 하나로 '미래대비 투자'를 선정하여 녹색뉴딜, 신성장동력 투자 등을 통한 성장잠재력 제고를 목표로 하고 있다.

정부는 2009년 28.9조원의 총 추경예산 중 8,637억원을 신성장동력, 과학뉴딜을 위한 R&D예산으로 편성하였다. 정부가 기존 R&D 예산(09년 12.3조원) 외에 추경으로 R&D 예산을 편성한 것은 이례적인 일로, 신성장동력 중에서 경기진작 효과가 있는 분야에 집중 투자하여 경기회복에 기여하고, 기업 경쟁력을 끌어올려 녹색성장 등 위기 이후를 대비하려 한다. 확보된 예산으로 온라인 전기자동차, 모발일 하버 등 조기에 사업화할 수 있는 신성장동력 관련 R&D 사업과 IT/SW에 대한 투자를 확대하고 연구동 조기완공을 통해 연구개발 인프라를 확충함으로써 연구환경을 개선할 계획을 수립하였다.

정부는 2009년 1월 「신성장동력 비전 및 발전전략」을 통해 세계적인 경기침체에 따른 단기위기 대책과 더불어 포스트 금융위기에 대비한 새로운 경제성장 비전을 제시하기 위해 범부처적으로 추진할 3대 분야 17개 신성장동력을 발굴하였다.

3대 분야	17개 신성장동력
녹색기술산업 (6)	신생에너지, 탄소저감에너지, 고도 물처리, LED 응용, 그린수송시스템, 첨단 그린도시
첨단융합산업 (6)	방송통신융합산업, IT융합시스템, 로봇응용, 신소재·나노융합, 바이오제약(자원)·의료기기, 고부가식품산업
고부가서비스산업 (5)	글로벌 헬스케어, 글로벌 교육서비스, 녹색금융, 콘텐츠·소프트웨어, MICE*·관광

*MICE: Meeting, Incentive, Convention, Exhibition(기업회의, 보상관광, 컨벤션, 전시 사업)

<표> 3대 분야 17개 신성장동력

또한 2009년 5월에는 「신성장동력 종합 추진계획」을 통해 3대 분야 17개 신성장동력에 향후 5년간(09~13년) 24.5조원 규모의 재정을 투입할 것을 발표하였다. 이 중 R&D 과제에 14.1조원, 재정사업, 제도개선, 시장창출 등 非R&D 과제에 10.4조원이 소요될 전망이다. 또한 「신성장동력 인력양성계획」(09.5)에 따라 향후 10년간 70만명 규모의 핵심인력 양성을 목표로 고등교육 특화사업 등 4개 과제를 추진할 계획이다.

2009년 추경으로 추진된 단기 R&D 사업인 '신성장동력 스마트 프로젝트'는 교육과학기술부와 지식경제부가 공동으로 추진하며, 중장기 녹생융합원천기술 과제(1,100억원)는 교육과학기술부가, 단기 실용화과제(1,900억원)는 지식경제부가 각각 주관했다.

또한 정부는 민간부문의 R&D 투자 활성화를 위해 2009년 7월 관계부처 합동으로 「일자리 창출과 경기회복을 위한 투자촉진 방안」을 발표하고 재정·세제 지원 확대 및 규제 완화를 추진하고 있다. 먼저 민간 R&D 투자 확대를 위해 신성장동력, 원천기술 분야의 R&D 투자 세액 공제를 OECD 수준으로 대폭 강화하였다.

중소기업 기술개발제품 우선구매제도 개선 등 R&D 상용화를 지원한다. 지자체·공공기관의 구매목표비율을 상향조정(현행 5%→10%)하고 기관평가시 R&D 제품의 구매실적 반영비중을 강화하였다. 대기업→공공기관 등 수요기관의 구매를 조건으로 기술개발을 추진하는 '구매조건부 녹색 R&D 사업'도 지속 확대한다.

서비스산업의 R&D 투자 및 기반을 확충한다. 지식기반서비스 산업분야 기업부설연구소를 신규 도입하기 위해 인적·물적 요건, 각종 지원제도 적용기준을 마련하고, 「연구개발서비스산업 종합육성계획」을 수립하여 서비스분야의 연구개발을 수행하는 '연구개발서비스기업'을 육성함으로써 중소 서비스기업의 R&D 수요를 지원할 계획이다. 또한 기업부설연구소의 기술혁신역량 강화를 추진한다. 이를 위해 관련 법령정비를 통해 기업부설연구소의 신고 및 인증체계, 사후관리 등 제도 전반을 개선(인증제→등록제 전환추진, 기업부설연구소 종합관리시스템 구축 등)하고 기업부설연구소 대상 기술경영 혁신 컨설팅 추진과 벤처기업연구소의 기업부설연구소 인정 요건(인정제한 기한 폐지)을 완화한다.

세계 각국도 녹색산업에 투자를 확대하고 있는데, 우리나라도 역시 경제위기의 조기 극복을 최우선과제로 삼으면서도 위기 이후의 기회에 대비하기 위하여 경기부양 예산의 약 80%를 녹색뉴딜에 투자함으로써 세계로부터 긍정적인 반응을 얻고 있다. 독이리의 일간지인 '프랑크푸르터 룬트샤우'는 2009년 3월 31일자에서 "G20 참가국 중 한국만큼 기후변화에 대응하는 프로젝트와 친환경 경기 부양을 실시하는 나라가 없다"며 우리나라의 녹색 경기부양책에 찬사를 보냈다.

한국의 녹색뉴딜사업은 2009~2012년간 총 50조원을 투입해 36개 사업의 추진을 통해 약 96만개의 일자리를 창출하는 것을 목표로 하고 있다. 녹색뉴딜사업은 ① 한국형 뉴딜과 신성장동력 사업 중 녹색 연관성과 성장·일자리 창출 효과가 큰 사업, ② 여타 녹색 사업 중 일자리 창출 효과가 큰 사업을 중심으로 9개 핵심사업과 27개 연계사업으로 구성되었다. 대표적인 녹색뉴딜사업인 4대강 살리기 사업은 한강, 금강, 영산강, 낙동강 등 4개 강과 섬진강 등 18개 하천을 친환경 공간으로 정비하는 것으로 총 22조2천억원의 사업비가 투입되는 대규모 국책사업으로서 2009년 11월에 착공하여 2012년에 마무리를 할 예정이다.

녹색뉴딜사업의 9개 핵심사업은 ① 4대강 살리기 및 주변정비 사업 ② 녹색 교통망 구축 사업 ③ 녹색 국가 정보인프라 구축 사업 ④ 대체 수자원 확보 및 친환경 중소댐 건설 사업 ⑤ 그린카, 청정에너지 보급 사업 ⑥ 자원 재활용 확대 사업 ⑦ 산림 바이어매스 이용 활성화 사업 ⑧ 그린홈·오피스 및 그린스쿨 사업 ⑨ 쾌적한 녹색 생활공간 조성 사업이다.

한국 정부는 '저탄소 녹색성장' 비전 선포(08.8)후, 녹색기술 R&D 투자 확대를 통한 친환경혁신을 추진하고 있다. 정부는 「녹색기술 연구개발 종합대책」(09.1)을 통해 경제성장과 저탄소환경지속성에 직접적으로 영향을 미치는 녹색기술에 대한 R&D 투자를 2012년까지 2008년 대비 2배 이상 확대하는 방향을 발표하였다. 이를 통해 2008년 1.4조원 수준인 녹색기술 R&D 투자를 2012년에는 2.8조원으로 연평균 19%씩 확대하여 2008년~2012년간 누적으로 10.9조원을 투자할 계획이다. 또한 경제성장 기여도, 저탄소환경지속성 기여도, 전략적 중요도 등을 고려하여 선택과 집중에 의거 집중 육성해 나갈 27개의 녹색기술을 선정하였다. 27개 중점녹색기술 R&D 투자는 2008년 1.0조원에서 2012년에는 2.3조원으로 연평균 23.4%씩 증가시켜 2008~2012년간 누적으로 총 8.4조원을 투자할 계획이다. 또한 정부 녹색기술 R&D 투자 중 기초연구비중을 2007년 17%에서 2012년에는 35%로 확대할 계획이다.

2009년 7월에는 녹색기술 및 산업, 기후변화 적응역량, 에너지 자립도·에너지 복지 등 녹생경쟁력 전반에서 2020년까지 세계 7대, 2050년까지 세계 5대 녹색강국 진입을 목표로 한 「녹생성장 국가전략 및 5개년 계획」을 발표했다. 정부는 이를 위해 녹색성장 분야에 향후 5년간 매년 GDP의 2% 수준으로 총 107조원을 투입해 182조원~206조원의 생산유발효과를 도모하고 156만명~181만명의 일자리를 창출할 계획이다. 이와 함께 녹색기술과 산업에 대한 민간의 투자를 확대하고 800조원이 넘는 부동 자금유입를 위해 장기 저리 녹색채권·예금을 발행해 녹색금융을 활성화하기로 했다.

지구온난화 등의 환경변화와 함께 전세계적으로 인플루엔자 등의 질병이 확산되기도 한다. 전세계적 전염병의 발생을 pandemic이라고 하는데, 우리나라도 국민의 삶의 질을 확보하려는 차원에서 이에 대한 대비와 투자를 하고 있다. 한국은 2009년 신종플루에 대해 대체로 효과적인 대응을 해왔다. 그렇지만 이러한 전염성 질환이 일단 유행하고 난 뒤의 효과적인 대처만큼이나 이에 대한 대비가 필요하다. 무엇보다도 전염성 질환에 대한 장기적이고 체계적인 연구가 절실하다. 장기간 대규모 재원이 소요되는 전염성 질환에 대한 현황을 파악하고, 관리하며 예측되는 변종 질병에 대한 대응력을 제고하는 것도 필요하다. 특히 한국인 유전자 특성분석을 통한 병원체 자체의 감수성 연구도 중요하다.

그리고 질환에 대한 대처 또는 신종플루처럼 전염성이 강한 질병의 경우 국가적 재난 수준의 파급효과를 인식하는 것이 중요하다. 백신이나 치료제의 경우 특정기업이 독점하는 상황의 발생이 빈번하므로, 국가안보차원의 문제로 대응하는 것이 타당하다. 또한 국가간 인구이동이 잦은 최근의 특성을 감안하여, 전세계적으로 유행하는 전염성 질병에 대한 국제적 공동연구를 추진하는 것도 필요하다.

2009년 BT의 세계적 동향을 살펴보면 BT 선진국은 기초 연구 역량 강화를 위한 노력을 꾸준히 하고 있으며 동시에 BT 산업화 전략도 다각도로 모색하고 있다. 한편 중국과 인도, 대만, 싱가포르 등 아시아 국가들은 바이오산업의 확장을 무서운 기세로 추진하고 있다. 한국으로서는 이 두 가지, 즉 기초 연구 역량 강화와 BT 산업화 둘 모두를 동시에 추진해야 하는 과제를 안고 있다. 단기적으로는 다른 아시아 국가들과 BT 산업화 전략에서 뒤처지지 않도록 해야 하겠지만, 장기적으로는 기초 연구 역량 강화에 재정과 노력을 투자해야만 바이오산업 또한 추동력을 받을 수 있을 것이다.

또한 학계의 BT 연구와 산업계의 BT 산업이 유기적으로 연관되어 상호 상승효과를 거둘 수 있도록 하는 방안이 필요하다. 이와 관련하여 일본에서 의료연구 시스템의 문제점을 진단한 결과를 참고할 수 있다. 그 연구에서 지적된 문제는 학계와 민간 부문의 의사소통 부족 문제와 투자 및 인력 문제였는데, 이러한 진단은 한국의 의료연구 그리고 더 나아가 BT 연구 전반의 문제점을 진단하는 데도 시사하는 바가 크다. 특히 학계와 산업 부문 그리고 공적 부문과 민간 부문 사이의 협력과 소통은 이에 대한 정확한 진단과 대비를 통해 확대되어야 할 것이다.

생명과학 연구를 효율적으로 추진하기 위해서는 보다 종합적이 정확하게 부가가치가 있는 생명과학 DB 정비(통합·유지·운용)가 필수적이다. 정비된 생명과학 DB는 생명과학 연구만이 아니라, 의료, 민간 기업 및 사회 일반에 환원하기 위한 수단으로 유효하게 기능한다.

이미 여러 선진국에서는 일찍이 이러한 작업을 수행한 바 있다. 미국에서는 1988년 국립보건원의 국립의학도서관의 1개 부문으로 설립된 국립바이오테크놀로지정보센터를 중심으로 DB의 집중관리를 목표로 하고, 고액의 예산인재를 투입하고 있다. 유럽에서는 1992년에 유럽분자생물학연구소로부터 발족한 유럽바이오인포매틱스연구소를 중심으로 각국의 DB를 잉용할 수 있는 활동을 시작했다. 일본에서는 DB의 통합 운영의 필요성을 절감하고 일본의 현재 상태에 대한 문제점 진단 및 대책 마련을 시작했다. 생명과학 DB의 통합 및 유지 운용 방안에 대해 2009년에 여러 편의 보고서가 발간된 바 있고 DB 통합 정비를 위한 예산 배정과 추진 계획을 수립했다.

우리나라는 생명과학기술을 세계적으로 주도하다 좌초한 경험이 있다. 이러한 실패를 다시는 겪지 않으면서 지속적으로 발전해 나갈 수 있도록 생명과학 DB가 구축 운용되야 한다. 이를 위해 시한적인 경쟁적 자금을 활용하여 운영하지 말고, 독립적이고 계속적인 기관으로서 새롭게 설치해 운용하는 것이 효율적일 것이다. 새로운 조직이 설치된 후의 운용에서도 산업계를 포함한 연구자 커뮤니티의 의견을 충분히 반영할 수 있는 투명성, 공평성, 객관성을 충분히 고려한 개방적인 운영 체계를 확보하여야 할 것이다.

세계 각국은 예산의 일부분을 우주항공 분야에 투자하고 있다. 우리나라도 우주 분야의 국내외 환경변화를 반영하고 우주선진국으로의 도약을 위한 세부실천 계회기을 수립하여 진행하고 있다. 그 동안 우주개발 사업은 「우주개발진흥 기본계획 (07~16)」을 근간으로 인공위성 및 발사체 개발, 우주센터 건설 등 주요사업을 추진하여 기술적인 자립을 이루었으나, 기본계획의 구체성이 부족하여 우주개발사업의 체계적인 추진에는 한계가 있고, 타 R&D 사업과 대비되는 우주사업의 관리체계 강화 필요성도 제기되어 왔다.

새로 수립된 세부실천계획은 국가우주개발사업을 질적으로 도약하고, 우주선진국 진입을 위한 세부적인 실천방안을 마련하기 위한 것으로 전문연구기관의 정책기획연구 방향제시 및 총괄적인 정책자문을 하게 된다. 교육과학기술부는 세부계획을 국가

우주위원회에 상정하여 심의·의결하여 범부처적인 국가정책으로 확정함으로써 정책의 집행력을 확보하여 추진해 나가도록 계획하고 있다.

국토해양부는 항공운송 및 항공기 제작인증산업을 선도할 항공전문인력 양성 프로젝트(하늘 프로젝트라 한다)을 2009년 하반기에 착수하였다. 선진국과의 항공안전협정시험인증, 인증용 항공기 개발, 항공사고예방기술, 항공안전기술 등의 항공 관련 많은 R&D 사업을 계획하고 있는 만큼, 이를 수행할 수 있는 우수한 기술인력에 대한 수요가 더 증가할 것으로 전망된다.

이러한 배경 아래서 정부는 국내대학을 대상으로 공모를 통해 7개이내의 항공특성화 대학을 인력양성 주체로 선정작업을 2009년에 진행했다. 선정된 대학에 5년간 약 120억원을 지원하여 전문지식과 실무능력을 겸비한 석사급 "항공우주기술인력(약 600명)" 및 "국제항공전문가(약 300명)" 등 총 1,200명의 전문인력을 양성할 것이다.

2009년부터 추진되고 있는 항공인력양성사업은 인력수급 불균형을 사전에 예방하고 항공산업 발전의 저변을 마련함으로써 항공업계는 물론 국가적 차원에서도 경쟁력을 확보할 수 있는 기회가 될 것이며, 청년층의 다양한 수용에 부응하는 일자리 창출로 실업난 해소에도 도움이 될 것이다.

2009년 10월 12일 대전에서 개막된 구제우주대회가 72개국 4,000명이 참가하여 160여개 학술대회로 이어졌고, 1,500여개의 논문이 발표되어 내용면과 규모면에서서도 가장 큰 대회가 되었으며 우리나라의 우주개발 의지를 각인하는 계기가 되었다. 또한 나로호 발사를 시도하여 성공하지는 못했지만 인공위성과 발사체 개발 사업도 중단없이 해나갈 것으로 기대된다.

프랑스의 과학기술학자인 Latour는 기술의 궤적이 사회적으로 결정된다는 사회적 구성론의 시각과 기술이 자율성을 가지고 인간을 지배한다는 기술결정론의 시각을 비판하면서, 기술을 이해하는 급진적인 관점을 제시한다. 그것은 기술과 같은 비인간을 행위자로서 인간과 대칭적으로 보는 것이다. 물론 기술을 행위자로 본다는 것이 Latour가 기술을 살아 있거나 생명이 잇는 것으로 간주한다는 것을 의미하지는 않는다. 그렇지만 나의 행동이 다른 사람에게 영향을 미쳐서 다른 사람들의 행동을 바꾸듯이 기술도 사람에게 영향을 미쳐서 우리의 생동을 바꿀 수 있다고 보며, 이러한 의미에서 기술을 수동적인 존재가 아니라 어느 정도의 능동성을 가지고 있는 존재로 간주해야 한다고 주장한다. 그의 이러한 관점은 '행위자 연결망' 이론으로 나타난다. 그는 프랑스 파리 시의 실패한 기술프로젝트였던 아라미스(Aramis)에 대해 분석하고 있는데, 기술관료에 의해 수립되는 과학기술 정책이 항상 성공하는 것이 아님을 주목하여야 하다는 점에서 소개한다.

　Latour는 파리 시의 요청을 받아서 1972년부터 1987년까지 추진되었던 자동운송 시스템 아라미스가 왜 실패했는지에 대해 이 프로젝트에 관계된 많은 사람들을 깊이 있게 인터뷰하는 민족지의 방법론을 사용하여 분석해서, 그 결과를 『아라미스, 혹은 기술에의 사랑 Aramis, or the Love of Technology』으로 출판했다. 이 책에서 기술 실패에 대한 Latour의 분석은 그의 철학적, 추상적 방법론이 구체적인 기술 정책에 적용된 사례를 보여주며, 동시에 그의 기술관이 지닌 철학적 함의를 엿볼 수 있게 한다.

　아리미스는 파리 시가 야심차게 추진하던 자동개인운송 시스템으로, 자동차와 지하철의 장점을 합친 것이었다. 아라미스는 목적지에 가기 위해 지하철을 갈아타야 하는 환승의 번거로움을 없애고, 목적지까지 가는 도중에 작은 객차가 이어지고 분리되는 것을 반복하면서 운행하는 운송수단이었다. 즉 조심과 같이 이용자가 많은 곳에서는 객ㄱ차가 결합해서 마치 여러 차량을 연결한 지하철처럼 운행하다가 교외로 나가면서는 각각의 노선으로 차량들이 나누어지는 식이었다. 객차는 갈고리 같은 물질적인 결합이 아닌 '비물질적인 결합(nonmaterial coupling)' 방식을 사용해서 연결되고 분리되었다. 그렇지만 이 프로젝트를 추진하면서 수많은 기술적 난점들이 등장했는데, 차량을 조정하는 일, 차량과 차량 사이의 간격을 어림잡아 차량의 속도를 자동적으로 제어하는 일, 교차점에서의 원활한 소통 등이 이러한 기술적 난점의 사례였다. 객차와 중앙 통제소 간의 통신과 자동제어를 담당하는 컴퓨터 시스템이 차지하는 공간이 커지면서 객차의 객실은 더 축소되었다. 1981년 사회당 미테랑 후보가 당선되기 직전에 아라미스 프로젝트는 취소되었지만, 사회당의 결정으로 1982년에 다시 부활했다. 이후 새로운 컴퓨터 시스템이 다시 도입되었지만 프로젝트는 크게 진전하지 못했고, 결국 1986년에 우파 시라크 내각이 들어선 이후 1987년에 아라미스는 공식적으로 폐기되었다. 15년 간 여기에 소요된 예산은 3억 프랑에 달했다.

　아라미스에 대한 Latour의 분석은 기술 프로젝트에 대한 통상의 분석과는 여러 가지 점에서 다르다. 우선 Latour는 자신의 책을 일종의 '소설'의 형식을 빌려 서술한다. 그는 자신의 소설을 메리 셜리의 『프랑켄슈타인』의 뒤를 잇는 '과학소설(scientifiction)'이라 부르는데, 여기에서는 Latour의 입장을 대변하는 셜록 홈즈와 흡사한 노베르트라는 사회학자와 홈즈의 주수 왓슨의 개릭터를 가진 젊은 엔지니어의 대화가 주를 이룬다. 노베르트와 엔지니어인 '나(I)'는 "누가 아라미스를 죽였는가"라는 문제를 푸는 탐정의 역할을 맡는다. Latour는 이들의 대화 곳곳에 프로젝트 참여자들의 인터뷰를 삽입하고, 아라미스와 관련된 자료들을 발췌해서 제시하며, 자신의 비교적 객관적인 분석도 첨가한다. 그리고 각 장의 말미에는 종종 아라미스의 탄식으로 가득찬 독백도 삽입된다. 서술은 1972년에 아리미스 계획이 처음에 세워졌을 때부터 1987년에 이 계획이 폐기되었을 때까지 일어났던 사건들을 역사적으로 추적하면서, 아라미스 프로젝트를 기안하고 이에 참여했던 사람들의 목소리를 빌어서 아라미스 프로젝트가 실패한 원인을 서서히 좁혀나간다.

아라미스는 수많은 형태를 전전했다. 그것은 아이디어였다가, 포로젝트가 되었으며, 모델에서 소규모로 작동하는 시범 기술로 구체화되었다가, 폐기되면서 텍스트로만 존재하는 것이 되었다. Latour는 이 프로젝트의 실패에 대해서 무려 30여 가지의 서로 다른 설명이 존재하는 것을 제시한다. 예를 들어 어떤 이는 이것이 경제적인 이유 때문에 폐기되었다고 하고, 또 다른 어떤 이는 정치적인 이유를 제시한다. 어떤 이는 기술적인 문제가 핵심이었다고 하고, 또 다른 어떤 이는 기술적으로는 아무런 문제가 없었음을 주장한다. Latour는 이중 어느 하나도 프로젝트의 실패에 대한 결정적인 이유가 될 수 없음을 강조한다. 즉 정치적이고 경제적인 요인과 같은 사회적인 배경(context)을 들어서 프로젝트의 실패를 설명하려는 시도나, 기술적인 문제를 들어서 프로젝트의 실패를 설명하려는 시도가 모두 적합하지 않다고 보는 것이다. 경제성과 같은 문제는 프로젝트를 폐기한 이유라기보다는 프로젝트가 폐기된 뒤에 이를 정당화하기 위해서 등장한 것이며, 효율적이지 못했다는 기술적 문제 역시 기술에 내재했던 것이라기보다는 프로젝트가 종결된 뒤에야 나타난 것이기 때문이다. 프로젝트가 진행 중에 있을 때에는 경제성이나 기술적인 문제가 모두 유동적이고 협상 가능한 것이었기 때문이다

여기서 보듯이 기술 프로젝트를 살아 있게 하는 것은 기술적인 영역과 사회적인 영역 사이의 끊임없는 대화와 상호 작용이다. 즉 기술적 혁신이란 사회와 기술의 상호 작용을 통한 협상의 산물이다. 그런데 Latour는 아라미스 프로젝트에 이러한 지속적 상호 작용을 어렵게 만든 요소가 있었음을 제시한다. 그것은 1972년 이후 아라미스의 핵심적인 원형 개념이 전혀 변하지 않았다는 것이다. 아라미스를 추진했던 엔지니어들과 관료들은 1972년에 생각한 아라미스의 원형-예를 들어 객차를 연결하는 비물질적인 방식, 네트워크가 아닌 직선으로서의 선로 개념, 파리 시와 같은 밀집 지역의 통과-을 1987년까지 그대로 고집했다. 이드른 아라미스를 사회적 영역에

서 분리된 완결된 대상으로만 생각했지 변화하는 사회적 요구에 따라서 유연하게 변형 가능한 프로젝트로 생각하지 않았던 것이다. 이들은 기술과 같은 비인간과 함께 살아가는 방법을 심각하게 모색하지 않았으며, 이러한 의미에서 엔지니어들은 아라미스를 충분히 '사랑한' 것이 아니었다. 기술 프로젝트는 기술에 대해서 충분한 애정을 가진 사람들이 존재할 때 지속되며, 그렇지 못할 때에는 종결된다. 이러한 애정은 '유사대상(quasi-objects)'과 '유사주체(quasi-subjects)'가 넘쳐나는 기술과 사회의 잡종 영역을 만들고 유지하는 힘이다. 아리미스는 누가 죽인 것이 아니라 사랑을 잃고 버려진 것이다. '기술에의 사랑'이라는 책의 부제는 이를 의미한다.

이처럼 과학기술은 사회와 끊임없이 상호 작용을 해야 한다. 그러한 과정을 통해서 과학기술을 점진적으로 발전하는 것이며 국민의 삶의 질이나 행복도 따라서 증진될 것이다. 우리나라는 우수한 학생들이 이공계 기피현상이 심화되고 있으며 경직된 유동성으로 인해 과학기술 혁신의 핵심 요소인 우수 R&D 인력의 양성에 어려움을 겪으리라는 전망이 퍼져 있다. 선진국이나 세계 경제 주도 기업들은 연구 인력을 통한 기술 개발과 상품화에 주력하고 있으므로, 우리나라는 이러한 추세에 역행할 수는 없다. 2008년 정부의 연구개발예산은 10조원을 넘고 있으며 정부의 연구개발 투자는 지속적으로 확대될 것이다.

연구개발 대상으로서 융합기술 및 복합기술의 중요성이 더욱 강되고 있으며 기초연구의 중요성이 강조되면서 이에 대한 비중도 증가할 것이다. 바이오기술, 나노기술 등 기초연구에서의 원천기술 확보가 상용화의 성패를 좌우할 것이므로 이에 대한 지속적인 투자가 있을 것이다. 삶의 질 향상과 같이 산업경제적 효과는 작지만 사회의 지속가능한 발전을 위해서 필요한 공공기술의 중요성도 강조될 것이다. 정부출연기관으로 대표되는 공공연구기관들이 국가 연구개발시스템에서 수행하는 역할의 변화가 요구되고 있어 이에 따라 공공연구시스템의 변화도 있을 것이다.

연구개발의 수행방식에 있어 기술의 속성에 따라 각기 다른 국제협력이 이루어질 것이다. 과학기술의 글로벌화에 따라 국가전략에 따른 국제협력의 필요성이 증가하고 있으며 그 특성에 따라 협력유형도 다양해질 것이다. 역내간 과학기술협력체계 구축이나 개발도상국으로의 기술이전 및 협력의 증가 등 글로벌 과학기술협력체계가 발전할 것이다. 그리고 연구개발 성과인 논문이나 특허의 양적 성장에도 불구하고 질적 성장은 미흡하므로 향후 연구개발 성과의 양적 확대에서 실제 효과에 기반한 질적 수준을 높이기 위한 지원과 평가가 강화될 것이다.

우리의 미래 사회는 글로벌화, 인구 증가와 고령화, 양극화, 디지털 혁명, 에너지/지구환경 등과 관련하여 변화될 것이다. 이러한 요인들을 통제할 수 있거나 극복할 수 있는 기술을 개발하고 정책이 수립될 것이다. 과학기술이 모든 문제들을 해결해 주는 것은 아니지만, 과학기술이 해결 가능한 것들을 찾아낼 수 있도록 사회적 마인드가 형성되어야 한다.

우리나라는 장기적으로 경제성장율을 5% 이상 유지하여 1인당 국민소득 5만 달러, 지식 서비스 산업 구조로 변화를 도모한다. 이 때 정부는 최소의 정부로서 후생복지를 관리하며 시장기능의 조정자로서 역할을 할 것이다. 창의적 인성교육이 강화되고, 과학기술인력 개발과 연구 지원체제가 확대되며, 개방시스템으로 경쟁력을 확보하며 친환경산업 등이 성장동력이 될 것이다.

우리나라의 과학기술 정책의 방향에 대해서는 교육과학기술부 홈페이지 http://www.mest.go.kr에서 「교육과학기술의 미래 경쟁력 강화」를 참고.

그리고 과학기술 연구 태도와 관련해서 '천안함 사건'과 '황우석 사건'을 부록에 넣었다. 그 이유는 지금까지 다루어 온 과학기술의 개념들, 과학공동체의 연구와 의사 집성 등을 통해 자유주의 사회에서 과학기술 연구를 위한 기본 조건들이 무엇인지를 추출해 낼 수 있는 자료로 삼아주길 바라기 때문이다. 이들 사건에 대해 더 자세한 것은 wikipedia를 통해 검색하기 바란다.

부　　록

1. 천안함 침몰 사건

【사건 개요】

날짜: 2010년 3월 26일
장소: 대한민국 황해 백령도 근처
결과: 대한민국과 조선민주주의인민공화국 사이에 정치적, 군사적 대립이 심화됨
교전국: 대한민국 대 (조선민주주의인민공화국으로 추정)
지휘관: 해군 중령 최원일 대 불명
병력: 대한민국 해군 초계함 2척(천안함, 속초함) 대 불명
피해 상황: 천안함 침몰 46명 전사 대 불명

　천안함침몰사건(天安艦沈沒事件)은 2010년 3월 26일 백령도 근처 해상에서 대한민국 해군의 초계함인 PCC-772 천안이 침몰한 사건이다. 줄여서 천안함 사태 또는 천안함 사건이라고 불리기도 한다. 이 사건으로 대한민국 해군 40명이 사망했으며 6명이 실종되었다. 대한민국 정부는 천안함 침몰 원인을 규명할 민간군인 합동조사단을 구성하였고, 한국을 포함한 오스트레일리아, 미국, 스웨덴, 인도네시아 70여명의 전문가로 구성된 합동조사단은 2010년 5월 20일 천안함이 조선민주주의인민공화국의 어뢰공격으로 침몰한 것이라고 발표하였다.

이러한 조사 결과 발표는 미국과 유럽 연합, 일본 외에 인도 등 비동맹국들의 지지를 얻어 국제 연합 안전보장이사회의 안건으로 회부되었으며, 안보리는 천안함 공격을 규탄하는 내용의 의장성명을 채택하였다. 그러나 조선민주주의인민공화국이 자신들과 관련이 없다며 부인하고, 중화인민공화국과 러시아가 반대하면서 북한을 직접적으로 비난하는 내용에 이르지는 못했다. 천안함의 침몰에서 인양, 조사 발표까지 대한민국 사회와 주변국의 관심을 끌었으며, 언론과 각계 인사들을 통해 다수의 가설 또는 의혹들이 제기되기도 하였다. 이 사건으로 인해 남북간의 긴장이 고조되었다.

사건 발생 직후 출동한 인천해양경찰서 소속 해안경비정에 의해 천안함에 탑승하고 있던 승조원 104명 중 58명이 구조되었으며 나머지 46명은 실종되었다. 이후 실종자 수색과 선체 인양이 진행되면서 2010년 4월 24일 17시 현재 실종자 46명 중 40명이 사망자로 확인되었으며 6명이 실종자로 남아 있다. 한편 일반에 공개되지 않은 수색과정에서 3월 30일에는 UDT 대원인 한주호 해군준위가 작업 중 실신하여 병원으로 후송되었으나 순직하였다. 김현진 상사, 김정호 상사도 실신해 치료를 받았다. 4월 2일에는 저인망어선 금양98호가 천안함 실종자 수색을 마치고 조업구역으로 복귀하던 중 서해 대청도 서쪽 55km 해상에서 침몰해 탑승 선원 9명 중 2명이 숨지고 7명이 실종됐다.

사고 원인에 대해서도 초기에는 어뢰설, 기뢰설, 내부폭발설, 피로파괴설, 좌초설 등 다양했으나 조사가 진행되면서 점차 좁혀지고 있다. 정부와 민군 합동조사단은 어뢰에 의한 피격설을 제기하고 있으며 좌초설도 제기되었다.

2010년 5월 20일 조사단은 침몰 원인이 조선민주주의인민공화국 어뢰에 의한 공격이었다고 공식 발표했다. 조사단은 발표문에서 어뢰에 의한 수중폭발로 발생한 충격파와 버블효과로 절단되었으며 가스터빈실 중앙으로부터 좌현 3m, 수심 6~9m에서 폭발하였고 무기체계는 북한에서 제조한 고성능폭약 250kg 규모의 어뢰로 확인되었다고 밝혔다. 이어 사건 발생해역의 작전환경을 고려할 때 소형잠수함정으로 판단되며 주변국의 잠수함정은 모두 자국의 모기지 또는 그 주변에서 활동하고 있었는데 반해 황해의 북한 해군기지에서 운용되던 일부 소형잠수함정과 이를 지원하는 모선이 천안함 공격 2~3일 전에 황해 한 해군기지를 이탈하였다가 천안함 공격 2~3일 후에 기지로 복귀한 것이 확인됐으며 폭발지연 인근에서 수거된 어뢰의 부품들이 조선민주주의인민공화국산 무기와 일치한다고 밝혔다. 그렇지만 조선민주주의인민공화국은 이 조사를 신뢰하기 어렵다고 밝혔다. 2010년 5월 24일 이명박 대통령은 담화

문을 통해 "대한민국을 공격한 북한의 군사도발"로써 북은 상응하는 대가를 치르게 될 것이며, 북한의 책임을 묻기 위해 북선박이 우리 해역, 해상 교통로 이용을 불가하고 남북간 교역을 중단하는 조처를 할 것임을 밝혔다. 게다가 담화문은 "우리의 영해, 영공, 영토를 무력 침범시 즉각 자위권 발동, UN안전보장이사회 회부 및 국제사회와 함께 북한의 책임을 요구 할 것이다. 또한, 군전력 및 한미 연합 방어태세를 한층 강화할 것이다"라고 언급했다.

◆<일지>

2010년 3월 26일 21시 22분: 대한민국 해군 제 2 함대 소속 포항급 1, 200톤 급 초계함 '천안함'이 침몰해 승조원 104명 중 58명이 구조되었고, 46명이 실종되었다.
2010년 3월 26일 23시 30분: 해양경찰청은 본청과 인천지청에 갑호비상령, 태안·속초지서, 동해지청에 을호비상령을 발령했다.
2010년 3월 26일 23시 50분: 경찰청은 서울·인천·경기·강원지방경찰청에 을호비상령을 발령했다.
2010년 3월 27일: 정운찬 국무총리는 행정안전부를 통해 전 행정기관에 당직근무를 강화하고 모든 공직자가 유선 상으로 대기하도록 비상대비 체계를 발령했다.
2010년 3월 29일: 함미에 공기 주입 시작.
2010년 3월 30일: 생존자 구조 작업을 벌이던 잠수요원 한주호 준위 사망
2010년 3월 31일: 기상 악화로, 구조작업에 차질이 빚어졌다. 구조팀은 선내진입에 주력할 것이라고 밝혔다.
2010년 4월 2일 22시 30분: 수색작업을 나서던 저인망어선 금양 98호가 조난신호를 보내고 실종됐다.
2010년 4월 3일 18시 10분: 남기훈 상사의 시신 식당 안에서 발견
2010년 4월 7일 16시경: 함미 절단면에서 김태석 상사의 시신 발견
2010년 4월 8일: 실종자 가족과, 생존자 가족들이 만남
2010년 4월 11일: 천안함 사고 원인 규명할 민간군인 합동 조사단 구성
2010년 4월 12일: 끌어올린 함미가 물 밖으로 모습을 드러냄
2010년 4월 15일: 천안함의 함미가 침몰 20일 만에 인양됨
2010년 4월 15일: 오전 9시부터 함미 인양에 착수
2010년 4월 15일: 오전 11시 이후 방일민 하사, 서대호 하사, 이상준 하사 등을

포함한 36구의 시신 수습
2010년 4월 22일: 오후 9시 20분 박보람 하사, 연돌(굴뚝) 안에서 발견
2010년 4월 24일: 천안함의 함수가 침몰 29일 만에 인양됨
2010년 4월 24일: 오전 10시 54분 박성균 하사, 함수 자이로실에서 발견
2010년 4월 29일: 천안함 침몰로 사망한 46명에 대한 영결식이 엄수됨
2010년 5월 19일: 민.군 합동조사단이 천안함이 침몰한 백령도 해상에서 수거한 어뢰 파편에 '한자'가 표기된 사실을 근거로 이 어뢰가 중국제 '漁-3G' 음향어뢰로 사실상 결론낸 것으로 알려졌다고 발표
2010년 5월 20일: 천안함 침몰 원인을 규명할 민간, 군인 합동 조사단은 천안함의 침몰 원인이 조선민주주의인민공화국의 어뢰 공격에 의한 것이라고 공식 발표하였다.
2010년 5월 24일: 이명박 대통령 천안함 사건 관련 담화문 발표, 조선민주주의인민공화국의 무력 도발시 엄중 대처하고 남북간의 교역 단절
2010년 6월 1일: 천안함 침몰 원인을 조사하기 위해 러시아 전문가팀이 방한하여 조사에 착수했다.
2010년 7월 8일: 러시아 조사팀이 조사를 마치고 결과가 비공식적으로 발표, 보도되었다.
2010년 7월 9일: 안전보장이사회이 성명이 발표디었다.

<실종자 수색 및 천안함 인양>
침몰된 천안함의 함수와 함미 발견.
인양 현장 모습대한민국 해군은 27일 오전 수상함 10여 척과 해난구조함 평택함을 포함한 대부분의 병력을 사건 지점에 배치했다. 사건 지점에 배치된 100여 명의 해난구조대(SSU) 잠수 요원들은 선체의 구멍을 조사하고 있다. 28일에는 실종자 수색을 위해 피격 위치에 광양함을 추가로 배치했다. 수색 과정에서 대한민국 해군은 침몰 지점으로부터 서남방 16마일 부근에서 구명복 상의 22개와 안전모 15개를 발견했다.
29일 밤, 아시아 최대의 수송함인 독도함을 침몰한 천안함의 탐색 및 구조 활동을 지휘하기 위해 현장 해역에 긴급 투입했다. 30일, 실종자 수색 작업을 하던 UDT 대원 한주호 준위가 작업 도중 실신해 후송 치료 중 사망, 순직했다. 31일 함수쪽을 수색한 잠수사의 증언에 의하면, 격실 안에 물이 가득 차 있다고 했다.

4월 2일 수색작업을 돕던 쌍끌이 어선 금양98호가 22시 30분쯤 조난신호를 보낸 뒤 실종됐다. 캄보디아 화물선과 충돌하여 침몰한 것으로 추정하고 있다. 현재까지 탑승 선원 2명이 숨지고 7명이 실종됐다.
　4월 3일 천안함에서 시신 2구를 발견했는데, 그중 한 명은 남기훈 상사로 확인됐다. 4월 3일 실종자 가족 측이 실종자 수색 작업을 중단해달라는 요청을 했으며, 해군은 실종자 가족 측의 요청을 받아들였다.
　그리고 4월 7일 함미 절단면에서 김태석 상사가 발견되었다.

<사망자 및 실종자, 생존자 명단>
　사망자와 실종자는 모두 1계급 특진과 화랑무공훈장이 수여되었다. 아래 목록은 모두 특진 후의 계급이다.

사망자 명단
원사: 김태석(기관 조정실), 남기훈(원사, 상사 식당), 문규석(중사 휴게실)
상사: 박석원(기관부 침실), 신선준(72포 하부 탄약고), 김종헌(후타실), 민평기(승조원 화장실), 강준(기관부 침실), 최정환(승조원 화장실), 정종율(기관부 침실), 안경환(기관부 침실), 김경수(승조원 화장실)
중사(진) : 임재엽(72포 하부 탄약고)
중사 : 방일민(승조원 식당-기관부 침실 통로), 서대호(승조원 식당-기관부 침실 통로), 이상준(승조원 식당), 차균석(유도 행정실), 서승원(디젤 기관실), 조진영(기관부 침실), 손수민(승조원 화장실), 문영욱(제독소), 심영빈(승조원 화장실), 조정규(기관 창고), 김동진(후타실), 박보람(배 밖 연돌), 박성균(자이로실)
하사 : 이상민(1988년생, 승조원 식당), 강현구(기관부 침실), 이용상(후타실), 이상희(기관부 침실), 이상민(1989년생, 기관부 침실), 이재민(기관부 침실)
병장 : 안동엽(기관부 침실), 박정훈(기관부 침실), 김선명(기관부 침실), 김선호(후타실), 정범구(전기 창고)
상병 : 조지훈(승조원 화장실), 나현민(기관부 침실)
일병 : 장철희(기관부 침실)

생존자 명단
중령 : 최원일
소령 : 김덕원
대위 : 이채권, 박연수
중위 : 김광보, 정다운, 박세준
상사 : 김병남, 김덕수, 오성탁, 김수길, 허순행, 김정운, 강봉철, 오동환, 정종욱
중사 : 이광희, 김현래, 조영연, 손윤식, 송민수, 김현용, 김광규,
하사 : 홍승현, 육현진, 공창표, 이연규, 허향기, 진경섭, 배성모, 전승석, 함은혁, 박현민, 강은강, 정재환, 김효형, 김기택, 서보성, 정주현, 유지욱, 정용호, 라정수, 신은총, 김정원
병장 : 전준영, 최광수, 김용현, 강태양, 최성진
상병 : 안재근, 김윤일, 정현구
일병 : 김수철, 오예석, 황보상준
이병 : 이태훈, 전환수, 이은수

<금양98호 침몰 사건>
지인망어선 금양98호는 4월 2일 천안함 실종자 수색을 마치고 조업구역으로 복귀하던 중 서해 대청도 서쪽 55km 해상에서 침몰해 탑승 선원 2명이 숨지고 7명이 실종됐다. 침몰 원인은 천안함 침몰 사건과 직접적인 연관은 없으며 캄보디아 선적 화물선 '타이요호(1천472t급)'와의 충돌 때문이다. 충돌한 뒤 달아난 혐의를 받고 있는 타이요호는 사고 당시 조타실을 비워둔 채 운항했을 것으로 추측되고 있다. 한편, 정부는 실종자수색작업에 참여했던 금양호 98호선원들에 대해 '의사자' 지위를 부여할 수 없다고 밝혔다.

<실종자(전사자)가족협의회>
천안함 실종자 가족들은 2010년 3월 30일에 전체회의를 통해 46명의 천안함 실종 장병 가족당 1명씩의 대표를 뽑아 '천안함 실종자 가족협의회(약칭 천실협)'를 구성하였으며, 이 가운데 15~20명으로 실무단을 구성했다. 실종자 가족협의회는 발족 기자회견에서 △실종자 전원의 구조를 위해 마지막 1인까지 최선을 다할 것 △현재까지 진행된 해군과 해경의 초동대처 과정과 구조작업 과정에 대한 모든 자료를

공개할 것 △가족과의 질의응답 시간을 마련할 것 등을 해군에 요구했었다. 실종자 가족협의회 대표는 고 최정환 중사의 매형 이정국 씨가 맡아 활동해 왔다.

실종자 가족들은 이 사건에 대해 장교는 7명(중령1, 소령1, 대위2, 중위3) 전원 구조된 것에 대해 지휘책임 회피문제를 제기했으나 함장 최원일 중령은 선체의 구조상 장교들이 머무는 작전상황실이 선두에 위치했고 선미만 가라앉은 사고였기 때문에 장교들은 모두 무사한 것이며 자신도 초계함이 침몰할 당시 약 5분 동안 함장실에 갇혀 있어서 부하들이 함장실 문을 부수고 나서야 함장실 밖으로 나왔는데 이때는 이미 선미부분이 침몰하고 난 이후였다고 진술했다. 사실 이 순간의 상황은 최원일 중령이 작전상황도를 검토하고 있던 도중 사고가 발생하여 최원일 함장이 함장실에 갇혀 있게 된 것을 부함장 김덕원 소령이 부하들을 데리고 와서 문을 부수고 최원일 중령을 구조하도록 지시한 것으로 밝혀졌다. 또한 당시 초계함의 모든 전력이 차단되어 정전상태였기 때문에 함장인 최원일 중령은 자신의 휴대전화를 이용하여 사고상황을 상부에 보고했다.

천안함 실종자 가족협의회는 2010년 4월 21일에 평택 제2함대 사령부에서 가진 기자회견에서 가족 전체회의를 통해 직계 가족으로 이뤄진 새 가족대표단 '천안함 전사자 협의회'(약칭 천전협)로 전환했다고 밝혔다. 새로 조직된 천전협은 천안함 희생·실종자 가족당 직계가족 1명씩이 대표로 참여해 모두 46명으로 구성됐으며, 아직 실무단을 따로 뽑지는 않았다. 천전협과 함께 5인으로 구성된 장례위원회가 구성되어서 군과 장례절차를 협의할 예정이다.

<영결식>

2010년 4월 29일, 천안함 희생 장병 46명의 영결식이 거행되었다. 이 날 영결식에는 2800여 명이 참석해 천안함 장병들을 애도했다. 해군 제2함대 사령부 인근의 원정초등학교는 영결식이 열린 4월 29일 오전 10시를 기해 전교생이 묵념을 올렸다. 원정초등학교에는 천안함 희생 장병의 일부 자녀들도 재학 중인 것으로 알려졌다. 영결식은 국기경례 → 묵념 → 경위보고 → 화랑무공훈장 추서 → 조사 → 추도사 → 종교 의식 → 주요 인사 헌화 → 조총 발사 순으로 진행되었다. 희생 장병 46명(산화자 6명은 유품)은 국립대전현충원의 사병3묘역에 안장되었다. 또한 천안함 실종자들을 구조하려다 희생된 故한주호 준위도 묘역 인근에 안장되어 있다.

<침몰 원인>

대한민국 합동 조사단의 조사 결과 발표문:

천안함의 절단 부위2010년 5월 20일 민군 합동조사단은, 가스터빈실 좌현 하단부에서 감응 어뢰의 강력한 수중폭발에 의해 선체가 절단되어 침몰하였다는 조사결과를 발표하였다.[58] 민군 합동조사단은 한국측 10개 전문기관의 전문가 25명과 군 전문가 22명, 국회추천 전문위원 3명, 미국·호주·영국·스웨덴 등 4개국 전문가 24명으로 구성되었다. 이들은 과학수사·폭발유형분석·선체구조관리·정보분석의 4개 분과로 나누어 조사하였다.

▷ 근거

선체손상 부위를 정밀계측하고 분석해 보았을 때, 충격파와 버블효과로 인하여, 선체의 용골이 함정 건조 당시와 비교하여 위쪽으로 크게 변형되었고, 외판은 급격하게 꺾이고 선체에는 파단된 부분이 있었다.

주갑판은 가스터빈실내 장비의 정비를 위한 대형 개구부 주위를 중심으로 파단되었고, 좌현측이 위쪽으로 크게 변형되었으며, 절단된 가스터빈실 격벽은 크게 훼손되고 변형되었다.

함수, 함미의 선저가 아래쪽에서 위쪽으로 꺾인 것도 수중폭발이 있었다는 것을 입증한다.

함정이 좌우로 심하게 흔들리는 것을 방지해주는 함안정기에 나타난 강력한 압력 흔적, 선저부분의 수압 및 버블흔적, 열흔적이 없는 전선의 절단 등은 수중폭발에 의한 강력한 충격파와 버블효과가 함정의 절단 및 침몰의 원인임을 알려준다.

생존자와 백령도 해안 초병의 진술내용을 분석한 결과, 생존자들은 거의 동시적인 폭발음을 1~2회 청취하였으며, 충격으로 쓰러진 좌현 견시병의 얼굴에 물이 튀었다는 진술과, 백령도 해안 초병이 2~3초간 높이 약 100m의 백색 섬광 기둥을 관측했다는 진술내용 등은 수중폭발로 발생한 물기둥현상과 일치하였다.

사체검안 결과 파편상과 화상의 흔적은 발견되지 않았고, 골절과 열창 등이 관찰되는 등 충격파 및 버블효과의 현상과 일치한다.

한국지질자원연구원의 지진파와 공중음파를 분석한 결과, 지진파는 4개소에서 진도 1.5규모로 감지되었으며, 공중음파는 11개소에서 1.1초 간격으로 2회 감지되었다.

지진파와 공중음파는 동일 폭발원이었으며, 이것은 수중폭발에 의한 충격파와 버블효과의 현상과 일치

수차례에 걸친 시뮬레이션 결과에 의하면 수심 약 6-9미터, 가스터빈실 중앙으로

부터 대략 좌현 3미터의 위치에서 총 폭발량 200~300kg 규모의 폭발이 있었던 것으로 판단된다.

백령도 근해 조류를 분석해 본 결과, 어뢰를 활용한 공격에 제한을 받지 않을 것으로 판단하였다.

▷ **증거물**

침몰해역에서 프로펠러, 추진모터, 조종장치 등이 수거되었고, 이는 어뢰의 추진 동력부로서 결정적인 증거물이다.

북한 해외로 수출할 목적으로 배포한 어뢰 소개 자료의 설계도에 명시된 크기와 형태가 일치하였으며, 추진부 뒷부분 안쪽에 "1번"이라는 한글 표기는 대한민국이 확보하고 있는 북한의 어뢰 표기방법과도 일치한다.

"1번이란 글씨는 제조과정에서 기술자들이 써놓은 것으로 보인다"면서 "완성품은 알루미늄 외피로 싸여 있어 이를 사용하는 북한군은 내부에 글씨가 있는지 몰랐을 것"이라고 말했다. 2010년 6월 29일 1번이라는 글자는 청색 유성 매직이며, 솔벤트 블루5 색소로 만든 것이라고 밝혔다.

현장에서 수거된 어뢰 추진 프로펠러와 침몰한 천안함의 금속 부분의 부식 정도가 거의 비슷한 상태인 점도 어뢰 추진체가 함수와 비슷한 기간 동안 바다 속에 잠겨있었다는 증거가 된다.

보충: 2010년 6월 29일 합동조사단은 증거물로 제시한 CHT-02D 어뢰의 설계도는 CHT-02D의 설계도가 아니라 실제론 이와 다른 별개의 북한 중어뢰인 PT-97W 어뢰의 설계도였다고 밝혔다.

6월 22일 국방부는 "천안함을 공격한 어뢰와 동일 기종으로 지목한 북한제 어뢰를 홍보하는 카탈로그에 북한의 국가명이 표기됐다"며, "북한제 어뢰를 홍보하는 카탈로그에 '조선민주주의인민공화국에서 보증한다'는 문구가 명기돼 있다"고 말했다. 또한 "이로 미뤄볼 때 카탈로그가 북한 정부가 제작한 게 확실하다"고 말했다.

▷ **다국적 연합정보분석**

다국적 연합정보분석TF의 확인 결과는 다음과 같다.

황해의 북한 해군기지에서 운용되던 일부 소형잠수함정과 이를 지원하는 모선이 천안함 공격 2~3일전에 황해 북한 해군기지를 이탈하였다가 천안함 공격 2~3일후에 기지로 복귀한 것이 확인되었다. 주변국의 잠수정들은 자국의 모기지 주변에서 활동

5월 15일 폭발 지역 인근에서 쌍끌이 어선에 의해 수거된 어뢰의 부품들(각 5개

의 순회전 및 역회전 프로펠러 추진모터와 조종장치)은 북한이 해외로 무기를 수출하기 위해 만든 북한산 무기소개책자에 제시되어 있는 CHT-02D 어뢰의 설계 도면과 정확히 일치한다.

이 어뢰의 후부 추진체 내부에서 발견된 "1번"이라고 잉크로 쓰여진 한글 표기는 대한민국이 확보하고 있는 또 다른 북한산 어뢰의 표기방법(4호)과도 일치한다.

러시아산 어뢰나 중화인민공화국산 어뢰는 각기 그들 나라의 언어로 표기한다. 북한산 CHT-02D 어뢰는 음향항적 및 음향 수동추적방식을 사용하며 직경이 21인치이고 무게가 1.7톤으로 폭발장약이 250Kg에 달하는 중어뢰이다.

북한의 소형잠수정 및 음향/항적추적 어뢰 수출사실 및 시험발사 확인

▷ **결론**

침몰해역에서 수거된 결정적 증거물과 선체의 변형형태, 관련자들의 진술내용, 사체 검안결과, 지진파 및 공중음파 분석결과, 수중폭발의 시뮬레이션 결과, 백령도 근해 조류분석결과, 수집한 어뢰 부품들의 분석결과에 대한 국내 외 전문가들의 의견을 종합하여 다음과 같은 결론을 내렸다.

천안함은 북한제 어뢰에 의한 수중 폭발로 발생한 충격파와 버블효과에 의해 절단되어 침몰했다.

폭발위치는 가스터빈실 중앙으로부터 좌현 3m, 수심 6~9m정도이다.

무기체계는 북한에서 제조한 고성능폭약 250kg규모의 어뢰로 확인되었다.

이 어뢰는 북한의 소형잠수함정으로 부터 발사되었다는 사실 외에는 달리 설명할 수 없음.

천안함 피격사건 합동조사단 발표문 PPT
천안함 피격사건 합동조사단 발표문 2 PPT

▷ **남은 의문점 및 논란**

잠수정의 크기: 조사단은 130t급 연어급 잠수정이 1.7t급 중어뢰로 공격하였다고 밝혔으나, 기술적으로 연어급 잠수정에 중어뢰를 탑재할 수 없다는 주장이 많으며, 가능하다고 해도 그런 무거운 중어뢰를 탑재하고도 해류가 강한 침몰 해역까지 다가와 단 번에 초계함을 두 동강내고도 전혀 탐지되지 않은 점이 의문으로 제기된다. 하지만 몇몇 군 전문가들은 연어급 잠수정도 중어뢰를 충분히 탑재, 발사할 수 있다고 반박했다. 또한 천안함 피격사건 전 후에 한·미 연합정찰자산을 활용하여 북한 잠수정 기지를 지속 감시하였으나, 기지가 구름에 차폐되었고 또한 북한 잠수정이 공해 외곽 수중으로 은밀히 침투함으로써 식별하지 못하였다고 밝혔다.

1번 글씨: 조선민주주의인민공화국이 자신들의 소행임이 들통나도록 '1번'이라고 써놓은 점은 가장 대표적인 의문점으로 꼽는다. 또한 소금물에 2개월 가까이 담겨져 있었는데도 불구하고 잉크가 그렇게 온전할 수 있는가에 대한 의문이 제기된다. 또한 조선민주주의인민공화국은 '노동 1호'처럼 '번' 대신 '호'를 자주 써왔으며, 실제로 합동조사단이 7년 전 수거한 조선민주주의인민공화국의 어뢰에도 '4호'라고 써 있었기 때문에 '1번'이 조선민주주의인민공화국의 표기방식이 맞느냐에 대한 의문이 제기되었다. 이러한 의혹들을 근거로 네티즌들은 아이폰에 1번을 써놓고 북한산이라고 하는 등 패러디를 양산해냈다. 그러나 탈북자의 증언에는 "(북한의)군수공장에서 무기를 식별하기 위해 페인트로 '몇 번' 이렇게 표기를 하기도 한다"고 말했으며 국방부는 잉크의 성분이 물에 쉽게 분해되지 않는 유성 잉크나 유성 페인트로 쓰여졌기 때문이라고 설명했다.

또한 250kg의 화약이 폭발할 시 약 섭씨 300도에서 1000도에 가까운 열을 발생시키는데, 끓는점이 150도정도인 잉크가 타버리거나 증발하지 않은 것도 의문점으로 꼽는다. 이승헌 버지니아대학교 물리학과 교수는 "어뢰 추진체의 표면이 녹이 슬어 있었다. 그건 폭발이 나서 어뢰 밖에 칠해져 있던 페인트가 타 버렸다는 것이다. 잉크보다 비등점이 높은 페인트가 탔는데 잉크가 하나도 타지 않고 선명하게 남아있을 수는 없다"고 주장했다. 또한 수중의 폭발로 인하여 열이 제대로 전달되지 않기 때문에 1번 글씨는 타버리지 않았다는 조사위원회의 반박에 대하여 서재정 미국 존스홉킨대 정치학 교수는 어뢰의 추진부에 칠해져 있던, 유성 잉크 보다 비등점이 높은 페인트가 타버린 점을 들며 조사위원회의 반박이 신빙성이 없음을 주장하였으나. 그러나 합동조사단측은 "수중에서 어뢰가 폭발하면 추진체 모터와 프로펠러 부위는 매우 빠른 속도로 30~40m 뒤로 밀려난다"며 "이 때문에 추진체 부분이 비교적 온전하게 남을 수 있고, 온도도 올라가지 않아 '1번' 글씨도 남을 수 있는 것"이라고 말했다. 그는 "'1번'이 쓰인 금속판은 프로펠러 바로 앞에 있는데, 이 프로펠러를 코팅한 부위도 지금 온전히 그대로 남아있다"고 말했다. 또한 국방부는 부식흔적으로 알려진 곳의 상당 부분은 부식이 아니라 폭발당시 흡착된 알루미늄 성분이며 [79]탄두로부터 글자가 적힌 추진체까지는 5미터라는 거리가 있고 특히 글씨는 바닷물이 차 있었던 부분이라 타지 않는다고 설명했다. 또 1번이 적힌 부분은 강철 재질에 부식 방지용 페인트를 칠해 녹이 슬지 않았다고 밝혔다. 또한 어뢰에 적힌 1번이라는 글자를 적은 청색 유성 매직은 솔벤트 블루 5 색소로 만들어 졌으며 이는 유성 매직에서 일반적으로 사용되는 성분으로 알려졌다.

물기둥: 국방부는 최초 물기둥이 없었다고 했던 발표를 뒤집고, 100m짜리 물기둥에서 물방울정도만 튀었다고 진술을 번복한 점과 해병대 초병이 물기둥을 봤다는 진술이 있었지만 이마저도 '백색 섬광'이었다는 진술로 밝혀져 물기둥이 정말 맞느냐는 의문이 제기되었다. 또한 이 목격된 섬광은 천안함 최초 사고지점과 매우 다른 곳에서 발생하였다. 초병의 진술을 밝히지 않다가 두 달이나 지나서 발표 한 것에도 의문이 제기된다. 천안함 생존자들은 물기둥을 본 사람이 없다.

잠수함의 이동경로: 합동조사단은 "공해의 수중을 통해 외곽에서 우회해 잠입한 뒤 야간에 사고 현장에서 대기하고 있다가 천안함을 타격하고 신속히 현장을 이탈해서 잠입했던 경로로 되돌아갔다"고 밝혔으나, 북한이 사전에 도발지점을 정찰했다는 보고는 없는 것으로 밝혀졌으며, 사고 당일 대청도 남쪽 해상에 고속정과 속초함, 그리고 천안함보다 탐지 능력이 뛰어난 P3C와 링스헬기, 그리고 주한미군이 보유한 U-2 정찰기, 미군 정찰위성 등이 있었고, 천안함 사고 해역에서 약 120km떨어진 곳에서 한국과 미국의 대잠 훈련이 있었음에도 불구하고 모든 군사 탐지 시스템에 포착되지 않으면서도 단 한 방의 어뢰로 천안함을 두동강 내 흔적도 없이 퇴각했다는 것에 대한 의문이 제기되었다. 또한 사고 당시 서해안의 수심은 45m 가량이었으며 이정도 수심에서는 잠수함 운영이 매우 어렵다는 점도 지적되었다. 일각에서는 북한이 고도의 기술력이 필요한 '스텔스' 잠수함을 이용했다는 설도 제기하지만, 전 세계적으로 스텔스 잠수함은 건조된바가 없는 것으로 알려졌다. 이러한 근거들 때문에 북한의 타격이 정말 맞다면 북한 잠수정의 기술력은 미국을 능가하는 세계 최고 수준이라는 주장도 제기된다. 하지만 감사원의 감사결과 천안함은 어뢰 탐지 불능의 소나를 장착하고 있었음이 확인되었다.

생존자들의 부상과, 온전한 시신들의 상태 : 합동조사단은 천안함의 좌현 약 3m 위치에서 총폭발량 200~300kg의 폭발하였다고 밝혔지만 사체검안결과 파편상과 화상의 흔적 등이 전혀 없었다. 또한 천안함을 두동강 낼 정도의 강력한 폭발이었는데도 불구하고 생존자들은 고막파열이나, 중상을 입은 사람이 한 명도 없었다는 점도 의문으로 제기된다. 희생자 40명에 대한 부검 결과 전부 익사로 추정된다는 보고서가 제출되었다. 그러나 합동조사단은 천안함 생존 사망 장병의 신체상태를 보면 골절, 열창(부딪혀서 찢겨지는 상처), 타박상 등으로 이는 외부폭발 중 수중폭발로 발생한 충격파와 버블효과로 인해 나타나는 현상과 일치하다고 반박했다. 중상자 8명은 요추골절상, 늑골골절상(2명), 우쇄골 골절상, 경추골절상, 대퇴부 골절상 및 요추골절상(2명)이며, 수습된 시신 40구에서도 골절, 열창, 타박상 등이 관찰되었다.

기술력: 조선민주주의인민공화국의 기술력으로는 버블제트 어뢰를 제작할 수 없으며, 독일제 어뢰를 사용한다고 하더라도 조선민주주의인민공화국의 잠수정과 호환이 되지 않을 가능성, 호환이 된다 하더라도 독일제 어뢰는 장보고함 209급처럼 1200톤급에만 장착이 가능하다는 점 때문에 정말 버블제트 어뢰를 사용한 타격이 맞는지 의문이 제기된다. 그러나 해군관계자는 버블제트는 감응식 센서가 장착된 어뢰로 덩어리 폭약이 300kg 정도만 넘으면 발생한다.고 밝히고 북한은 탄도미사일을 개발할 능력을 보유하고 있기 때문에 감응식 센서도 어려운 기술이 아니라고 밝혀 버블제트 어뢰가 최신형이라서 북한이 보유하지 못하고 있으리라는 관측을 일축했다.

선체 안의 상태: 합동조사단의 발표대로 버블제트 어뢰로 인해 200~300kg 규모의 폭발이 3~6m 거리에서 선체가 두 동강이 날 정도의 충격을 받았다면 선체 곳곳에 충격의 흔적이 있어야 하지만 그런 흔적이 거의 없고, 심지어 탄약고에 있던 탄약들마저 그대로 정렬되어 있어 어뢰의 폭발을 받은 것이 맞는지 의문이 제기된다. 또한 폭발지점에서 형광등이 깨지지 않은 점도 의문으로 제기된다. 이에 국방부는 형광등에 대한 기본상식이 없이 작성된 기사라며 "형광등은 본체(Body)와 전구로 구성되며, 충격 성능 시험 시 본체와 전구를 합체하여 실시하고 있습니다. 즉, 본체는 일정 충격으로부터 전구를 보호토록 특수제작되고 전구 자체는 일반 전구가 사용되는 것"이라고 해명했다.

흡착물의 성분: 어뢰에 반드시 알루미늄이 포함되게 되는데, 어뢰 파편 및 선체에서 나온 흡착물을 엑스선 회절기로 분석한 결과 알루미늄이 검출되지 않았다. 합동조사단은 이에 대해 "어뢰가 폭발할 경우 알루미늄이 폭발과 냉각을 거치면서 비결정질 알루미늄 산화물로 바뀌었고, 이 비결정질 산화물은 에너지 분광기에서는 알루미늄으로 인식되지만 엑스선 회절기 분석에서는 알루미늄으로 나타나지 않는다."고 밝히며 어뢰에 대한 폭발이 맞다고 결론지었다. 하지만 이승헌 버지니아대학교 물리학 교수는 "알루미늄이 100% 산화될 확률은 0%에 가깝고, 그 산화된 알루미늄이 모두 비결정질로 될 확률 또한 0%에 가깝다"고 반박했다. 이 근거는 어뢰폭발에 의한 것이라는 중요한 근거로 인용되어 왔기 때문에 논란이 커졌고, 합동조사단의 분석이 잘못된 것이라는 주장이 제기되었다. 이승헌 교수는 이를 논문으로 작성하여 국제 연합에 제출했다고 밝혔다. 이에 대해 국방부는 알루미늄이 포함된 폭약의 폭발현상은 3000℃이상의 고온과 20만 기압 이상의 고압에서 수만~수십 만분의 1초 내에 이루어지는데 이승헌 교수의 "전기로실험으로는 이와 같은 극한상황의 화학반응을 일으킬 수가 없기 때문에 비결정질의 알루미늄산화물이 생성될 수 없으므로 비교

될 수 없는 실험"이라고 반박하고 알루미늄은 이러한 극한상태에서 화약내 산소성분과 급격히 반응하여 대부분 비결정질의 알루미늄산화물이 된다"고 설명했다. 이 교수의 실험은 고온 고압과 수만분의 1초에서 이뤄지는 폭발 환경을 재현하지 못하고 단순히 온도만 올려 실험했기 때문에 알루미늄이 부분적으로만 산화된다는 정반대의 결과에 도달했다는 것이다. 합동조사단의 이러한 반박에 대해 이승헌 교수는 "합동조사단의 주장이 맞다면 같은 말만 하지 말고 알루미늄 판재를 쓰지 않은 상태로 제3자가 보는 자리에서 실험을 다시 하여 나온 폭발재에 알루미늄이 안 나타난다면 합동조사단의 말을 믿겠다"고 반박했다. 알루미늄 성분 검출에 대해서도 "흡착물 원소 중에서 알루미늄에 비해 훨씬 적게 들어 있는 규소(Si)도 XRD 데이터에 산화규소(SiO2) 형태로 보이는데 그토록 많은 알루미늄이라면 XRD에서 당연히 보여야 한다"고 주장했다. 이 외에도 미국물리학연구소가 발행하는 학술지에 1994년 실린 논문에서도 "폭발 후에는 '결정질 알루미늄산화물'과 'γ 결정의 흔적이 나타나는 비결정질 알루미늄산화물'이 나타났다"고 발표된 바 있으며, 크리스티앙 바르젤박사의 논문에서도 "섭씨 350도 이상의 고온에서는 결정질 알루미늄산화물이 나온다"다는 부분을 인용하며 국방부의 반박을 재반박했다. 캐나다의 매니토바대학교 지질과학과 양판석 교수도 "흡착물은 폭발에서 예상되는 Al2O3(알루미늄 산화물)이라 할 수 없으며 이 물질들이 진정 무엇인지는 합동조사단이 밝혀야 한다"며 합동조사단의 조사 결과에 의문을 제기했다. 이런 의문에 대해서도 국방부는 블로그를 통해 양판석교수가 사용한 NIST DTSA-II 프로그램을 사용하면 동일물질일지라도 시료물질의 형상(괴상, 막, 입자)과 두께에 따라 산소 : 알루미늄 성분비가 달라지므로 정량적인 계산이 불가능하며 합동조사단에서 분석한 흡착물질의 XRD데이터에는 결정 피크가 보이지 않아 깁사이트(수산화 알루미늄(Al(OH)3))가 아니며 함미스크류와 연돌에서 발견된 퇴적물을 XRD분석한 결과 깁사이트는 검출되지 않았다고 재반박했다.

　기름냄새: 생존자들은 대부분 쾅 하는 소리와 함께 기름냄새를 맡았다고 하는데 대부분의 승조원들이 기름냄새를 맡으려면 사고 시각 이전부터 이미 기름이 새고 있었어야 한다는 주장이 제기되었다. 이종인 알파잠수기술공사 대표는 "사고초기 또는 동시에 기름냄새를 맡았다는 것은 자기가 위치하고 있는 곳이 통풍된 상태라는 것이고, 이는 이미 기름이 함체 주위에 광범위하게 퍼져있다는 뜻"이라고 말했다.[107] 이후 취재결과 사고지역에 거주하는 주민들도 기름냄새를 광범위하게 맡았으며, 기름띠를 제거하는데도 3일이 걸렸다고 진술하면서 논란이 커졌다.

　스크류: 천안함은 스크류가 휘어진 상태로 발견되었다. 이에 대해 합동조사단은

"어뢰 폭발로 급정지하면서 이른바 '관성력' 때문에 스크루가 휘어진 것"이라고 발표하였으나 이에 의문을 품은 언론단체들이 시뮬레이션을 통해 검증한 결과 스크류가 갑자기 멈출 경우 반대로 휘어지는 것을 확인했다고 밝혔다. 이를 근거로 합동조사단에 해명을 요구한 결과 합동조사단도 자신들의 분석이 잘못되었음을 시인했다. 전직 해군 장교들은 언론과의 인터뷰에서 "경험에 비춰볼 때 스크루가 돌고 있는 상황에서 뻘에 닿으면 천안함과 비슷하게 휘어지는 현상을 보인다."고 지적하기도 했다. 국방부는 이에 대해서 프로펠러 변형은 폭발 시 충격력이 감속기어를 손상시켜 프로펠러가 급정지 하면서 발생한 관성력과, 추진축이 함미로 밀리면서 발생한 관성력 등 복합적인 작용에 의해 발생한 것으로 추정되며 좌초나 충돌이어도 천안함 프로펠러는 동일한 방향으로 회전하면서 전진과 후진이 가능하기 때문에 좌초 및 충돌이 발생하더라도 프로펠러의 날개(5개) 끝단부가 안쪽으로 동일하게 오그라든 형태의 변형은 발생할 수 없다고 밝혔다. 또 그 증거로 우현 감속기어의 검사결과 디젤엔진, 감속기어간 연결되어 있어 정상 작동 중이었음이 확인되었으며 좌우현 방향타(Rudder) 모두 직진 위치에 있었기 때문에 우현 프로펠러는 피격 전까지 정상 작동 중이었으며, 천안함 피격된 시점에 변형이 발생한 것으로 판단할 수 있다는 결론을 냈다.

지진파: 천안함 사고 당시 리히터 규모 1.5의 지진파가 감지됐다. 하지만 이에 상응하는 폭발음이 관측되어야 하는데도 전혀 관측되지 않은 점, 'S파가 거의 관측되지 않는 점을 들어 인공지진이다'라고 결론내렸지만 자연지진에서도 S파가 발생하지 않는 경우가 있다는 점, 전국 110여개의 지진 관측소중에 단 한 곳에서만 관측되어 지진 지점을 정확하게 예측하기 어려운데도 위치를 정확하게 파악한 점 등에서 의문이 제기된다. 또한 합동조사단의 자문위원이었던 음향학 교수도 사고 당시 나타났던 파형을 분석한 결과 합동조사단의 조사결과인 버블제트와 다른 '직격어뢰에 의한 폭발'로 분석했다는 점도 조사가 제대로 이루어졌는지 의문이 제기된다.

침몰 위치: TOD 초소를 기준으로 방위각을 계산하여 천안함의 침몰위치를 밝힌 합동조사단의 조사 결과에 의문을 품은 언론단체들이 이를 다시 조사한 결과 천안함의 실제 침몰 위치가 북서쪽으로 400m 떨어진 곳임이 드러났다. 이들은 "TOD 초소(북위 37도 57분 11초. 동경 124도 37분 35초)를 꼭지점으로 두고 함미 침몰 해점, TOD초소, 폭발 원점을 연결했을 때 사이각이 2.8도에 불과하지만 TOD 동영상 방위각 편차를 대입하면 6~8도 정도가 벌어져야 한다." 며 "따라서 폭발 원점은 함미와 함수가 분리되기 이전의 해역 북서쪽으로 최소한 400미터 정도 이동시켜야 한다." 고

지적했다. 이들은 합동조사단이 폭발 원점 근처 30~40m 지점에서 어뢰 잔해물을 수거한 점을 들며 "이제 어뢰 잔해가 그것도 2개의 잔해가 폭발 원점으로부터 수백 미터 떨어진 곳에서 수거된 기적을 설명해야 한다."고 지적했다.

부식 상태: 이종인 알파잠수공사 대표는 알루미늄과 스테인리스와 철을 바닷물 속에 50일간 담귀놓고 부식이 얼마나 이루어지는지 실험했다. 그 결과 어뢰 추진체보다 부식이 훨씬 덜 이루어졌다. 합동조사단이 밝힌 어뢰 추진체 알루미늄의 경우 거의 완벽하게 하얗게 산화된 점이 눈에 띄었으나, 이번 실험 결과 알루미늄이 극히 일부분에서만 하얗게 되는 현상이 발생하여 부식 상태가 크게 다른 것이 밝혀졌다. 철 조각의 경우도 완전히 붉게 변해버린 어뢰 추진체와 달리 노랗게 변한 정도에 그쳐 차이가 두드러졌다. 알루미늄 조각에 매직으로 실험 날짜를 적어놓은 글씨는 일부 지워지기도 했다. 이종인은 "(합동조사단이 내놓은 어뢰 추진체는) 적어도 물 속에서 4~5년 있다가 물 밖에 나와 상당기간 있었던 것으로 추정된다."고 말했다.

▷ **러시아 조사팀의 조사**

2010년 6월 1일 천안함 침몰 원인을 분석하기 위해 러시아 조사팀이 방한하였다. 이들은 천안함 침몰 증거에 대한 설명을 들었으며, 해군 기지를 방문해 선박 잔해와, 어뢰 잔편 등을 조사하였다. 이들은 천안함이 두 동강이 났음에도 불구하고 어뢰 잔편이 온전하게 남아있는 이유, 1번 글씨가 남아있는 이유 등을 질문했다. 그들은 당시 서해안에 미군 핵잠수함까지 있었음에도 불구하고 순찰함인 천안함을 목표로 삼은 것에 대해 의문을 제기하기도 했다. 조사단은 수중폭발이라는 조사결과에는 동의했지만 어뢰에 의한 것인지 여부에 대해서는 신중한 입장을 취했다.

2010년 7월 8일 러시아 소식통에 따르면 조사팀은 "북한의 어뢰 타격에 의한 침몰로 볼 수 없다"고 결론내린 것으로 알려졌다. 이들은 북한 소행의 결정적 증거로 한국 정부가 제시한 '1번 어뢰'를 천안함 침몰의 '범인'으로 볼 수 없다는 결론을 내렸으며, 이들은 보고서에서 '1번 어뢰'의 페인트와 부식 정도 등에 비춰볼 때 어뢰가 물속에 있던 기간에 대해서도 문제를 제기했다. 또한 '1번 어뢰'의 출처에 대해서도 의문을 표시했다. 스크류의 휘어진 부분에 대해서도 사전에 손상되었을 가능성을 제기하기도 했다. 이들은 사고시각 이전에 조난신호를 보냈다는 정황도 포착한 것으로 보도되었다. 또한 러시아 정부가 대한민국 정부에만 조사 결과를 통보하지 않으면서 대한민국 외교부가 러시아측에 항의하기도 했다. 러시아 외무부 대변인도 8일 브리핑에서 "아직 한국에 통보한 게 없고 추가 검토를 하는 중"이라고 밝혔다. 그러나 러시아는 공식적으로 조사결과를 발표하지는 않았다. 한편 정부 관계자는 구체적인 근거를 제시하지 않아 러시아의 주장을 받아들이기 어렵다고 밝혔다. 대다수의 언론들은 러시아가 북한의 소행이 아니라고 잠정 결론내렸다는 사실을 보도하였으나, 공식적 발표를 통해 부인한 적은 없었기 때문에 뉴데일리는 "국방부 대변인은 9일 정례 브리핑을 통해 '러시아 조사단이 천안함 사태가 북한 소행이라는 근거가 없다고 밝혔다는 일부 언론의 보도는 사실이 아니다'"는 내용을 보도했다. 2010년 7월 27일 한겨레, MBC는 이와 같은 내용으로 기뢰에 의한 침몰이라고 결론내린 조사단의 요약보고서를 공개하며 이를 한국정부에 통보했다고 보도했으나 국방부 관계자는 러시아로부터 통보받은 것은 없으며 보도된 보고서자료 역시 정체불명이라고 밝혔다. 국방부 관계자는 "러시아는 7월 초까지도 추가 자료를 요청했고 우리와 협의를 했으며 6월 초에는 조사결과 보고서를 작성하는데 최소한 2~3개월 정도가 소요될 것이라고 설명했다"고 말했다. 주한 러시아 대사관도 한겨레의 보도에 대해 사실이 아니라고 부인했다.

<조선민주주의인민공화국측의 주장>

합동 조사단의 공식 발표에 대해 조선민주주의인민공화국은 강렬히 반발하며 이번 사건은 자신들과 무관한 사건이라고 주장하였다. 또한 조사 결과에 의문을 제기하며 조사단을 파견하겠다고 밝혔다. 또한 한국정부의 이러한 발표에 대해 전쟁국면을 간주해 대처할 것이라고 밝혔다. 5월 28일 조선민주주의인민공화국은 외신들과 각국 대사관 관계자들을 초대해 내외신 기자회견을 열고 천안함이 자신들과 무관함을 주장했다. 이후 조선민주주의인민공화국은 대한민국 주민들의 개인정보를 도용해 "천안함 사건은 날조극"이라는 주장을 인터넷 사이트에 퍼뜨렸다.

1. 조선민주주의인민공화국은 130t 연어급 잠수정을 보유하고 있지 않다.
2. 조선민주주의인민공화국 어뢰 수출관련 무기소개 책자를 배포하지 않았다.
3. 조선민주주의인민공화국은 '호'라는 표현을 쓰지 '번'이라는 표현은 사용하지 않으며 번호를 매길 때 매직으로 쓰지 않고 기계로 새긴다.
4. 대한민국은 가스터빈실을 공개해야 하며 어뢰공격에 의한 것이었다면 터빈이 없어졌을 것이다.
5. 합동조사단에 참여한 국가가 미국과 '조선민주주의인민공화국 관련설'에 동조한 나라들로만 구성되었다. 외부와 차단된 체 제한된 조사만 했고 반대자를 추방했다.

7월 20일 최태복 북한 최고인민회의 의장은 "남한정부가 억지로 천안함사건을 북한과 연계시키려 시도했다."며, "천안함침몰사건으로 이익을 얻는 것은 다른 누구도 아닌 미국이라는 것은 삼척동자도 알 수 있는 일"이라고 주장했다.

<대한민국 국방부의 재반박>

대한민국 국방부는 조선민주주의인민공화국의 주장에 대해 설명자료를 내고 조목조목 반박했다. 국방부 관계자는 "북한이 제시한 주장을 분석해보면 한국의 일부 정치권과 인터넷 괴담을 인용했다는 점이 눈에 띈다."고 설명했다. 이로 인해 조선민주주의인민공화국의 주장은 신뢰성이 없으며 반박은 되레 합동조사단의 조사결과에 힘을 실어주고 있다는 지적이다.

1. 2006년 9월에 촬영된 구글어스 사진에는 북한의 연어급 잠수정 3척이 나타나며 "북한의 130t급 잠수정은 지난 2003년 중동국가(이란)에 수출한 사례를 확인했고 북한에 있는 130t급 잠수정이 식별된 영상정보 사진(정찰위성 사진)도 갖고 있다".

2. 북한의 무역회사에서 작성해 제3국에 제공한 어뢰설계도가 포함된 무기 소개 책자를 확보하고 있으며 천안함을 공격한 신형 'CHT-02D' 어뢰 외에 2개의 신형 어뢰가 설계도면과 함께 상세히 등재돼 있다.

3. 탈북자의 증언과 조선민주주의인민공화국 '조선국어대사전' 등을 확인한 결과 북한에서 '호'와 '번'이 모두 쓰이고 있으며 2003년 입수한 북한 시험용 어뢰에도 4호라는 수기로 기록된 표기만 있었을 뿐 조선민주주의인민공화국이 주장했듯이 기계로 새긴 것은 없다.

4. 대한민국 국방부는 가스터빈실 인양사진을 공개하면서 가스터진실 발전기, 조수기, 유수분리기, 가스터빈 덮개가 파손되었고 가스터빈도 파손되었다고 설명했다. 연소실과 압축기 일부만 남고 공기 흡입관과 파워터빈 및 폐기관은 유실됐다는 설명을 덧붙였다.

5. "합동조사단에 참가한 나라는 미국, 영국, 호주, 스웨덴이며 이중 스웨덴은 중립국"이며 "조사의 투명성과 공정성을 유지하기 위해 외부의 압력을 배제했고, 모든 조사결과는 조사에 참여한 모든 조사관들의 의견을 종합해 만장일치로 확인했다"고 일축했다.

<공식발표 이전의 가설들>

조사단의 공식 조사결과 발표 이전에는 침몰 원인을 두고 다양한 설이 제기되었다. 침몰 원인에는 크게 조선민주주의인민공화국 공격설과 사고설이 있다. 조선민주주의인민공화국 공격설은 어뢰설, 매설기뢰설, 대함화기공격설을 말하고, 사고설에는 유실기뢰사고설과 좌초설, 선내폭발설, 자체결함에 의한 피로파괴설 등으로 나뉜다. 기뢰에 의한 사고의 경우, 한국전쟁이나 훈련중 "유실된 기뢰"라는 사고설과 북한이 고의적으로 "매설한 기뢰"라고 보아 조선민주주의인민공화국의 공격으로 볼 수 있다는 주장으로 나뉜다. 한편 위에서 나열한 천안함 침몰 원인에 대한 가설 중 외부충격에 의한 가설은 조선민주주의인민공화국 공격설 모두와 사고설 중 유실기뢰사고설, 좌초설이 모두 여기에 해당된다. 내부충격에 의한 것은 선내폭발설이 유일하며, 피로파괴설은 외부나 내부에 의한 충격, 그 어느 것도 아닌 경우이다. 일부에서는 좌초와 피로파괴가 순차적으로 일어났다는 주장이 제기되기도 했다.

▷ 조선민주주의인민공화국의 어뢰공격설

조선민주주의인민공화국의 어뢰공격설은 조선민주주의인민공화국 잠수정에 의한 어뢰공격과 인간어뢰에 의한 공격까지 포함하고 있다. 2010년 4월 2일 김태영 국방장관은 천안함의 사고원인으로 거론되고 있는 내부폭발과 기뢰, 좌초, 피로파괴 등은 발생했을 가능성이 낮으며 폭발에 의한 것으로 보인다면서, "어뢰 가능성이 기뢰 가능성보다 높다"고 국회에서 답변했다. 이 어뢰가 함미를 직접 타격하는 직격어뢰인지 수중폭발로 인한 거품으로 공격하는 버블제트 어뢰인지는 더 조사를 해야 알 수 있다고 한다. 4월 25일 합동조사단은 절단면과 내외부 육안검사를 볼 때 선체 절단면이 위를 향해 있는 점, 그을음과 열상 흔적이 없는 점을 들어 비접촉 폭발(버블제트)의 가능성이 높다고 발표했다. 이어 4월 30일 사고현장에서 파편 등을 수거에 검사한 결과 RDX라는 화약성분이 검출되었고 재질은 어뢰의 외피를 구성하는 알루미늄과 마그네슘 합금인 것으로 분석됐다"고 말했다.

◦ 근거

2010년 4월 15일 인양된 천암함의 파괴된 단면을 분석한 결과 선체 바닥 왼쪽의 철판이 안으로 휘어져 있어 외부폭발, 그중에서 어뢰일 가능성이 높다고 민군 합동조사단은 밝혔다. 각종 의혹들에 대해서는 유리창이 깨지지 않은 것은 함수는 방탄유리로 쉽게 깨지지 않고, 화약냄새가 없던 것은 수중에서 폭발하여 함정 내부까지 전달되지 않을 수 있고, 떼죽음 당한 물고기가 발견되지 않은 것은 공기주머니가 터져 가라앉거나 조류에 떠밀려 가기 때문이라고 밝혔다.

침몰 당시 백령도 지진 관측소에서는 TNT 180kg에 해당하는 지진파가 감지되었고 이는 중국 중어뢰(TNT 200kg)의 폭발력과 유사하며, 생존자도 강한 충격이 있었다고 증언했다.

김태영 국방장관은 천안함이 했을 당시 북한잠수정 2척의 움직임이 포착되었다가 시야에서 사라졌다고 국회에서 증언하였다.

대북소식통에 따르면 함경북도 모 기업소에서 열린 토요강연회에서 당세포 비서가 "최근 영웅적인 조선인민군이 원수들에게 통쾌한 보복을 안겨 우리 자위적 군사력에 대해 남조선이 국가적 두려움에 떨고 있다"고 말한 것을 전했다.

천안함 연돌에서 어뢰 탄약으로 추정되는 화약성분이 발견되었고 침몰 지점에서 수거된 알루미늄 조각에서도 동일성분이 발견되었다. 어뢰 등에 사용되는 이 알루미늄 파편은 정밀 조사한 결과 한국 무기에는 없는 재질로 확인됐다.

민군합동조사단은 현장에서 발견된 어뢰파편에서 조선민주주의인민공화국 각인(刻印) 스타일의 일련번호가 찍힌 온전한 형태의 스크루 파편이 발견됨으로써 조선민주주의인민공화국 소행이라는 결정적 물증을 확보, 이것을 조사에 참여한 미국 영국, 호주 전문가들에게 확인시켜 긍정적 답변을 얻어냈다.

◦ 반론

인양된 함수의 유리창이 깨지지도 않고 흠집도 거의 없어 어뢰 또는 기뢰에 의한 폭빌이 맞는지에 대한 의문이 제기되고 있다.

일반적인 어뢰 공격시 발견되는 물고기 떼죽음, 화약냄새, 열기가 감지되지 않았다.

현장에서 RDX, [159]HMX, [160]TNT [161]등 다양한 화약 성분이 발견되었지만, 그 용량이 0.000000000146그램에 불과한 미량이어서 직접적인 원인규명은 되지 않는다.

비슷한 주장

조선민주주의인민공화국 기뢰공격설: 조선민주주의인민공화국이 (반)잠수정 등을 이용해 백령도 근해로 침투하여 사전에 기뢰를 매설해 두었는데, 천안함이 이를 모르고 지나가다 기뢰가 작동해서 타격을 입었다는 주장이다.

대함화기공격설: 조선민주주의인민공화국이 기뢰나 어뢰가 아닌 대함화기로 직접 공격했다는 주장이다. 4월 23일 류우익 주중 한국대사는 조선민주주의인민공화국이 직접 공격해서 천안함이 침몰한 것이라고 주장했다. 황장엽 역시 천안함은 조선민주주의인민공화국이 공격해서 침몰한 것이라고 주장했다. 신원을 알 수 없는 조선민주주의인민공화국 고위장교가 김정일의 3남인 김정은이 천안함을 침몰시키도록 지시했

으며 김정은은 천안함이 침몰하자 작전 성공에 대해 크게 기뻐했다고 증언했다는 보도가 있다.

▷ **기뢰사고설**

대한민국 영토인 백령도 근해에 기존에 매설되었으나 미처 제거하지 않은 기뢰에 의해 천안함이 침몰했다는 주장이다. 기뢰사고설로는 6.25 전쟁 당시 북한군 동해와 서해에 설치한 기뢰가 다 제거되지 않은 채로 바다 밑에 남아 있다가 강한 물살에 남쪽으로 흘러내려와 천안함에 부딪혀 폭발했다는 설과, 1970대 한국 해군이 전시를 대비해 설치한 것을 천안함이 실수로 건드렸다는 설이 있다. 김태영 국방장관은 북한군 기뢰에 관하여 "비록 많은 기뢰를 제거했다고 하지만 물속에 있는 기뢰를 100% 수거하기는 쉽지 않다. 이러한 기뢰가 바다로 흘러내려 왔을 가능성이 있다"라고 밝힌 반면, 서해안에 설치된 한국군 기뢰는 현재 다 제거되었다며 한국군이 설치한 기뢰에 의한 사고였을 가능성을 일축하였다. 또한 염분이 강한 바닷물에서 30년이 지난 기뢰가 폭발할 가능성도 적으며 사고수역은 많은 어선들이 다니던 곳인데 갑자기 떠올라 폭발할 가능성도 낮다.

▷ **좌초설**

사고 근해에 있는 암초 또는 바다 바닥에 천안함이 부딪혀서 사건이 발생했다는 주장이다. 이 주장의 근거는 인양된 함미에서 확인되는 긁힌 자국과 해군 제2함대 사령부의 브리핑 자료, 해경에 구조요청 시 신고 내용, 백령도 주민들의 증언 등이다.

◦ 근거

함미의 우측은 깨끗한 데 반해 함미의 좌측에 긁힌 자국이 선명하게 보인다.

해군 제2함대 사령부가 사고 다음날인 3월 27일에 기자들에게 브리핑할 때 사용한 작전상황도에 등장하는 '좌초'라는 문구와 사고 시점의 수심을 4m로 적어 둔 것이 노출되었다.

해경이 해군으로부터 "천안함, 밤 9시 30분쯤 좌초되었다"는 구조 요청을 받았다고 보도되었다.

백령도 주민들의 증언에 의하면 사고 지점 인근에 있는 암초에 천안함이 좌초했을 수도 있다고 한다. 실제로 사고 지점에서 800m 떨어진 곳에 수중 암초가 있는데, 주민들에 의하면 이 암초가 "밀물 때는 잠겨 있어, 알아서 피해 다닌다"고 한다.

천안함 기관병으로 근무했던 박모씨는 연합뉴스에 기고한 글에서 썰물 때 천안함의 스크루가 암초에 걸려 배의 함미가 위로 뛰어 오르면서 받은 충격에 그 충격음이

배 안에서 폭발음처럼 들릴 수 있다고 주장하였다.

민주당 김효석 의원은 스크류가 회전 방향으로 찌그러진 점, 함미 인양시에 선체에서 물이 샌 점 등을 들어 좌초설을 주장했다.

◦ 반론

4월 25일 함수를 예인하여 조사한 결과 배의 밑이 온전한 것이 확인되었다.

백령도 지진관측소에서 확인된 지진파를 설명할 수 없다.

백령도에서 조업을 하고 있는 어민에 따르면 "사고 해역에는 암초가 없는 것으로 알고 있다"며 "사고 해역은 어민들이 평소 다니는 항로인데 암초는 발견되지 않았다"고 증언했다.

현장에서 어뢰에 사용하는 알루미늄 파편과 미량의 RDX, HMX, TNT 등의 화약성분이 발견되었다.

▷ 선내폭발설

선내폭발설은 천안함 선내에 있는 함포탄과 어뢰가 노후화로 인하여 폭발했을 것이라고 보는 설과, 함 내부에서 불만이 있던 자가 일부러 폭발 사고를 일으켰을 것이라는 추측이다. 그러나 탄약고에 있는 무기들이 분리 보관되어 왔다는 점, 침몰 당시 화약냄새가 전혀 없었다는 점, 폭발로 인한 부유물이 주변에 없었다는 점, 그리고 평상시 사고를 칠 만한 사병들 또한 딱히 없었다는 점 때문에 신빙성이 높아 보이지는 않는다. 또한 천안함이 인양된 이후 확인한 결과 내부의 폭발물은 안전한 상태로 확인되었다.

▷ 피로파괴설

'피로파괴'란 미세한 균열이 장시간 누적된 충격과 압력에 의해 갑작스런 파괴로 이어지는 현상인데, 이번 천안함 침몰이 피로파괴로 인한 것이라는 주장이 있다. 그러나 피로파괴가 침몰 원인이었다는 결정적인 증거는 없다. 다만 희생자 가족을 비롯한 여러 증언과 어뢰, 기뢰 등의 폭발 가능성이나 좌초 가능성이 낮을 경우 가장 높은 개연성이 있다는 것에 근거하고 있다. 사고 직후 일부 실종자 가족들이 선내에 물이 샌다는 말을 실종자들에게 들었다는 증언이 나옴에 따라, 수리가 완전히 끝나지 않은 상태에서 무리한 작전 수행에 나섰기 때문에 배가 침몰한 것이 아니냐는 의혹이 제기되었다. 한편, 4월 23일 미국 브루킹스연구소 초빙연구원인 박선원 박사는 손석희의 시선집중에 출연하여 "한국이 공개하지 않은 자료는 미국이 다 갖고 있다"며, "우리는 선체의 결함 이외에 다른 침몰의 요인을 알지 못한다"며 선내결함설에 무게를 실었다. 그러나 천안함의 절단면은 깔끔하게 절단되어 있지 않고 찢겨 있는 상태여서 피로파괴설은 설득력이 없다는 반론이 제기되고 있으나 절단면이 공개되지 않은 상태여서 확인하기 어려운 상태이다. 한편, 천안함 함장이었던 최원일 중령은 실종자 가족들이 제기한 선체결함 의혹에 대해서 "수리한 적도 없을 뿐만 아니라 물이 샌 적도 없다"고 말했으며, 생존 장병들과의 기자 회견에서도 "물이 샌다고 말하는 건 온도차로 습기가 만들어지는 것을 두고 오해하는 것이다"라며 부인했다. 또한 최초 폭발 당시 백령도 지진관측소에서 관측한 지진파가 피로파괴에 의해 발생했다고 보기 어렵다는 의견이 있다.

▷ 좌초 후 피로 파괴설

좌초된 후 침수 등에 의해 피로파괴가 일어났다는 주장이다. 피로파괴설에 대한 가장 강력한 반론 중 하나인 절단면이 매끄럽지 않다는 것에 대해서 아메리칸 스타호의 사례에서처럼 좌초 후 피로파괴가 일어나는 경우에는 절단면이 매끄럽지 않고 찢긴 모양이 될 수 있다는 주장을 함께 제시하고 있다.[190][191] 그러나 천안함이 예인된 이후 조사한 결과 배의 밑이 온전한 것이 확인돼 이 가설도 신빙성이 낮아졌다.

<논란>

이명박 대통령이 4월 1일 한나라당 의원들과 가진 오찬간담회에서 "있는 사실 그대로 국민에게 밝히라"고 지시했다고 밝혔음에도 불구하고, 관련된 의혹이 있다.

▷ 대한민국 국방부의 진술 번복

대한민국 국방부는 사고 원인이나, 사고 시각 등에서 진술을 수차례 번복하였다.

어뢰설에 대한 답변: 대한민국 국방장관은 어뢰설이 가장 유력하다고 본다고 국회에서 답변했다. 그러나 국방부는, 어뢰는 사전에 소리가 탐지되는데 탐지된 적이 없다고 진술하고 있다. 또한 4월 1일에는 김태영 국방부장관이 서해기지에서 잠수정 2척이 보이지 않은데 대해 "그것이 꽤 먼 곳이기 때문에 저희 지역과 연관되는 움직임과는 연관성이 약하다"고 밝혔으나 합동조사단은 그 두 척 중에 한 척이 천안함을 공격했으며 이와 정 반대되는 발표를 하였다.

기뢰설에 대한 답변: "기뢰는 다 제거되었다"고 주장하던 과거와는 달리 4월 12일에는 "아군 기뢰 전량 제거된 것 아니다"라며 진술을 또 번복하였다.

보도 수단: 국방부는 계속 최초 보고는 "휴대전화였다"고 진술하고 있다. 폭발 전에는 전혀 징후를 몰랐고, 폭발 후에는 전기가 나가서 휴대전화를 사용했다고 진술하고 있다. 국회 국방위에서 군함에 휴대무전기도 없느냐고 질타하자, 그 이후 언

론보도에서는, 최초 보고는 휴대전화로 했는데, 나중에는 휴대무전기로 보고했다고 하면서 진술을 번복했다.

어뢰모델: 2010년 5월 19일 "합동 조사단은 지난주 백령도 해상에서 수거한 어뢰 파편에 '한자'가 표기된 사실을 근거로 이 어뢰가 중국제 '魚-3G' 음향어뢰로 사실상 결론낸 것으로 알려졌다"라고 일제히 언론이 보도하였다. 그러나 이러한 주장은 하루만인 5월 20일 CHT-02D 어뢰로 변경되었다. 그러나 6월 29일 이러한 진술을 또 번복하여 합동조사단이 제시했던 설계도는 북한의 PT-97W 어뢰의 설계도였다고 밝혔다. 북한산 어뢰의 설계도라고 주장한 국방부의 설명도 처음에는 책자라고 했다가, CD라고 했다가, 둘 다 있다고 하는 등 진술이 수차례 번복되었다.

물기둥 진술: 물기둥에 대해서도 4월 8일에는 생존장병들의 증언을 토대로 "물기둥을 본 사람이 없다"고 발표하였으나, 5월 20일에는 물기둥이 있었다고 번복하였다.

버블제트형 어뢰 주장: 사고 직후 폭발의 흔적이 없다는 지적이 나오자 버블제트형 어뢰라고 언론에 흘렸으며, 전문가들에 의해 버블제트형 어뢰는 미국 밖에 없다고 지적하자 근접신관을 장착한 직주 어뢰의 버블제트형 폭발이라고 말을 바꿨다.

명단 통지 거짓발표: 국방부는 사고 당시 "실종자 가족들에게 가장 먼저 실종 사실을 알렸다"고 주장하였으나, 실제로는 언론에 4시간 먼저 명단을 밝힌 것으로 드러났다.

천안함 보고서: 2010년 6월 11일 국방부는 천안함 보고서를 미국에 전달했다는 의혹들에 대해 "힐러리 국무장관에게 주었다는 400페이지 자료는 합동조사단에서 만들지도 않았고 미국, 중국측에 전달한 적도 없다"고 주장하였으나, 6월 24일, 미국 대사측이 "주한 미국 대사관에서 한국 국방부로부터 받은 공식문서는 251쪽 분량의 보고서가 있다"고 증언하자 국방부는 "400쪽 분량의 보고서는 정부에서 작성한 바 없고, 251쪽 분량의 보고서는 유엔에 국제공조를 요청하기 위해 보낸 보고서가 있다"며 보고서의 존재 사실을 시인했다.

▷ 정보 은폐 논란

어뢰 피격 보고 묵살: 사건 당시 침몰하는 천안함은 "어뢰 피격으로 판단된다"고 2함대사령부에 보고했다. 해군 작전사령부에서도 '폭발음 청취' 등 외부 공격 가능성을 합참에 보고했다. 그러나 2함대사령부는 '어뢰 피격' 내용을 합참 등 상급기관에 제대로 보고하지 않았다. 김태영 장관에게도 '폭발음 청취' 내용이 삭제된 보고가 올라갔다. 이로 인해 국방정ㄱ헌운 사건 발생 9일 뒤에야 어뢰 피격을 인지하게 되었다.

교신 일지: 이종걸 민주당 의원은 천안함에 승선해 있던 한 장병이 가족과 휴대전화 통화를 하다 오후 9시16분쯤 갑자기 "지금은 긴급 상황이라 통화가 어렵다. 나중에 통화하자"라고 말한 뒤 전화를 끊었다는 점을 지적했다. 천안함과 제2함대사령부 간의 교신 기록 중에 사고 직전인 9시 15분부터 22분까지 7분 분량의 내용이 존재하지 않는 것으로 밝혀져서 의혹을 더하고 있다.

TOD 영상 은폐: 군 당국은 그동안 사고 발생 장면을 찍은 화면(TOD 영상)은 없다고 밝혀왔으나, 이 동영상이 존재하며, 민군 합동조사단이 봤다는 증언이 보도되었다. 또한 천안함에 근무하다 전역한 장병들은 "TOD영상은 항상 녹화하고 있는 게 원칙"이라고 증언하였으며, 40분짜리 영상을 1분 20초로 편집하여 공개했다가 나머지 영상을 다시 공개하여 은폐 의혹이 불거진 점, 그 이후에 또 "40분 영상 이외의 영상은 없다"고 했으나 다른 영상이 더 있던 걸로 또 드러났던 점, 침몰 전후의 장면이 모두 있지만 사고시각인 9시 22분의 영상만 없다는 점들 때문에 TOD 영상 은폐 의혹이 꾸준히 일고 있다. 민주노동당 이정희 의원은 "합동참모본부 산하 정보분석처에 소속된 A대령과, 정보작전처에서 B대령을 비롯한 관계자들도 동영상을 봤다"고 주장했으며, 김태영 국방부장관이 TOD 동영상을 편집하라는 지시도 한 것으로 드러났다.

생존 장병들의 외부인 접촉 차단: 생존 장병들은 전원 국군수도병원에 입원한 채, 정신과 치료가 필요하다는 이유로 외부인과의 접촉을 일시적으로 불허하기도 했으며, 또한 지방선거 기간중 격리 수용되었다는 사실을 감추고 "생존자들이 자유롭게 지내고 있다"고 말했으나 이는 거짓으로 드러났으며 경남 진해의 교육사령부에서 2주간 격리 교육을 받은 것으로 드러났다.

천안함 절단면 비공개: 국방부는 유언비어를 차단한다는 이유로, 선체 인양시 함수와 함미의 절단면을 그물로 은폐하고, 언론의 300야드 이내 접근을 차단한 채 작업을 진행했다. 그러나 국방부는 5월 20일 절단면을 공개했고 31일에는 일반인들에게도 공개하며 사진 촬영도 허가했다.

보안 서약서 요구: 또한 인양 작업에 참여한 민간업체 관계자들에게 보안서약서를 요구한 것으로 알려졌다. 또한, 언론매체와 인터뷰를 한 백령도 주민들에 대해 기무사와 경찰에서 추궁한 것으로 알려져 물의를 빚기도 했다.

보고서 미공개: 국방부는 사고 경위를 조사한 결과를 담은 보고서를 비공개로 하였다. 국방부는 250여쪽의 보고서를 500여부 발간하여 배포할 계획으로 사실상 공개

할 방침을 정했으면서도 국민들에게는 이를 공개하지 않고 편집한 내용의 백서를 만들어 공개할 방침이라고 정하면서 눈가리고 아웅이라는 지적이 일었다. 국방부 관계자는 "미국의 9·11테러 보고서도 공개하지 않았다"며 "군사적으로 예민한 내용이 일부 포함돼 있기 때문에 언론이나 일반에게는 공개하지 않을 것"이라고 밝혔다.

가스터빈실 인양: 가스터빈실이 침몰 해역에 그대로 있었는데도 찾지 못하고 뒤늦게 인양된 점에 대해서도 의문이 제기된다. 해난 구조 및 인양 전문가인 이종훈은 CBS와의 인터뷰에서 "가스터빈실은 함수, 함미가 부러진 자리에서 초기서부터 거기에 있었다. 군도 거기에 있었음을 처음부터 알고 있었을 것이다. 하지만 그것이 왜 이제서야 인양됐는지는 모르겠다"라고 밝혔다.

조사단의 구성원 문제: 2010년 5월 3일 민간조사단으로 조사에 참여하고 있는 신상철은 "침몰사고의 원인이 무엇이든 지휘통제 부실의 책임을 져야 할 사람들이 조사를 전담하고 나서는 것은 문제가 많다", "국방부 발표를 보면 북한 소행으로 단정지어 놓은 상태에서 보복이니 응징이니 하면서 큰 소리를 치고 있다. 이런 조사를 믿을 수가 있나", "비밀유지 각서를 썼기 때문에 말할 수 없다. 다만 어뢰나 기뢰에 의한 공격이 아닌 것만은 분명해 보인다"며 정부의 은폐, 조작에 대한 우려를 나타냈다.

조사단이 구성원 문제나 은폐 의혹을 제기했던 신상철(서프라이즈 대표)에 대한 비판도 존재한다. 민주당 안규백 의원은 12일 동아일보와의 통화에서 "외부 모 인사에게서 '신 씨가 가장 적합하다'는 얘기를 들었다"며 신상철을 추천한 경위를 밝혔다. 신상철은 조사단 회의에 1회에 한해 2시간밖에 안 있는 등 조사활동에 참여하지 않은 채 군사기밀 공개를 요청하고 진보성향 언론들을 통해 "미군 함선과 충돌했다" 혹은 "주한미군 사령관이 한주호 준위 분향소를 방문한 것이 미군이 연루된 증거다" 등의 주장을 내세우기도 했다. 이에 국방부는 "전문성이 없는 인사가 조사위원으로 활동하기에 적절하지 않으며 이로 인해 공식결론에 반하는 내용을 조사위원 자격을 내세워 주장하는 등 대외적으로 불신 여론을 조장하여 공신력을 실추시키고 있다"고 밝히고 민주당에 교체를 요청했고, 신상철을 추천한 것에 대한 민주당의 책임론도 제기되었다. 민주당은 조사단 활동이 일주일 정도밖에 남지 않았기 때문에 교체는 어렵지만 문제가 되는 활동에 대해서 앞으로 공명정대하게 할 수 있도록 감독하겠다고 밝혔다.

<반대론자들에 대한 고소 고발>

천안함 사태에 대해 의혹을 주장해 논란이 되었던 사람들중 상당수는 고소, 고발을 당했다. 대표적으로 도올 김용옥, 천안함 조사위원이었던 신상철과, 박선원 전 청와대 통일안보전략비서관, 민주노동당 이정희 의원 등이다. 이러한 반대론자들에 대한 해군, 국방부 등의 고소, 고발은 반대론자들에 대한 탄압으로 비춰졌으며 천안함의 조사 결과에 대해 의문을 제기했던 이승헌 버지니아대학교 물리학 교수는 "정부의 천안함 결론에 대해 문제를 제기하는 사람들이 고소됐다. 이것은 현재 우리 사회가 합리적인 사회가 아니라는 것을 보여줄 뿐이다"라고 지적했다. 그러나 김용옥은 국가가 아닌 보수단체로부터 고소를 당했으며 이정희는 해군 대령 개인이 고소한 것으로 확인되었다. 국방부는 허위사실 유포로 명예가 훼손되었다며 고소 이유를 밝혔다. 한편 국방부에 고소를 당한 박선원 전 청와대비서관은 어뢰피격설이나 암초설을 주장한 적이 없다며 언론사 관계자를 고소했다.

<성금 모금 훈장 수여와 징계>

2010년 4월 14일 천안함 침몰 사건에 대한 성금 모금이 진행되었다. 이전까지 국민성금을 모아왔던 적은 많았으나, 불우이웃이나, 자연재해로 인한 피해 등 금전적 지원이 반드시 필요한 곳에서만 추진되어 왔다. 하지만 이번 사건에서는 개인에 대한 재산 피해도 없었기 때문에 금전적 지원이 필요한 경우라고 보기 어려웠으며, 천안함 침몰 원인이 밝혀지기는커녕, 실종자들의 생사조차 확인되지 상황에서 이러한 성금 모금은 부적절하다는 지적이 제기되었다.[237] KBS는 이를 특집으로 생방송하여 시청자 게시판에는 항의글들이 올라오기도 했다. 또한 이 사건의 책임이 전적으로 정부와 국방부에 있음에도 국민들에게 책임을 지우기 위한 것이 아니냐는 지적이 제기되기도 했다. 국방부는 희생자들에 대해 훈장을 수여하고 국민성금까지 모금하여 억대의 보상금을 지급하며 '영웅' 대접을 하면서도 생존자들과 군 지휘관들에게는 징계 또는 격리수용을 하며 책임을 묻고 있다는 점이 모순으로 지적되기도 한다. 도올 김용옥은 이번 사건은 패전이라는 지적을 하기도 했다.

<기타>

최문순의 발언 논란: 6월 18일 민주당 최문순 의원은 "러시아 대사가 천안함 사건을 '2000년 내부폭발로 침몰한 러시아 핵잠수함 사건과 똑같다'고 말했다"고 밝혔으나, 러시아측은 이러한 입장을 밝힌 적이 없는 것으로 드러나 문제가 되었으

며, 러시아측은 최문순에게 사과를 요구했다.

　이외에도 최문순은 좌초설, 내부폭발설 등을 주장하며 어뢰공격가능성을 부인해 왔는데도 유가족 앞에서는 어뢰공격을 인정하는 발언을 한 의혹도 있다. 최문순은 6.2지방선거를 일주일가량 앞두고 전화해 "천안함 침몰사고에 대한 유가족의 의견을 묻고 싶다"고 요청해, 유가족 3명과 한 술집에서 자리를 가졌다. 이 자리에 참석한 한 유가족은 "최의원이 우리를 보자마자 '함체를 보고 어뢰가 맞다는 생각이 들었다. 우리는 끝났다. 도와달라'고 말했다"고 주장했다. "최 의원이 '(민주당이) 선거전략을 잘못 잡은 것 같다. 요새 선거운동할 맛이 안 난다'고도 말했다"고 덧붙였다. 이에 최 의원 측 관계자는 "그런 말 한 기억이 없다고 하더라"고 밝혔다. 최문순은 "가족분들과 대화한 내용이라면 내가 녹음해 갖고 있기 때문에 자신이 있다"고 동아일보에 해명했다. 이에 유가족들은 "녹음하고 있었다는 사실은 전혀 몰랐다"고 불쾌감을 표시하며 "가족들이 불리할 것 없으니 내용을 공개하라"고 말했다. 이러한 비밀녹음은 비판의 대상이 되기도 했다. 그러나 최문순은 아직까지 녹음내용을 공개하지 않고 있다.

　공무원들에 대한 교육: 6월 23일 정부는 "전국 공무원들을 대상으로 4대강 사업과 천안함 사건에 대한 대대적인 교육을 실시하라"는 내용의 공문을 전국 지자체와 부처별로 보낸 것으로 드러났다. 의혹과 논란이 많은 천안함과 4대강 사업에 대한 이러한 교육에 대해 "정부가 선거로 나타난 민심을 거꾸로 읽는 것 같다"는 비판이 제기되었다.

　허위사실 유포: 천안함 사건이 정부의 자작극이라는 등의 허위사실이 인터넷을 통해 유포되기도 했다. 누리꾼들에 의해 퍼날라지는 과정에서 그럴듯하게 포장되면서 인터넷 문화의 역기능과 폐해에 대한 우려도 제기되었다. 경찰은 천안함 사건이 "미국과 이명박이 금양호를 입막음 하기 위해 수장한 것" 등의 유언비어를 유포한 네티즌들을 구속하기도 했다.

<각계의 반응>

　조사단의 발표는 과학적이고 객관적인 것으로 평가되기도 하지만, 잠수함의 이동 경로에 대해서는 설명이 충분하지 않다는 지적이 있다.

　독일, 미국, 스웨덴, 영국, 일본, 캐나다, 태국, 호주 등 각국(가나다순)은 조사단의 발표를 지지하는 성명을 발표하거나 인정하였다. 러시아와 중국은 신중해야 한다는 입장을 밝혔다.

<대한민국 국회>

 천안함 침몰 사건에 대해 대한민국의 여야 정당들은 정 반대의 해석과 책임론을 주장했다. 여당인 한나라당은 북한의 책임론을 주장하며 김대중, 노무현 정부의 대북정책에 비판을 가했으며, 야당인 자유선진당과 미래희망연대도 이에 동조했다. 또 다른 야당인 민주당과 민주노동당, 진보신당, 국민참여당 등은 정부의 조사 결과에 의문을 제기하는 한편, 합동조사단의 조사결과 발표 이후에는 해전에서 이렇다 할 대응은커녕 적의 움직임조차 전혀 파악하지 못하고 타격당했다는 점을 들어 정부의 구멍뚫린 국방정책에 대한 비판을 제기하였다. 이러한 정치권의 대립되는 책임론은 2010년 6월 2일에 있을 지방선거에서 우위를 점하기 위한 전략이라는 해석이 지배적이다.[250] 또한 합동조사단의 천안함 사고 조사 발표날짜를 원래 5월 23일에 하기로 하였으나 이날은 노무현 대통령 서거 1주기이기 때문에 너무 노골적이라 미국측의 반대로 앞당겼다는 주장도 있었지만 국방부는 이를 부인했다.[251]

<각계 인사>

 도올 김용옥은 "천안함 조사 발표를 하는데 자기 부하들, 불쌍한 국민들을 다 죽여놓은 패잔병들이 개선장군처럼 앉아서 당당하게 발표하는 그 자세에 너무 구역질이 났다", "일본의 사무라이 같으면 그 자리에서 할복자살해야 할 감"이라고 말했다.

 대표적인 좌파 지식인으로 평가되는 강정구 동국대 교수는 퇴임 고별강의에서 "(천안함 침몰은) 단순한 사건이 아니라 사건으로 만든 것이기에 '사건화'다"라며 천안함 사건에 의문을 제기한 뒤, "천안함 사건에 대해 합리적 의심을 제기하면 빨갱이로 몰리는 것이 한국사회"라고 말했다.

 피델 카스트로 쿠바 국가평의회 전 의장은 "미국이 일본에서 철수 논란을 빚고 있는 오키나와 기지 주둔을 유지하기 위해 해군 특수부대인 네이비실을 통해 한반도에 긴장감을 높이려는 목적으로 천안함을 격침시켰다"고 주장했다.

 최장집 고려대학교 명예교수는 "정부가 선거 가까이 천안함 같은 이슈를 만들고 여론을 동원하는 스타일을 보여줬는데, 과거 권위주의 정권이 하던 걸 재현한 것이죠. 퇴행입니다. 지금 온세계가 평화를 지향하고 있는데, 한반도에서 다시 전쟁 가능성이 운위된다는 건 곤란하죠"라고 말했다.

 이외수는 자신의 트위터에서 "천안함 사태를 보면서 한국에는 소설쓰기에 발군의 기량을 가진 분들이 참 많다는 생각을 했다"며 "나는 지금까지 30년 넘게 소설을 써서 밥 먹고 살았지만 작금의 사태에 대해서는 딱 한 마디밖에 할 수가 없다"

면서 "졌다"고 말했다.

강원 강릉 잠수함 침투사건의 무장간첩 출신인 이광수는 "천안함이 날조되었다는 북한 주장은 엉터리"라고 강조했다. 그는 "북한에서는 어뢰를 손수 정비한다. 정비하기 위해 분해하면서 (조립 때 혼선을 막을 목적으로) 1, 2, 3번 등 번호를 적는다"고 밝히고 "의혹을 제기하는 일부 인사들 언급을 보면 무슨 생각을 가졌는지 모르겠다"고 말했다. 이씨는 북한에서 14년간 잠수함에서 어뢰를 다루는 조타수와 수뢰수병사로 근무했었다.

이상우 국방선진화추진위원장은 북한이 천안함을 공격한 사건은 북측이 비정규전이나 특수전을 특징으로 하는 제4세대 전쟁을 준비해왔음을 입증한 사례라고 밝히고 소규모 특수전부대로 대형 수상함을 격침시킬 수 있음을 보여줬다며 북한이 이런 비대칭전과 정규전을 배합하는 전쟁을 기획하고 있다면 우리에게는 새로운 위협이라고 강조했다.

홍성기 아주대 교수는 좌초설 주장은 암초가 있는 것부터 확인해야 하는데, 암초가 없다는 것도 확인되지 않았다고 주장하는 점이 문제라고 지적했다. 합동조사단의 주장에 대해서는 조목조목 의혹을 제기하고 증거를 요구하면서 좌초설 신봉자의 모든 의혹과 주장은 아무런 증거제시의 요구 없이 액면가로 받아들인다면서 단순한 의문이 아니라 어떤 주장을 하는 순간 입증의 의무가 발생한다고 말했다. 또 좌초가 천안함 침몰 원인에서 배제된다면, 어뢰와 기뢰에 의한 외부폭발 이외에는 다른 인인이 있을 수 없고 그렇다면, 형광등, 견시병 이야기, 부상의 유형, 프로펠러 등등에 대한 의혹은 실은 아무런 의미가 없는 '곁다리 의문'에 불과한 것이라고 주장했다. 그러나 합동조사단이 가장 중요한 천안함 함체 자체를 외부폭발의 증거로 제시하면, 조작설 신봉자들은 소소한 곁다리 의문 열 개를 늘어놓으면서 해명보다 의혹이 더 많다고 길길이 뛰고 있다고 지적했다.

부산참여자치시민연대와, 민주노총 부산본부, 6·15 공동선언실천 남측위원회 부산 본부, 부산경남우리민족서로돕기운동, 부산 평화와 통일을 사랑하는 사람들 등 5개 단체는 기자회견을 열어 천안함 사건에 대한 국정조사를 촉구했다. 이들은 생존 장병이 보지 못했다는 물기둥의 존재 여부, 절단면에 폭발의 흔적이 없다는 점, 사건 초기 티오디영상 미공개, 연어급 잠수함의 실체, 외국 조사단의 활동과 역할 등에 대한 정보 공개를 촉구했다.

한상렬 진보연대 상임고문은 "이명박 정부가 6·15 남북 공동선언을 파탄 내고 한미군사훈련 등으로 긴장을 고조시킴으로써 천안함 승조원들의 귀한 목숨을 희생시켰다"고 주장했다. 그는 또 "이명박식 거짓말의 결정판", "한·미·일 동맹으로 자기 주도권을 잃지 않으려는 미국과 이명박 정권의 합동 사기극 가능성" 등 의혹들을 제기했다.

알렉산드르 제빈 러시아 극동연구소 한국연구센터장은 칼럼에서 러시아측이 제기한 의문점들을 언급하며 "누구에게 유리한 것인지 생각해보라"는 로마의 격언을 상기한다면, 이번 사건을 통해 가장 득을 본 것은 바로 미국이라고 지적했다.

<여론 조사>

조사초기인 4월 11일 리서치플러스의 여론결과 정부의 수사가 "신뢰가 안 간다"는 응답이 59.9%였고, "신뢰한다"는 응답은 34.9%였다.

합동조사단의 조사결과가 발표된 5월 20일과 21일 실시된, 코리아리서치센터(KRC)의 여론조사에서는 '합동조사단의 발표대로 북한 소행이 분명하다'는 응답이 72.0%였고, '북한 소행이라는 합동조사단 발표를 신뢰할 수 없다'는 응답은 21.3%였다. 이명박 대통령의 대응 및 국가 위기 관리 능력에 대해서 긍정적이라는 응답이 60.5%였고, 정부 여당이 국가안보 사안을 정치적 목적으로 악용한다는 응답은 26.5%였으며, 국가안보사안을 정치적으로만 해석하는 야당의 주장에 동의 안 한다는 응답은 58.3%였다.

5월 30일 있었던 여론조사에서 정부의 조사를 신뢰한다는 응답이 64%였다. 여당의 정치적 의도가 있다는 응답은 67.2%였다. 군 책임자 문책에 대해 찬성한다는 응답이 73.9%였다.

<각국 정부>

천안함 침몰 사건에 대해 국제사회는 많은 관심을 보였고 조사결과 발표 후 각국으로부터 국제사회의 대북규탄 메시지가 잇따르고 있다. 2010년 5월 27일 현재까지 국제기구 4곳 및 21개국이 대북 규탄성명을 발표했다.

반기문 UN사무총장: "대한민국 정부가 천안함 사건에 대해 절제와 인내심을 가지고 침몰 원인의 규명을 위해 국내외 전문가들을 통해 객관적이고 과학적인 조사를 진행해 온 것을 평가한다"며 이같이 밝혔다. 반 총장은 특히 "보고서에 적시된 사실 관계는 매우 엄중하다"며 "유엔 사무총장으로서 이 문제에 대해 계속 깊은 관심을 가지고 대처해 나갈 예정"이라고 강조했다.

미국: 백악관은 천안함 조사 결과 발표와 관련한 성명에서 "이번 공격 행위는

조선민주주의인민공화국이 국제법을 무시한 용납할 수 없는 또 다른 사례"라고 비난하고 북한의 행위는 "고립을 심화시킬 뿐"이라고 지적했다. 또한 힐러리 클린턴 미국 국무장관은 5월 26일 천안함 사태와 관련, "이명박 대통령이 강하면서도 인내를 가지고 철저하게 진실을 규명한 것과 그 후 대응책을 마련한 방식을 치하한다"며 "대한민국 정부가 취하는 조치들을 전적으로 지지한다"고 밝혔다. 하지만 북한을 테러지원국으로 재지정하는 문제에 대해서는 이번 사건을 "테러는 아니다"라고 선을 그었다.

독일: 독일 외무장관은 "민군합동조사단이 확인한 북한에 의한 천안함 침몰을 강력히 규탄한다"면서 "이것은 유효한 국제법에 대한 중대한 위반 행위"라고 지적하고 "대한민국 국민과 대한민국 정부에 대해 전폭적인 지지와 공감을 약속한다"고 밝혔다.

유럽 연합: 유럽 연합(EU) 외교 총책인 캐서린 애슈턴 외교·안보정책 고위대표는 아프리카 순방 중 성명을 내고 "나는 이처럼 악질적이고 지극히 무책임한 행위를 강력히 규탄한다"고 밝혔다. 조사결과에 따른 적절한 후속 조처를 취하는데 한국 정부 및 다른 이해당사자들과 긴밀히 협력할 것이라고 말해 국제 연합 안전보장이사회 회부 등 국제사회의 대응에 적극적으로 협력하겠다는 의지를 보였다.

프랑스: 프랑스 외교부는 대변인 발표를 통해 조선민주주의인민공화국의 어뢰 공격에 대한 대한민국 조사 결과 발표를 지지하고 조선민주주의인민공화국의 이 같은 도발은 중단돼야 한다고 강조했다. 이어 "프랑스는 조선민주주의인민공화국 측이 폭력 행위를 포기하고 국제적 협상 테이블로 복귀해 대화의 장에 참여해야 한다는 입장"이라고 덧붙였다.

스웨덴: 천안함 사건 조사에 참여한 스웨덴은 20일 조선민주주의인민공화국의 소행으로 결론을 내린 조사결과 보고서가 만장일치로 채택됐다면서 조선민주주의인민공화국에 대한 외교적 조치가 필요하다고 밝혔다. 빌트 장관은 "조선민주주의인민공화국 어뢰가 천안함을 침몰시켰다는 보고를 받았다"면서 "우리는 이같은 행위를 단호하게 규탄하고, 국제 연합의 어떤 조처를 할지 지켜봐야 한다"고 강조했다.

오스트레일리아: 스티븐 스미스 오스트레일리아 외무장관은 "천안함은 의심의 여지없이 조선민주주의인민공화국 어뢰 공격을 받아 침몰한 것"이라며 "국제법과 지난 1953년 정전협정을 위반한 조선민주주의인민공화국의 행동은 변명의 여지가 없다"고 밝혔다. 이와 함께 국제사회가 조선민주주의인민공화국을 강력하게 비난해야 한다고 언급했다. 케빈 러드 호주 총리도 천안함 사태를 적대적, 정당성이 없는 행

위라고 비난 했다.

인도: 인도 외무부는 이날 발표한 '대한민국의 천안함 침몰' 제하 성명을 통해 "대한민국 정부는 천안함 침몰 사건 원인 규명을 위한 민군합동조사단의 조사 내용을 우리와 공유했다"며 "우리는 이번 사건을 규탄하며 비극적 인명손실과 관련 한국 정부에 애도를 표한다"고 밝혔다. 성명은 이어 "인도는 대한민국이 지역 평화와 안정을 유지하기 위해 성숙함과 자제력을 갖고 이번 사건을 처리해 온 점을 높이 평가한다"고 덧붙였다.

뉴질랜드: 머레이 매컬리 뉴질랜드 외무장관은 21일 해외 전문가들이 포함된 조사단이 전날 천안함 침몰 원인으로 규정한 조선민주주의인민공화국의 어뢰공격을 "한반도와 지역 안보에 대한 심각하고, 고의적이며, 정당한 이유없는 도전"이라고 규정한 뒤 "조선민주주의인민공화국의 지도자들은 국제사회가 이 문제를 얼마나 엄중하게 보는지에 대해 어떠한 착각도 해선 안 될 것"이라고 말했다. 또한 "뉴질랜드는 한반도 안정을 꾀하기 위한 적절한 대응을 모색하는 과정에서 대한민국과 유관국들을 지지할 것"이라며 "한국이 장병 46명의 생명을 앗아간 비극적 사건을 조심스럽고 신중하게 처리하고 있다는 점을 치하한다"고 덧붙였다.

러시아: 메드베데프 러시아 대통령은 25일 천안함 침몰 원인이 조선민주주의인민공화국의 어뢰 공격으로 드러난 것과 관련, "한반도 평화와 안전을 보장하면서 조선민주주의인민공화국에 제대로 된 신호를 주도록 노력하겠다"고 말했다. 이어 "대한민국 측과 긴밀하게 협력해 나갈 준비가 돼 있다"고 강조했다.

캐나다: 스티븐 하퍼 캐나다 총리는 천안함 침몰과 관련, 이명박 대통령에 대한 흔들림 없는 지지를 표명하며 조선민주주의인민공화국에게 강력한 국제적 조치가 취해지도록 한국 및 여타 파트너, 동맹국들과 계속 논의하고 협력해 나갈 것이라고 밝혔다.

일본: 하토야마 총리는 5월 22일 "조선민주주의인민공화국이 터무니없는 일을 저지르고 있다"며 "국제적으로 협력해 확실히 싸우지 않으면 안 된다"고 말했다. 또 "일본이 대한민국을 확실히 지지하는 것이 중요하다. 두 번 다시 조선민주주의인민공화국이 이런 일을 일으키지 않도록 국제적 환경을 만들어야 한다"고 덧붙였다.

그 외 국가: 세계 자유지도자 70명은 "대한민국 민 군 합동조사단의 조사결과를 전폭적으로 신뢰하며, 대한민국 정부의 대북 대응조치를 적극 지지한다"고 밝혔다. 세계 및 아태 자유민주연맹 2010 연차총회에 참석한 참가국(70개국) 대표단은 "조

선민주주의인민공화국이 최소한의 책임 있는 태도를 취할 때 까지 인도적 지원을 제외한 모든 대북지원 및 교류를 전면 중단할 것을 총회 참석 대표들의 정부에 요청하기로 했다"며 "대북 제재 결의안이 유엔 안보리에서 채택될 수 있도록 자국 정부의 협조와 동참을 이끌어내기 위해 노력한다"고 결의했다.

<의혹 제기>
　5월 24일, 영국의 기자출신 저널리스트 스콧 크레이튼은 자신의 블로그에서 수거된 어뢰잔해와 합동조사단이 제공한 어뢰 설계도면이 일치하지 않는다고 지적했으나 합동조사단은 이를 일축했다.
　5월 26일, 독일 도이체벨레 및 베를리너 모르겐포스트는 독일 총리실 직속 외교정책연구원 수석 연구원 마르쿠스 티텐 박사와의 인터뷰를 통해 대한민국 정부의 천안함 조사 발표내용 신뢰성에 의문을 제기하였다. 마르쿠스 티텐 박사는 민군 합동조사위원회는 대한민국과 미국 정부가 주축이 되는 위원회이며 대한민국의 선거를 앞두고 특정 목적이 있었던 것은 아니냐는 주장을 하였다.
　5월 31일, 미국의 탐사저널리스트 웨인 매드슨은 글로벌 리서치에 기고한 글에서 천안함 사건은 미국 특수부대의 자작극이라고 주장하였다. 미국은 한반도의 긴장관계를 이용해 일본의 오키나와 해군기지 존속을 도모하고자 하고 있다고 주장했다.
　5월 31일, 러시아 모스크바 일간지 프라우다(PRAVDA)는 "러시아, 한국 갈등에 휘말리다" 라는 기사에서 러시아 과학아카데미의 한국연구센터 책임연구원인 콘스탄틴 아스몰로프의 말을 빌려 "천안함 사건 조사결과는 러시아 옵저버(참관단)들이 초기 조사과정부터 참여했다면 더욱 객관적이었을 것"이라며, "사망자 명단에는 병사들만이 있고, 장교는 없다. 더욱이 환자들은 어뢰 공격시 통상 나타나는 타박상이나 골절상을 입은 이들이 없다"는 점을 들며 "전체적인 스토리가 맞아떨어지지 않는 여러 팩트가 있다"고 보도했다. 러시아의 또 다른 일간지인 리아노보스티도 극동담당 대통령 특사를 지냈던 콘스탄틴 풀리코브스키와 인터뷰를 통해 "나는 개인적으로 북한이 그 배를 침몰시켰다는 데 대해 심각한 의심을 갖고 있다"며 "왜, 무슨 이유로 그랬는지 나는 어떤 논리로도 이해되지 않는다"고 보도했다.
　알렉산드르 제빈 러시아 극동연구소 한국연구센터장은 칼럼에서 러시아 언론매체에서 제기되는 주요 의문점들을 정리했다. 첫째, 천안함 침몰 당시 해안의 수심이 얕아서 쉽게 노출될 수밖에 없는 서해 연안에서 단 한 척의 북한 군함도 관측되지 않았다는 점, 서방국가들 사이에서 북한의 장비들이 이미 '고물'이 되어버렸다고 인정되는 상황에서 천안함을 한 한 방에 명중시키고 흔적도 없이 사라진 점, 수심 45m 수준의 바다에서 잠수함을 운용하기가 매우 어렵다는 점 등이 있다.

7월 8일 과학 학술지 네이쳐는 천안함 관련 의혹들을 보도했다. '흡착물의 성분'에 대한 의문을 제기한 이승헌 버지니아대 물리학과 교수와, 서재정 존스홉킨스 대학 교수의 말도 인용하며 보도했다. "실험결과 급냉시 알루미늄이 산화되는 비율이 합동조사단이 주장한 것 보다 많이 낮다는 것을 발견했고, 합동조사단에 의해 분석된 샘플이 오래됐거나 부식된 알루미늄에서 나왔다"고 말한 양판석 매니토바대학교 지질학과 교수의 말도 인용했다.

<언론의 분석>

산케이 신문 등 일본의 주요일간지들은 1월18일 종합기계공장'에서 2년 전에 제조된 것이라는 분석이 있다고 일제히 보도.

신문은, 미국 정보당국을 인용해서 평안남도 개천시에 있는 공장에서 제조된 것으로 파악됐다며 북한은 이 어뢰를 남미국가에 수출하려는 계획도 세웠던 것 이라고 전했음.

천안함 폭침에 사용된 어뢰는 북한이 지난 1960년대에 구 소련에서 제조법을 알게 됐고 그 후에 평안남도와 함경북도 등 최소 6곳 이상의 공장에서 어뢰를 만들어 왔다고도 밝혔으며 신문은 북한이 천안함 공격에 관여하지 않았다고 부인하고 있지만, 침몰 현장에서 발견된 것과 같은 형태의 어뢰나 부품을 만들 수 있는 곳은 북한 외에는 있을 수 없다 며 미국 정보당국의 분석 내용을 타전했다.

<영향>

2010년 3월 26일: 미국 뉴욕시장에서 6월 인도분 금 선물가격은 온스당 1015.40달러로 전일 대비 11.30달러(1%) 올랐다. 관련 전문가는 '대한민국 해군 초계함 침몰 사건'과 같은 불확실한 정치, 경제적 상황에는 금을 보유하려는 경향이 강하다고 언급했다.

2010년 3월 26일: 미국 뉴욕 증시인 다우존스·S&P500·나스닥 지수는 프랑스와 독일이 그리스 지원안에 대해 합의했다는 소식을 호재로 받아들이며 순조롭게 출발하다가 초계함 침몰 소식이 전해지자 일제히 하락세로 돌아섰다. 그러나 장 막판에는 소폭 상승했다. 하락세로 돌아서게 된 이유로는 북한의 개입 가능성이 제기됨에 따른 한국의 지정학적 리스크가 있었다.

2010년 3월 31일: 미국 국방부는 "천안참 침몰 원인 아직 불명확하며, 실종자 수색 작업을 도울 것"이라고 밝혔다.

2010년 3월 28일~2010년 4월 29일: 대한민국의 일부 예능 방송이 결방했다. 뮤직뱅크를 비롯한 가요 프로그램과, 개그콘서트, 무한도전 등 코미디 프로그램이 2~5주 결방했다. 해당 방송 시간대는 상대적으로 오락성이 낮은 예능 재방송 프로그램과 특선영화, 드라마 재방송 등으로 대체 편성되었다.

2010년 5월 21일: 대한민국 기획재정부는 천안함 사태로 인해 나타나는 경제적 영향과 이에 따른 대책을 마련하기 위해 '경제 금융 합동대책반'을 구성하였다.

2010년에 실시된 지방선거에서 천안함 사태로 인한 북풍, 그리고 이명박 정부의 안보정책이 가장 중요한 변수중 하나로 꼽혔다. 이 선거에서 한나라당은 패배를 하였는데 그 원인중 하나로 천안함의 북풍몰이로 인한 역풍이라는 주장도 있다.

<사후 조치>

사고 직후 미국은 원인 조사와 구조 작업에 적극적으로 협력하였다. 천안함 침몰 직후인 4월 1일 미국의 오바마 대통령은 이명박 대통령에게 위로 전화를 걸고 사고 조사와 구조지원을 아끼지 않겠다고 밝혔다.

미군은 사건 발생 즉시 해군 '살보함' 등 4척을 현지에 파견하여 한미합동 구조 활동을 전개했다. 월터 샤프 한미연합사령관은 4월 7일 오전 황의돈 부사령관과 함께 사건 현장인 백령도 해상 독도함을 찾아 한미 구조장병들을 격려했다. 캐슬린 스티븐스 주한 미 대사와 존 맥도널드 작전참모부장, 구마타오 주한 미 해군사령관도 동행했다. 샤프 사령관은 이 자리에서 "그동안 한미는 동맹에 입각해 긴밀한 협조를 통해 승조원 구조에 전력을 다해 왔으며, 앞으로 인양작전에 대해서도 긴밀히 협조할 것"이라고 말했다.

천안함 침몰 원인 규명을 위한 미국 전문조사단 15명이 4월 16일 민.군 합동조사단에 합류했다. 조사단 인원들은 20척의 퇴역함정에 대한 폭발 및 무기실험을 한 경험이 있고 해군 안전조사와 구조물 파괴공학, 무기사고 조사 및 피해, 통제, 인양 분야의 전문가이며 이들 중 3명은 지난 2000년 10월12일 예멘 아덴항에서 미 해군 구축함 `콜'이 자살테러범에 의해 폭발했을 당시 사고조사에 참여했다고 국방부는 밝혔다.

미국은 천안함 침몰 원인이 북한의 소행으로 드러날 경우 안보리에 회부하겠다는 대한민국의 입장에 대한 지지 입장을 표명했다.

2010년 6월27일 G8 정상들은 천안함 침몰 사건을 일으킨 북한을 규탄하는 공동성명을 발표했다. 이 날 성명에는 천안함 공격을 북한의 소행으로 단정한 다국적 조사결과를 언급한 뒤 "북한이 한국에 대한 어떤 공격이나 적대적인 위협도 삼갈 것을 요구한다"고 밝혔다. 이 성명에는 그간 유보적인 입장을 보이던 러시아가 동참했다.[316] 하지만 러시아는 이 과정에서 "천안함 사건 조사결과를 최종적인 것으로 간주하지 않는다"는 입장을 밝혔기 때문에 북한을 구체적으로 비난하는 성명을 발표하지는 못했다.

<국제연합 회부>

대한민국 정부는 국제 연합 안전보장이사회에 이 사건을 회부하는 것 등을 적극 검토하겠다고 밝혔으며 미국은 대한민국, 중국, 일본과 공동방안을 마련하겠다고 밝혔다. 이에 대해 유엔사 군정위는 북한군의 어뢰 공격을 받고 천안함이 침몰한 결론에 대해 북한의 정전협정 위반 여부를 조사할 예정이라고 밝혔다.

안전보장이사회 회부

윤덕용 천안함사건 민·군 합동조사단장은 6월 14일 국제조사단과 함께 안보리 이사회에 참석, 23분간의 브리핑, 7분간의 비디오 프레젠테이션 등을 통해 사건의 개요와 어뢰 추진체 인양 모습을 공개하고, 1시간 30분 가량 질의응답을 받았다. 남북한 양측의 브리핑을 들은 유엔 안전보장이사회 이사국들은 대한민국 조사결과에 대해 대부분 전폭적인 신뢰를 보낸 반면 북한 주장에 대해선 "일방적인 주장만 있고 근거가 희박하다"고 평가했다 프랑스·오스트리아·터키·일본의 유엔주재 대사 등은 "과학적이다, 철저하다, 지극히 확신을 준다"고 평가했다. 지금까지 유보적인 태도를 취하고 있는 중국과 러시아 대표도 이날 의문을 제기하는 질문은 전혀 하지 않은 것으로 알려졌다. 북한의 신선호 유엔대사는 한국의 브리핑에 이은 별도 설명회에서 "우리는 희생자이며 이번 사건과 아무런 관련이 없고, 한국의 조사는 날조된 것"이라고 주장했다. 이에 대해 토마스 마이르-하팅 오스트리아 대사는 "한국의 브리핑은 철저한 '조사(investigation)'인 반면 북한의 브리핑은 '주장(allegation)'"이라고 말했다. 에르투룰 아파칸 터키대사는 "한국의 과학적 조사에 수긍이 가며 전적으로 동의한다"고 말했고, 다카스 일본대사는 "한국의 조사가 지극히 확신을 준다(extremely convincing)"고 했으며, 오스트리아 대표는 "한국은 철저한 조사를 했다"고 평가했다.

2010년 7월 9일 안보리 의장 성명이 발표되었다. 이 내용에는 "북한이 천안함 침몰의 책임이 있다는 결론을 내린 합동조사단의 조사결과에 비추어 깊은 우려를 표명한다", "천안함 침몰을 초래한 공격을 규탄하며 한국에 대한 공격이나 적대행위를 방지하는 것이 중요하다"는 내용이 있었으나 천안함사건과 관련이 없다는 북한의 입장에 유의한다는 문장을 포함시켜 북한의 반론을 병기함으로써 G8 공동 성명보다 후퇴했다는 지적이 일었다. 또한 어뢰 공격이나, 북한에 대한 명시도 없어 북한에 대한 사과를 촉구하는 내용이 빠진 점도 외교적 한계로 지적되었다.

〈참여연대 서한 논란〉

2010년 6월 14일 참여연대는 천안함 침몰 사건의 조사결과에 대한 의문점을 담은 서한을 안전보장이사회와 이사국들에 보냈다. 이는 큰 파장을 불러왔으며 정치권에서도 논쟁의 중심이 되었다. 각국 안보리 관계자들은 엄격하고 전문적인 무대에 시민단체가 느닷없이 뛰어든 것도 상식 밖이고 대한민국의 시민단체가 사건의 책임자를 규탄하려는 정부의 노력을 방해하는 것을 이해할 수 없다는 반응을 보였다. 이곳 외교관들은 "이스라엘의 폭격으로 팔레스타인인들이 무참히 죽어서 이스라엘이 유엔 안보리에 회부됐는데, 갑자기 팔레스타인 시민단체가 '이스라엘의 소행이라는 조사 결과에 무수한 의혹이 있다'고 팩스를 보내 말리는 꼴"이라는 말까지 나왔다. 한나라당은 국론분열을 야기한다며 비판하였고, 민주당 등 야당은 "시민단체의 영역인 비판적 활동을 친북 이적행위로 매도하는 것은 매카시즘"이라고 반박했으며, 참여연대측도 "NGO들이 국제사회의 논의과정에 참여하는 것은 유엔의 참여자로서 갖는 당연한 권리이고, 이번 유엔안보리 서한 역시 이같은 취지에서 이뤄진 것"이라고 해명했다. 이러한 논란 끝에 검찰은 참여연대에 대한 수사를 착수하였다. 그러나 법조계에서는 "의혹제기는 허위사실 유포가 아니다"라며 법적 조치를 할 수 없다는 해석이 나오기도 하였다. 또한 미국의 경우 2005년 부시 행정부가 대량살상무기 확산방지구상(PSI)의 근거를 만들기 위해 안보리 결의 1540호를 제안하자 미국 내 비정부기구(NGO)들은 유엔 안보리 의장에게 서한을 보내 반대 의견을 개진하기도 한 전례가 있으며 다른 국가들에서도 비정부기구들이 국제연합에 정부와 다른 의견을 개진하는 것은 일상적인 일이고 국제연합도 이러한 비정부기구들의 의견들을 존중하고 있기 때문에 검찰의 이러한 표현의 자유를 침해하는 수사는 무리라는 지적들이 제기되었다. 이러한 논란 가운데 법학교수와 변호사 등 법률가 342명은 참여연대에 대한 검찰의 수사를 중단하라는 내용의 시국선언을 발표했다. 이들은 "참여연대에 명예훼손죄와 국가보안법을 적용하겠다는 것은 정부와 다른 입장 표명을 이적행위로 보고 있는 것"이라며 "21세기 국가보안법의 대표적인 악용 사례로 기억될 것"이라고 강조하며 "생각이 다른 사람을 물리력까지 동원하여 배제함으로써 생각을 통일하고야 마는 전체주의를 대하는 전율을 느낀다"고 비판했다. 아시아의 대표적인 인권 단체로 평가되는 아시아인권위도 "참여연대에 대한 한국 정부와 보수단체의 옭죄기를 막아달라"는 내용의 서한을 반기문 UN 사무총장에게 보냈다. 이들은 서한에서 "정부의 시민사회단체 예산 지원 재검토 발언과 참여연대에 대한 검찰의 국가보안법 위반 혐의 수사 등이 표현의 자유를 위협하고 있다"며 "한국 정부가 유엔과 교류하는 시민사회단체를 직·간접적으로 옭죄는 것을 막기 위해 반 사무총장이 필요한 행동을 취해주길 바란다"고 말했다. 서재정 존스홉킨스대 교수는 "참여연대에 대해서는 정부가 오히려 칭찬해줘야 한다. 유엔이라는 국제무대에 시민단체가 이견을 제시한 것은 한국 민주주의의 성숙성을 보여주는 것이며, 국격을 높이는 데 엄청난 기여를 했다고 본다"고 평가했다. 조국 서울대학교 법대 교수도 "참여연대의 문제제기가 옳은 것인지 그른 것인지 과학적인 토론과정을 통해서 밝혀내야 한다"며 천안함 사태에 대한 원인 분석이 정부가 맞았든, 참여연대가 맞았든 토론을 거쳐 해결해야 할 문제라고 지적했다. 이러한 가운데 참여연대의 서한이 "언론이 제기한 의혹을 모아놓은 수준에 불과한 등 비전문적이고 조사결과가 잘못되었다는 지적보다는 '내가 이해할 수 없다'는 주장에 불과한 것"이라는 비판도 제기되었다. 바른사회시민회의는 "국민 대다수의 시각을 외면하고 국제사회에 국내 여론을 비틀어 호도하는 것"이며 "국민이 부여하지 않은 권리와 대표성을 가지고 유엔 안보리를 직접 상대하겠다고 나선 것은 오만과 독선이다"라고 평가했다. 이러한 가운데 참여연대의 행동을 규탄하는 시민단체들의 기자회견 및 시위가 이어졌고 이들 중 '고엽제 전우회'는 가스통과, 시너가 든 소주병을 들고 참여연대로 질주해 경찰이 막아서기도 했다. 참여연대의 홈페이지는 항의하는 네티즌들의 접속으로 다운되기도 했다. NKnet는 5개 시민단체들은 참여연대의 서한에 대해 긴급세미나를 열고 참여연대가 오류를 했다고 주장하며 그 이유를 '오류를 인지 못하는 능력부족, 믿고 싶은 것만 믿는 심리적 문제, 북한에 대한 감상주의적인 환상에 빠졌기 때문'이라고 설명하면서 "참여연대는 과학적 증거를 외면하고 지엽말단의 의문점에서 헤매고 있는 형국"이라고 비판했다. 또한 언론과 인터넷을 통해 어떤 정보가 정보시장에 나오게 되면, 취향에 따른 취사선택이 이루어지고, 그 정보가 잘못되었다는 명백한 증거가 나와도 생명력을 가지고 특정한 집단 내에서는 교정되지 않고 계속 유통되는 현상이 벌어지고 있다며 정보유통에 구조에 대한 문제도 제기되었다.

<국방부에 대한 감사원 조사와 징계>

사고가 발생한 직후부터 국방부에 책임을 물어야 한다는 주장이 제기되어 왔다. 대한민국의 군형법 22조에는 "지휘관이 그 할 바를 다하지 아니하고 적에게 강복하거나 부대, 진영, 요새, 함선 또는 항공기를 적에게 방임한 때는 사형에 처한다" 라는 조항과, "지휘관 또는 이에 준하는 장교로서 그 임무를 수행함에 있어 적과의 교전이 예측되는 경우에 전투준비를 태만히 한 자는 무기 또는 1년 이상의 징역에 처한다" 라는 35조 1항의 조항을 들어 비판이 제기되기도 했다.

이러한 논란 끝에 이번 사건에서 군의 대응실태를 조사한 감사원은 허위보고, 음주근무 등 초기 대응에서의 총체적 문제점이 드러나 합참의장 등 장성급 장교들을 포함해 총 25명에 대해 징계를 요청했으며 이중 12명은 형사처벌이 필요하다고 밝혔다. 당시 합참의장은 만취상태에서 통제실을 이탈하기도 했으며, 비상경계태세 발령을 부하가 했는데도 불구하고 자신이 지시한 것처럼 꾸미기도 했다. 세쩨 보고서와 발생시간도 역시 의도적으로 조작한 것으로 드러났다. 하지만 김태영 국방부장관은 감사원의 대규모 징계 요청과 형사처벌이 필요하다는 의견에 반대했으며 국방부는 합참의장이 자리를 비우고 문서를 조작했다는 감사원의 조사 결과도 사실이 아니라고 반박하며 국방부와 감사원간의 갈등이 빚어지기도 했다. 이렇게 대규모 징계가 결정되면서 국방부의 대대적 인사가 뒤따르게 되었다.

<대한민국 국회 대북결의안 채택>

대한민국 국회는 2010년 6월 29일 국회 본회의를 열어 '북한의 천안함에 대한 군사도발 규탄 및 대응조치 촉구 결의안(천안함 대북결의안)'을 채택했다. 이날 표결에는 한나라당, 자유선진당, 미래희망연대, 국민중심연합, 및 무소속 의원들이 찬성표를 냈으나 민주당과 진보신당은 반대표를 던졌다.

2. 황우석 사건(黃禹錫事件)

황우석 사건(黃禹錫事件)은 2005년 11월 MBC-TV의 사회고발 프로그램 PD수첩이 황우석 전 서울대 교수의 2004년 사이언스 지 게재 논문에서 사용된 난자의 출처에 대한 의문을 방송하면서 촉발된 사건이다.

<사건 개요>

난자 출처 의혹만을 문제삼은 첫 번째 방송 이후 황우석 교수는 기자회견을 열어 연구원 두 명의 난자가 사용되었으며, 미즈메디측에게서 난자 제공자에게 일정액의 금액이 지불되었음을 시인하고 가지고 있던 모든 공직에서 사퇴할 것을 발표했다.

이 후 PD수첩은 세계적인 과학자의 잘못을 선정적으로 보도하여 그에 오명을 씌웠다는 전 국민적인 비난을 받게 되고, 황우석 교수는 팬카페 아이러브 황우석 등을 중심으로 동정을 얻게 된다. 이후 네티즌은 PD수첩 광고주에게 압력을 행사해 이듬 방송에서 PD수첩은 광고 없이 방송을 내보내는 사태가 일어난다. 또한 연구를 위한 난자기증 운동 붐이 일어 수많은 사람들이 난자기증을 서명한다.

이후 PD수첩은 황우석 교수의 2005년 사이언스지 논문 자체의 진실성 여부에 대해 취재해 왔었음을 밝히며 새로운 국면을 맞이한다. 내부 연구자의 제보와 피츠버그 대학교 취재에서 결정적인 진술을 확보했다는 것이었다.

PD수첩 측은 황우석 교수 측에서 받은 줄기세포의 DNA검사를 두 개의 독립기관에 의뢰하였고, 그 결과 환자 체세포로부터 만들어졌다는 배아줄기세포의 DNA 지문이 환자들의 것과 일치하지 않는 사실을 기자회견을 열고 발표한다. 그러나 황우석 교수측은 PD수첩 측이 세포를 가지고 갈 때 보통 쓰는 고정액이 아닌 파라포름알데히드를 사용했기 때문에 세포가 손상되어 결과가 잘못되었을 거라고 반론한다.

생물학연구정보센터(BRIC)내 소리마당 게시판과 한국과학기술인연합(SCIENG) 사이트, 그리고 디시인사이드 과학갤러리 사이트에 사이언스 논문 사진에 대한 의혹이 제기되면서 12월 7일 황 교수는 수면장애와 과로, 스트레스로 인한 탈진으로 서울대 병원에 입원하게 되었다.

12월 15일 노성일 미즈메디 병원 이사장의 "2005년 사이언스 논문에 줄기세포가 없었다"는 발표는 국민들을 놀라게 했고, 23일 서울대 조사위원회에 의해 "2005년 사이언스 논문이 고의로 조작됐다는 중간 조사 결과"가 발표되면서 의혹이 입증되었다. 29일 서울대 조사위원회는 기자 간담회를 통해 "2005년 사이언스 관련한 체세포 복제 배아 줄기세포는 전혀 없다"고 발표하였고 30일 추가로 "2004년 줄기세포 또한 환자 DNA와 다르다"는 조사결과를 발표해 황교수측의 원천기술 주장이 거짓일 가능성을 시사했다.

2006년 1월 10일 서울대학교 조사위원회는 황우석 교수의 2004년 논문 역시 2005년 논문처럼 의도적으로 조작되었으며, 원천기술 역시 독창성을 인정하기 어렵다고 공식 발표했다.

그러나 최근 이에 대한 검찰 수사가 진행되고 있으며, 또한 미즈메디 병원의 노성일 이사장 등과 관련된 조작 의혹, 그리고 향후 줄기세포 관련 사업선점 등을 둘러싼 이권에 의한 음모설 등이 일부 지지자들 사이에서 제기 되고 있으나 이슈화 되지 못하고 있다.

검찰은 사이언스지에 제출한 논문의 조작을 확신하지만, "논문의 진위 여부는 학계 논쟁을 통해 가려져야 한다"며 이 부분에 대해서는 기소하지 않았다.

<일자별 파동 요약>

1998년 12월: 경희대학교 의과대학 산부인과 이보연 교수는 인간 체세포 복제로 4세포기까지 배양했다고 발표했다. 대한의학회는 황우석 교수와 문신용 교수가 조사위원으로 참여한 조사위원회를 꾸려 연구 내용을 정밀 분석했고 연구 내용이 문제점을 지적하여 더 이상의 연구를 금지했다.

1999년 2월: 국내 최초 체세포 복제 소 '영롱이' 탄생 발표.

2004년 2월 12일: 사이언스, 속보를 통해 배아 줄기세포 성공 발표했다. 미 사이언스(Science), 인터넷 속보를 통해 서울대 수의대 황우석 교수와 서울대 의대 문신용 교수팀이 세계 최초로 사람 난자를 이용해 체세포를 복제하고 이로부터 배아 줄기세포를 만드는 데 성공했다고 밝힘. 난치병 세포치료 길을 열었다는 평가와 함께 인간복제 등 윤리적 문제 함께 제기.

2004년 2월 12일: 참여연대 시민과학센터, 난자매매에 대한 불법적인 수요 촉진 우려.

2004년 3월 12일: 황 교수팀, 인간배아 복제논문 사이언스 표지 게재. 15명 공동저자 명의.

2004년 4월 19일: 황우석 문신용 교수 미국의 시사 주간지 타임(TIME) 선정한 '세계에서 가장 영향력 있는 100인(타임100)'에 포함.

2004년 4월 19일: '황우석 교수 후원회'(회장 김재철 동원그룹 회장) 출범.

2004년 5월 6일: 네이처, 황 박사팀 내 연구원의 난자 제공 관련 의혹 제기. 난자 수급 과정에서 황 교수팀 연구원 2명이 난자를 기증했다는 취재 결과를 보도. 이에 대해 황 교수팀은 연구원이 영어로 인터뷰하는 과정에서 잘못 전달된 내용이라 해명.

2004년 5월 22일: 생명윤리학회, 황 교수에 △ 연구에 사용된 242개 난자의 출처, △ 한양대병원 IRB 심사 및 승인의 적절성, △ 연구비의 출처, △ 연구자의 충전성 및 논문 저자 기재 등 4개항 해명 요구.

2004년 6월 6일: 네이처, "황 교수 배아복제연구를 심사한 한양대 임상시험심사위원회가 심사위원 구성과 자격에 관한 식품안전의약청 기준을 위반했다는 보도는 식약청 기준을 잘못 번역해 일어난 일"이라고 정정보도문 게재.

2004년 6월 18일: 황우석 연구팀 과학기술 포상 수상.

2004년 8월 13일: 생명윤리학회, 사이언스에 윤리문제 제기. 사이언스, 한국생명윤리학회의 "사회적 합의 고려치 않은 연구는 문제"라는 윤리 문제제기문 게재. 황 교수팀 "생의학 발전을 제한하는 중립적이지 않은 견해" 답글.

2004년 9월 1일: 황우석 교수 서울대 첫 석좌교수로 임명.

2004년 10월 21일: 황 교수팀, 미 필라델피아 미국생식의학협회 회의에서 "난치병 치료 위해 배아복제 연구 재개. 윤리논쟁 없는 실용화기술 개발에 주력" 선언.

2004년 10월 25일: 황 교수팀-미 섀튼 박사팀 "원숭이 배아복제 성공. 그러나 개체 복제는 실패".

2004년 11월 25일: 한국언론인연합회, 황우석 교수 '제4회 자랑스런 한국인 대상' 수여.

2004년 12월 7일: 황우석 교수팀-미 섀튼 박사팀 "원숭이 체세포 복제배아 생산 성공".

2005년 1월 3일: 황우석 교수, 한국경제신문과의 인터뷰 "한국을 비롯 미국, 영국 등 5개국의 세계 최고 연구진들과 배아줄기세포 프로젝트를 공동 추진. 연구진 구성 완료. 지난해 12월30일 분야별 연구진의 역할조정 작업까지 마무리".

2005년 1월 12일: 정부, 황 교수팀 줄기세포 연구 공식 승인.

2005년 1월 23일: 과학기술부, 황 교수팀의 '광우병 내성소'를 대형국가연구개발 실용화 사업에서 조건부 보류.

2005년 4월 6일: 복제양 '돌리'를 탄생시킨 영국의 이언 윌머트 박사, 황우석 교수에게 "루게릭병 치료기술을 공동 개발" 제안.

2005년 5월 18일: 황우석 교수-이언 윌머트 박사, '루게릭병 공동연구' 합의.

2005년 5월 20일: 환자 맞춤형 배아 줄기세포 발표. 사이언스 게재. 황 교수팀의 환자 유래 배아 줄기세포 추출 사실을 사이언스에 발표하면서 섀튼 교수가 공동저자로 등재됨. 이를 계기로 각국의 연구팀에서 공동연구 제안 폭주.

2005년 6월 1일: PD수첩 게시판에 황우석 교수팀이 체세포 배아 줄기세포를 하나도 만들지 못했다는 제보가 올라옴. 조사를 시작하여 세 명의 제보자로부터 2004년 사이언스 논문에 금전 제공 난자와 연구원 난자 사용의 의혹이 있고, 2005년 사이언스 논문은 허위일 가능성이 있다는 제보 내용을 확인함.

2005년 6월 15일: 생명윤리학회, 난자제공 동의여부 등 생명윤리 관련 공개토론 제안.

2005년 7월 11일: 황우석 교수를 주인공으로 하는 게임 패러디물(Dr. 우석수스)이 인터넷 게시판에서 큰 반응을 얻음.

2005년 8월 4일: 황우석 교수팀, '아프간 하운드' 2마리 복제 성공 발표(이름 '스너피'). 세계 최초 개 복제 사례로 보도.

2005년 8월 12일: '황우석 연구동' 기공식.

2005년 8월 25일: 11개 시민사회단체로 구성된 '생명공학감시연대' 주최 '인간 배아 연구, 이대로 좋은가'라는 토론회에서 구영모 울산대 의대 교수가 난자, 연구비 출처 등 5개 의혹 제기.

2005년 9월 28일: 민주노동당 정책위원회가 "황우석 교수팀내 일군의 생명과학자들이 수행해 온 인간 배아 줄기세포 연구가 법 규정을 위반한 '불법 연구'였으며 과학기술부와 보건복지부는 이런 불법 사실을 묵인한 채 수억 원의 연구비까지 지원해 왔다"고 발표. 황 교수팀, "(보건복지부 승인 없이) 연구를 진행한 적 없다"고 반박.

2005년 10월 3일: 샌프란시스코에서 섀튼 측은 한국 측 관계자를 만나 특허권의 50%를 요구한 것으로 보도되었으나 섀튼 측은 이 주장을 부인했으며 사실관계는 확인되고 있지 않다.

2005년 10월 11일: 황우석 교수, 세계지식포럼 "난자나 배아를 이용하는 현행 연구방법을 대체할 신기술을 개발하겠다"고 언급.

2005년 10월 19일: 서울대병원, 세계줄기세포허브 개설. 인간 줄기세포와 관련한 연구와 교육, 줄기세포주 축적 등의 중심 구실을 맡는 기구로 서울대병원에 설치.

우리나라가 세계 줄기세포 연구의 중심 국가로 떠오름.

2005년 10월 20일: PD수첩팀, 미국 피츠버그대에 있는 황 교수팀의 김선종 연구원 만난 '중대증언' 확보. 후일 이 과정에서 PD수첩팀의 무리한 취재가 있었음이 YTN의 취재결과 밝혀진다.

2005년 10월 20일: 특허청, 황 교수팀 개발 의약품 생산 '복제 소'에 관한 출원을 특허결정.

2005년 10월 31일: PD수첩팀, 황 교수 정식 인터뷰 통해 난자 문제와 김선종 연구원의 중대 증언 내용에 대해 묻고 2005년 논문 의혹에 대해 함께 검증하기로 합의.

2005년 11월 6일: PD수첩팀, 줄기세포 인수하러 갔으나 황 교수팀이 몇번 줄기세포 라인인지 확인해 주지 않아 줄기세포를 받지 못함.

2005년 11월 7일: PD수첩팀, 안규리 교수의 요청으로 김형태 변호사를 재판관격 인물로 참여시키고 계약서를 쓴 상태에서 강성근 교수로부터 줄기세포 5개(2,3,4,10,11번)와 동일한 환자의 모근세포를 받음.

2005년 11월 8일: 노성일 미즈메디 병원 이사장, 불법 매매 난자 사용 인정. 난자불법매매 사건 터진 뒤 경찰수사 대상에 오른 미즈메디 병원의 노성일 이사장 "난자 매매가 음성적으로 이뤄졌다는 점을 알았지만 의료진으로서 불임 부부들의 애끓는 사연을 외면할 수 없어 인공수정을 해줬다".

2005년 11월 12일: 섀튼(Schatten) 피츠버그대 교수, "윤리적,기술적 이유로 결별" 선언. 연구원 난자채취의 윤리성을 거론함과 동시에 논문 조작 등의 이유가 있음을 암시. 섀튼 교수는 이날 피츠버그대를 통해 발표한 공식 성명에서 "난자 기증과 관련된 (황 교수팀의) 잘못된 설명이 있었음을 추론케 하는 정보를 11일 얻었다" 며 "이러한 정보는 본질상 비밀을 요하는 것이었으며 이 새로운 정보와 관련해 적절한 학계 및 규제 당국과 접촉한 후 황 박사와의 협조관계를 중단하게 됐다"고 밝혔다.

2005년 11월 17일: PD수첩팀, 2번 줄기세포의 DNA가 논문의 체세포 DNA와 일치하지 않는다는, 즉 2번 줄기세포가 환자 맞춤형 배아줄기세포가 아니라는 검증결과 나오지만, 황 교수가 검증결과와 검증기관을 믿을 수 없다"고 밝혀 계약서대로 2차 검증을 하기로 함.

2005년 11월 21일: 노성일 미즈메디 병원 이사장, 난자 보상금 지급 인정.

2005년 11월 22일: MBC PD수첩, 매매난자, 연구원 난자 사용 확인, 방영. PD수첩팀 '황우석 신화의 난자 매매 의혹'편 방송. 생명윤리론과 국익론이 첨예하게 맞

서면서 광고 중단이 불거지고 방송 잠정 중단, 문화방송 사과문 방영 등으로 이어짐.

2005년 11월 24일: 황우석 교수 대국민 사과, "연구원의 난자 이용 시인. 책임을 지고 줄기세포허브 소장 등 모든 겸직 사퇴하겠다" 발표. 난자 수급과 관련된 조사가 이뤄지면서 난자 매매, 연구원 기증 등이 사실로 드러남. 이에 대한 책임을 지고 황 교수가 세계줄기세포 허브 소장 등에서 물러나 '백의종군' 결심. PD수첩의 보도와 황우석 교수의 기자회견은 황우석 교수가 잘못을 시인한 것이었음에도 불구하고, 잘못에 비해 보도의 논조가 편파적이었다는 여론이 형성되며 PD수첩은 여론의 비난을 받게 된다. 이와 더불어 아이러브 황우석 카페를 중심으로 연구용 난자기증 운동, PD수첩 광고 내리기 운동이 일어나기도 했다.

2005년 11월 26일: 네티즌 항의로 PD수첩 광고 중단. 황 교수 지지자들 MBC사옥 앞에서 촛불집회 열며, MBC측에 공식 사과 요구.

2005년 11월 27일: 노무현 대통령 'PD수첩 광고 중단 요구 도 넘쳤다', 하지만 '배아줄기세포가 가짜라고 달려들며 강압취재한 것은 잘못됐다'는 요지로 청와대 홈페이지에 기고문 발표. 노무현 대통령이 27일 황우석 박사를 둘러싼 최근의 논란에 대해 "황우석 교수 줄기세포에 대해 MBC PD 수첩에서 취재한다는 보고가 있었다"고 공개했다. 그러면서 "(박기영)과학기술보좌관이 그 과정에서 기자들의 태도가 위압적이고 협박까지 하는 경우가 있어 연구원들이 고통과 불안으로 일이 손에 잡히지 않는다고 보고하면서 대책을 논의해 왔다"고 덧붙였다. 이 때부터 수면아래 있던 배아줄기세포의 진위 논란이 전면에 떠오르고 PD수첩의 취재윤리 문제가 부상.

2005년 11월 28일: 황 교수 대리인 윤태일씨 통해 PD수첩팀에 "2차 검증에 임하지 못하겠다"고 통보. PD수첩 국민적 혼란 우려된다며 설득에 나섰으나, 황 교수팀 2차 검증은 하지 않겠다고 입장 고수.

2005년 11월 28일: PD수첩 모든 광고 취소.

2005년 11월 29일: 황 교수팀, 2005년 논문에서 7개의 줄기세포가 생체내 분화 능력을 갖춘 완전한 줄기세포라고 했던 것을 급히 수정, 4개 줄기세포(5,6,7,8번)는 테라토마를 확인 못했다고 사이언스에 정정 보고.

2005년 11월 30일: PD수첩팀, 황 교수측에 1차 검증 결과에 대한 입장(검증결과를 신뢰할 수 없는이유) 인터뷰 요청. 황교수측 거부. PD수첩, 공문으로 재검증 요청 및 재검증 거부시 1차 검증결과에 대한 반론만이라도 인터뷰해줄 것 요청. 황 교수팀 이를 거부하며 "언론이 과학을 검증하려고 하느냐"고 반박.

2005년 12월 1일: PD수첩 취재일지 공개. MBC 뉴스데스크 통해 5개의 줄기세포 중 2개가 환자 DNA와 일치하지 않았다는 검사결과를 보도하고 황 교수팀에 재검증 공식 요구.

2005년 12월 2일: PD수첩팀, 기자회견 열어 취재과정 설명하고 2탄 방송 의지 확인.

2005년 12월 3일: 재검증 요구에 응하지 않겠다는 입장을 굽히지 않던 황 교수팀이 12월4일 기자회견을 갖고 PD수첩이 제기하는 모든 의혹에 정면 돌파하겠다고 발표했다가 별다른 이유없이 갑자기 취소.

2005년 12월 4일: YTN, PD수첩 강압취재 관련 연구원 인터뷰 방영. MBC 대국민 사과문 발표. 안 교수 일행과 동행했던 YTN이 오후 3시 단독보도라며 미국 피츠버그대의 김선종, 박종혁 연구원 인터뷰 내용을 방송. PD수첩이 회유와 협박, 강압적 분위기에서 거짓 증언을 얻었으며, 중대 증언은 없었다는 등 PD수첩의 비윤리적 취재행태를 강력히 비판. 특히 PD수첩이 "황 교수와 강성근 교수를 조용히 끌어 앉히려는 목적을 가지고 왔다. 황 교수하고 강 교수를 죽이러 여기 왔다. 그 목적만 달성되면 되지 다른 사람은 다치게 하고 싶지 않다", "황 교수는 구속될 것이고, 논문은 거짓으로 판 명돼 취소될 것이다"고 했다는 점 등을 집중 부각해 보도. MBC, YTN방송 보도 6시간 뒤 뉴스데스크를 통해 취재윤리위반 사실을 시인하고 대국민 사과문 발표. MBC 대국민 사과 발표뒤 과학계가 나서 재검증을 해줄 것을 공식요청.

2005년 12월 5일 ~ 9일: MBC 최대주주 방송문화진흥회, MBC 현안을 주제로 긴급 간담회개최. 최문순 사장과 최진용 시사교양국장 참석해 경과 보고. PD수첩 최승호 CP와 한학수 PD 대기발령 및 인사위원회 회부. MBC PD수첩방송 시간에 황우석 2탄 대신 자연다큐멘터리로 대체 방송. MBC사장 주재 임원회의에서 PD수첩 잠정 중단 결정.

2005년 12월 5일: BRIC의 소리마당 게시판에 "쇼는 계속되어야 한다..."는 제목으로 황우석 교수의 논문의 줄기세포 사진에서 두 쌍의 중복을 지적하는 내용의 글이 올라옴. 그리고 DC인사이드 과학갤러리 사이트에 2005년 사이언스 논문의 보충자료에 수록된 44장의 줄기세포 사진 중 5쌍이 동일한 사진이라는 의혹이 강하게 제기돼 급속 확산.

2005년 12월 6일: BRIC, SCIENG 등의 사이트에서 새로운 의혹 등장. 2005년 사이언스 논문의 DNA지문분석 결과가 실제 실험에서는 발생하기 어려울 정도의 정확도로 DNA핑거프린트가 일치한다는 지적. 일반적인 오차를 무시한 이같은 일치는 어떤 방식으로든 실험 데이터에 인위적인 조작이 있었을 것이라는 강한 의혹이 제기됨.

2005년 12월 6일: 황우석, 논문정리과정에서 실수이며 수정 요청 사실 언급.

2005년 12월 6일: 사이언스, 초기 리뷰용 논문에는 사진이 달랐으며 인쇄용 논문에서 오류가 있었음을 언급.

2005년 12월 6일: 프레시안, PD수첩 2번 줄기세포 DNA분석결과 줄기세포와 환자 DNA 불일치 보도.

2005년 12월 7일: 황 교수 수면장애와 과로, 스트레스로 인한 탈진으로 서울대병원에 입원.

2005년 12월 8일: 서울대 생명과학 분야 소장파 교수 30여 명, 서울대 정운찬 총장에게 논문 진실성 의혹에 대한 진상조사 촉구 건의문 전달.

2005년 12월 9일: 피츠버그대 섀튼의 모든 연구자료 수거, 조사. 피츠버그대측은 조사를 위해 섀튼 교수의 연구실과 관련이 없는 연구원들로 특별조사단을 구성했고, 연구실에서 모든 관련 자료와 데이터를 수거했으며 필요할 경우 황 교수측에도 자료를 요청할 계획이다.

2005년 12월 9일: 사이언스, 그간의 황 교수 지지 입장에서 선회해 황 교수와 섀튼 박사에게 논란이 되는 연구 결과를 재검토, 답변해 줄 것을 요구. 사이언스는 나아가 황교수가 언론의 각종 의문제기에 직접 답변하거나 제3자의 검증을 받을 것을 간접 촉구하고, 사이언스 역시 제3자의 검증을 기대한다는 입장 밝힘.

2005년 12월 10일: 세 번째 의혹 나타남. 일본의 한 사이트에서 2005년 논문 중에서 3쌍의 줄기세포 사진이 중복된 것을 발견하고 이를 네티즌 연구자들이 BRIC에도 퍼와 급속히 확산됨.

2005년 12월 10일: 프레시안은 김선종 연구원이 MBC PD수첩에 했던 증언의 녹취록을 공개함.

이 녹취록에 따르면 김선종 연구원은 "사진을 많이 만들어라. 한 10장 정도 만들자"는 황 교수의 지시에 따라 이 2, 3번 두개의 줄기세포 사진을 가지고 "사진을 불렸다"고 말함. 또 황 교수가 이런 지시를 할 때 그 자리에는 강성근 교수만이 있었다고 증언. YTN, 오후 3시에 피츠버그대에 있는 한국인 교수가 YTN기자에게 e-메일을 보내 김선종 연구원이 자사와의 미국 현지 인터뷰에서 황 교수의 지시나 요청으로 줄기세포 사진 2장을 11장으로 늘린 사실을 숨겼다고 주장했다고 보도했다가 삭제.

2005년 12월 11일: 황 교수팀, "DNA 재검사는 없다"는 기존 입장 접고 서울대에 재검증요청. 서울대 정운찬 총장 주재로 긴급 간부회의 열어 재검증 실시 전격 결정.

2005년 12월 12일: 황 교수 임시퇴원, 칩거생활 18일 만에 서울대 수의대 연구실 출근. 홍성 농장서 무균돼지에 체세포 복제 수정란 이식 직접 실험. 서울대 기자회견을 갖고 재검증 조사위원회 구성 착수, 곧 가동. 노정혜 서울대 연구처장 사진 중복-DNA지문분석 결과 의혹부터 먼저 조사계획 발표.

2005년 12월 13일: 새튼(Schatten) 피츠버그대 교수, 논문에서 자신의 이름을 빼줄 것을 사이언스에 요구. 황 박사를 비롯한 다른 모든 공동저자에게 논문을 철회할 것을 권고.

2005년 12월 13일: 이슈 : 황우석 패러디 게임 동영상 화제 - 화려한 동영상에 감탄… 내용보고 현실과 같아 또 놀라.

2005년 12월 14일: 사이언스 '黃교수 옹호' 철회. "황교수의 연구결과가 조작됐다고 볼 근거가 없다"고 밝혀왔던 부분을 삭제했다는 성명을 발표. "황교수의 논문에 대해 현재 제기되고 있는 '근거없는 의혹'들이 사실일지도 모르기 때문"이라고 설명.

2005년 12월 15일: 서울대, 줄기세포 재검증 조사위원 10명 최종 확정. "이번 조사위원회는 총장, 부총장 및 대학본부 산하의 위원회와 달리 독립된 특별위원회 형태로 운영될 것"이라며 "이번 조사위 구성을 사안의 중대성을 감안해 학칙 규정에 없는 별도의 임시 특별위원회 형식을 취했다"고 밝힘.

2005년 12월 15일: 노성일 미즈메디 병원 이사장, 한겨레 등과의 인터뷰 통해 "황교수로부터 환자맞춤형 줄기세포는 없다는 이야기를 들었다"고 폭로. 11개 배아줄기세포 중 9개는 가짜이며 나머지 2개의 진위여부도 불확실하다고 주장. 2005년 사이언스 논문 철회키로 황 교수와 합의했다고 덧붙임. 사이언스, 15일 오전까지 황 교수 쪽의 논문철회 요청이 없었다며 줄기세포가 없다는 언론보도에 대해 해명 요구.

2005년 12월 15일: MBC 긴급 편성, 'PD수첩은 왜 재검증을 요구했는가' 방영. 취재윤리 문제로 불방됐던 방송분 부활. 줄기세포 조작 의혹 방송. 황 교수팀이 PD수첩에 5개의 시료를 넘겼는데 2번 줄기세포주가 환자의 체세포와 일치하지 않는 등의 내용이 방송.

2005년 12월 16일: 황우석 교수는 기자회견을 열고 11개 배아줄기세포를 만들었으나 대부분 오염돼 죽어 줄기세포를 확인할 수 없다고 주장. 사이언스 논문 제출당시 두개의 줄기세포를 가지고 열한 개 데이터로 만들었으며 추후에 줄기세포를 수립했다고 밝힘으로써 논문조작을 간접 시인. 그러나 원천기술은 분명히 있으며 줄기세포가 없다는 의혹을 강하게 부인. 줄기세포가 바뀌었다며 사법당국의 수사 촉구. 사이언스에 논문 철회 요청했다고 밝힘. 이어진 노성일 이사장의 기자회견에서는 황 교수의 해명과 주장이 허위라고 다시 반박. 또 황 교수와 노 이사장의 엇갈린 의견. 새로 만든 3개의 줄기세포주와 관련, 황 교수는 이의 배양을 위해 미즈메디에 넘겼는데 수정란 줄기세포로 나오는 것에 대해 검찰의 수사를 촉구. 반면 노 이사장은 황 교수로부터 받은 줄기세포가 왜 자신의 병원 것으로 나오는지 의아해 함. 즉 황 교수는 누군가 줄기세포를 바꿔치기 했다고 주장하는 반면 노 이사장은 황 교수가 자신들의 수정란 줄기세포를 가져다 체세포 줄기세포라고 속이고 있다고 반박.

2005년 12월 17일: 김선종 연구원 16일(현지시간) 미국 피츠버그에서 자신 입장 밝혀. "세포 바꿔치기 안했으며 논문 조작 황 교수 지시가 맞다"고 시인.

2005년 12월 18일: 서울대학교 진상조사위원회 수의학과 실험실 폐쇄. 서울대 조사위, 황 교수 직접 조사 시작. 황 교수팀의 윤현수 교수 "줄기세포 바꿔치기는 불가능" 하다고 주장.

2005년 12월 19일: ACT사의 로버트 랜저 박사 일본 요미우리 신문 인터뷰에서 스너피에 대한 의혹 제기.

2005년 12월 20일: 노성일 미즈메디 병원 이사장 기자회견 열어 지난해와 올해에 걸쳐 황 교수팀에 난자 1천200여개 제공했다고 주장. 네이처는 복제개 스너피에 대한 검증 작업 시작한다고 선언.

2005년 12월 21일: 한국과학기술인연합(SCIENG), 성명 통해 이번 사태를 '과학적 사기'로 규정하고 "정부 등은 황 교수와 논문 공동 저자들에게 합당한 처벌을 내려야 한다"고 주장. 문신용 교수 서울대 조사위에 2004년도 사이언스 논문에 대한 재검증 공식 요청.

2005년 12월 22일: 황우석 교수의 변호인 한백합동법률사무소 문형식 변호사는 황우석 교수의 줄기세포가 바꿔치기 되었다면서 미국에 머무르는 김선종 연구원을 유력한 용의자로 지목하고 검찰에 수사요청서를 제출.

2005년 12월 22일: 사이언스, 황우석 교수팀의 줄기세포 연구논문이 당초 '올해의 10대 과학뉴스' 후보에 올랐으나 마지막에 이를 제외했다고 밝힘. 로버트 쿤츠 사이언스지 편집부국장, "황교수 논문에 대한 조작 의혹이 제기된 후 이를 10대 뉴스에 포함시킬지 여부에 대한 '많은 논의'가 있었다"고 말함. 황 교수의 2004년 논문에 대해서도 조사 착수하겠다는 입장 공식 발표.

2005년 12월 23일: 서울대 조사위원회, 2005년 사이언스 논문이 고의로 조작됐다는 중간 조사 결과를 발표. "줄기 세포 없다". 검찰 수사 의뢰. 원천기술은 '젓가락 기술'에 의한 배반포 단계까지만 인정, 황 교수의 2005년 사이언스 논문에는 환자 맞춤형 체세포 복제 배아줄기세포가 없었고 따라서 논문도 조작됐다는 쪽으로 결론.

2005년 12월 23일: 황우석 교수, 서울대 교수직 사퇴 결정. 서울대 관계자, "황우석 교수는 현재 조사위원회로부터 조사를 받고 있는 신분이기 때문에 사표를 제출하더라도 수리되지 않을 것"이라고 밝힘.

2005년 12월 24일: 12월 5일 이후 BRIC에 올라온 황우석 의혹 관련 글을 과기부에서 삭제 지시한 것이 밝혀짐.

2005년 12월 24일: 줄기세포 진위 논란의 핵심인물인 미국 피츠버그대 김선종 연구원 입국. 줄기세포를 직접 추출하고 배양한데다 2005년 논문에 실린 사진을 직접 찍은 장본인으로 줄기세포 존재 여부는 물론 사이언스 논문 조작 과정에 대한 진실을 알고 있는 핵심 인물로 꼽히고 있으며 또한 황우석 교수측에 의해 맞춤형 줄기세포를 미즈메디 병원의 수정란 줄기세포로 바꿔치기한 것으로 지목받고 있다.

2005년 12월 26일: "'젓가락 기술' 황우석 교수팀의 원천기술이 아니었다"는 주장이 제기됨. 황우석 교수팀의 원천기술로 꼽히는 이른바 '젓가락 기술(짜내기 기술 Squeezing Method)'이 이미 10여 년 전 외국에서 발표된 기술이라는 주장이 제기됐다. 디시인사이드 과학갤러리 이용자 '진실은 아파'에 따르면 일본 긴키(近畿)대 쓰노다유키오(角田幸雄) 교수가 1991년 일본 번식기술회보에 낸 논문에서 처음 발표한 기술이라는 것. 이 논문에 따르면 '유리침으로 극체 부위 투명대 일부를 절개하고 난자를 고정용 피펫으로 고정한 채 유리침으로 난자를 압축해 극체 주변의 세포질을 10~30% 압출했다'고 돼 있는데 이는 황 교수팀의 '짜내기 기술'과 동일하다고 이 네티즌은 밝혔다. 또 "쓰노다 교수는 92년 일본 축산회보에 낸 논문에서도 이 기술을 사용했고 한국에서도 1990년대 초 고려대에서 이 방법을 활용해 논문을 낸 적이 있고 황 교수팀에서도 사용하기 시작했던 것으로 안다"며 "이미 수년 전에 논문으로 발표된 기술을 자기 고유의 것인 양 운운하는 것은 창피하다"고 주장했다.

2005년 12월 27일: 조선일보, "안규리 윤현수교수, YTN과 訪美때 김선종연구원에 3만불 줬다" 보도. 이에 대해 윤 교수는 "병원에 입원해있던 김 연구원에게 한국에 있는 연구팀을 대신해 치료비 목적으로 2만달러를 전달했으며 안 교수도 추후에 1만달러를 준 것으로 안다"고 시인한 것으로 알려졌다. 서울대 교수협 회장, 황우석 교수 구속 촉구. "그런 거짓증언을 회유하기 위한 금전 제공까지 도모했다는 것은 더 이상 무슨 논문 조작만으로도 영원히 파면 조치하고 학계에서 퇴출시켜야 하는데 그런 상황까지 있다는 것은 민·형사상으로 강구해야 하는 상황이라는 생각이 드는데요". 돈을 건네 준 사람이 황우석 교수나 연구원이 아닌 국정원 직원이라는 사실이 확인됨.

2005년 12월 28일: 복제개 "스너피", 황교수팀이 의뢰한 유전자 감정기관인 "휴먼패스"를 통해 복제개임이 확인되었다고 밝힘. 논문조작 사건의 파문으로 2005년 8월 복제에 성공한 "스너피" 또한 의혹이 제기되었다. 황우석 교수팀은 유전자 감정 전문기관인 휴먼패스에 의뢰해 복제개 "스너피"의 유전자를 분석한 결과 체세포를 제공한 타이와 세포핵 DNA는 같고 미토콘드리아 DNA는 다른 것으로 확인됐다고 28일 밝혔다.

2005년 12월 28일: 윤현수 한양대교수, '바꿔치기' 황 교수팀 자작극 가능성 제기. 윤 교수는 지난 27일 <프레시안>과의 단독인터뷰에서 이같이 밝히고 "'분명히 환자 맞춤형 줄기세포를 본인이 배양했다'는 김선종 연구원의 주장이 거짓이 아니라면 김 연구원 모르게 황 교수팀의 누군가가 미즈메디 병원의 줄기세포로 바꿔치기해 놓았을 가능성도 배제할 수 없다"고 말했다. 한마디로 황 교수팀이 자작극일 가능성이 높다는 얘기다.

2005년 12월 29일: "결국 줄기세포는 없었다" 서울대 잠정결론. 서울대 조사위원회의 검증결과 황우석(黃禹錫) 교수팀이 냉동 보관한 뒤 해동(解凍)했다는 5개의 줄기세포 DNA와 핵을 제공한 환자체세포의 DNA가 모두 일치하지 않는 것으로 알려졌다. 또 2005년 사이언스 논문을 조작하는 과정에서 11개로 불린 2개의 줄기세포도 모두 환자맞춤형 줄기세포가 아닌 것으로 판명됐다. 이에 따라 남은 관심은 황 교수팀은 과연 환자맞춤형 줄기세포의 '원천 기술'은 보유했느냐는 데 쏠리고 있으나 이를 두고 조사위 내부에서 의견이 엇갈리는 것으로 전해졌다.

2005년 12월 30일: 2004년 줄기세포도 환자DNA와 불일치. KBS는 서울대 조사위원회 관계자의 말을 인용, "조사위가 황 교수가 갖고 있던 1번 줄기세포와 특허출원 시 한국세포주은행에 보관한 줄기세포, 문신용 서울대 교수가 보관 중이던 줄기세포의 DNA를 분석한 결과 논문에 실린 줄기세포의 DNA 지문과 다르게 나타났다"고 보도했다. 또한 "이들 3개 세포는 모두 같은 지문이 있는 것으로 드러났지만 체세포를 공여한 환자의 DNA와는 다르게 나타났다"며 "체세포 공여 환자의 DNA가 바뀌지 않았다면 황 교수의 원천기술 주장은 거짓이 될 가능성이 크다"고 전했다.

2005년 12월 30일: "스너피" 난자제공견 종적 묘연, 서울대 조사위 "스너피" 복제개 단정할 수 없다. 복제 입증할 난자 제공견이 없는 상태에서, 황교수팀의 의뢰를 통해 유전자 검사업체 "휴먼패스"에서 이뤄진 DNA 분석에 대해 의문점이 제기됨. 스너피를 복제하는 데 사용된 난자 제공견의 DNA 검사 결과를 비교하지 않고서는 복제개로 단정할 수 없다는 지적. 아프간하운드처럼 혈통이 우수한 종의 경우 근친교배가 많아 DNA 지문이 일치할 수도 있기 때문이다. 문제는 황교수팀이 복제개 스너피 탄생을 위해 이용한 난자 제공견들의 종적을 현재 한 마리도 찾기가 쉽지 않다는 점. 황 교수팀은 이에 대한 기록을 전혀 갖고 있지 않은 것으로 알려지고 있기 때문. 이에 따라 일각의 주장처럼 스너피 연구에 사용된 난자가 개 시장에서 구입됐거나 난자 제공견이 이미 죽었을 경우 영롱이와 같이 스너피의 검증 자체가 자칫 재검증 작업 자체가 어렵게 될 수도 있다는 우려가 나오고 있다.

2005년 12월 30일: 검찰, '황우석파문' 사실상 내사 착수. 황우석 교수 사건과 관련한 검찰의 수사가 초읽기에 들어갔다. 검찰은 언론 보도 내용 등 관련 자료를 검토하는 등 사실상 내사단계에 착수했다. 검찰의 수사범위는 황 교수가 제기한 줄기세포 바꿔치기 주장 외에도 이번 사건과 관련된 의혹 전반에 걸쳐 있다.

2006년 1월 3일: 문신용 교수는 전경련회관에서 열린 중고교 교사 대상 강연에서 '줄기세포 연구의 현황 및 전망'을 주제로 강연하면서, 논문 조작 파문은 환자 맞춤형 줄기세포의 제조가 불가능함을 입증하는 것이라고 밝혔다. 또한 최근의 음모론 논란에 대해서 일종의 인질 효과일 뿐이라고 일축했다.

2006년 1월 3일: MBC는 예정대로 PD수첩 3탄 《줄기세포 신화의 진실》을 방송했다.

2006년 1월 4일: 사이언스는 2005년도 황우석 교수의 맞춤형 줄기 세포 논문에 대해서 25명의 공동저자 모두에게서 철회 요청을 받았으며, 다음주쯤 논문을 철회하겠다고 밝혔다.

2006년 1월 6일: 검찰이 서울대 황우석(54) 교수의 논문 조작 및 줄기세포 바꿔치기 의혹 등과 관련, 황 교수를 비롯해 연구팀 핵심 관계자 11명에 대한 출국금지를 법무부에 요청한 것으로 6일 확인됐다. 출국이 금지된 사람은 황 교수와 이병천(41), 강성근(36) 서울대 수의대 교수, 안규리(51) 서울대 의대 교수, 노성일(54) 미즈메디 병원 이사장, 김선종(35) 미국 피츠버그대 의대 연구원, 권대기(29) 줄기세포팀장 등이다. 2005년 논문 공동저자 중 한 사람인 문신용(58) 서울대 의대 교수는 출국금지 대상에 포함되지 않았다.

2006년 1월 10일: 서울대학교 조사위원회는 황우석 교수의 2004년 논문 역시 2005년 논문처럼 의도적으로 조작되었으며, 원천기술 역시 독창성을 인정하기 어렵다고 공식 발표했다. 그러나 할구분할 의혹이 제기되었던 스너피는 정밀 조사 결과 체세포 복제가 맞다고 공식 확인했다.

2006년 1월 12일: 황우석 교수는 한국프레스센터에서 기자회견을 열고 논문 조작, 연구원의 난자제공 및 금전제공에 대해서 모두 사과했다. 그러나 줄기세포가 바뀌치기 되었다는 주장은 굽히지 않았다.

2006년 1월 12일: 사이언스, 황우석 교수의 2개 논문(2004년, 2005년 논문) 공식 철회. 사이언스지는 이날 워싱턴 특파원들에게 이 메일 성명을 보내 황우석 교수의 2004년 논문과 2005년 논문을 조건없이 철회한다고 밝혔다. 사이언스지는 서울대학교가 황 교수의 논문 두개가 모두 조작됐다고 밝혔기 때문에 편집진은 즉각적이고 조건없이 철회해야한다고 생각했으며 이같은 공식 철회 사실을 세계 과학계에 알린다고 말했다. 2006년 2월 20일 서울대학교에서의 시위. 이는 한달 넘게 계속되어 왔으며, 2월 23일 노정혜 연구처장 폭행으로 이어졌다. 2006년 2월 23일 - 노정혜 서울대학교 연구처장이 서울대학교 대학본부에서 황우석 교수 지지자들에게 팔목을 비틀리고 머리채를 잡히는 등 폭행을 당했다.

2006년 3월 6일: 황교수, 줄기세포 '시료조작' 지시 시인. '줄기세포 조작' 사건을 수사 중인 서울중앙지검 특별수사팀은 6일 황우석 교수가 2005년 사이언스 논문과 관련한 시료 조작을 지시했다는 자백을 받고 보강조사를 벌이고 있다고 밝혔다. 검찰 관계자는 "황 교수가 2005년 논문의 줄기세포 4~11번(NT-4~11)과 관련한 DNA지문분석용 시료를 조작하도록 권대기 연구원에 지시한 사실을 인정하고 있다"고 말했다. 권대기 연구원은 서울대 조사위원회에서 황 교수의 지시로 NT-4~11번에 해당하는 체세포를 각각 둘로 나눠 시료를 만든 뒤 이중 하나는 체세포 시료이고 다른 하나는 실제 만들어진 환자맞춤형 줄기세포인 것으로 꾸몄다고 진술한 바 있다.

2006년 3월 20일: 서울대학교는 징계위원회(위원장 이호인 응용화학부 교수)를 열고 황우석 교수를 파면하기로 최종 결정했다. 파면은 향후 5년간 공직 재임용이 금지되며 퇴직금도 50% 삭감되는 등 공무원 징계 중 가장 수위가 높다. 논문 조작과 관련된 교수들의 징계내용은 다음과 같다.

의대 문신용 교수, 수의대 강성근 교수: 정직 3개월

수의대 이병천 교수, 의대 안규리 교수: 정직 2개월
　　농생대 이창규 교수, 의대 백선하 교수: 정직 1개월
　2006년 4월 5일: 서울대학교조사위원회는 황우석 교수팀의 체세포 줄기세포가 처녀생식이 아니라고 정정 발표. 하지만 사이언스지에서는 이미 같은 해 1월 12일에 황우석 교수팀의 논문이 취소되었음을 선언.

　　<수사와 재판>
　2006년 5월 검찰, 사기. 횡령 등 혐의로 황 박사 등 6명 불구속 기소. 사이언스지에 조작된 줄기세포 논문을 발표한 이후 환자맞춤형 줄기세포 실용화 가능성을 과장해 농협과 SK로부터 20억원의 연구비를 받아내고 정부지원 연구비 등을 빼돌린 혐의(특정경제범죄가중처벌법상 사기, 업무상 횡령)와 난자 불법매매 혐의(생명윤리법 위반)로 불구속 기소.
　2006년 6월: 1차 공판
　2009년 8월 24일: 결심공판. 서울중앙지방법원 형사합의26부(배기열 부장판사) 심리로 열린 결심공판에서 "한 연구자의 올바르지 못한 연구태도와 과욕에 의해 실험 자료와 논문을 조작한 것이 이번 사건의 진상"이라며 "그 결과 국내 과학계와 국가의 이미지를 실추시키고 국민들을 크게 실망시켰다"며 징역 4년을 구형했다. 황우석은 최후진술을 통해 "기회를 주신다면 이탈했던 과학자로서의 본분을 바로 세워 남은 열정으로 꿈을 실현하기 위해 노력할 것"이라고 말했다. 황박사와 함께 기소된 이병천 서울대 교수와 강성근 전 서울대 교수는 징역 1년6월, 윤현수 한양대 교수는 징역 1년, 김선종 전 연구원은 징역 3년, 장상식 한나산부인과 원장은 징역 10월에 집행유예 2년을 선고했다. 2009년 10월 12일 국회의원 33명이 황우석 박사의 줄기세포 재판 1심 선고를 앞두고 선처를 요망하는 탄원서를 법원에 제출했다. 또한 불교, 기독교인들이 황우석의 줄기세포 연구재개를 위해 탄원서를 제출하기도 했다.
　2009년 10월 26일: 선고. 서울중앙지방법원 형사합의26부(부장판사 배기열)는 황우석 박사 등에 대한 선고공판에서 징역 2년, 집행유예 3년을 선고했다. 사이언스지에 조작된 줄기세포 연구 논문을 발표한 혐의에 대해 "2004년 논문 중 DNA와 테레토마사진이 조작된 사실과 2005년 논문 중 줄기세포 도표가 조작된 사실이 인정된다"고 '유죄' 판결했다. 정부 지원금 횡령 혐의와 난자를 불법 매매한 혐의에 대해 '유죄' 판결했다. 환자맞춤형 줄기세포의 실용화 가능성을 과장해 민간기업으로부터 연구비를 받아낸 혐의에 대해서는 '무죄'라고 판결했다. 연구성과를 과장한 혐의에 대해서도 '무죄'를 선고했다.

<평가>
이 사건을 통해 과학계는 성과에 급급하지 말고 연구윤리를 강화하면서 과학 발전을 도모함으로써 이 사건이 남긴 깊은 상처를 치료해야 한다.
▷ 긍정적 평가
환자와 가족의 고통을 생각하면 안타깝기 그지없지만, 체세포 배아줄기세포의 무한한 가능성에 대한 이론적 기대와 난치병 치유 등 구체적 희망 사이에 분명한 선을 그어야 함을 일깨우는 재판이다. 법원의 판결은 학자로서의 연구윤리와 생명 윤리의 소중함을 일깨웠고 과학의 생명은 진실성에 있다는 보편타당한 진리에 손을 들어주었다는데 의미가 크다.
▷ 부정적 평가
그러나 아직 확정되지 않은 사건이라는 점에서 부정적으로 보는 견해들도 있고, 동정하는 견해도 있다. 황 박사가 판결을 겸허히 수용하고 그에게 재기할 기회를 주는 것으로 이 사건은 마무리되는 것이 바람직하다는 의견도 있다.

<언론사의 태도>
황우석에 대한 여론이 호의적이었을 때, PD수첩이 황우석에 대해 비판했다. 이에 조선일보, 중앙일보, 동아일보 등의 언론사는 황우석을 옹호하고 참여정부와 PD수첩을 강하게 비난했다. 하지만 황우석에 대한 비난 여론이 거세지자, 태도를 돌변해 황우석 교수와 참여정부를 맹비난하는 방향으로 틀었다. 이에 대한 비판도 있다.

참고 문헌

- 교육과학기술부(2009). "뇌연구 ELSI와 시각적 판단의 역동적 조절, 의사결정을 위한 감각-운동 정보의 통합과정". 서울대학교 아주대학교 연구보고서. 전자문서.
- 교육과학기술부, 한국과학기술정보연구원, 한국과학기술기획평가원(2009). "글로벌 S&T 정책 동향분석: S&T GPS 2009 총람, 2009-2010". 전자문서
- 김명식(2002). ≪환경, 생명, 심의민주주의≫. (주)범양사출판부.
- 김명자역, Kuhn, T.(2002). 『과학혁명의 구조』. 서울: 까치글방. Kuhn, T.(1962). *The Structure of Scientific Revolution*. 2st ed. 1970, Chicago: University of Chicago Press.
- 김성천(2006). "생명공학기술의 소비자안전확보 방안 연구". 한국소비자보호원.
- 김환석(2006). 『과학사회학의 쟁점들』. 문학과 지성사.
- 김환석역, Hess, D.(2004).『과학학의 이해』. 도서출판당대. Hess, D.(1997). *Science Studies: An Advanced Introduction*. New York: New York University Press.
- 박우석역, Popper, K.(1994). 『과학적 발견의 논리』. 고려원. Popper, K.(1934). *The Logic of Scientic Discovery*, London: Hutchinson, 1959, trans. by the author, Original ed. in German, *Logik der Forschung*.
- 박이문(1993). 『과학철학이란 무엇인가』. 사이언스북스.
- 백소현(2004). "바이오 안전성문제에 관한 국제법적 고찰-유전자변형생물체의 안전성 논의를 중심으로-". 중앙대학교 법학석사학위논문.
- 송상용(2010). "한국과학철학회". 『<철학>100집출간기념 한국철학의 회고와 전망』, 214-227, 철학과 현실사.
- 송정화역, Fukuyama, F.(2003). ≪HUMAN FUTURE: 부자의 유전자 가난한 자의 유전자≫. 한국경제신문. Fukuyama, F.(2002). *Our Posthuman Future: Consequences of the Biotechnology Revolution*. Farrar, Straus and Giroux.
- 신중섭(1992). 『포퍼와 현대의 과학철학』. 서광사.
- 오철우역, Gross, A.(2007). 『과학의 수사학: 과학은 어떻게 말하는가』. 궁리출판. Gross, A.(1996). *The Rhetoric of Science*. 2nd ed., 1st ed., 1990,

Harvard University Press.
- 우정규(1993). "인공지능과 인간성". 한국동양철학회, '93한국동양철학회추계 국제학술대회, ≪기술정보화 시대의 인간 문제≫, 27-38.
- 우정규(1998). "그린 시대의 도덕적 결단 체계-환경 생태학적 문제 사례들을 이용하여". 강원대학교인문과학연구소, ≪강원인문논총≫, 제6집, 271-299.
- 우정규(2001). "정보 기술과 환경 의사 결정". ≪과학기술학연구≫, 제1권제2호, 371-398.
- 우정규(2002). 『과학을 위한 게임 확률 의미론과 적용』. 대종출판.
- 우정규(2010). 『논리와 추리: 과학방법론의 기초 및 PSAT/LEET 문제풀이를 위한 응용기법』. 대종출판.
- 우정규역, Rescher, N.(1992). 『귀납: 과학방법론에 대한 정당화』. 서광사. Rescher, N.(1980). *Induction: An Essay on the Justification of Inductive Reasoning*: Pittsburgh: Univ. of Pittsburgh Press.
- 유네스코한국위원회 편(2001). 『과학연구윤리』. 당대.
- 이상욱외(2009). 『욕망하는 테크놀로지』. 동아시아.
- 이상욱, 홍성욱, 장대익, 이중원(2007). 『과학으로 생각한다』. 동아시아.
- 이영기역, Brockman, J.(2007). 『위험한 생각들』. (주)웅진씽크빅. Brockman, J.(2007). *What Is Your Dangerous Idea?*. HarperCollins.
- 이유선역, Laudan, L.(1994), 『과학과 가치: 과학의 목적과 과학 논쟁에서의 그 역할』. 민음사. Laudan, L.(1983). *Science and Values: The Aims of Science and Their Role in Scientific Debates.* Berkeley: University of California Press.
- 이중원, 홍성욱 외(2008). 『필로테크놀로지를 말한다』. 서울: (주)북하우스.
- 이창림(2004). 『의사결정과 공학윤리』. 구미서관.
- 이창신역, Sandel, M.(2010). 『정의란 무엇인가』. 김영사. Sandel, M.(2010). *Justice: Whats's the Right Thing to Do*. Penguin Books.
- 재)테라급나노소자개발사업단(2009). "나노기술 개발에 관한 윤리적, 법적, 사회적 영향에 대한 연구: 식품 및 화장품 분야 나노기술 응용의 위험 통제". 교육과학기술부. 전자문서.
- 전영삼역(2001). 『과학의 구조 I, II』. 서울: 아카넷. Nagel,E.(1961). *The Structure of Science: Problems in the Logic of Scientific Expalnation.*

- Harcourt: Brace and World, .
- 조인래, 박은진, 김유신, 이봉재, 신중섭(1999). 『현대 과학철학의 문제들』. 아르케.
- 최붕기외(2006). "나노기술의 환경·보건·안정성 영향에 관한 연구동향분석". 한국과학기술정보연구원.
- 최재천, 장대익역, Wilson, E.(2005).『통섭: 지식의 대통합』. (주)사이언스북스. Wilson, E.(1999). *Consilience: The Unity of Knowledge*. Random House.
- 한국과학기술단체총연합회(2008). "21C 선진한국을 위한 창조적 과학기술정책".
- 한국과학문화재단편(2007). 『새로 보는 과학기술』. 한국과학문화재단.
- 한국생명공학연구원(2004): "2004바이오안전성백서".
- 한국생명공학연구원(2005). "2005바이오안전성백서".
- 한국생명공학연구원(2006). "2006바이오안전성백서".
- 한국원자력연구소편(2006).『과학기술연구윤리 현황 및 사례』. 두양사.
- 한국철학회편집위원회(2010). 『<철학>100집출간기념 한국철학의 회고와 전망』. 철학과 현실사.
- 한양대학교 과학철학교육위원회편(2004a). 『이공계 학생을 위한 과학기술의 철학적 이해』. 한양대학교 출판부.
- 한양대학교 과학철학교육위원회편(2004b). 『인문사회계 학생을 위한 과학기술의 철학적 이해』. 한양대학교 출판부.
- 홍성욱(1998). "과학의 권위와 그 비판자들". 《문학과 사회》, 1998 가을호.
- 홍성욱(2008).『홍성욱의 과학에세이: 과학, 인간과 사회를 말하다』. 동아시아.
- 홍성태역, Beck, U.(2006). ≪위험사회≫. 새물결. Beck, U.(1997). *Risk Society: Towards a New Modernity*. London: Sage.
- Anderson, E.(1995). "Feminist Epistemology: An Interpretation and a Defense". In *Hypatia*, 10 (3): 50-84.
- Arrow, K.(1963). *Social Choice and Individual Values*. New York: Wiley.
- Barbour, I.(1992). *Ethics inn An Age of Technology*. HarperSanFrancisco.
- Barnes, B. and Bloor, D.(1982). "Relativism, Rationalism, and the Sociology of Knowledge". In *Rationality and Relativism*, M. Hollis and S. Lukes (eds.), Cambridge: MIT Press.
- Berkson, W., and Wettersten, J.(1984). *Learning from Error: Karl Popper's*

- *Psychology of Learning*. La Salle, IL: Open Court.
- Bloor, D., Barnes, B. and Henry, J.(1996). *Scientific Knowledge: A Sociological Analysis*. Chicago: University of Chicago Press.
- Boghossian, P.(2006). *Fear of Knowledge*. Oxford: Clarendon Press.
- Bratman, M.(1999). *Faces of Intention*. Cambridge: Cambridge University Press.
- Brown, J. R.(2001). *Who Rules in Science? An Opinionated Guide to the Wars*. Cambridge: Harvard University Press.
- Burge, T.(1993). "Content Preservation". In *The Philosophical Review*, 102: 457-488.
- Churchland et al.(1991). "Our Brains, Our Selves: Reflections on Neuroethical Questions". In R.W. Old ed. *Bioscience-Society*, 77-96, New York: John-Wiley and Sons.
- CIAA(2007)."European Technology Platform on Food for Life:Strategic Research Agenda 2007-2020". http://etp.ciaa.eu/documents/CIAA-ETP%20broch_LR.pdf
- Coady, C(1992). *Testimony*. Oxford: Oxford University Press.
- Craig, E.(1990). *Knowledge and the State of Nature*. Oxford: Clarendon Press.
- Dennet, D and Marcel, K (1992). "Time and the observer". In *Behavioral and Brain Sciences*, 15(2), 183-247.
- Descartes, R.(1637/1955). *Discourse on the Method of Rightly Conducting the Reason and Seeking for Truth in the Sciences*. Trans. E. Haldane and G. Ross, The Philosophical Works of Descartes, vol. 1, New York: Dover.
- Descartes, R.(1641/1955). *Meditations on First Philosophy*. Trans. E. Haldane and G. Ross, *The Philosophical Works of Descartes*, vol. 1, New York: Dover.
- Dietrich, F.(2006). "Judgment Aggregation: (im)possibility Theorems". In *Journal of Economic Theory*, 126 (1): 286-298.
- Dummett, M.(1978). *Truth and Other Enigmas*. London: Gerald Duckworth.
- EFSA(2008). "Call for Scientific Data on Applications of Nanotechnology and Nanomaterials Used in Food and Feed".
  www.efsa.europa.eu/EFSA/efsa_locale-1178620753812_1178680756675.htm

- Elga, A.(2007). "Reflection and Disagreement". In *Noûs*, 41 (3): 478-502.
- Feldman, R.(2006). "Reasonable Religious Disagreements". In Louise Antony (ed.), *Philosophers without God*, Oxford: Oxford University Press, forthcoming.
- Feyerabend, P.(1975). *Against Method: Outline of an Anarchistic Theory of Knowledge*. New Left Books.
- Feyerabend, P.(1978). *Science in a Free Society*. New York.
- Foley, R.(1994). "Egoism in Epistemology". In *Socializing Epistemology*, Schmitt, F. (ed.), Lanham, MD: Rowman and Littlefield.
- Forman, P.(1971). "Weimar Culture, Causality and Quantum Theory, 1918-1927: Adaptation by German Physicists and Mathematicians to a Hostile Intellectual Environment". In *Historical Studies in the Physical Sciences 3*, R. McCormmach (ed.), Philadelphia: University of Pennsylvania Press.
- Foucault, M.(1977). *Discipline and Punish*. Trans. A. Sheridan, New York: Random House.
- Foucault, M.(1980). *Power/Knowledge*. New York: Pantheon.
- Fricker, M.(1995). "Telling and Trusting: Reductionism and Anti-Reductionism in the Epistemology of Testimony". In *Mind*, 104: 393-411.
- Fricker, M.(1998), "Rational Authority and Social Power: Towards a Truly Social Epistemology". In *Proceedings of the Aristotelian Society,* 19 (2): 159-177.
- Friends of the Earth(2006). "Sunscreens and Cosmetics: Small Ingredients, Big risks". Friends of the Earth Australia and USA. http://www.foe.org/camps/comm/natotech/
- Friends of the Earth(2007). "International Union of Food Workers Calls for Moratorium on Nano in Food and Agriculture". Friends of the Earth Australia, Europe & USA. http://nano.foe.org.au/node/195
- Friends of the Earth(2008). "Out of the Laboratory and On to Our Plates: Nanotechnology in Food and Agriculture". Friends of the Earth Australia, Europe & USA. http://nano.foe.org.au/node/219
- Fuller, S.(1987). "On Regulating What is Known: A Way to Social

Epistemology". In *Synthese*, 73: 145-183.
- Fuller, S.(1988). *Social Epistemology*. Bloomington: Indiana University Press.
- Fuller, S.(1993). *Philosophy, Rhetoric, and the End of Knowledge*. Madison: University of Wisconsin Press.
- Fuller, S.(1999). *The Governance of Science: Ideology and the Future of the Open Society*. London: Open University Press.
- Funtowicz, S. and Ravetz, J.(1990). *Uncertainty and Quality in Science for Policy*. Kluwer Academic Publishers.
- Funtowicz, S. and Ravetz, J.(1991). "A New Scientific Methodology for Global Environmental Issues". In *Ecological Economics: The Science and Management of Sustainability*, ed. R. Costanza, 137-152, New York: Columbia University Press.
- Funtowicz, S., and Ravetz, J.(1992). "Three types of risk assessment and the emergence of post-normal science". In Krimsky, S., and Golding, D., ed. *Social Theories of Risk*. 251-274. Westport: Praeger.
- Galilei, G.(1914). *Dialogues concerning Two New Sciences*. Tr. H. Crew and A. de Salvo, Evanston.
- Gazzaniga, M.(2005). *The Ethical Brain*. Dana Press.
- Gettier, E.(1963). "Is Justified True Belief Knowledge?". In *Analysis* vol.23, No.6, 1963, pp.121-123.
- Geuss, R.(1981), *The Idea of a Critical Theory: Habermas and the Frankfurt School*. Cambridge: Cambridge University Press.
- Gilbert, M.(1989). *On Social Facts*. London: Routledge.
- Gilbert, M.(1994). "Remarks on Collective Belief". In *Socializing Epistemology*, F. Schmitt (ed.), Lanham, MD: Rowman and Littlefield.
- Gladwall, M.(2000). *The Tipping Point: How Little Things Can Make a Big Difference*. Janklow & Nasbit Associates.
- Glymour, C.(1980). *Theory and Evidence*. Princeton: Princeton University Press.
- Glymour, C.(1987). "Android Epistemology: Comments on Cognitive Wheels". In

The Robot's Dilemma, ed. Z. Pylyshyn, Ablex, 1987.
- Glymour, C., Scheiners, R., Spirtes, P., and Kelly, K.(1987). *Discovering Causal Structure: Artificial Intelligence, Philosophy of Science and Statistical Modeling*, Academic Press.
- Goldman, A. and Cox, J.(1996). "Speech, Truth, and the Free Market for Ideas". In *Legal Theory*, 2: 1-32.
- Goldman, A. and Shaked, M.(1991). "An Economic Model of Scientific Activity and Truth Acquisition". In *Philosophical Studies*, 63: 31-55.
- Goldman, A.(1978). "Epistemics: The Regulative Theory of Cognition". In *The Journal of Philosophy*, 75: 509-523.
- Goldman, A.(1986a). *Epistemology and Cognition*. Cambridge: Harvard University Press.
- Goldman, A..(1986b). *Philosophical Applications of Cognitive Science*. Boulder: Westview Press.
- Goldman, A.(1987). "Foundations of Social Epistemics". In *Synthese*, 73: 109-144.
- Goldman, A.(1999). *Knowledge in a Social World*. Oxford: Oxford University Press.
- Goldman, A.(2001), "Experts: Which Ones Should You Trust?". In *Philosophy and Phenomenological Research*, 63: 85-110.
- Goldman, A.(2004). "Group Knowledge versus Group Rationality: Two Approaches to Social Epistemology". In *Episteme, A Journal of Social Epistemology*, 1 (1): 11-22.
- Goldman, A.(2006, in press). "The Social Epistemology of Blogging". In *Information Technology and Moral Philosophy*, eds. J. van den Hoven and J. Weckert, Cambridge: Cambridge University Press.
- Gombrich, E. H.(1960). *Art and Illusion*. Princeton.
- Goodman, N.(1955). *Fact, Fiction, and Forecast*. Cambridge: Harvard University Press.
- Greene, J.(2003). "From neural 'is' to moral 'ought': what are the moral implications of neuroscientific moral psychology?". *Nat Rev Neurosci*,

4(10), 846-849.
- Gross, P. and Levitt, N(1994). *Higher Superstition: The Academic Left and Its Quarrels with Science*. Baltimore: The Johns Hopkins University Press.
- Gross, P., Levitt, N. and Lewis, M. ed.(1996). *The Flight from Science and Reason*. NY: The New York Academy of Sciences.
- Grünbaum, A. and Salmon, W.(1988). *The Limitations of Deductivism*. Berkeley: University of California Press.
- Habermas, J. and Luhmann, N.(1971). *Theorie der Gesellschaft oder Sozialtechnologie - Was Leistet die Systemforschung?*. Frankfurt: Suhrkamp.
- Habermas, J.(1973). "Wahrheitstheorien", In *Wirklichkeit und Reflexion: Festschrift fur Walter Schulz*, Pfullingen: Neske.
- Habermas, J.(1979). *Communication and the Evolution of Society*. Tran. by Thomas McCarthy. Boston: Beacon Presss.
- Hatfield, C. ed.(1973). *The Scientist and Ethical Decision*. Downers Grove: InterVarsity Press.
- Herschel, J.(1831). *A Preliminary Discourse on the Study of Natural Philosophy*. London: Longman, Rees, Orme, Brown and Green, and John Taylor.
- Hull, D.(1988). *Science as a Process*. Chicago: University of Chicago Press.
- Hume, D.(1975). *An Enquiry Concerning Human Understanding*. In Hume's *Enquiries*, P. H. Nidditch and L. A. Selby-Bigge (eds.), Oxford: Oxford University Press.
- IFST(2006). "Trust Fund: Information Statement Nanotechnology." Institute of Food Science & Technology.
  http://www.ifst.org/uploadedfiles/cms/store/ATTACHMENTS/Nanotechnology.pdf
- Ills, J. ed.(2006). *Neuroethics: Defining the Issues in Theory, Practice and Policy*. Oxford University Press.
- Janis, I.(1972). *Victims of Groupthink*. Houghton: Mifflin Company.
- Kahan et al.(2007). "Nanotechnology Risk Perceptions: The Influence of Affect and Values". Report from the Woodrow Wilson International School

for Scholars, New York. www.nanotechproject.org/file_download/files/NanotechRiskPerception-DanKahan.pdf
- Kelly, J. F. and Wearne, P. (1998). *Tainting Evidence: Inside the Scandals at the FBI Crime Lab*. New York: The Free Press.
- Kitcher, P.(1990). "The Division of Cognitive Labor". In *The Journal of Philosophy*, 87: 5-22.
- Kitcher, P.(1993). *The Advancement of Science*. New York: Oxford University Press.
- Koppl, R.(2005). "Epistemic Systems". In *Episteme: A Journal of Social Epistemology*, 2 (2): 91-106.
- Kuhn, T.(1962/1970). *The Structure of Scientific Revolutions*. 2nd ed., Chicago: University of Chicago Press.
- Kukla, A.(2000). *Social Construction and the Philosophy of Science*. London: Routledge.
- Kusch, M.(2002). *Knowledge by Agreement*. Oxford: Clarendon Press.
- Lackey, J.(2006). "It Takes Two to Tango: Beyond Reductionism and Non-Reductionism in the Epistemology of Testimony". In *The Epistemology of Testimony*, J. Lackey and E. Sosa (eds.), New York: Oxford University Press.
- Lakatos, I.(1978). *The Methodology of Scientific Research Programmes: Philosophical Papers vol.1*. Ed. by John Worrall and Gregory Currie. Cambridge: Cambridge University Press.
- Langley, P, Simon, H, Bradshaw, G., and Zytkow, J.(1987). *Scientific Discovery: Computational Explorations of the Creative Processes*. MIT Press: Massachusetts.
- Latour, B. and Woolgar, S.(1979/1986). *Laboratory Life: The [Social] Construction of Scientific Facts*. Princeton: Princeton University Press.
- Latour, B.(1987). *Science in Action*. Cambridge, MA: Harvard University Press.
- Latour, B.(1996). *Aramis, or the Love of Technology*. Cambridge: Harvard

- University Press.
- Laudan, L.(1977). *Progress and Its Problems*. Berkeley: University of California Press.
- Libet, B.(1999). "How does conscious experience arise? The neural time factor". In *Brain Res Bull*, 50(5-6), pp.339-340.
- List, C. and Pettit, P.(2002). "Aggregating Sets of Judgments: An Impossibility Result". In *Economics and Philosophy*, 18: 89-110.
- List, C. and Pettit, P.(2004). "Aggregating Sets of Judgments: Two Impossibility Results Compared". In *Synthese*, 140 (1-2): 207-235.
- List, C.(2005). "Group Knowledge and Group Rationality: A Judgment Aggregation Perspective". In *Episteme: A Journal of Social Epistemology*, 2 (1): 25-38.
- Little et al.(2007). "Beneath the Skin".
  http://iehn.org/filesalt/IEHNCosmeticsReportFin.pdf
- Locke, J.(1959). *An Essay Concerning Human Understanding*, 2 volumes. A.C. Fraser (ed.), New York: Dover.
- Longino, H.(1990). *Science as Social Knowledge*. Princeton: Princeton University Press.
- Longino, H.(2002). *The Fate of Knowledge*. Princeton: Princeton University Press.
- Mackenzie, D.(1981). *Statistics in Britain: 1865-1930, The Social Construction of Scientific Knowledge*. Edinburgh: Edinburgh University Press.
- Mannheim, K.(1936). *Ideology and Utopia*. Trans. L. Wirth and E. Shils, New York: Harcourt, Brace and World.
- Mathiesen, K.(2006). "The Epistemic Features of Group Belief". In *Episteme, A Journal of Social Epistemology*, 2 (3): 161-175.
- McMahon, C.(2003). "Two Modes of Collective Belief". In *Protosociology*, 18/19: 347-362.
- Merton, R.(1973). *The Sociology of Science*. Chicago: University of Chicago Press.

- Milton, J.(1644/1959). "Areopagitica, A Speech for the Liberty of Unlicensed Printing". In *Complete Prose Works of John Milton*, E. Sirluck (ed.), New Haven: Yale University Press.
- Mitcham(1980). "Philosophy of Technology". In P.T. Durbin eds., *A Guide to the Culture of Science*, technology and Medicine, New York.
- Nanoforum.org(2006). "Nanotechnology in Agriculture and Food". Nanoforum.org.
  http://www.nanoforum.org/nf06~modul~showmore~folder~99999~scid~377~.html?action=longview_publication&
- Nelson, L.(1993). "Epistemological Communities". In *Feminist Epistemologies*, L. Alcoff and E. Potter (eds.), New York: Routledge.
- Niiniluoto, I.(1983). "Theories, Approximations, and Idealizations". In *Abstracts of the &th International Congress of Logic, Methodology and Philosophy of Science vol.3*. Salzburg: Hutteggar.
- Nozick, R.(1981). *Philosophical Explanations*. Cambridge, MA: Harvard University Press.
- ObservatoryNano(2008). European Observatory on Nanotechnologies.
  http://www.observatory-nano.eu/
- Pettit, P.(2003). "Groups with Minds of Their Own". In *Socializing Metaphysics*, F. Schmitt (ed.), Lanham, MD: Rowman and Littlefield.
- Pettit, P.(2006). "When to Defer to Majority Testimony – and When Not" . In *Analysis*, 66 (3): 179-187.
- Poicaré, H.(1914). *Science and Hypothesis*. New York.
- Polanyi(1958). *Personal Knowledge: Towards a Post-Critical Philosophy*. University of Chicago Press.
- Pontius, A.(1993). "Neuroethics vs neurophysiologically and neuropsychologically uninformed influences in child-rearing, education, emerging hunter-gatherers, and artificial intelligence models of the brain". In *Psychol Rep*, 72(2), pp.4510458.
- Popper, K.(1934, 1959). *Logik der Forschung*. 제6판 Tübingen, 1976. 이 책은 포퍼 자신에 의해 *The Logic of Scientific Discovery*, London: Hutchinson,

1959로 증보 번역, 영문 2판 New York: Harper & Row, 1968. 한국어 번역판, 박우석, 『과학적 발견의 논리』, 고려원, 1994.
- Popper, K.(1945). *The Open Society and Its Enemies I & II*. Longdon: Routledge, RKP, 1966. 한국어 번역판, 이한구, 『열린 사회와 그 적들 I: 플라톤과 유토피아』, 이명현, 『열린 사회와 그 적들 II: 헤겔과 마르크스』, 민음사, 1982.
- Popper, K.(1961). *The Poverty of Historicism*. 이것은 1936년에 처음 논문으로 작성 1957년에 책으로 출판, New York: Harper & Row.
- Popper, K.(1963). *Conjectures and Refutations: The Growth of Scientific Knowledge*, Routledge.
- Popper, K.(1979). *Objective Knowledge: An Evolutionary Approach*. Rev. ed., first ed. 1972, Oxford: Oxford University Press.
- Posner, R.(2005). "Bad News". In *New York Times Book Review*, July 31, 2005, 8-11.
- Proctor, R.(1991). *Value-free Science?: Purity and Power in Modern Knowledge*. Harvard.
- Putnam, H.(1962). "The Analytic and the Synthetic". In Feigl and Maxwell(1962), 350 397.
- Quine, O. van(1953). "Two Dogmas of Empiricism", in *From Logical Point of View*, New York: Harper and Row, 1953, 20-46.
- Quinton, A.(1975/1976). "Social Objects". In *Proceedings of the Aristotelian Society*, 75: 1-27.
- Radnitzky, G., Bartley, W., eds(1987). *Evolutionary Epistemology, Rationality, and the Sociology of Knowledge*. La Salle, IL: Open Court Press.
- Ravetz, J.(1986). "Usable knowledge, usable ignorance: incomplete science with policy implications". In Clark, W. C., and Munn, R. C. ed. *Sustainable Development of the Biosphere*. 415-432. New York: Cambridge University Press.
- Reid, T.(1975). *An Inquiry into the Human Mind on the Principles of Common Sense*. In Thomas Reid's *Inquiry and Essays*, R. Beanblossom and K. Lehrer

(eds.), Indianapolis: Bobbs-Merrill.
- Rescher, N. ed.(1985). *Reason and Rationality in Natural Science: A Group Essays*. Lanham: University Press of America.
- Rescher, N.(1970). *Scientific Explanation*. New York: The Free Press.
- Rescher, N.(1978). *Peirce's Philosophy of Science*. Notre Dame.
- Rescher, N.(1984). *The Limits of Science*. Berkeley: University of Califonia Press.
- Resnik, D.(1998). *The Ethics of Science: An Introduction*. London: Routledge.
- Rollin, B.(2006). *Science and Ethics*. Cambridge: Cambridge University Press.
- Rorty, R.(1979). *Philosophy and the Mirror of Nature*, Princeton: Princeton University Press.
- Rosen, G.(2001). "Nominalism, Naturalism, Philosophical Relativism". In *Philosophical Perspectives*, 15: 69-91.
- Roskies, A.(2006a). "Newroscientific challenges to free will and responsibility". In *Trends Cogn Sci*, 10(9), 419-423.
- Roskies, A.(2006b). "A case study in neuroethics: the nature of moral judgment". In J. Illes, ed. (2006), 17-32.
- Saks, Michael et al. (2001). "Model Prevention and Remedy of Erroneous Convictions Act". In *Arizona State Law Journal*, 33: 665-718.
- Salmon, W.(1984). *Scientific Explanation and the Causal Structure of the World*. Princeton: Princeton University Press.
- SCENIHR(2007). "Opinion on the Scientific Aspects of the Existing and Proposed Definitions Relating to Products of Nanoscience and Nanotechnologies." EC Scientific Committee on Emerging and Newly Idendified Health Risks.
http://ec.europa.eu/health/ph_risk/committees/04_scenihr/docs/scenihr_o_012.pdf
- Schauer, F.(1982). *Free Speech: A Philosophical Enquiry*. New York: Cambridge University Press.
- Schmitt, F.(1994a). "Socializing Epistemology: An Introduction through Two Sample Issues". In *Socializing Epistemology*, F. Schmitt (ed.), Lanham,

MD: Rowman and Littlefield.
- Schmitt, F.(1994b). "The Justification of Group Beliefs". In *Socializing Epistemology*, F. Schmitt (ed.), Lanham, MD: Rowman and Littlefield.
- Searle, J.(1995). *The Construction of Social Reality*. New York: Free Press.
- Shapin, S.(1975). "Phrenological Knowledge and the Social Structure of Early Nineteenth-Century Edinburgh". In *Annals of Science*, 32: 219-243.
- Shapley, L. and Grofman, B.(1984). "Optimizing Group Judgmental Accuracy in the Presence of Interdependence". In *Public Choice*, 43: 329-343.
- Shera, J.(1970). *Sociological Foundations of Librarianship*. New York: Asia Publishing House.
- Sokal, A.(1996). "Transgressing the Boundaries: Toward a Transformative Hermeneutics of Quantum Gravity". In *Social Text* 46/47 (46/47): 217-252.
- Suppe, F. ed.(1974). *The Structure of Scientific Theory*. London.
- Suppes, P.C.(1962). "Models of Data". In *Logic, Methodology and Philosophy of Science: Proceedings of the 1960 International Congress*, Stanford University.
- Taleb, N.(2007). *The Black Swan: The Impact of the Highly Improbable*. New York: Random House.
- Thagard, P.(1997). "Collaborative Knowledge". In *Noûs*, 31: 242-261.
- Tuomela, R.(1995). *The Importance of Us: A Philosophical Study of Basic Social Notions*. Stanford: Stanford University Press.
- Wheeler, W.(1910). *Ants: Their Structure, Development and Behavior*. New York: Columbia university press.
- Whewell, W.(1847). *The Philosophy of the Inductive Sciences*, 2nd ed. 2 vols. London: J. W. Parker.
- Whewell, W.(1858). Novum Organon Renovatum. London: John W. Rarker & Son.
- Winner, L.(1977). *Autonomous Technology: Technics-out-of-Control as a Theme in Political Thought*. M.I.T. Press.
- Woolgar, S.(1988). *The Very Idea*. Routledge.
- Wray, K.(2003). "What Really Divides Gilbert and the Rejectionists". In *Protosociology*, 18/19: 363-376.

찾아보기

Libet ·· 183
Roskies ·· 184, 188, 189
STS ····················· 47, 48, 49, 60, 82, 86~104, 107, 114, 120, 126~128
가다머 ··· 22
간접체험 ·· 22
갈릴레오 ·· 45, 83, 88, 122
감각 자료 언어 ·· 15
강력한 프로그램 ··· 49, 61
개발위험의 항변 ·· 269
개방성 ··· 139
경제성 ······································· 83, 96, 97, 103, 123~126, 265, 287, 301
고전적 인식론 ·· 50, 54, 57, 63
골드만 ··································· 15, 48~50, 55, 56, 64, 67~69, 122
곰브리치 ··· 123
공동화 ··· 92
공유주의 ··· 138
과학사회학 ······················· 16, 37, 48, 53, 61, 63, 121, 131, 137, 138
과학수사학 ··· 23
과학적 지식의 성장 ·· 12
과학전쟁 ·· 126~128, 135, 137, 138
관찰 도구 의존성 ·· 44
관찰 명제 ··· 10, 15
귀추법 ··· 102
규제적 원리 ·· 14, 121
그로스 ··· 127
글리머 ··· 102
기술적 지식 ··· 39

기어리	134
긴급	74, 99, 142, 233, 307, 328, 352
김준섭	36
깊은 과학	91~96, 121
꽁도르세 배심 정리	79
꽁도르세 역설	80
나카오카한타로	25
내면화	92
내재화	88
네이글	46
넬슨	65
노종면	147
노직	46, 81
논리실증주의	15, 46, 47, 83
농산물품질관리법	215, 227, 240, 258, 269, 274~277
뇌과학	176, 192
누적성	271
뉴턴	17, 31, 32, 45, 83~87, 113, 147
다빈치 프로젝트	28
대리모	278, 281, 283~286
데카르트	12, 45, 54, 82, 101
도덕 과학	16, 45
돌턴	25
동료 검토	145, 148
듀이	46, 86
딜타이	22
라이프니츠	30, 31, 32, 33, 129
라이헨바하	15, 46, 87
라카토스	46, 87
라투어	61, 62, 63
래키	59

러더포드 ·· 115, 116
레빗 ··· 127
레셔 ··· 124
레오나르도 다빈치 ·· 28, 29, 33, 40, 129
로던 ·· 64
로스 ··· 128
로우 처치 ·· 108
로젠 ·· 71, 292
로크 ·· 51
롱기노 ··· 63
르브리에 ··· 113
리드 ··· 51, 52
리스트 ·· 73, 78, 81
마르크스 ·· 10, 52, 63
만하임 ·· 52, 53, 89
매티슨 ··· 66
맥마흔 ··· 66
머튼 ·· 53, 136, 138, 139
멀케이 ·· 139
메시지 공간 ··· 76
명시지 ··· 92
명제적 지식 ··· 39
무사무욕 ·· 138
무어 ··· 16, 151
문화적 진화 ··· 11
반 프라센 ·· 46
반사실적 조건문 ·· 21
반실재론 ·· 23, 133, 134
반즈 ·· 53, 59, 61, 72
반증 ·· 10, 12, 13, 42, 84, 101, 102, 112
반환원주의 ·· 58, 59

발견의 맥락	93
버거	67, 68
법칙적 확률	21
베이컨-데카르트의 이상	12
보고씨안	71, 72
보어	25, 26, 27, 45, 115, 116, 117
보편주의	138, 154, 155
브라운	61
블로어	53, 59, 61, 72, 132, 133
비배포적	67
사이먼	16, 17, 34, 45, 46
사회적 연결망	121
사회적 인식론	15, 47~57, 60, 63~68, 72, 75, 76, 78, 82, 86, 87, 91, 92, 97~99, 103, 105~110, 122, 138, 148
사회적 책임	137, 139, 150
사회적 통합체	66, 67
삽입	91, 95, 96, 97, 216, 219, 222, 230, 301
상호존중	139
새먼	46
생명공학육성법	214, 215, 228, 230, 269, 276, 277, 278
샤우어	77
샤페레	87
설득	23, 24, 25, 60, 61, 62, 81, 103, 106, 110, 137, 148, 282, 349
세라	48
세이핀	48
소칼	127, 128
소통	23, 54, 125, 177, 209, 210, 298, 300
송상용	36, 37
송태호	143
수산물품질관리법	215, 227, 244, 246, 258, 259, 269, 274, 276, 277
수확체증의 법칙	291

슈뢰딩거 ·· 45
슐리크 ·· 46
스노우 ··· 128
승자독식 ······································· 289, 290, 291, 292, 293
시스몬도 ·· 134
시행착오와 제거의 방법 ·· 10
식품위생법 ······················· 215, 227, 247, 258, 269, 276, 277
신경과학 ····················· 37, 123, 166, 167, 168, 169, 176, 177, 181, 186
신경윤리학 ································ 168, 169, 171, 180, 183, 186
신상철 ··· 146, 329, 330
실험 대상에 대한 존중 ··· 140
아담스 ··· 113
아인슈타인 ···································· 26, 27, 31, 32, 112, 113
암묵지 ·· 92, 94
애로노비치 ··· 128
애로우 ·· 73, 80
앤더슨 ·· 57, 283, 284
야생동식물보호법 ··· 269, 272, 276
약한 구성주의 ··· 133
양곡관리법 ·· 275
양판석 ··· 143, 147, 317, 338
얕은 과학 ································ 91, 92, 93, 94, 95, 96, 97, 103, 121
에건 ·· 48
에딘버러 대학교 ··· 49
에딘버러학파 ··· 15, 126
연결화 ·· 92
연대자 ·· 61, 62
열린 사회 ··· 10, 107
와이즈 ·· 128
왓킨스 ··· 46
울가 ··· 62, 63

위너	135
위키피디아	75
위험사회	140, 141, 142, 148, 214
윌슨	83, 197
유일성 논제	71
유전자변형생물체의국가간이동등에관한법률	269, 273, 276, 277
유전자변형수산물의표시대상품목및표시요령	269
유전자재조합식품검사지침	269
유전자재조합식품등의표시기준	258
유전자재조합식품의안전성평가심사등에관한규정	269
유전자재합실험지침	269
유추	27, 83, 84, 90, 125
의견일치	56
이데올로기	52, 104, 106
이론적 존재	15
이승헌	143, 144, 147, 148, 314, 316, 317, 338
이종인	146, 317, 319
인시 체계 설계	77
인식론적 상대주의	132, 133
인식적 가치	14, 60, 108, 109, 121, 122, 124, 162
일차적 과학화	141
일화적 증거	89
자료-추동적(data-driven) 발견	17
자유 존중	282
자유지상주의	281, 282
잠복성	271
재니스	74
정석해	36
정직성	139, 161
제프리	46
조심성	139

조직화된 회의주의 ·· 138
종자산업법 ·· 275
지식사회학 ·· 53
지식자 ··· 65
지엽적 지식 ··· 94
진리근사도 ·· 88
진리주의 ··· 55,56
진화론적 인식론 ·· 9
집단 신념 ·· 65,66,67,68
집단지성 ··· 74,75,148
집성 ·· 72,73,74,78,81,123,148,303
체현 ·· 67,95,96,97
초보자/2인 전문가 문제 ·· 69
카르납 ··· 15,46
카우프만 ·· 112
칸트 ··· 84,99,284
케인즈 ··· 16,17,45
코우디 ·· 58
코플 ·· 76,77
콜 ·· 134,339
콜린스 ·· 133,134
쿠쉬 ··· 72
쿠쿨라 ·· 63
쿤 ························ 15,35,47,48,49,53,83,87,88,89,106,107,116,117,126,142
퀸톤 ·· 65
키처 ·· 56,64,69
탈정상과학 ·· 142
탐구방법론 ·· 14,16,125,142
텍스트 ··· 22,23,24,127,301
톰슨 ·· 25,26,115,116
통섭 ·· 83,84,85

통용 흐름	97
파레토	87
파이어아벤트	13, 86, 122
패러데이	86
퍼스	46, 102, 124
퍼트남	46
페티트	65, 66, 67, 73
펠드만	70, 71
포스너	78
포퍼	10, 12, 13, 46, 86, 87, 101, 102, 106, 107, 141
폴라니	92
표출화	92
푸앵카레	123
푸코	15, 47, 48, 49, 53, 97, 106, 107
풀러	15, 48, 49, 50, 63, 82, 86, 89, 91, 93, 98, 103, 104, 106, 109, 121
프레게	30
프리커	57
플라톤	10, 51, 95, 101, 105
하버마스	52, 98, 106, 107
하이 처치	108
하이젠베르크	45
학교급식법	274
합리적 선택	11, 12, 13
합법성	139
행복 극대화	282
행위자 연결망	299
행위자 연결망 이론	93, 94
허쉘	86
헨리	61
헴펠	46
확대된 동료 공동체	143, 159

효율성 ·· 42, 77, 123, 140, 165, 182, 200, 277
훼웰 ·· 83, 84, 85, 86
흄 ··· 51, 58, 87

> 저자와의
> 협약에 의해
> 검인생략

얕은 과학기술철학

사회적 인식론, STP, ELSI, 및 과학기술정책

2010년 9월 07일 초판 인쇄
2010년 9월 10일 초판 발행

지은이 / 우정규
펴낸이 / 손대권
펴낸곳 / 대종출판
등 록 / 제 300-2000-7호
주 소 / 서울 종로구 연지동 136-46
　　　　한국기독교회관 603호
전 화 / 02)764-0114
팩 스 / 02)747-5572

ISBN 978-89-92315-26-5　　03130

정가 15,000원

※본서의 무단 복제행위를 금합니다.
※잘못된 책은 바꿔드립니다.